广东三岳野生植物

Illustrations of Wild Plants in Sanyue, Guangdong

主编 ○ 林江 谭鹰 曹洪麟 张硕

中国林业出版社
China Forestry Publishing House

图书在版编目（ＣＩＰ）数据

广东三岳野生植物 / 林江等主编． -- 北京 ： 中国林业出版社，
2023.6

ISBN 978-7-5219-2392-6

Ⅰ．①广… Ⅱ．①林… Ⅲ．①野生植物—研究—广东 Ⅳ．
① Q948.526.5

中国国家版本馆 CIP 数据核字 (2023) 第 196265 号

责任编辑 于界芬 李丽菁

───────────────────────────────

出版发行 中国林业出版社
　　　　　（100009，北京市西城区刘海胡同 7 号，电话 010-83143542）
电子邮箱 cfphzbs@163.com
网　　址 www.forestry.gov.cn/lycb.html
印　　刷 北京博海升彩色印刷有限公司
版　　次 2023 年 6 月第 1 版
印　　次 2023 年 6 月第 1 次印刷
开　　本 635mm×965mm 1/8
印　　张 36.5
字　　数 687 千字
定　　价 186.00 元

广东三岳野生植物

编委会

主　任　林　江

副主任　谭　鹰　吴林芳

主　编　林　江　谭　鹰　曹洪麟　张　硕

副主编　文　雯　姚怀生　黄爱连　张　蒙

编　委　（以姓氏笔画为序）

文　雯　王爱民　韦嘉怡　邓焕然　石钰霞
叶华谷　朱沛龙　李坤营　李绮恒　吴林芳
张　硕　张　蒙　林　江　姚怀生　黄　毅
黄爱连　黄萧洒　曹洪麟　廖向研　谭　鹰
谭永盛　谭洪昌　廖向研　黎承果　戴石昌

编著单位　广东怀集三岳省级自然保护区管理处
　　　　　　　广州林芳生态科技有限公司

广 东 三 岳 野 生 植 物

前　言

广东怀集三岳省级自然保护区位于怀集县西北部蓝钟镇境内，于 2004 年 1 月经广东省人民政府批准成立，总面积为 7229.19hm²，保护区内由头岳、二岳、三岳三座山峰而得名，自然环境舒适宜人，具有怀集县"绿肺"之称。

20 世纪 50~60 年代，因经济发展需要，这里的山林曾被大规模砍伐开垦，生态破坏严重，自然灾害频发，周边群众的生产生活遭受巨大影响。为"抓好林业发展，做好'林'字文章"，20 个世纪 70 年代，怀集县组织开展了岳山造林会战。半个世纪过去了，当年黄土裸露、荒芜凋敝的岳山林场，摇身变成林海浩瀚、万木葱茏的三岳省级自然保护区。保护区由县属岳山、温泉林场及蓝钟镇的古城、双兴、太平 3 个村的集体山林等 3 部分连片合并组成。

三岳自然保护区地貌以中、低山山地为主，属于起微山山脉，地势西北高东南低，最高峰二岳海拔 1290.5m。保护区属中亚热带季风气候，年均气温为 20.8℃，年均降水量为 1779.2mm，干湿季节明显。保护区内河溪纵横交错，水资源丰富，各山涧沟壑中的溪流最后都注入主体山脉东西两面的峡谷中，最终向南流入绥江进入北江水系。保护区成土母质以花岗岩和沙页岩为主，地带性土壤为红壤，主要分布在海拔 400m 以下的山地、丘陵和峡谷台地。

三岳自然保护区地处粤港澳大湾区与内地功能拓展的交汇处，毗邻广西贺州市，是大湾区与大西南、东盟地区沟通的重要通道与中转枢纽布局点。保护区内山岭连绵，山峰奇秀，充沛的水热条件及众多的溪流自然环境得天独厚，生态系统类型多样，孕育着丰富而独特的生物。三岳自然保护区以典型常绿阔叶林为主，伴有少量针阔叶混交林和竹林，针叶林以人工杉木林、马尾松林为主，主要分布在阔叶林外围。

基于三岳自然保护区 2017 年、2021 年科学考察报告等历史资料整理，查阅在植物标本馆、专著、网上数字照片平台上的相关植物资料，同时 2022—2023 年在保护区开展了植物补充调查，最终调查统计到保护区内共有野生维管植物 174 科 612 属 1171 种，分别占广东省野生维管植物 248 科 1524 属 5967 种（参照《广东高等植物红色名录》数据）的 70.16%、40.16% 和 19.62%。其中石松类及蕨类植物 23 科 56 属 127 种；裸子植物 3 科 3 属 3 种；被子植物 148 科 553 属 1041 种。根据《国家重点保护野生植物名录》，三岳自然保护区有国家二级保护野生植物 15 种，分别为福建观音座莲、金毛狗、大叶黑桫椤、桫椤、黑桫椤、百日青、金线兰、八角莲、肥荚红豆、花榈木、软荚红豆、长穗桑、合柱金莲木、红椿、巴戟天等。根据《广东省重点保护野生植物名录》，三岳自然保护区有广东省重点保护野生植物 6 种，分别为鼎湖细辛、观光木、沉水樟、广东石豆兰、石仙桃、走马胎等。

　　本书收集了三岳野生维管植物 1171 种，是一本配以彩色照片的图鉴类专业工具书。本书的完成是在广东怀集三岳省级自然保护区管理处、中国科学院华南植物园的支持下，广州林芳生态科技有限公司各位成员共同努力的结果。同时，也得到了许多三岳植物爱好者的大力支持。在此，谨向各位照片拍摄者、协助者、支持者表示衷心的感谢。

编著者

2023 年 8 月

目　录

被子植物 ANGIOSPERMS

广东三岳野生植物

石松类及蕨类植物
LYCOPHYTES AND FERNS

P1 石松科 Lycopodiaceae

1. 藤石松属 Lycopodiastrum Holub R. D. Dixit

1. 藤石松（别名：伸筋草、石子藤、灯笼草、老虎须、青筋藤、吊壁伸筋）Lycopodiastrum casuarinoides (Spring) Holub ex Dixit

大型地生藤本；伸长攀缘达数米。主茎圆柱形。叶螺旋状排列，具长芒。孢子囊穗每 6~26 个一组生于多回二叉分枝的孢子枝顶端。

生于海拔 300~1000m 的山顶疏林或灌丛中。

全草药用，味微甘，性温。舒筋活血，祛风湿。治风湿关节痛、跌打损伤、月经不调。

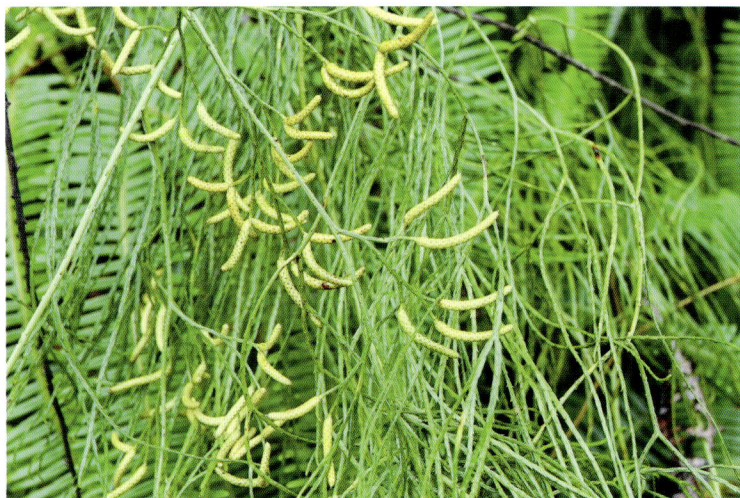

2. 石松属 Lycopodium Linn.

1. 垂穗石松（别名：灯笼石松、铺地蜈蚣）Lycopodium cernuum Linn. [Palhinhaea cernua (Linn.) A. Franco et Vasc.]

地上分枝密集呈树状。叶螺旋状排列，稀疏，钻形至线形，长 3~4mm。孢子囊穗单生于小枝顶端，熟时下垂，淡黄色。

生于海拔 1300m 以下的阳光充足、潮湿的酸性土壤上。

全草药用，味苦、辛，性温。祛风解毒，收敛止血。治关节炎、盗汗、夜盲、烧伤、烫伤、老鼠疮、急性肝炎、目赤肿痛。

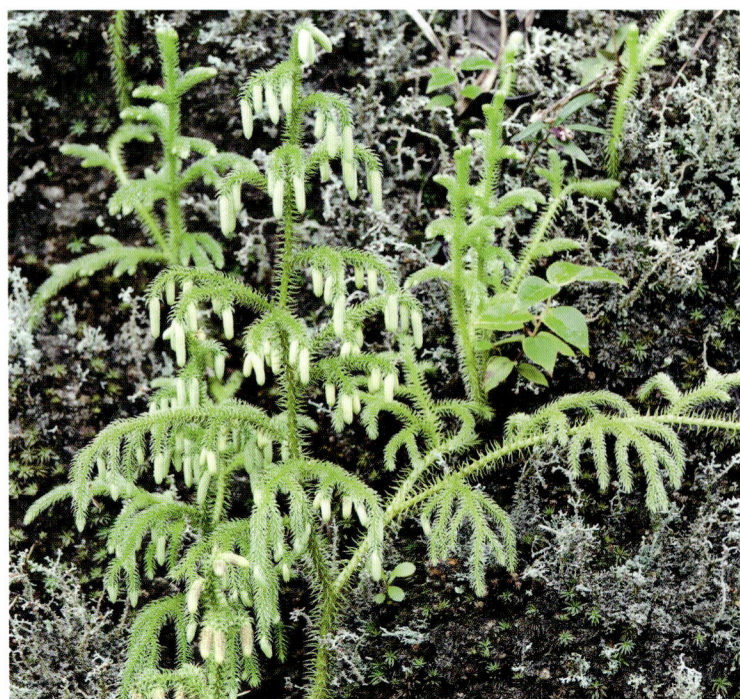

P3 卷柏科 Selaginellaceae

1. 卷柏属 Selaginella Beauv.

1. 蔓出卷柏 Selaginella davidii Franch.

土生或石生匍匐草本。叶边缘具细锯齿，具明显白边，中叶基部心形。孢子，边缘有细齿，具白边；大孢子白色；小孢子橘黄色。

生于海拔 200~600m 的山地林下潮湿处。

全草药用，味苦、涩、辛，性温。清热利湿，舒筋活络。治风湿关节炎、筋骨疼痛。

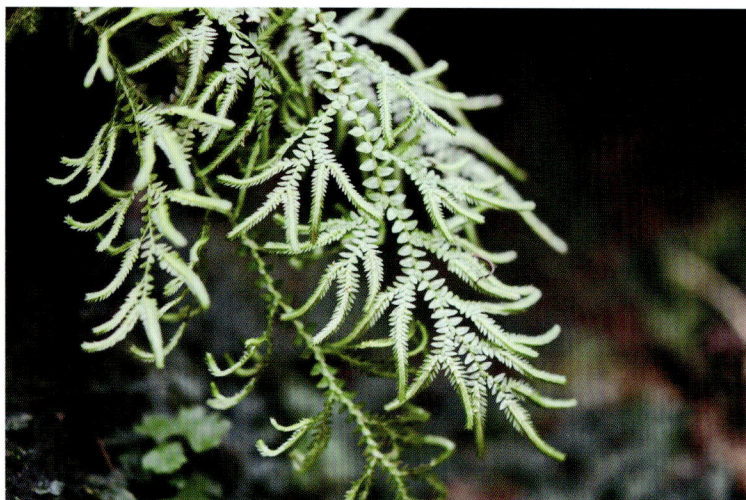

2. 深绿卷柏（别名：石上柏、地侧柏、棱罗草、地棱罗、多德卷柏）Selaginella doederleinii Hieron.

多年生常绿草本；高约 40cm。主茎倾斜或直立，常在分枝处生不定根，侧枝密集。侧生叶大而阔，近平展；中间的贴生于茎、枝上。

生于山谷溪边林下。

全草药用，味甘，性平。活血调血，清热解毒。治妇女月经不调、跌打损伤。

3. 兖州卷柏 Selaginella involvens (Sw.) Spring

石生。主茎斜升，枝光滑。能育叶一型，茎生叶两侧对称，茎下部叶彼此覆盖，中叶无白边；大、小孢子叶相间排列，或大孢子叶位于中部的下侧。

生于海拔 450~3100m 的岩石上，或偶在林中附生树干上。

全草药用，味苦，性寒。清热凉血，利水消肿，清肝利胆，化痰定喘，止血。用于急性黄疸，肝硬化腹水，咳嗽痰喘，风热咳喘，崩漏，瘰疬，疮痛，烧、烫伤，狂犬咬伤，外伤出血。

4. 耳基卷柏 Selaginella limbata Alston

土生匍匐草本。主茎分枝。叶交互排列，二型，具白边。孢子叶一型，卵形，具白边。大孢子深褐色；小孢子浅黄色。

生于山谷溪边林下。

5. 江南卷柏（别名：地柏枝、石柏、岩柏、百叶卷柏）Selaginella moellendorffii Hieron.

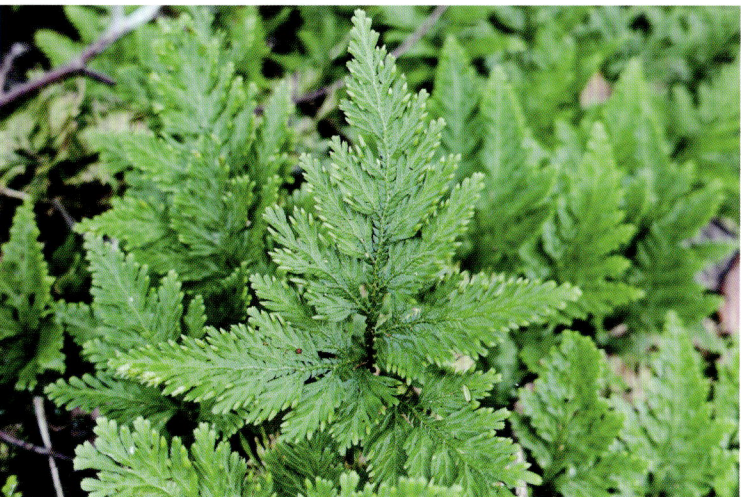

土生或石生草本。主茎中上部羽状分枝，禾秆色或红色，侧枝 5~8 对，二至三回羽状分枝。孢子叶穗紧密，四棱柱形，单生于小枝末端。

生于海拔 300~900m 的山地林下潮湿处。

全草药用，味辛、微甘，性平。清热利湿，止血。治急性黄疸性肝炎、全身浮肿、肺结核咯血、吐血、痔疮出血。

6. 疏叶卷柏 Selaginella remotifolia Spring

土生。能育枝直立，无横走地下茎。分枝稀疏。中叶不对称，具锯齿。孢子叶穗紧密，四棱柱形，单生；孢子叶一型，不具白边。

生于海拔 2600m 以下的林下石灰岩上或石洞内。

全草药用，味苦，性平。清热解毒，消炎止血，祛湿利尿。用于疮毒，狂犬咬伤，烧、烫伤。

7. 翠云草（别名：剑柏、蓝地柏、伸脚草、绿绒草、绸缎草）Selaginella uncinata (Desv.) Spring

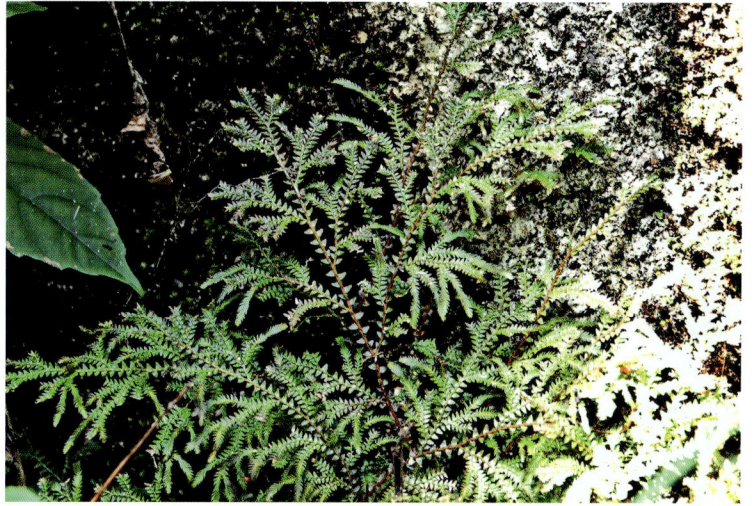

匍匐草本。植株整体呈翠绿色。叶交互排列，草质，表面光滑，边缘明显具白边。大孢子灰白色或暗褐色；小孢子淡黄色。

生于海拔 300~800m 的山地林下潮湿处或阴湿的石灰岩上。

全草药用，味甘、淡，性凉。清热利湿，止血，止咳。治急性黄疸型传染性肝炎、胆囊炎、肠炎、痢疾、肾炎水肿、泌尿系感染、风湿关节痛、肺结核咯血。

P4 木贼科 Equisetaceae

1. 木贼属 Equisetum Linn.

1. 节节草（别名：笔头草、锉草、木贼草、土黄麻、接管草、磨石草）Equisetum ramosissimum Desf.

中小型植物。枝一型，高 20~60cm，节间长 2~6cm。孢子囊穗短棒状，长 0.5~2.5cm，中部直径 0.4~0.7cm，顶端有小尖突。

生于海拔 60~700m 的山谷河边或湿地上。

全草药用，味甘、微苦，性平。清热，利尿，明目退翳，祛痰止咳。治目赤肿痛、角膜云翳、肝炎、咳嗽、支气管炎、泌尿系感染。

P7 合囊蕨科 Marattiaceae

1. 观音座莲属 Angiopteris Hoffm.

1. 福建观音座莲（别名：江南莲座蕨、马蹄蕨、牛蹄蕨、地莲花）Angiopteris fokiensis Hieron

地上分枝密集呈树状。叶螺旋状排列，稀疏，钻形至线形，长 3~4mm。孢子囊穗单生于小枝顶端，熟时下垂，淡黄色。

生于海拔 1300m 以下的阳光充足、潮湿的酸性土壤上。

全草药用，味苦、辛，性温。祛风解毒，收敛止血。治关节炎、盗汗、夜盲、烧伤、烫伤、老鼠疮、急性肝炎、目赤肿痛。

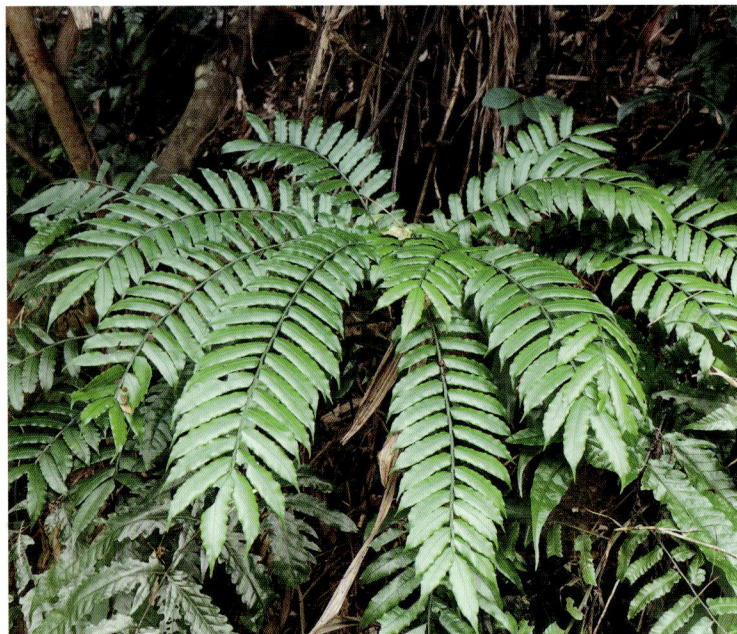

P8 紫萁科 Osmundaceae

1. 紫萁属 Osmunda Linn.

1. 紫萁（别名：贯众）Osmunda japonica Thunb.

多年生草本；高 50~80cm 或更高。叶簇生，二型；不育叶为二回羽状，小羽片基部与叶轴分离。羽片线形，沿中肋两侧背面密生孢子囊。

生于海拔 300~1100m 的林下或溪边的酸性土壤上。

根状茎药用，味苦，性凉，有小毒。清热解毒，止血，杀虫。预防麻疹，流行性乙型脑炎，治流行性感冒、痢疾、子宫出血、钩虫病、蛔虫病、蛲虫病（粗茎鳞毛蕨）。

2. 羽节紫萁属 Plenasium C. Presl

1. 华南紫萁（别名：贯众、牛利草）Plenasium vachellii (Hook.) C. Presl [Osmunda vachellii Hook.]

草本。叶簇生，一回羽状；羽片 15~20 对，二型，羽片宽大于 10mm；能育叶生于羽轴下部。能育叶中肋两侧密生圆形孢子囊穗。

生于海拔 100~900m 的山地、山谷、山坡的酸性土壤上。

根状茎药用，味苦、微涩，性凉。清热解毒，止血，杀虫。预防麻疹，流行性乙型脑炎，治流行性感冒、痢疾、子宫出血、钩虫病、蛔虫病、蛲虫病。

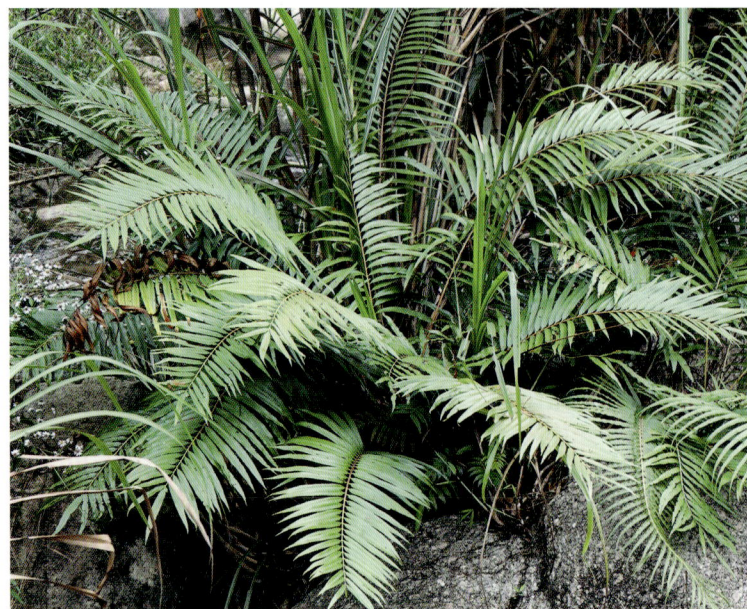

P9 膜蕨科 Hymenophyllaceae

1. 膜蕨属 Hymenophyllum Sm.

1. 蕗蕨 **Hymenophyllum badium** Hook. & Grev. [*Mecodium badium* (Hook. et Grev.) Cop.]

中小型植物。枝一型，高 20~60cm，节间长 2~6cm。孢子囊穗短棒状，长 0.5~2.5cm，中部直径 0.4~0.7cm，顶端有小尖突。

生于海拔 60~700m 的山谷河边或湿地上。

全草药用，味甘、微苦，性平。清热，利尿，明目退翳，祛痰止咳。治目赤肿痛、角膜云翳、肝炎、咳嗽、支气管炎、泌尿系感染。

2. 华东膜蕨 **Hymenophyllum barbatum** (v. d. Bosch) Bak.

草本；植株高 2~3cm。叶片卵形，长 1.5~2.5cm，宽 1~2cm，先端钝圆，基部近心脏形，二回羽裂；羽片长圆形。孢子囊群生于叶片的顶部。

生于海拔 500~1280m 的山谷溪边林下阴湿处石上或树干上。

全草药用，味微涩，性凉。止血。治金疮出血。

2. 瓶蕨属 Vandenboschia Copel.

1. 华东瓶蕨 **Vandenboschia orientalis** (C.Chr.) Ching in Chien & Chun

植株高 10-15cm。叶远生；叶柄长 3~5cm，两侧阔翅几达基部；叶片三至四回羽裂。囊苞管状，两侧有狭翅，口部稍膨大。

生于林下溪谷岩石上。

全草药用，味微涩，性凉。清热解毒，健脾消食，止血生肌。用于肺热咳嗽，消化不良，外伤出血，疮疖肿毒。

P12 里白科 Gleicheniaceae

1. 芒萁属 Dicranopteris Bernh.

1. 芒萁 **Dicranopteris pedata** (Houtt.) Nakaike [*D. dichotoma* Bernh.]

多年生草本。叶远生，棕禾秆色，裂片宽 2~4mm；叶轴各回分叉处有一对托叶状的羽片。孢子囊群圆形，沿羽片下部中脉两侧各一列。

生于强酸性土壤的山坡或山脚，是酸性土壤的指示植物。

全草药用，味苦、涩，性平。清热利尿，散瘀止血。治鼻衄、肺热咳血、尿道炎、膀胱炎、小便不利、水肿、月经过多、血崩、白带。

2. 大羽芒萁 **Dicranopteris splendida** (Hand.-Mazz.) Tagawa

植株 70~100cm。叶轴二至四回假二叉分枝。孢子囊群圆形，一列，生于每组基部上侧小脉上，近中脉，由 12~18 个孢子囊组成。

生于海拔 200~800m 的山坡疏林下或林缘。大孢子叶位于中部的下侧。

2. 里白属 Diplopterygium (Diels) Nakai

1. 中华里白 Diplopterygium chinensis (Ros.) DeVol

多年生草本；株高约 3m。根状茎密被棕色鳞片。叶片巨大，二回羽状；羽片长约 1m，宽约 20cm。孢子囊群圆形，生叶背中脉和叶缘之间各一列。

生于海拔 300~800m 的山谷溪边林中。

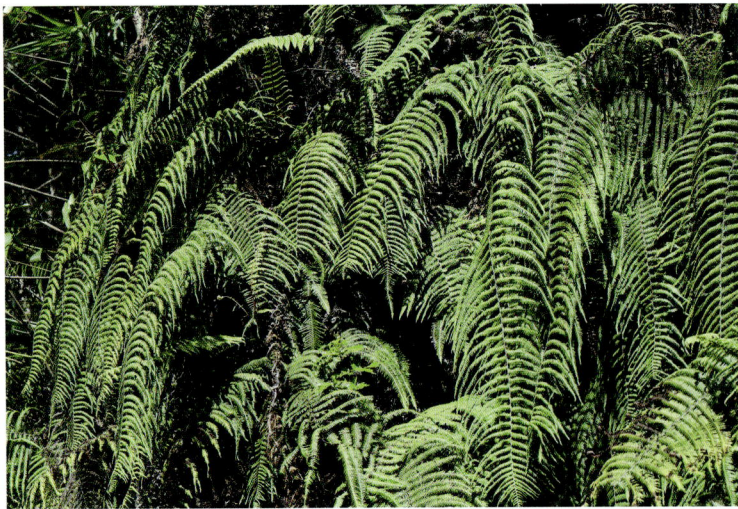

2. 里白 Diplopterygium glaucum (Thunberg ex Houttuyn) Nakai

植株高约 1.5m。根状茎横走，粗约 3mm，被鳞片。羽轴和小羽轴无鳞片，成直角。孢子囊群中生，一列，着生于每组上侧小脉上。

生于海拔 300~800m 的山谷溪边林中。

P13 海金沙科 Lygodiaceae

1. 海金沙属 Lygodium Sw.

1. 曲轴海金沙（别名：柳叶海金沙）**Lygodium flexuosum** (Linn.) Sw.

草质藤本；高达 7m。三回羽状，长 16~25cm，宽 15~20cm；一回小羽片 3~5 对，无关节；末回裂片 1~3 对。孢子囊穗长 3~9mm，线形。

生于海拔 800m 以下的山谷、路旁林缘中。

孢子（即海金沙）或全草药用，味甘、微苦，性寒。清热利尿，止血。治痢疾、砂淋、外伤出血。

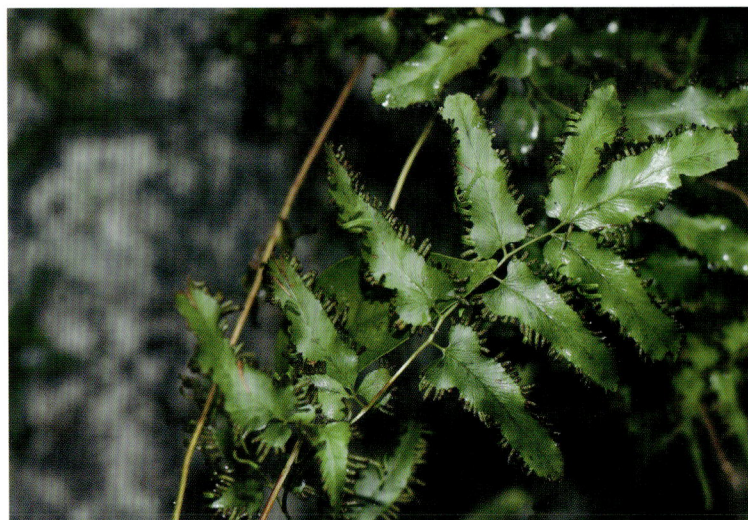

2. 海金沙（别名：金沙藤、左转藤、蛤蟆藤）**Lygodium japonicum** (Thunb.) Sw.

草质藤本；植株长达 1~4m。叶纸质，二回羽状，对生于叶轴短距上；不育叶末回羽片 3 裂。孢子囊穗排列稀疏，暗褐色，无毛。

生于山谷、灌丛、路旁、村边。

孢子（即海金沙）或全草药用，味甘，性寒。利尿通淋，清热解毒。治泌尿系结石、感染、肾炎、感冒、气管炎、腮腺炎、流行性乙型脑炎、痢疾、肝炎、乳腺炎。

3．小叶海金沙 Lygodium scandens (Linn.) Sw. [L. microphyllum R. Br.]

　　草质藤本；高达 5m。二回奇数羽状复叶；羽片对生，顶端密生红棕色毛；不育羽片长 7~8cm，柄长 1~1.2cm。孢子囊穗排列于叶缘，黄褐色。

　　生于低海拔山地山谷、疏林、灌丛、路旁。

　　孢子（即海金沙）或全草药用，味甘，性寒。止血通淋，舒筋活络。治砂淋、痢疾、骨折、风湿麻木、外伤出血。

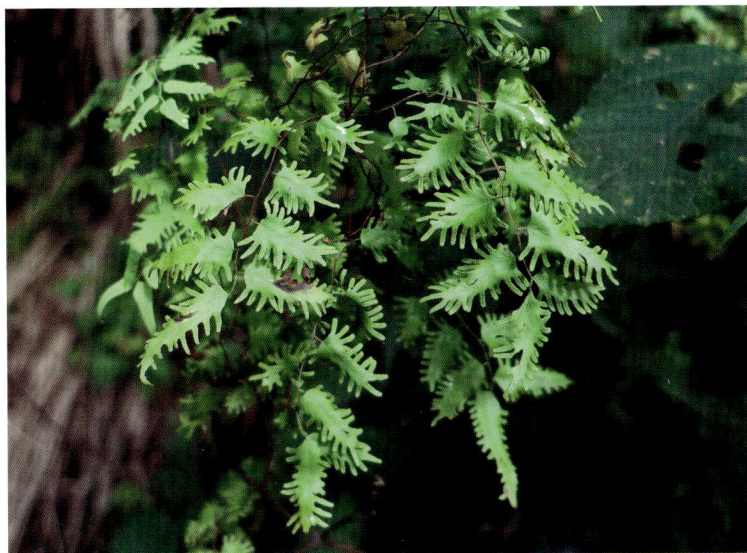

P22 金毛狗科 Cibotiaceae

1． 金毛狗属 Cibotium Kaulf.

1．金毛狗（别名：黄狗头、狗脊、金毛狮子、猴毛头） Cibotium barometz（Linn.）J. Sm.

　　大型草本。根状茎基部被有一大丛垫状的金黄色茸毛。叶片三回羽状分裂；叶脉隆起，不育羽片为二叉。孢子囊群生叶边，囊群盖如蚌壳。

　　生于海拔 100~1200m 的山谷溪边林下。

　　根状茎药用，味苦、甘，性温。补肝肾，强筋骨，壮腰膝，祛风湿。治腰肌劳损、腰腿疼痛、风湿关节痛、半身不遂、遗尿、老人尿频。

　　生于海拔 300~800m 的山谷溪边林中。

P25 桫椤科 Cyatheaceae

1． 桫椤属 Alsophila R. Br.

1． 大叶黑桫椤 Alsophila gigantea Wall. ex Hook.

　　植株乔木状；高 2~5m。叶型大，叶柄基部被平展鳞片；叶片三回羽裂，两面均无毛。孢子囊群位于主脉与叶缘之间，排列成"U"字形，无囊群盖，隔丝与孢子囊等长。

　　生于溪沟边的密林下。

　　茎秆药用，涩，平。祛风除湿，活血止痛。

2． 桫椤（别名：飞天蠄蟧、刺桫椤、树蕨、龙骨风、人头蕨） Alsophila spinulosa (Wall. ex Hook.) R. Tryon [Cyathea spinulosa Wall.]

　　植株乔木状；高可达 10m。叶生于茎顶端，三回羽状深裂；叶柄、叶轴和羽轴具短刺。孢子囊群孢生于侧脉分叉处，囊群盖球形。

　　生于低海拔山谷疏林中。

　　茎秆药用，味微苦，性平。祛风利湿，活血祛瘀，清热止咳，治风湿关节痛、跌打损伤、慢性支气管炎、肺热咳嗽，肾炎水肿；预防流行性感冒。

2. 黑桫椤属 Gymnosphaera Bl.

1. 黑桫椤 Gymnosphaera podophylla Dalla Torre & Sarnth

灌木状。叶片有棕色鳞片，一回、二回深裂至二回羽状；小羽片裂片较浅，深不超过 1/2。孢子囊群圆形，着生于小脉背面近基部处，无囊群盖。

生于低海拔山谷疏林中。

2. 粗齿黑桫椤 Gymnosphaera denticulate (Baker) Copel.

植株高 0.6~1.4m。主干短而横卧。叶柄红褐色，叶片二回至三回；基部一对羽片稍缩短；裂片边缘有粗齿；羽轴有疏的疣状突起，无囊群盖。

生于低海拔山谷疏林中。

3. 小黑桫椤 Gymnosphaera metteniana (Hance) Tagawa

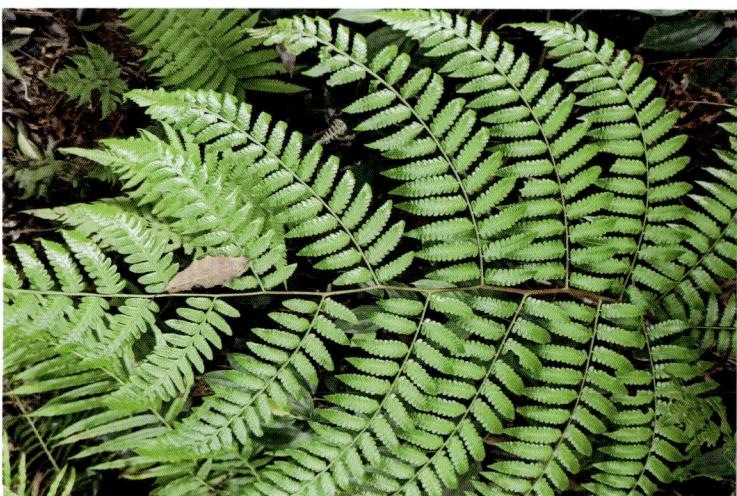

植株高达 2m。根状茎短而斜升。叶柄黑色；叶片三回羽裂；基部一对裂片不分离；裂羽狭长，先端有小圆齿。无囊群盖。

生于低海拔山谷疏林中。

P29 鳞始蕨科 Lindsaeaceae

1. 鳞始蕨属 Lindsaea Dry

1. 团叶鳞始蕨（别名：香鳞始蕨）Lindsaea odorata Roxb. [L. cultrata auct. non (Willd.) Sw.]

草本；高达 30cm。根状茎短，密生褐色披针形鳞片。叶近生，一回羽状复叶，下部常为二回羽状复叶；叶片线状披针形。孢子囊群长线形。

生于海拔 300~800m 的山地林下。

全草药用，味苦，性凉。清热解毒。治痢疾、枪弹伤。

2. 乌蕨属 Odontosoria Fée

1. 乌蕨（别名：乌韭、大金花草、金花草）Odontosoria chinensis (Linn.) J. Sm. [Sphenomeris chinensis (Linn.) Maxon]

土生草本；高达 65cm。根状茎短而横走。叶近生，三至回羽状细裂；羽片 15~20 对；叶披针形，长 20~40cm。孢子囊群常顶生一小脉上。

生于海拔 200~1000m 的山谷路旁或灌丛中的阴湿地。

全草药用，味微苦，性寒。清热解毒，利湿。治感冒发热、咳嗽、扁桃体炎、腮腺炎、肠炎、痢疾、肝炎、食物中毒、农药中毒。

P30 凤尾蕨科 Pteridaceae

1. 铁线蕨属 Adiantum Linn.

1. 扇叶铁线蕨（别名：乌脚枪、过坛龙、铁鲁箕）Adiantum flabellulatum Linn.

草本；高 20~45cm。叶簇生，扇形，二至三回羽状，具不对称的二叉分枝；小羽片扇形，8~15 对。孢子囊群以缺刻分开；囊群盖褐黑色。

生于旷野，阳光较充足的酸性红壤上。

全草药用，微苦，性凉。清热利湿，解毒，去瘀消肿。治感冒发热、肝炎、痢疾、肠炎、泌尿系结石、跌打肿痛、骨折。

2. 凤尾蕨属 Pteris Linn.

1. 线羽凤尾蕨 Pteris arisanensis Tagawa

草本；株高 1~1.5m。叶簇生，长 50~70cm，二回深羽裂或基部三回深羽裂；侧生羽片 5~15 对，长 15~30cm。孢子囊群线形；囊群盖线形。

生于林下、溪边潮湿的岩石旁。

2. 狭眼凤尾蕨 Pteris biaurita Linn.

草本；植株高达 1m。叶簇生，二回深羽裂，裂片 20~25 对，长 1.8~3.5cm；叶柄长 40~60cm。囊群线形；囊群盖同型，浅褐色，膜质。

生于海拔 800m 以下的山谷疏林中。

全草药用，性味苦，寒。清热燥湿，解毒逐邪。治湿热泄泻、黏滞不爽或泻下急迫，或治热毒痢疾、大便带脓血性物、里急后重、肛门灼热。

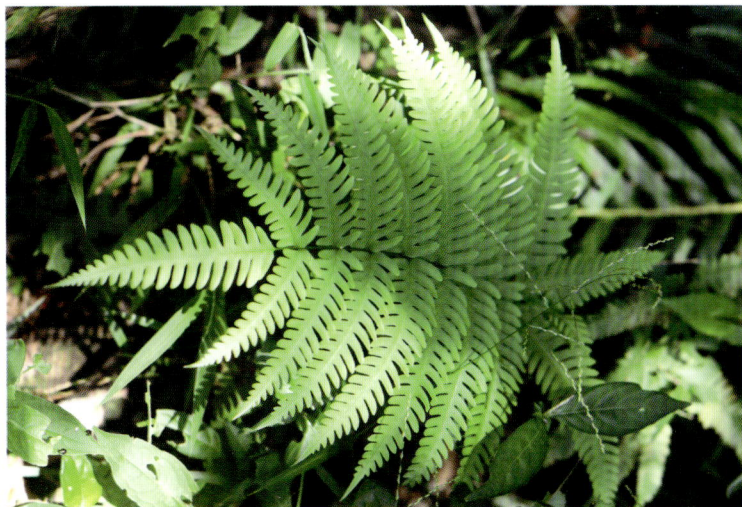

3. 刺齿半边旗 Pteris dispar Kunze

草本。叶簇生，近二型，叶片长 25~40cm，宽 15~20cm，顶生羽片披针形，篦齿状深羽状几达叶轴，不育叶缘有长尖刺状的锯齿。

生于海拔 950m 以下的山谷疏林中。

全草药用，味苦、涩，性凉。清热解毒，凉血祛瘀。治痢疾、泄泻、疔腮、风湿痹痛、跌打损伤、痈疮肿毒、毒蛇咬伤。

4. 疏羽半边旗 Pteris dissitifolia Baker

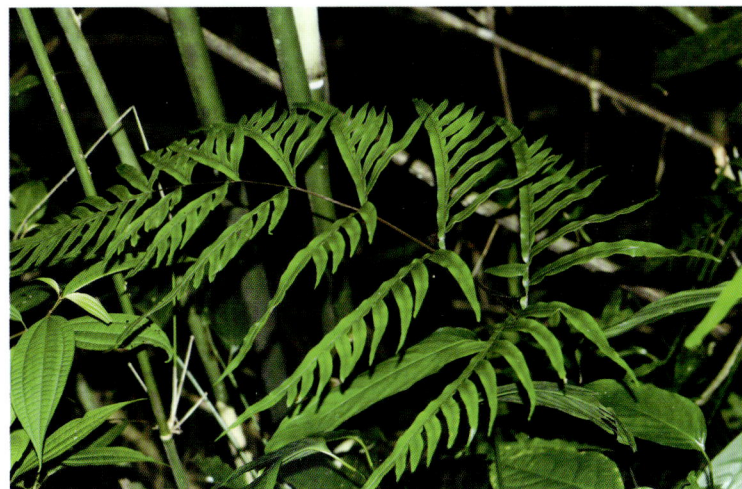

植株高 1~1.5m。根状茎斜升或直立。叶柄长 40~80cm；叶片卵状长圆形，长 35~50cm，二回羽状深裂或二回半边羽状深裂；裂片间隔宽约 1cm。

生于林下或岩石缝中。

全草药用，味微苦，性凉。生肌，止血，止痢。用于外伤出血、痢疾。

5. 剑叶凤尾蕨（别名：小凤尾草、三叉草）*Pteris ensiformis* Burm. f.

草本；植株高 30~50cm。叶密生，奇数二回羽状；羽片 2~4 对，小羽片 1~4 对；叶柄、叶轴禾杆色。孢子囊群线形，沿叶缘连续延伸。

生于海拔 1000m 以下的林下、灌丛中。

全草药用，味甘、苦、微辛，性凉。清热解毒，利尿。治湿热黄疸性肝炎、痢疾、乳腺炎、小便不利。

6. 傅氏凤尾蕨（别名：南方凤尾蕨、冷蕨草）*Pteris fauriei* Hieron

草本；株高 90cm。叶簇生，一型，二回羽裂，卵状三角形，长 25~45cm；侧生羽片近对生，3~6 对，长 13~23cm。孢子囊群线形。

生于海拔 800m 以下的林下沟边酸性土壤上。

全草药用，味苦，性凉。清热止痢，利湿退黄。治痢疾、黄疸、小儿惊风、外伤出血、烧伤、烫伤。

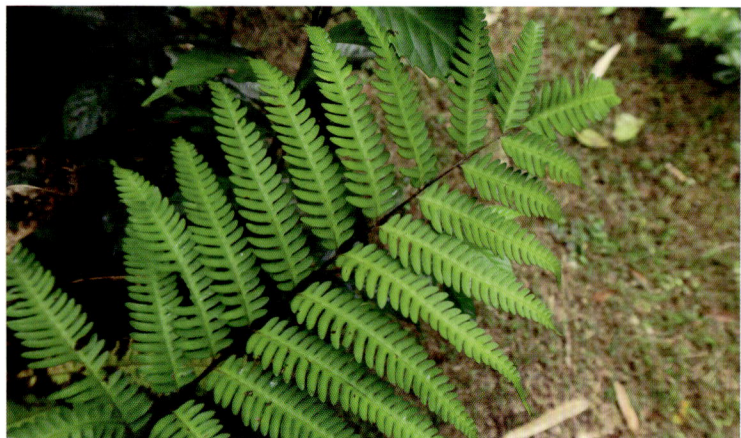

7. 全缘凤尾蕨 *Pteris insignis* Mett. et Kuhn

草本；植株高 1.5m。叶片卵状长圆形，长 50~80cm，一回羽状；羽片 6~14 对，有软骨质的边。孢子囊群线形；囊群盖线形，灰白色或灰棕色。

生于海拔 200~800m 的山谷林下或水沟旁。

全草药用，味微苦，性凉。清热利湿，化瘀消肿。治湿热黄疸、痢疾、血淋、热淋、风湿痹痛、咽喉肿痛、瘰疬、跌打损伤。

8. 井栏边草（别名：井口边尾、鸡脚草、金鸡尾、凤尾蕨）*Pteris multifida* Poir

草本。根状茎先端被黑褐色鳞片。叶密而簇生，一回羽状；羽片常分叉，基部下延呈翅状；叶脉分离。囊群盖线形，灰棕色，膜质。

生于阴湿的墙壁、井边、石灰岩缝隙或灌丛下。

全草药用，味淡，性凉。清热利湿，解毒止痢，凉血止血。治痢疾、胃肠炎、肝炎、泌尿系感染、感冒发热、咽喉肿痛、白带、崩漏、农药中毒。

9. 斜羽凤尾蕨 *Pteris oshimensis* Hieron.

草本；植株高 50~80cm。叶片长 30~40cm，中部宽 10~18cm，二回深羽裂；侧生羽片对生，斜向上，无柄，线状短尖尾，篦齿状深羽裂几达羽轴。

生于海拔 850m 以下的山谷林下或水沟旁。

10. 半边旗（别名：半边蕨、单片锯、半边牙、半边梳）Pteris semipinnata Linn.

草本；株高 35~80cm。叶簇生，近一型，叶片长圆状披针形；侧生羽片 4~7 对；不育裂片有尖锯齿，能育裂片顶端有尖刺或具 2~3 尖齿。

生于海拔 850m 以下的疏林下、溪边或岩石旁酸性土壤上。

全草药用，味苦、辛，性凉。清热解毒，消肿止血。治细菌性痢疾、急性肠炎、黄疸型肝炎、结膜炎。

11. 蜈蚣凤尾蕨（别名：蜈蚣蕨、长叶甘草蕨、舒筋草、牛肋巴）Pteris vittata Linn.

草本。叶簇生，长 10~30cm 或更长，一回羽状；顶生羽片与侧生羽片同型，侧生羽多数，无柄，基部羽片仅为耳形，中部羽片最长，狭线形。

生于钙质土石灰岩的地方，或生于用石灰砌成的墙壁砖缝上和石灰窑附近。

全草药用，味淡，性平。祛风活血，解毒杀虫。预防流行性感冒，治痢疾、风湿疼痛、跌打损伤。

3. 书带蕨属 Haplopteris Sm.

1. 书带蕨 Haplopteris flexuosa (Fée) E. H. Crane [Vittaria flexuosa Fée]

草本。根状茎横走，密被鳞片。叶近生，密集成丛，线形，宽 4~6mm，中肋在下面隆起，叶边反卷。孢子囊群线形，生于叶缘内侧。

附生于树干或林下的岩石上。

全草药用，味苦、涩，性凉。舒筋活络。治跌打损伤、骨折。

P31 碗蕨科 Dennstaedtiaceae

1. 栗蕨属 Histiopteris (Agardh) J. Sm.

1. 栗蕨 Histiopteris incisa (Thunb.) J. Sm.

草本；高约2m。叶片三角形或长圆状三角，长50~100cm，二至三回羽状；叶柄长约 1m，栗红色。孢子囊群线形，孢子囊柄细长。

生于海拔 500~1000m 的林下、溪边。

2. 姬蕨属 Hypolepis Bernh.

1. 姬蕨（别名：冷水蕨）Hypolepis punctata (Thunb.) Mett.

草本。叶片长 35~70cm，宽 20~28cm，长卵状三角形，三至四回羽状深裂。囊群盖由锯齿多少反卷而成，棕绿色或灰绿色。

生于海拔 400~1500m 的山谷林下阴湿处。

全草药用，味苦、辛，性凉。清热解毒、收敛止痛。治烧、烫伤。鲜全草捣烂，用洗米水或冷开水调匀，取汁外涂。外伤出血，用鲜嫩叶捣烂敷伤处，或用干叶研粉撒患处。

3. 鳞盖蕨属 Microlepia Presl

1. 华南鳞盖蕨（别名：鳞盖蕨）Microlepia hancei Prantl

草本。根状茎横走，叶片长 50~60cm，中部宽 25~30cm，卵状长圆形，孢子囊群圆形，生小裂片基部上侧近缺刻处；囊群盖近肾形，膜质，灰棕色，偶有毛。

生于林下、溪边湿地。

全草药用，味苦，性寒。祛湿热。治肝胆湿热。

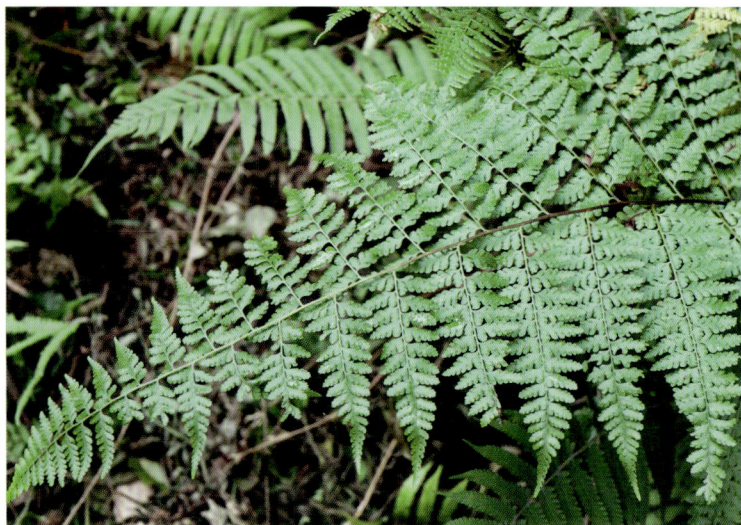

2. 虎克鳞盖蕨 Microlepia hookeriana (Wall.) Presl

草本。植株高达 80cm。叶远生，叶片广披针形，先端长尾状，一回羽状；羽片披针形，近镰刀状。叶脉自中肋斜出，一回二叉分枝。孢子囊群近边缘着生。

生于林下、溪边湿地。

3. 边缘鳞盖蕨 Microlepia marginata (Houtt.) C. Chr.

土生草本；高约 60cm。叶片长圆三角形，一回羽状；侧脉明显，在裂片上为羽状。孢子囊群圆形，每小裂片上 1~6 个，向边缘着生。

生于林下、溪边湿地。

全草药用，味微苦，性寒。清热解毒，祛风活络。治痈疮疖肿、风湿痹痛、跌打损伤。

4. 团羽鳞盖蕨 Microlepia obtusiloba Hayata

草本。叶片长 40~45cm，宽约 2.2cm，先端一回羽状；下部三回羽状深裂，中部二回羽状，基部一对较长。孢子囊群圆形，囊群盖杯形。

生于林下。

5. 粗毛鳞盖蕨 Microlepia strigosa (Thunb.) Presl

土生草本；高 110cm。全株被粗毛。叶片长圆形，长达 60cm，二回羽状；羽片 25~35 对，近互生。孢子囊群叶边内生；囊群盖杯形，棕色。

生于林下。

全草药用，味微苦，性寒。清热利湿。治肝炎、流行性感冒。

中型草本。叶远生，近革质，三回羽状，末回小羽片披针形；各回羽轴上面纵沟内均密被毛。孢子囊群沿叶边成线形分布。孢子四面型。

生于山坡阳处或山谷疏林下。

全草药用，味甘，性寒。清热利湿，解热利尿，驱虫。治疗风湿关节痛、痢疾、疮毒。

P37 铁角蕨科 Aspleniaceae

1. 铁角蕨属 Asplenium Linn.

1. 毛轴铁角蕨 **Asplenium crinicaule** Hance

中型草本。根状茎短而直立，密被鳞片。叶披针形，一回羽状；羽片主轴两侧各有多行孢子囊，羽片间无芽孢；叶轴和叶柄被黑色鳞片。

生于山地林下溪边潮湿石上。

2. 倒挂铁角蕨 **Asplenium normale** Don

草本；株高15~40cm。叶簇生，披针形，12~24cm，一回羽状；羽片20~30对，主轴两侧各有1行孢子囊。孢子囊群椭圆形；囊群盖椭圆形。

生于林下石上或树干上。

全草药用，味微苦，性平。清热解毒。治肝炎、痢疾、外伤出血、蜈蚣咬伤。

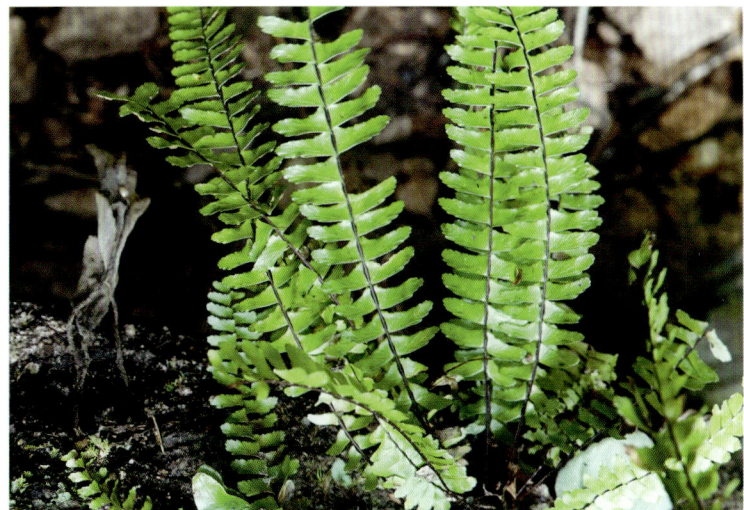

4. 蕨属 Pteridium Scopoli

1. 蕨（别名：蕨萁、蕨菜、如意菜、蕨粑、龙头菜）**Pteridium aquilinum** (Linn.) Kuhn **var. latiusculum** (Desv.) Underw. ex Heller

多年生草本；植株高可达 1m。叶具长柄；各回羽轴上面纵沟内无毛，末回羽片椭圆形。孢子囊群线形；囊群盖双层，孢子囊柄细长。

常生于山地向阳的草坡上。

全草药用，味甘，性寒。清热利湿，消肿，安神。治发热、痢疾、湿热黄疸、高血压病、头昏失眠、风湿性关节炎、白带、痔疮、脱肛。

2. 毛轴蕨 **Pteridium revolutum** (Bl.)Nakai.

3. 长叶铁角蕨（别名：定草根、长生铁角蕨、水柏枝）**Asplenium prolongatum** Hook.

草本；植株高 20~40cm。叶片线状披针形，长 10~25cm，宽 3~4.5cm，二回羽状；羽片 20~24 对。孢子囊群狭线形，深棕色；囊群盖狭线形。

生于海拔 150~800m 山地林下阴湿处石上或树上。

全草药用，味辛、甘，性平。清热除湿，活血化瘀，止咳化痰，利尿通乳。治风湿疼痛、肠炎、痢疾、尿路感染、咳嗽痰多、跌打损伤、吐血、崩漏、乳汁不通。

4. 狭翅铁角蕨 Asplenium wrightii Eaton ex Hook.

附生草本；植株高达 1m。叶簇生；叶片椭圆形，一回羽状；叶柄和叶轴有狭翅。羽片主两侧各有 1 行孢子囊；囊群盖线形，灰棕色，后变褐棕色。

生于山地林下溪边石上。

全草药用，味苦，性寒。清热解毒，消肿止痛。治疖肿、牙痛、口腔溃疡。

5. 棕鳞铁角蕨 Asplenium yoshinagae Makino[A. indicum Sledge var. yoshinagae (Makino) Ching et S. H. Wu]

体形较小草本；植株高 10~20cm。叶簇生，一回羽状，羽片长 1~2cm，基部不对称，下部羽片的腋间往往有 1 个芽胞，能萌发出幼株。

生于山地林下阴湿处石上或树上。

2. 膜叶铁角蕨属 Hymenasplenium Hayata

1. 齿果膜叶铁角蕨（别名：齿果铁角蕨）Hymenasplenium cheilosorum Tagawa [Asplenium cheilosorum Kunze ex Mettenius]

附生草本；高 25~60cm。叶片一回羽状，狭长圆形三角形，长 15~35cm；叶柄灰黑色到深紫色；羽叶 25~40 对，几乎无柄。孢子囊群为线形。

生于山地林下或溪旁阴湿处石上。

2. 切边膜叶铁角蕨（别名：切边铁角蕨）Hymenasplenium excisum (C. Presl) S. Lindsay [Asplenium excisum Presl]

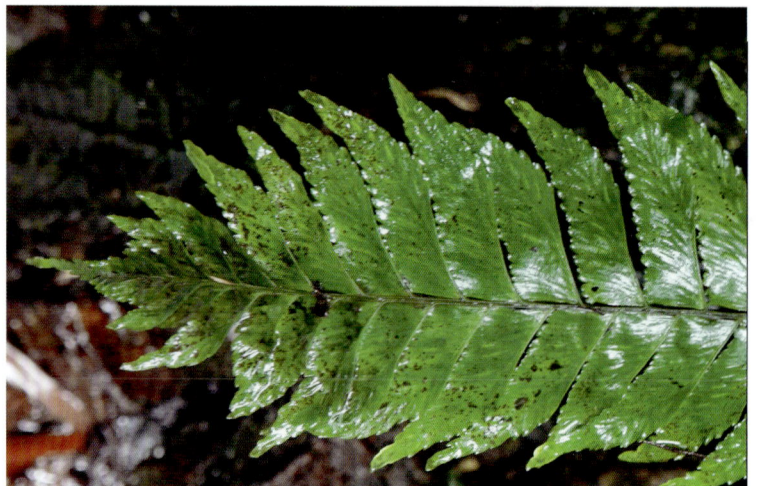

草本；植株高 40~60cm。叶远生，披针状椭圆形，长 22~40cm，先端急变狭并成尾状，一回羽状，叶脉羽状，二叉，达于锯齿先端。孢子囊群阔线形。

生于山地林下阴湿处石上或树上。

3. 荫湿膜叶铁角蕨（别名：阴生铁角蕨）Hymenasplenium obliquissimum (Hayata) Sugimoto [*Asplenium unilaterale* Lam. var. *udum* Atkinson ex Clarke]

草本；植株形体细弱。根状茎长而横走。一回羽状，羽片较小，为透明的膜质，干后常呈暗绿色。孢子囊群线形，囊群盖线形。生于阴湿滴水生境。

生于山地林下溪边滴水的岩石上。

P40 乌毛蕨科 Blechnaceae

1. 乌毛蕨属 Blechnum Linn.

1. 乌毛蕨（别名：贯众）Blechnum orientale Linn.

土生草本。根状茎短粗直立，木质。叶簇生，卵状披针形，一回羽状复叶；羽片互生，非鸡冠状。孢子囊群紧贴羽片中脉；囊群盖线形。

生于海拔 800m 以下酸性土壤的山坡灌丛及较阴湿处。

根状茎药用，味微苦，性凉，有小毒。清热解毒，止血。治流感、流脑、伤寒、斑疹、麻疹、肠道寄生虫病、吐血、衄血及妇女血崩等。

2. 狗脊属 Woodwardia Smith.

1. 崇澍蕨（别名：假狗脊）Woodwardia harlandii Hook. [*Chieniopteris harlandii* (Hook.) Ching]

草本；植株高达 1.2m。叶散生，常羽状深裂，叶脉明显，主脉隆起，沿主脉两侧有窄长网眼和六角形网眼，孢子囊群粗线形，囊群盖开向主脉，宿存。

生于海拔 100~800m 的山地林下潮湿处或水沟边。

全草药用，味辛，性温。祛风去湿。治关节痛。

2. 狗脊（别名：贯众）Woodwardia japonica (Linn. f.) Sm.

草本。根状茎横卧，与叶柄基部密被鳞片。叶近生，近革质，二回羽裂；小羽片有密细齿；叶脉隆起。孢子囊群线形；囊群盖线形。

生于疏林下酸性土壤中。

根状茎药用，味微苦，性凉，有小毒。清热解毒，止血。预防麻疹、流行性乙型脑炎；治流行性感冒、痢疾、子宫出血、钩虫病、蛔虫病。

P41 蹄盖蕨科 Athyriaceae

1. 角蕨属 Cornopteris Nakai

1. 角蕨 Cornopteris decurrentialata (Hook.) Nakai

草本；夏绿植物。根状茎细长横走或横卧，能育叶长可达80cm，叶片长达40cm，一至二回羽状；侧生羽片两侧羽状深裂，小羽片卵形，钝头。

生于林下、溪边湿地。

2. 对囊蕨属 Deparia Hook. & Grev.

1. 东洋对囊蕨（别名：假蹄盖蕨）Deparia japonica (Thunberg) M. Kato [Athyriopsis japonica (Thunb.) Ching]

草本。叶片长 15~50cm，宽 6~30cm，侧生分离羽片 4~8 对，通常以约 60° 的夹角向上斜展。孢子囊群短线形，囊群盖边缘撕裂状。

生于山谷、溪边、林下潮湿处。

全草药用，消肿解毒。治无名肿毒。

2. 单叶对囊蕨（别名：单叶双盖蕨）Deparia lancea (Thunberg) Fraser-Jenkins [Diplazium subsinuatum (Wall. ex Hook. et Grew.) Tagawa]

草本。叶片披针形或线状披针形，长 10~25cm，宽 2~3cm，边缘全缘或稍呈波状。孢子囊群线形；囊群盖成熟时膜质，浅褐色。

生于水边或密林下的酸性岩石上。

全草药用，味苦、涩，性微寒。消炎解毒，健脾利尿。治高热、尿路感染、烧伤、烫伤、蛇伤、目赤肿痛、血尿、淋症、咳血、小儿疳积。

3. 双盖蕨属 Diplazium Sw.

1. 边生双盖蕨（别名：边生短肠蕨）Diplazium conterminum Christ [Allantodia contermina (Christ) Ching]

土生大型草本。叶片三角形，长 30~120cm，羽裂渐尖的顶部以下二回羽状；侧生羽片 5~10 对。孢子囊群椭圆形；囊群盖灰白色。

生于山谷林下、溪边湿地。

2. 厚叶双盖蕨 Diplazium crassiusculum Ching

草本。根状茎先端密被鳞片。叶簇生，一回羽状的能育叶长达 1m 以上；叶片椭圆形，长 30~50cm，宽 16~24cm；侧生羽片常 2~4 对。孢子囊群与囊群盖长线形。

生于常绿阔叶林及灌木林下，土生或生岩石上。

全草药用，微苦，性寒。清热解毒，利尿，通淋。

3. 光脚双盖蕨（别名：光脚双盖蕨）**Diplazium doederleinii** (Luerss) Makino [*Allantodia doederleinii* (Luerss.) Ching]

草本。叶片长达 90cm，羽裂渐尖的顶部以下二回羽状小羽片羽裂；侧生羽片约达 10 对。孢子囊群粗短线形或长圆形；囊群盖膜质，浅褐色。

生于常绿阔叶林及灌木林下，土生或生岩石上。

4. 食用双盖蕨（别名：菜蕨） **Diplazium esculentum** [*Callipteris esculenta* (Retz.) J. Sm. ex Moore et Houlst.]

草本；高达 15cm。叶片 60~80cm 或更长，下部一回或二回羽状；小羽片 8~10 对，两侧稍有耳。孢子囊群线形；囊群盖线形，黄褐色。

生于林下、溪边湿地。

嫩叶可作野菜食用。

5. 阔片双盖蕨（别名：阔片短肠蕨）**Diplazium atthewii** (Copel.) C. Chr. [*Allantodia matthewii* (Copel.) Ching]

草本。叶近生。能育叶长达 1m；叶柄长达 40cm，叶片三角形，长达 70cm，基部宽达 50cm，侧生羽片约 8 对。囊群盖线形，宿存。

生于山谷、溪边、林下潮湿处。

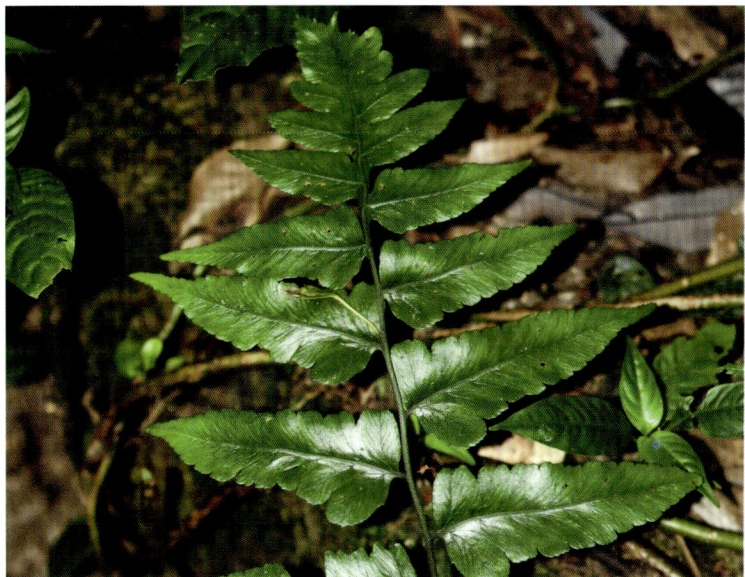

6. 江南双盖蕨（别名：江南短肠蕨）**Diplazium mettenianum** (Miquel) C. Christensen [*Allantodia metteniana* (Miq.) Ching]

草本。叶片三角形，长 25~40cm，一回羽状；侧生羽片约 10 对；叶柄疏被狭披针形的褐色鳞片。孢子囊群线形；囊群盖浅褐色。

生于海拔山谷、溪边、林下潮湿处。

7. 淡绿双盖蕨（别名：淡绿短肠蕨）**Diplazium virescens** Kunze. [*Allantodia virescens* (Kunze.) Ching]

常绿中型林下植物。能育叶长达 20~40cm，叶长 30~60cm，基部宽 25~40cm，二回羽状—小羽片羽状浅裂至半裂。孢子囊群长圆形。

生于山谷、溪边、林下潮湿处。

8. 深绿双盖蕨（别名：深绿短肠蕨）Diplazium viridissimum Christ [*Allantodia viridissima* (Christ) Ching]

常绿大型林下植物。叶簇生。叶长可达 2m 以上；叶长达 1.5m，宽达 1.3m，二回羽状—小羽片羽状深裂。孢子囊群短线形，囊群盖在囊群成熟前破碎。

生于山谷溪边林下。

9. 毛轴双盖蕨（别名：毛子蕨）Diplazium pullingeri Bak. [*Monomelangium pullingeri* (Bak.) Tagawa]

草本。能育叶长达 65cm；叶轴密被毛，叶片长达 45cm，宽达 20cm，侧生羽片基部无柄，上侧有三角形耳状突起。孢子囊群及囊群盖长线形。

生于山谷溪边林下。

P42 金星蕨科 Thelypteridaceae

1. 毛蕨属 Cyclosorus Link

1. 渐尖毛蕨（别名：尖羽毛蕨）Cyclosorus acuminatus (Houtt.) Nakai

草本；植株高 70~80cm。叶片长 40~4cm，宽 14~17cm，长圆状披针形，二回羽裂；羽片 13~18 对。孢子囊群圆形；囊

群盖大，深棕色或棕色。

生于海拔 800m 以下的山谷灌丛阴湿处。

全草药用，味微苦，性平。清热解毒，祛风除湿，消炎健脾。治泄泻、痢疾、热淋、咽喉肿痛、风湿痹痛、烧伤、烫伤、小儿疳积。

2. 干旱毛蕨 Cyclosorus aridus (Don) Tagawa

草本；高达 1.4m。根状茎横走，被鳞片。叶片阔披针形，二回羽裂，下部 6~10 对缩小成小耳片。侧脉基部一对结成钝三角形网眼。囊群盖鳞片状。

生于山谷林下、沟边湿润处。

3. 齿牙毛蕨 Cyclosorus dentatus (Forssk.) Ching

草本；高 40~60cm。叶柄有短毛密生；叶片长 25~30cm，二回羽裂；羽片下部 2~3 对略缩短。孢子囊群生于侧脉中部以上；囊群盖宿存。

生于山谷疏林下或路旁湿地。

全草药用，味微苦，性平。舒筋活络，散寒。治风湿筋骨痛、手指麻木、跌打损伤、颈淋巴结核等症。

4. 异果毛蕨 Cyclosorus heterocarpus (Bl.) Ching

草本；高达 1m。叶簇生；叶片长圆状披针形，基部突然变狭，二回羽裂；羽片下部 5~10 对向下缩短成耳片状，最下的为瘤状。孢子囊群圆形。

生于海拔山谷溪边阴湿处。

5. 宽羽毛蕨 Cyclosorus latipinnus (Benth.) Tard-Blot

草本；高 20~25cm。叶片长 15~22cm，中部宽 5~8cm，二回羽裂；侧生羽片下部 2~3 对略缩短，基部一对成三角状耳形。孢子囊群圆形。

生于溪边阴湿处。

6. 华南毛蕨（别名：金星蕨）Cyclosorus parasiticus (Linn.) Farwell

土生草本；植株高达 70cm。叶近生，长 35cm，二回羽裂；羽片 12~16 对，羽片披针形，羽裂达 1/2 或稍深。孢子囊群圆形；囊群盖小。

生于海拔山谷林下、溪边、路旁阴湿处。

全草药用，味辛、微苦，性平。清热除湿。治风湿痹痛、感冒、痢疾。

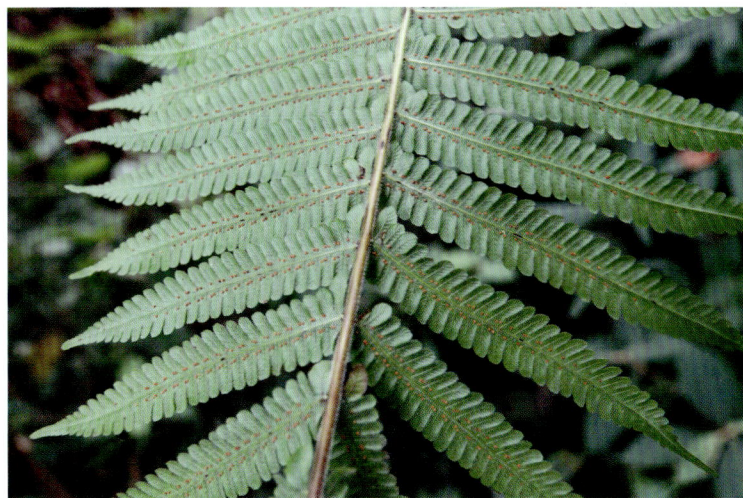

2. 金星蕨属 Parathelypteris (H. Ito) Ching

1. 金星蕨 Parathelypteris glanduligera (Kunze.) Ching

植株高 50cm。根状茎长而横走，光滑。叶柄禾秆色被短毛；叶片二回羽状深裂；羽片约 15 对，叶草质。孢子囊群圆形，生于侧脉近顶部；囊群盖圆肾形。

生于山谷林下、溪边、路旁阴湿处。

全草药用，味苦，性寒。清热解毒，利尿。治痢疾、小便不利、吐血、外伤出血、烫伤。

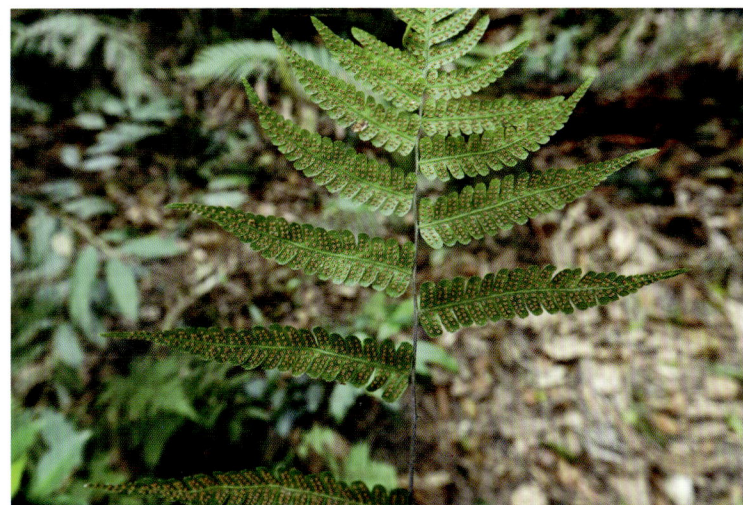

3. 新月蕨属 Pronephrium Presl

1. 红色新月蕨 Pronephrium lakhimpurense (Rosenst)Holtt

草本；高达 1.5m 以上。叶远生；叶为羽状，叶片长 60~85cm，奇数一回羽状，侧生羽片 8~12 对。孢子囊群圆形，生于小脉中部。

生于林下或沟溪边湿地。

全草药用，味苦，性寒。清热解毒，祛瘀止血。

2. 单叶新月蕨（别名：草鞋青、鹅仔草）Pronephrium simplex (Hook.) Holtt. [*Abacopteris simplex* (Hook.) Ching]

草本。根状茎横走，略被鳞片。叶疏生，单叶，二型；叶片椭圆状披针形；侧脉基部有一近长方形网眼。孢子囊群圆形，无盖。

生于阴暗、潮湿的密林下或山谷溪流附近。

全草药用，味甘、微涩，性凉。消炎解毒，利咽消肿。治急性扁桃体炎、蛇咬伤、咽喉肿痛、湿热泻痢、肛门灼热肿痛、食积不化、脘腹胀满。

3. 三羽新月蕨（别名：三枝标、蛇退步）Pronephrium triphyllum (Sw.) Holtt. [*Abacopteris triphylla* (Sw.) Ching]

草本；植株高 20~50cm。叶疏生，顶生羽片远较大，长 15~18cm；叶柄长 10~40cm。孢子囊群双汇合；无盖；孢子囊体上有 2 根钩状毛。

生于山谷溪边林下。

全草药用，味微甘、辛，性平。消肿散瘀，清热化痰。治跌打损伤、湿疹、皮炎、蛇咬伤、痈疖、急慢性支气管炎。

4. 假毛蕨属 Pseudocyclosorus Ching

1. 溪边假毛蕨 Pseudocyclosorus ciliatus (Wallich ex Benth.) Ching

湿生中型草本。根状茎直立。叶簇生，叶片椭圆状披针形，一回羽状；羽片 7~10 对；叶轴密被柔毛。孢子囊群生小脉中部，囊群盖被毛。

生于海拔 900m 以下的山谷湿地及溪边。

2. 镰片假毛蕨 Pseudocyclosorus falcilobus (Hook.) Ching

草本；高 65~80cm。叶片二回深羽裂；下部 3~6 对羽片退化成小耳片，中部羽片羽裂几达羽轴；裂片镰状披针形。孢子囊群圆形。

生于海拔 900m 以下的山谷湿地及溪边。

5. 溪边蕨属 Stegnogramma Blume

1. 羽裂圣蕨 Stegnogramma wilfordii (Hook.) Seriz. [*Dictyocline wilfordii* (Hook.) J. Sm.]

草本；高 30~50cm。叶簇生，下部羽状深裂几达叶轴；侧生裂片通常 3 对；叶柄长 17~30cm，基部密被鳞片。孢子囊沿网脉疏生，无盖。

生于山谷溪边林下。

P45 鳞毛蕨科 Dryopteridaceae

1. 复叶耳蕨属 Arachniodes Bl.

1. 斜方复叶耳蕨 Arachniodes amabilis (Bl.) Ching [*Arachniodes rhomboidea* (Wall. ex Mett.) Ching]

草本；高 40~80cm。叶片为卵状披针形，叶片顶端突然收狭；小羽片边缘有裂片。囊群盖全缘，棕色，边缘不具睫毛。

生于海拔 80~1200m 的山谷林下。

2. 多羽复叶耳蕨 Arachniodes amoena (Ching) Ching

草本；高 70~85cm。叶片五角形，长 30~45cm，宽 28~40cm，四回羽状；侧生羽片基部一对最大，三角状长尾形。孢子囊群生于小脉顶端。

生于山谷林下。

3. 刺头复叶耳蕨 Arachniodes aristata (Forst) Tindale [*Arachniodes exilis* (Hance) Ching]

草本。叶片顶端渐尖，三回羽状，末回小羽片边缘有芒刺状齿；叶柄与叶轴被棕色鳞片。孢子囊群每二回小羽片或裂片 3~5 枚。

生于山谷林下。

4. 中华复叶耳蕨 Arachniodes chinensis (Ros.) Ching

草本。叶片顶端渐尖，三回羽状，末回小羽片边缘有芒刺状齿；叶柄与叶轴被棕色鳞片。孢子囊群每二回小羽片或裂片 3~5 枚。

生于山谷林下。

5. 华南复叶耳蕨 Arachniodes festina (Hance) Ching

草本。叶片卵状三角形，长 32~65cm，宽 18~30cm，顶部渐尖，四回羽状；羽片 7~9 对，基部一对最大，三角形，基部近对称，三回羽状。

生于山谷林下。

6. 粗裂复叶耳蕨 Arachniodes grossa (Tard-Blot et C. Chr.) Ching

草本。叶卵状三角形，顶部渐尖并羽裂，基部圆楔形，二回羽状，羽片互生，有柄，斜展，基部一对较大，三角状披针形。孢子囊群生于小脉顶端。

生于山谷林下。

2. 实蕨属 Bolbitis Schott.

1. 刺蕨 Bolbitis appendiculata (Willdenow) K. Iwatsuki [*Egenolfia appendiculata* (Willd.) J. Sm.]

草本。叶一回羽状，二型：不育叶披针形，边缘波状并具尖锐齿；能育叶羽片狭缩，卵状椭圆形。孢子囊群满布于能育羽片下面。

生于林下、溪边或湿地石上。

2. 长叶实蕨 Bolbitis heteroclite (Presl) Ching

叶近生，叶二型：不育叶变化大，顶生羽片特别长大，披针形，先端常有一延长能生根的鞭状长尾；小脉联结成整齐的四角形或六角形网眼。

生于林下、溪边湿地。

全草药用，味淡，性凉。清热止咳，凉血止血。治肺热咳嗽、咯血、痢疾、烧烫伤、毒蛇咬伤。

3. 华南实蕨 Bolbitis subcordata (Cop.) Ching

草本。根状茎密被鳞片。叶簇生；不育叶一回羽状；侧生羽片阔披针形，叶缘深波状裂片，缺刻内有1尖刺。孢子囊群满布羽片下面。

生于林下、溪边湿地。

全草药用，微涩，性凉。清热解毒、凉血止血。治毒蛇咬伤、局部破溃、红肿疮痛。

3. 鳞毛蕨属 Dryopteris Adanson

1. 阔鳞鳞毛蕨 Dryopteris championii (Benth.) C. Chr.

草本；株高 50~80cm。根状茎顶端密被鳞片。叶簇生，二回羽状；羽片 10~15 对；小羽片 10~13 对；叶轴密被阔鳞片，羽轴密被泡鳞。

生于山地林下或灌丛中。

全草药用，味苦，性平。清热解毒，止咳平喘。治钩虫病、气喘、大便出血。

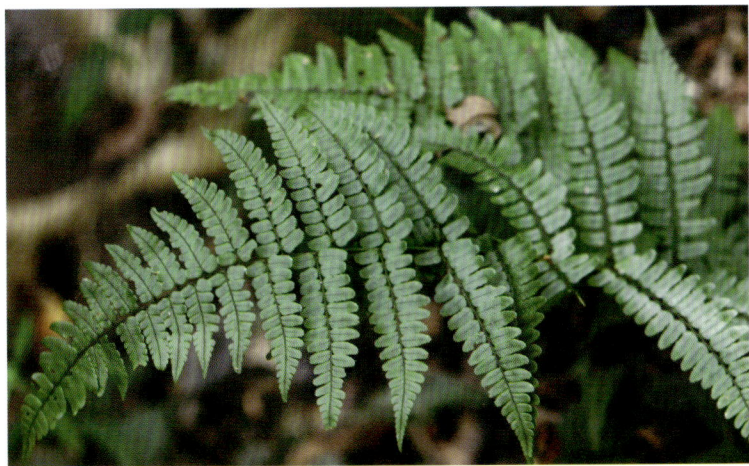

2．黑足鳞毛蕨 Dryopteris fuscipes C. Chr.

草本；植株高 50~80cm。叶簇生；边缘全缘，二回羽状，长 30~40cm，宽 15~25cm；叶片卵状披针形或三角状卵形。孢子囊群大；囊群盖圆肾形。

生于林下或灌丛中。

全草药用，味苦，性寒。清热解毒，生肌敛疮。治目赤肿痛、疮疡溃烂、久不收口。

3．无盖鳞毛蕨 Dryopteris scottii (Bedd.) Ching

草本；高 50~80cm。叶柄有小鳞片；叶片长 25~45cm，宽 15~25cm，顶端羽裂渐尖，一回羽状；羽片边缘有波状圆齿。孢子囊群圆形，无盖。

生于山谷溪边林下。

4. 黄腺羽蕨属 Pleocnemia Presl

1．黄腺羽蕨 Pleocnemia winitii Holtt

草本。叶簇生，基部心脏形并羽裂。叶脉沿小羽轴及主脉下部两侧联结成狭长的网眼，下面被黄色腺毛。孢子囊群圆形，无囊群盖，被黄色的圆柱状腺毛。

生于海拔 100~700m 的山地疏林下。

5. 耳蕨属 Polystichum Roth

1．巴郎耳蕨（别名：镰羽贯众、小羽贯众）Polystichum balansae Christ [Cyrtomium balansae (Christ) C. Chr.]

草本。叶片 25~60cm；基部柄鳞棕色，狭卵形和披针形；羽叶 12~18 对。孢子囊群圆形，生于小脉顶端，有时背生；囊群盖盾形。

生于山谷林下、溪边湿地。

根状茎药用，味微苦，性寒。清热解毒，驱虫。治流感、驱肠寄生虫。

2. 灰绿耳蕨 **Polystichum scariosum** (Roxburgh) C. V. Morton [*P. eximium* (Mett. ex Kuhn) C. Chr.]

草本。叶簇生，变化大；叶柄上面有深沟槽；叶轴有 1 或 2 枚密被鳞片的大芽孢。孢子囊群生于小脉背部或顶端；孢子具刺状突起。

生于山谷常绿阔叶林下溪沟边。

P46 肾蕨科 Nephrolepidaceae

1. 肾蕨属 Nephrolepis Schott

1. 肾蕨（别名：圆羊齿、天鹅抱蛋、篦子草）**Nephrolepis cordifolia** (Linn.) Trimen

草本。匍匐茎铁丝状。叶簇生，长 30~70cm，一回羽状；羽片互生，45~120 对；中部羽片长约 2cm，钝头。孢子囊群肾形；囊群盖肾形。

生于山地林中石上或树干上。

根状茎或全草药用，味甘、淡、微涩，性凉。清热解毒，润肺止咳，软坚消积。治感冒发热、肺热咳嗽、肺结核咯血、痢疾、急性肠炎、小儿疳积、消化不良、泌尿系感染、腹泻。

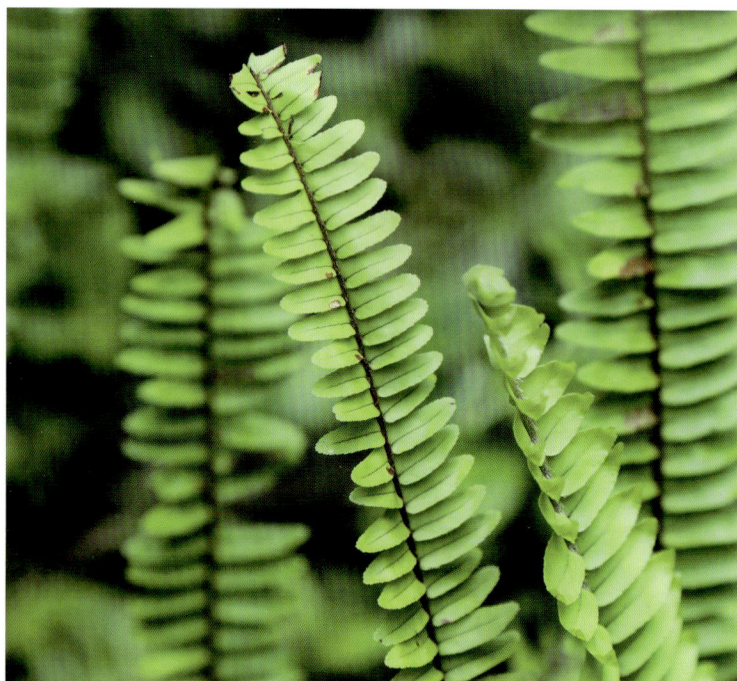

P48 三叉蕨科 Tectariaceae

1. 三叉蕨属 Tectaria Cav.

1. 毛叶轴脉蕨 **Tectaria devexa** Copel. [*Ctenitopsis devexa* (Kze.) Ching et C. H. Wang]

草本。叶片长 25~40cm，基部宽 20~25cm，基部心脏形并为三回羽裂，向上二回深羽裂；裂片镰状披针形；叶轴上面密被毛。孢子囊群圆形。

生于海拔 150~800m 的石灰岩山地。

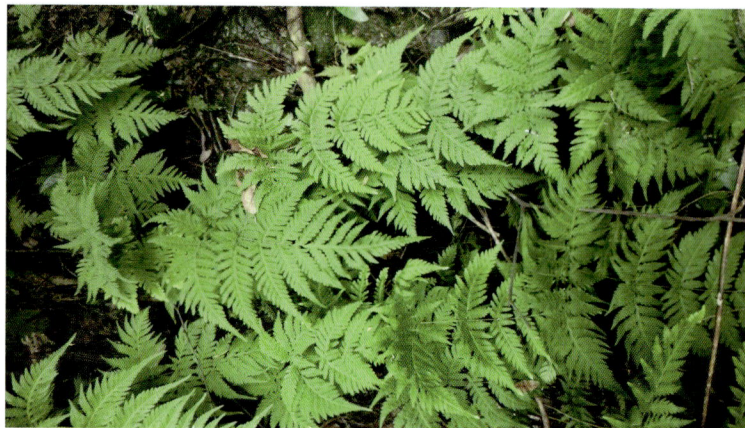

2. 条裂叉蕨 **Tectaria phaeocaulis** (Rosenst.) C. Chr.

草本。叶簇生，椭圆形，先端渐尖并为羽状撕裂，基部羽状；叶脉联结成近六角形网眼，有分叉的内藏小脉。孢子囊群圆形，囊群盖圆盾形。

生于海拔约 400m 的山谷林下湿地。

3. 三叉蕨（别名：三羽叉蕨）**Tectaria subtriphylla** (Hook. et Arn.) Cop.

草本；高 50~70cm。叶近生，二型，不育叶一回羽状，能育叶近同形但各部均缩狭；侧生羽片 1~2 对。孢子囊群圆形；囊群盖圆肾形。

生于林下、溪边湿地。

全草药用，味涩，性平。解毒，止血，祛风湿。治痢疾、刀伤出血、蛇伤、风湿骨痛。

P50 骨碎补科 Davalliaceae

1. 骨碎补属 Davallia Sm.

1. 杯盖阴石蕨（别名：圆盖阴石蕨、白毛蛇、百胖头、石祈蛇、上树蛇、白毛伸筋、石蚕）Davallia griffithiana Hook.

草本。根茎横走，密被鳞片。叶柄上面有纵沟，叶疏生，三角状卵形，羽状分裂，羽片互生，长三角形，有柄。孢子囊群生于裂片上缘，囊群盖宽杯形。

附生于村边或林中老树的枝干上和岩石上。

根状茎药用，味微甘、苦，性平。祛风除湿，止血，利尿。治风湿性关节炎、慢性腰腿痛、腰肌劳损、跌打损伤、骨折、黄疸型肝炎、吐血、便血、血尿。

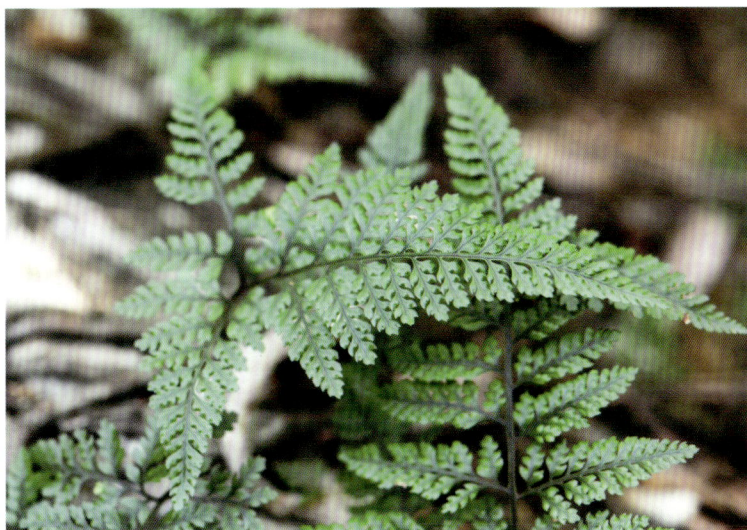

P51 水龙骨科 Polypodiaceae

1. 槲蕨属 Drynaria (Bory) J. Sm.

1. 槲蕨（别名：猴姜、骨碎补、板崖姜、皮板药）Drynaria roosii Christ [D. fortunei (Kunze) J. Sm.]

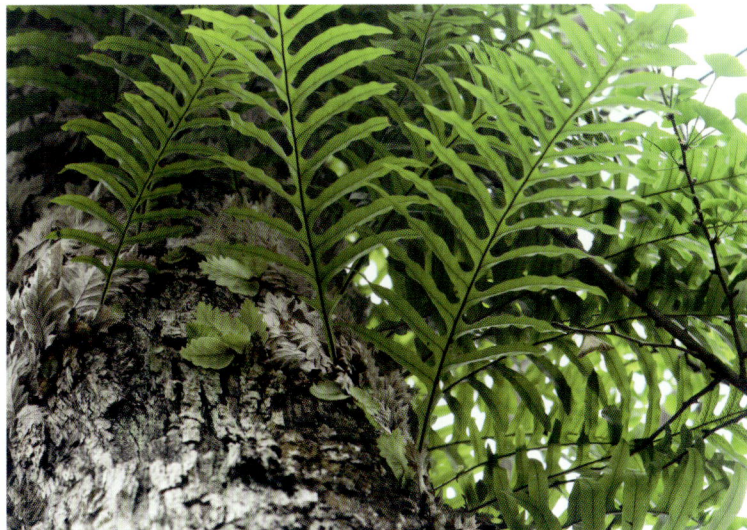

草本。通常附生岩石上，匍匐；或附生树干上，螺旋状攀缘。叶二型；基生不育叶卵形，长达 30cm；能育叶深羽裂，披针形。孢子囊群圆形。

生于海拔 100~900m 的山地林中石上或树干上。

根状茎药用，味微苦，性温。补肾，壮骨，祛风湿，活血止痛。治跌打损伤、骨折、瘀血作痛、风湿性关节炎、肾虚久泻、耳鸣牙痛。

2. 棱脉蕨属 Goniophlebium (Blume) C. Presl

1. 友水龙骨 Goniophlebium amoenum K.Schum. [Polypodiodes amoena (Wall. ex Mett.) Ching]

附生草本。根状茎横走，密被披针形鳞片。叶远生；叶片卵状披针形，长 40~50cm，宽 20~25cm，孢子囊群圆形。

生于海拔 500~1500m 的山谷石上或树干上。

根状茎药用，味微苦，性凉。清热解毒，消肿止痛，舒筋活络。治风湿痹痛、跌打损伤、痈肿疮毒。

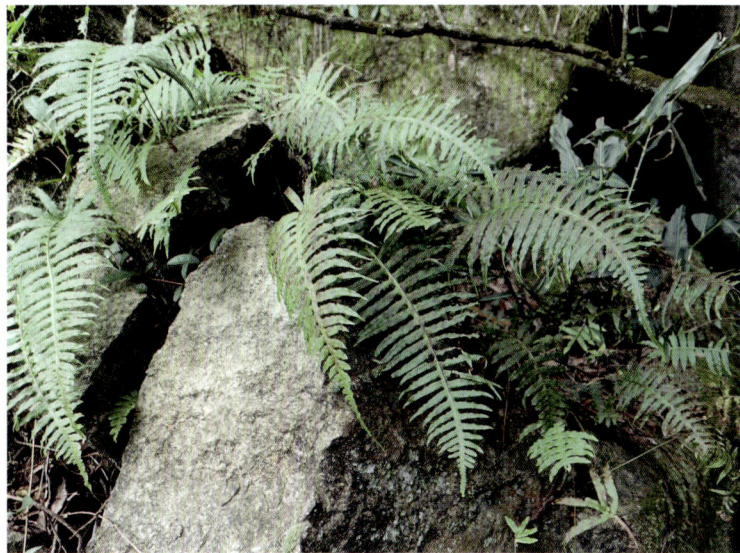

3. 伏石蕨属 Lemmaphyllum C. Presl

1. 披针骨牌蕨 Lemmaphyllum diversum (Rosenst.) De Vol et C. M. Kuo [Lepidogrammitis diversa (Rosenst.) Ching]

小型附生草本。叶远生，不育叶有时与能育叶无大区别，通常为阔卵状披针形，主脉两面明显隆起。孢子囊群圆形，在主脉两侧各成一行。

生于海拔 700~1000m 的山谷林下石上或树上。

全草药用，味苦、涩，性凉。清热止咳，祛风除湿，止血。治小儿高热、肺热咳嗽、风湿关节炎、外伤出血。

2. 伏石蕨（别名：飞龙鳞、石瓜子、猫龙草、瓜子莲）**Lemmaphyllum microphyllum** C. Presl

小型草本。叶疏生，二型；不育叶近无柄，近圆形或卵圆形，长 1.6~2.5cm；能育叶舌状或窄披针形，叶柄 3~8mm。孢子囊群线形。

生于海拔 100~1000m 的山谷林下石上或树上。

全草药用，味甘、微苦，性寒。清热解毒，凉血止血，润肺止咳。治肺热咳嗽、肺脓肿、肺结核咯血、咽喉肿痛、腮腺炎、痢疾、淋巴结结核、衄血、尿血、便血、崩漏。

4. 鳞果星蕨属 Lepidomicrosorium Ching & K. H. Shing

1. 鳞果星蕨（别名：攀缘星蕨）**Lepidomicrosorium buergerianum** [*Microsorium buergerianum* (Miq.) Ching]

小型草本；株高 20cm。根状茎长而攀缘。叶疏生，卵状披针形，以狭翅下延，全缘，灰绿色。孢子囊群小，星散分布于叶片下面。

生于山谷溪边林下、攀缘树上或石上。

全草药用，味涩、微苦，性凉。清热利湿。治尿路感染、黄疸。

5. 瓦韦属 Lepisorus（J. Sm.）Ching

1. 骨牌蕨 Lepisorus rostratus (Bedd.) C. F. Zhao, R. Wei & X. C. Zhang [*Lepidogrammitis rostrata* (Bedd.) Ching]

附生草本；株高 10cm。叶近二型，具短柄；不育叶阔披针形，长 6~10cm，先端鸟嘴状；能育叶长而狭。孢子囊群圆形，在主脉两侧各一行。

生于山谷林下石上或树干上。

全草药用，味甘、苦，性平。清热利尿，除烦清肺气，解毒消肿。治淋病、热咳、心烦、疮疡肿毒、跌打损伤。

2. 阔叶瓦韦 Lepisorus tosaensis (Makino) H. Ito

草本；植株高 15~30cm。根状茎密被鳞片。叶片披针形，中部最宽 1~2cm，顶端渐尖头，基部下延，革质，两面光滑无毛。孢子囊群圆形。

生于山谷林下石上或树干上。

6. 薄唇蕨属 Leptochilus Kaulf.

1. 线蕨 Leptochilus ellipticus (Thunb.) Noot. [*Colysis elliptica* (Thunb.) Ching]

草本；株高 20~60cm。叶远生，近二型；不育叶叶片长圆状卵形，长 20~70cm，一回羽裂深达叶轴；羽片或裂片 4~11 对。孢子囊群线形。

生于海拔 100~1500m 的山谷溪边林中石上。

全草药用，味微苦，性凉。清热利湿，活血止痛。治跌打损伤、尿路感染、肺结核。

2. 宽羽线蕨 Leptochilus ellipticus (Thunb.) Noot. **var. pothifolius** (Buchanan-Hamilton ex D. Don) X. C. Zhang [*Colysis pothifolia* (D. Don) C. Presl]

草本；植株高 60~100cm。叶远生，能育叶与不育叶近同形，羽状深裂，裂片 4~10 对，线状披针形。孢子囊群线形；孢子表面具颗粒。

生于山谷溪边林下阴湿的岩石上。

全草药用，味微涩、淡，性温。祛风通络，散瘀止痛。治风湿痹痛、跌打损伤。

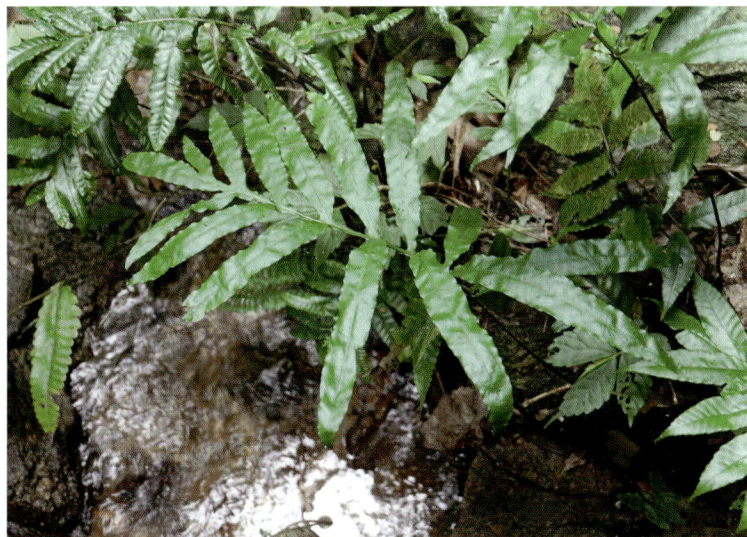

3. 断线蕨 Leptochilus hemionitideus (Wall ex Mett.) Noot. [*Colysis hemionitidea* (Wall. ex Mett.) C. Presl]

附生草本；株高 30~60cm。叶片阔披针形至倒披针形，长 30~50cm；叶柄长 1~4cm，暗棕色至红棕色。孢子囊群近圆形、长圆形至短线形，孢子椭圆形。

生于海拔 100~1500m 的山地山谷林下石上或树干上。

全草药用，味淡、涩，性凉。清热利尿。治下马风、斑痧、尿路感染、小便赤短。

4. 胄叶线蕨 Leptochilus hemitomus (Hance) Ching

草本。根茎横走，密被鳞片。叶疏生，叶柄有窄翅，基部楔形，具 1 对近平展披针形裂片，小脉网状，每对侧脉间有 2 行网眼。孢子囊群线形。

生于山谷溪边林下石上。

7. 剑蕨属 Loxogramme (Blume) C. Presl

1. 柳叶剑蕨 Loxogramme salicifolia (Makino) Makino

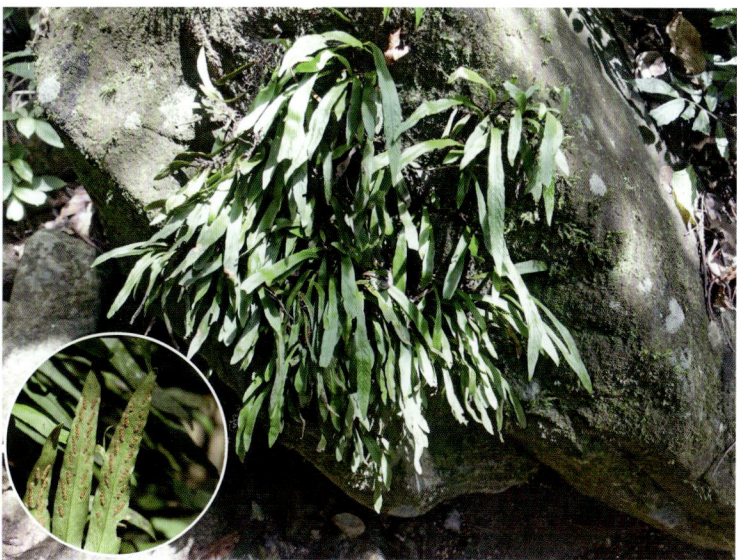

草本；高 15~35cm。根状茎横走，叶远生，叶片披针形，长 12~32cm，宽 1~3cm；叶稍肉质，干后革质。孢子囊群线形。孢子较短，椭圆形，单裂缝。

生于海拔 200~1200m 的山谷溪边林中岩石上或树干上。

全草药用，味微苦，性凉。清热解毒，利尿。治尿路感染、咽喉肿痛、胃肠炎、狂犬咬伤。

8. 星蕨属 Microsorum Link

1. 羽裂星蕨 Microsorum insigne (Blume) Copel.

附生草本；株高 40~100cm。叶疏生或近生，长 20~50cm，羽状深裂；裂片 1~12 对，对生。孢子囊群近圆形，着生网脉连接处；孢子豆形。

生于林下沟边、山坡阔叶林下岩石上。

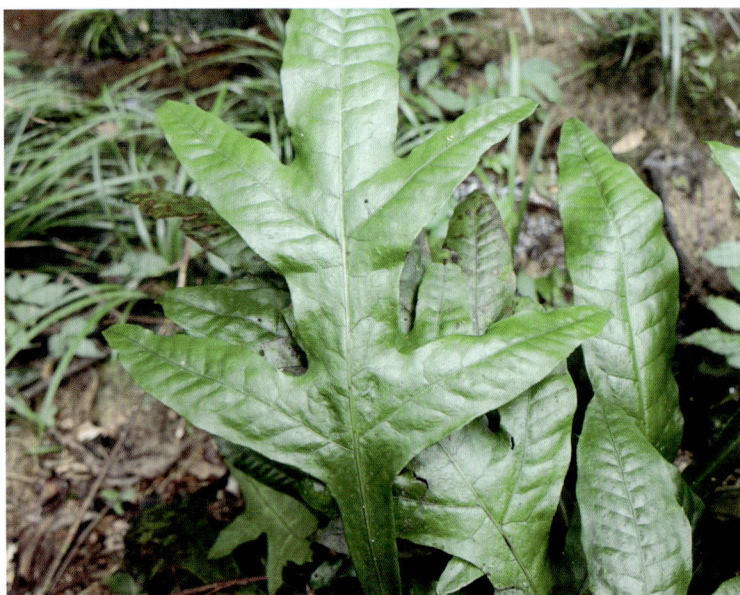

9. 盾蕨属 Neolepisorus Ching

1. 江南星蕨（别名：大叶骨牌草、七星剑、一包针） Neolepisorus fortunei (T. Moore) Ching

附生草本；株高 30~80cm。叶远生，线状披针形至披针形，长 25~60cm；叶柄长 8~20cm。孢子囊群圆形；孢子豆形，周壁具不规则褶皱。

生于海拔 100~1000m 的山地山谷林下石上或树干上。

全草药用，味甘淡、微苦，性凉。清热利湿，凉血止血，消肿止痛。治黄疸、痢疾、尿路感染、淋巴结结核、白带、风湿关节痛、咳血、吐血、便血、衄血、跌打损伤、骨折、毒蛇咬伤、疔疮肿毒。

10. 滨禾蕨属 Oreogrammitis Copeland

1. 短柄滨禾蕨（别名：短柄禾叶蕨）Oreogrammitis dorsipila (Christ) Parris [Grammitis dorsipila (Christ) C. Chr.et Tardieu]

草本。叶簇生，条状披针形，长 2~8cm，宽 2~7mm，圆钝头，全缘，基部狭楔形下延，两面及叶柄有红棕色长硬毛。孢子囊群圆形，有毛。

生于海拔 400~900m 的山地林中阴湿处石上或树干上。

11. 石韦属 Pyrrosia Mirbel

1. 石韦（别名：小石韦、石皮、石剑、金茶匙）Pyrrosia lingua (Thunb.) Farwell [P. martinii (Christ) Ching]

附生草本；株高 10~30cm。根状茎长而横走，密被鳞片。叶远生，近二型；不育叶长圆形；能育叶较不育叶长且窄。孢子囊群近椭圆形。

生于海拔 100~1000m 的石上或树干上。

全草药用，味甘、微苦，性微寒。凉血止血，清热利尿，通淋。治肾炎、尿路感染、小便赤短、血尿、尿路结石、支气管炎、闭经。

广东三岳野生植物————

裸子植物

GYMNOPERME

G5 买麻藤科 Gnetaceae

1. 买麻藤属 Gnetum Linn.

1. 罗浮买麻藤（别名：买麻藤、大麻骨风、接骨藤）Gnetum luofuense C. Y. Cheng [G. montanum auct. non Markgraf.]

藤本。茎枝紫棕色。叶较大，宽 3~8cm，薄或稍革质，长圆形或矩圆状卵形；侧脉 9~11 对，小脉网状。成熟种子矩圆状椭圆形。

生于低海拔的山地林中。

茎、叶药用，味苦、涩，性温。祛风除湿，行气健胃，活血接骨。治腰腿痛、骨折、消化不良、胃痛、风湿关节痛。

2. 小叶买麻藤（别名：大节藤、驳骨藤）Gnetum parvifolium (Warb.) C.Y. Cheng ex Chun

常绿缠绕藤本。叶椭圆形或长倒卵形，宽约 3cm，侧脉下面稍隆起。雌球花序的每总苞内有雌花 5~8 朵。成熟种子长椭圆形。

常见于林中，绕缠于树上。

藤茎、根、叶药用，味苦、涩，性温。祛风活血，消肿止痛，化痰止咳。治风湿关节炎、腰肌劳损、筋骨酸软、跌打损伤、支气管炎、溃疡病出血、毒蛇咬伤。

G7 松科 Pinaceae

1. 松属 Pinus Linn.

1. 马尾松（别名：松树）Pinus massoniana Lamb.

常绿乔木。树皮裂成不规则的鳞状块片。针叶 2 针一束，稀 3 针一束。球果卵圆形或圆锥状卵圆形；种子长卵圆形，具翅。

生于山地林中。

松节、松节油、花粉、叶、枝、树皮药用，松节、松节油、花粉：味苦、甘，性温，有小毒。祛风除湿，散寒止痛。治风湿性关节炎、跌打损伤、扭伤、筋骨疼痛。雄花序：润肺止咳。松花粉：益气血，祛风燥湿，主治血虚头晕、外敷湿疹。松香：生肌止痛，燥湿杀虫，主治湿疹搔痒。叶祛风燥湿。枝：涩精。树皮：生肌止血。也是南方重要的用材树种。

G9 罗汉松科 Podocarpaceae

1. 罗汉松属 Podocarpus L' Hér. ex Pers.

1. 百日青（别名：大叶罗汉松）Podocarpus neriifolius D. Don

常绿乔木。叶螺旋状着生，披针形，厚革质，有短柄。雄球花穗状，单生或 2~3 个簇生。种子卵圆形，熟时肉质假种皮紫红色。

生于海拔 400~1000m 的山地林中。

枝、叶药用，祛风，接骨。治风湿、骨折、斑疹症等。

G11 柏科 Cupressaceae

1. 杉木属 Cunninghamia R. Br.

1. 杉木（别名：杉树）Cunninghamia lanceolata (Lamb.) Hook.

常绿乔木。叶 2 列状，披针形或线状披针形，扁平；叶和种鳞螺旋状排列。雄球花多数，簇生于枝顶端，每种鳞有种子 3 颗。

生于山地林中。

叶、树皮、种子、球果药用，味辛，性微温。散瘀消肿、祛风解毒，止血生肌。治疝气痛、跌打、霍乱、痧症。树皮或花刨煎水洗，治皮肤病、漆疮。杉节烧灰调麻油涂患处，治慢性溃疡、生肌收口。嫩叶及幼苗捣料外敷，治跌打瘀肿、烧伤、烫伤、外伤出血。是南方重要的用材树种。

被子植物
ANGIOSPERMS

广东三岳野生植物

A7 五味子科 Schisandraceae

1. 南五味子属 Kadsura Kaempf. ex Juss.

1. 黑老虎（别名：冷饭团、臭饭团、钻地风）Kadsura coccinea (Lem.) A. C. Smith

藤本。叶厚革质，长 7~18cm，宽 3~8cm，边全缘。花单生叶腋，稀成对；花被片红色。聚合果近球形，果大，红色或暗紫色，外果皮革质。

生于海拔 1000m 以下的山地林中。

根或藤茎药用，味辛、微苦，性温。行气止痛，祛风活络，活血消肿。治胃十二指肠溃疡、慢性胃炎、急性胃肠炎、风湿关节炎、跌打肿痛、产后积瘀腹痛。

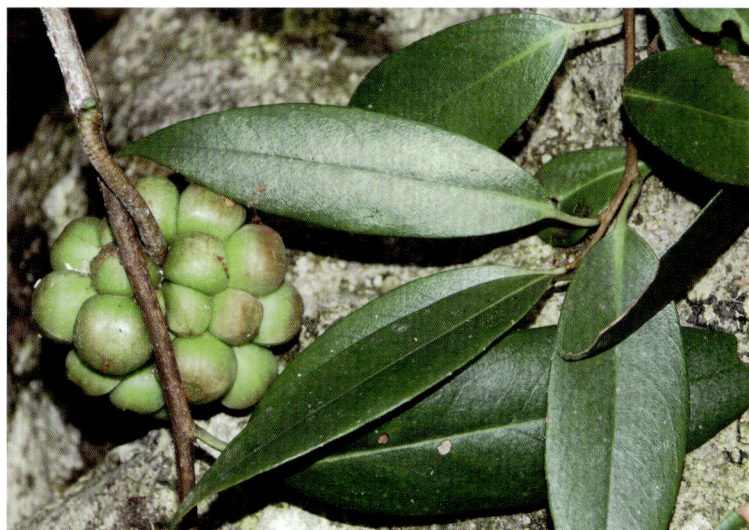

2. 异形南五味子（别名：海风藤、大叶风沙藤、大叶过山龙）Kadsura heteroclita (Roxb.) Craib

常绿木质大藤本。叶纸质，边缘具疏齿，侧脉 7~11 条。花单生叶腋，雌雄异株；白色或浅黄色。聚合果近球形，较小，直径 2.5~5cm。

生于疏林或沟谷旁的林中，攀缘于树上。

根、藤、果药用，味辛，性微温。根、藤：祛风除湿，行气止痛，活血消肿。治风湿筋骨疼痛，腰肌劳损，坐骨神经痛，急性胃肠炎，慢性胃炎，胃、十二指肠溃疡，痛经，产后腹痛，跌打损伤。果：补肾宁心，止咳祛痰。

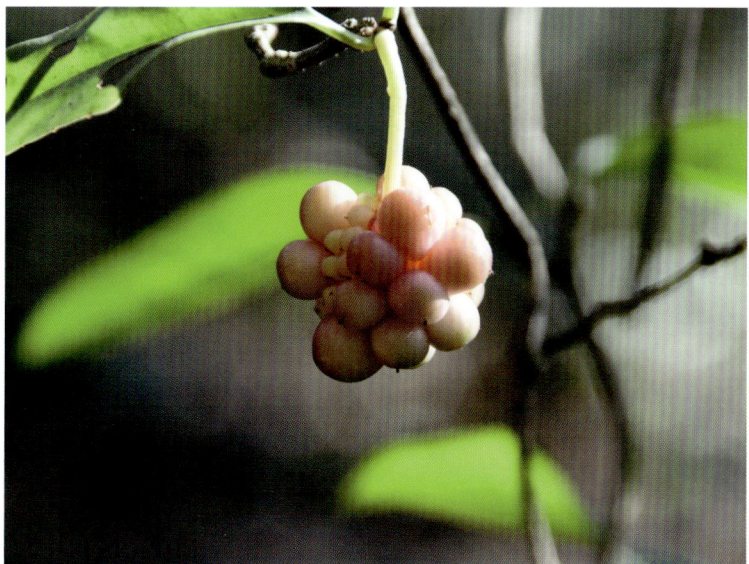

2. 五味子属 Schisandra Michx.

1. 绿叶五味子（别名：过山风）Schisandra arisanensis Hayata subsp. viridis (A. C. Smith) R. M. K. Saunders [S. viridis A. C. Smith]

落叶木质藤本。叶纸质，通常最宽部在中部以下，叶背绿色，边缘具齿。花被片黄绿色或绿色。聚合果，成熟心皮红色，果皮具黄色腺点。

生于海拔 200~1000m 的山谷溪边林中。

根、藤茎药用，味辛，性温。祛风除湿，行气止痛。治风湿骨痛、带状疱疹、胃痛、疝气痛、月经不调。

A10 三白草科 Saururaceae

1. 蕺菜属 Houttuynia Thunb.

1. 蕺菜（别名：鱼腥草、狗帖耳）Houttuynia cordata Thunb.

腥臭草本；高 30~60cm。叶薄纸质，心形或阔卵形，长 4~10cm，叶背常紫红色。总状花序，花序长约 2cm。总苞片白色；蒴果长 2~3mm。

生于低湿沼泽地、沟边、溪旁或林缘路旁。

全草药用，味酸、辛，性凉，有小毒。清热解毒，利水消肿。治扁桃体炎、肺脓肿、肺炎、气管炎、泌尿系感染、肾炎水肿、肠炎、痢疾、乳腺炎、蜂窝组织炎、中耳炎。

2. 三白草属 Saururus Linn.

1. 三白草（别名：塘边藕、白面姑、白舌骨）Saururus chinensis (Lour.) Baill.

湿生草本；高 1m 余。叶纸质，阔卵形至卵状披针形，长 10~20cm，宽 5~10cm。基部心形或斜心形，但花序轴密被短柔毛。果近球形。

生于低湿沟边、塘边或溪边。

全草药用，味甘、辛，性寒。清热解毒，利水消肿。治尿路感染及结石、肾炎水肿、白带。

A11 胡椒科 Piperaceae

1. 草胡椒属 Peperomia Ruiz & Pavon

1. 草胡椒 Peperomia pellucida (Linn.) Kunth

一年生肉质草本；高 20~40cm。叶互生，长 2~4cm，宽 1~2cm。穗状花序顶生或与叶对生；花小，稀疏，苞片盾状。浆果球形，顶端具尖。

逸为野生。

全草药用，散瘀止痛。治跌打、烧、烫伤。

2. 胡椒属 Piper Linn.

1. 华南胡椒 Piper austrosinense Y. C. Tseng

木质攀缘藤本。叶卵状披针形，基部心形，长 8~11cm，宽

6~7cm。穗状花序；雌雄异株；雄花序长 3~6.5cm。浆果球形，基部嵌生于花序轴。

生于林中，攀缘于树上或石上。

全草药用，味辛、苦，性微温。祛风湿，通经络。治风湿、风寒骨痛、腰膝无力、肌肉萎缩。

2. 山蒟（别名：石楠藤、海风藤）Piper hancei Maxim.

攀缘藤本。叶互生，披针形，长 6~12cm，宽 2.5~4.5cm，基部楔形。穗状花序，花单性，雌雄异株，雄花序长 6~10cm。浆果球形，黄色。

生于山谷溪边林中，攀缘于树上或石上。

全草药用，味辛、苦，性微温。祛风湿，通经络。治风湿、风寒骨痛，腰膝无力，肌肉萎缩，咳嗽气喘，肾虚咳嗽。

3. 毛蒟（别名：香港蒟）Piper hongkongense C. DC. [P. puberulum (Benth.) Maxim]

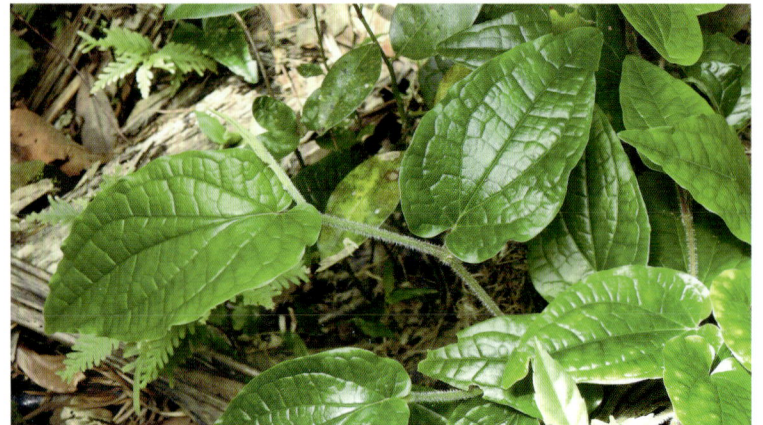

攀缘藤本。叶卵状披针形，长 5~11cm，宽 2~6cm，基部心形，两面被柔毛。花单性，雌雄异株，雄花序长约 7cm。浆果球形。

生于林中，攀缘于树上或石上。

全草药用，味辛，性温。祛风寒，强腰膝，补虚。治风寒湿痹、腰膝无力、跌打损伤、胃腹疼痛、产后风痛、风湿性腰腿痛。

4. 假蒟（别名：马蹄蒌、臭蒌）**Piper sarmentosum** Roxb. ex Hunter

多年生草本。叶长 7~14cm，宽 6~13cm，基部心形或稀有截平，背面的粉状短叶柔毛。花单性，雌雄异株，雄花序长 1.5~2cm，浆果近球形。

生于疏林中或村旁。

全草药用，味辛，性温。祛风利湿，消肿止痛。治胃腹寒痛、风寒咳嗽、水肿、疟疾、牙痛、风湿骨痛、跌打损伤。

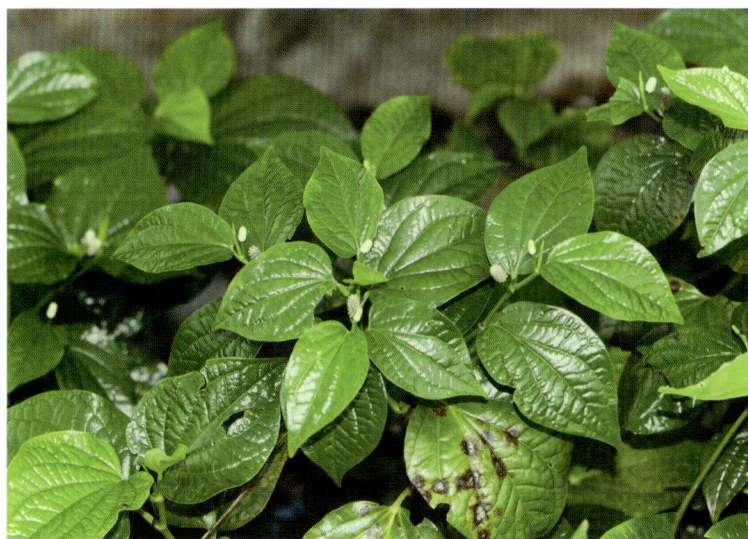

A12 马兜铃科 Aristolochiaceae

1. 关木通属 Isotrema Raf.

1. 广防己（别名：木防己、藤防己）**Isotrema fangchi** (Y. C. Wu ex L. D. Chow & S. M. Hwang) X. X. Zhu, S. Liao & J. S. Ma [*Aristolochia fangchi* Y. C. Wu ex L. D. Chow et S. M. Hwang]

木质藤本。长圆形或卵状长圆形，稀卵状披针形，长 6~16cm，宽 3~5.5cm，叶柄长 1~4cm。花单生，子房圆柱形。蒴果圆柱形。

生于海拔 500~1000m 的山谷、林中或灌丛中。

根、果药用，味苦、辛，性寒。祛风清热，利尿消肿。治风湿性关节炎、高血压病、肾炎水肿、膀胱炎、小便不利。

2. 细辛属 Asarum Linn.

1. 尾花细辛（别名：圆叶细辛、土细辛）**Asarum caudigerum** Hance

多年生草本。叶阔卵形，长 4~10cm，宽 3.5~10cm；叶柄细长，达 30cm，被密被长柔毛。花被绿色；子房下位。果近球状。

生于山谷、溪边、林下阴湿处。

全草药用，味辛，性温。活血通经，祛风止咳，清热解毒。治麻疹、跌打损伤、丹毒、毒蛇咬伤、风寒感冒、痰多咳喘、头痛、牙痛、口舌生疮。

2. 鼎湖细辛 **Asarum magnificum** Tsiang ex C.Y.Cheng & C.S.Yang var. **dinghuense** C.Y.Cheng & C.S.Yang

多年生草本。叶片近革质，椭圆状卵形，叶面疏被短毛，叶背在放大镜下可见颗粒状油点。花被管漏斗状，长 1cm，喉部不缢缩。

生于海拔 300~700m 的林下阴湿处。

全草药用。祛风止痛，温经散寒。

A14 木兰科 Magnoliaceae

1. 木莲属 Manglietia Bl.

1. 木莲（别名：山厚朴、木莲果）**Manglietia fordiana** Oliver

乔木；高达 20m。叶革质，边缘稍内卷，叶背被红色平伏毛。花梗粗壮；花被片纯白色；雌蕊群长约 1.5cm。聚合果褐色，长 2~5cm。

多生于酸性土壤上和常绿阔叶林中。

树皮、根皮、叶药用，味辛，性凉。止咳，通便。治便秘、干咳。

2. 毛桃木莲 Manglietia kwangtungensis Dandy

乔木；高达 14m。树皮深灰色。叶革质，基部楔形；叶柄、果柄密被锈色绒毛。花梗长 6~12cm；花被片 9，乳白色。聚合果卵球形，长 5~7cm。

生于海拔 400~900m 的山地林中。

可作优良的用材树种。

2. 含笑属 Michelia Linn.

1. 金叶含笑 Michelia foveolata Merr. ex Dandy

乔木；高达 30m。叶大，不对称，长 17~23cm，宽 6~11cm。花被片 9~12，基部带紫，外轮 3 片阔倒卵形。蓇葖果长圆状椭圆形。

生于海拔 500~1000m 的山地林中。

可作优良的用材树种。

2. 醉香含笑（别名：火力楠、展毛含笑）Michelia macclurei Dandy

乔木；高达 30m。叶中部以上最宽，椭圆形。2~3 朵组成聚伞花序；花被片 9，匙状倒卵形，白色。聚合果长 3~7cm。

生于海拔 500~1000m 的山地林中。

树皮、根、叶药用，味苦、微辛，性平。清热消肿。治肠炎腹泻、跌打损伤、痈肿。也是用材树种。

3. 深山含笑（别名：光叶白兰）Michelia maudiae Dunn

乔木；高达 20m。叶革质，长 7~18cm，宽 3.5~8.5cm，叶柄无托叶痕，被白粉。花被片 9，纯白色，基部淡红色。聚合果长 7~15cm。

生于海拔 500~1500m 的山地林中。

根、花药用，味苦，性凉。活血化瘀，清热解毒，消炎，凉血。治跌打损伤、痈疮肿毒。

4. 观光木 Michelia odora (Chun) Nooteboom & B. L. Chen [Tsoongiodendron odorum Chun]

常绿乔木。叶倒卵状椭圆形，中上部较宽；叶柄基部膨大，托叶痕达叶柄中部。芳香；花被片象牙黄色，有红色小斑点。

聚合果长椭圆形。

生于海拔 100~1000m 的山地林中。

可作用材树种。

5. 野含笑 **Michelia skinneriana** Dunn

乔木；高可达 15m。树皮灰白色。叶革质，下面被稀疏褐色长毛，叶柄托叶痕长不达 10mm。花白色，雌蕊群密被褐色毛。聚合果长 4~7cm。

生于海拔 1000m 以下的山谷、山坡林中。

枝、叶药用，味苦、辛，性凉。活血化瘀，清热解毒。治跌打损伤、肝炎。

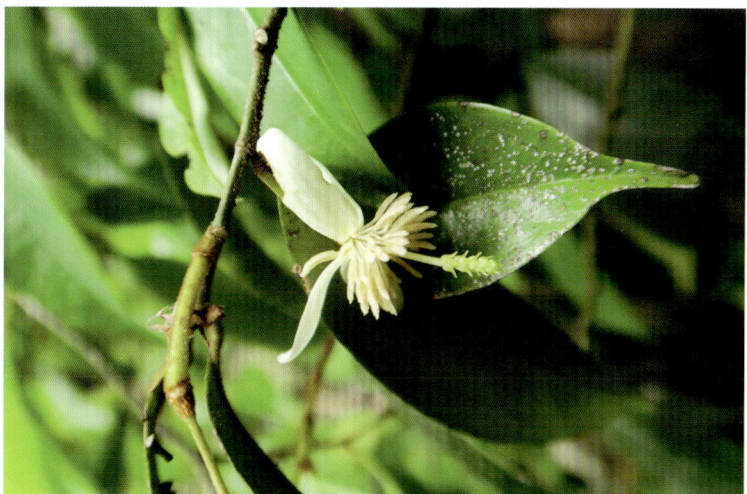

A18 番荔枝科 Annonaceae

1. 鹰爪花属 Artabotrys R. Br. ex Ker

1. 香港鹰爪花 Artabotrys hongkongensis Hance

攀缘灌木。小枝被黄色粗毛。叶革质，椭圆状长圆形，长 6~12cm，宽 2.5~4cm，两面无毛。花单生，萼片三角形，花瓣卵状披针形。果椭圆状。

生于海拔 300~1500m 的林下或山谷疏林中。

2. 假鹰爪属 Desmos Lour.

1. 假鹰爪（别名：酒饼叶、鸡爪风）Desmos chinensis Lour.

攀缘或直立灌木。叶长圆形，基部圆形，长 4~13cm，宽 2~5cm。花瓣镊合状排列，6 片，2 轮，外轮较内轮大。果具柄，念珠状，长 2~5cm。

生于山地、山谷、林缘或旷地上。

全株药用，味辛，性微温，有小毒。祛风止痛，行气健脾，镇痛。治风湿关节痛、产后风痛、产后腹痛、流血不止、痛经、胃痛、腹胀、消化不良、腹泻、肾炎水肿、跌打损伤。

3. 异萼花属 Disepalum Hook. f.

1. 斜脉异萼花（别名：斜脉暗罗）Disepalum plagioneurum (Diels) D. M. Johnson [Polyalthia plagioneura Diels]

乔木。小枝被毛。叶纸质，长圆状倒披针形，基部宽楔形，侧脉弯拱上升。花黄绿色，萼片卵圆形。果卵状椭圆形，熟时暗红色。

生于海拔 500~800m 的山地林中。

可作用材树种。

4. 瓜馥木属 Fissistigma Griff

1. 白叶瓜馥木 （别名：乌骨藤、确络风）Fissistigma glaucescens (Hance) Merr. [F. obtusifolium Merr.]

攀缘灌木；高达 3m。叶近革质，长圆状椭圆形，背白色。总状花序顶生，被黄色茸毛；花瓣 6 片，2 轮，均被毛。果圆球状，无毛。

生于山地灌丛或疏林中。

根药用，味微辛、涩，性温。祛风除湿，通经活血，止血。治风湿骨痛、跌打损伤、月经不调。

2. 瓜馥木 （别名：钻山风、飞扬藤、古风子）Fissistigma oldhamii (Hemsl.) Merr.

攀缘灌木。叶倒卵状椭圆形，长 6~13cm，宽 2~5cm，叶面侧脉不凹陷。1~3 朵组成聚伞花序；花瓣 6 片，2 轮。果圆球状，密被黄棕色茸毛。

生于低海拔山谷疏林或水旁灌丛中。

根、藤茎药用，味微辛，性温。祛风活血，镇痛。治坐骨神经痛、关节炎、跌打损伤。

3. 多花瓜馥木 （别名：黑风藤、通气香、黑皮跌打、拉公藤）Fissistigma polyanthum (Hook. f. et Thoms.) Merr.

攀缘灌木。叶长 6~17.5cm，宽 2~7.5cm，叶背被毛。萼片阔三角形，外轮花瓣卵状长圆形，内轮花瓣长圆形。果圆球状，被毛；种子椭圆形。

常生于山谷、路旁的林下。

根、藤茎药用，味辛、微涩，性温。根：祛风除湿，强筋骨，活血，消肿止痛。治风湿性关节炎、类风湿性关节炎、月经不调、跌打损伤。

4. 香港瓜馥木 Fissistigma uonicum (Dunn.) Merr.

攀缘灌木。小枝无毛。叶长圆形，叶背淡黄色。花序有花 1~2 朵，总花梗伸直；花瓣 6 片，2 轮，外轮比内轮长。果圆球状，熟时变黑。

生于山地灌丛或疏林中。

5. 紫玉盘属 Uvaria Linn.

1. 光叶紫玉盘 Uvaria boniana Finet et Gagnep.

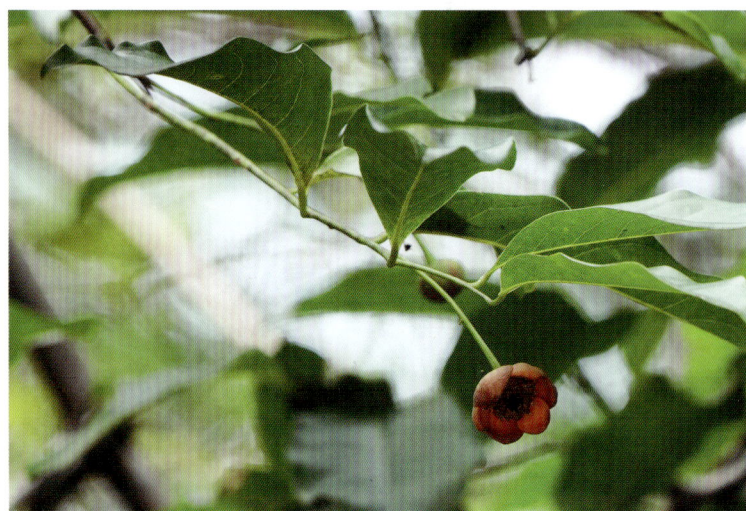

攀缘灌木；除花外全株无毛。叶纸质，长圆形。花瓣革质，紫红色，6片排成2轮，覆瓦状排列。果球形，熟时紫红色；果柄细长。

生于山地常绿阔叶林中。

2. 紫玉盘（别名：酒饼子、十八风藤、牛刀树、牛头罗）
Uvaria macrophylla Roxb. [*U. microcarpa* Champ. ex Benth.]

攀缘灌木；高达2m。叶长倒卵形，叶背被毛。花小，直径2.5~3.5cm，常1~2朵与叶对生，暗紫红色。果卵圆形，暗紫褐色，顶端尖。

生于低海拔山地疏林或灌丛中。

根药用，味苦、甘，性微温。健胃行气，祛风止痛。治消化不良、腹胀腹泻、跌打损伤、腰腿疼痛。

A23 莲叶桐科 Hernandiaceae

1. 青藤属 Illigera Bl.

1. 红花青藤（别名：毛青藤）**Illigera rhodantha** Hance

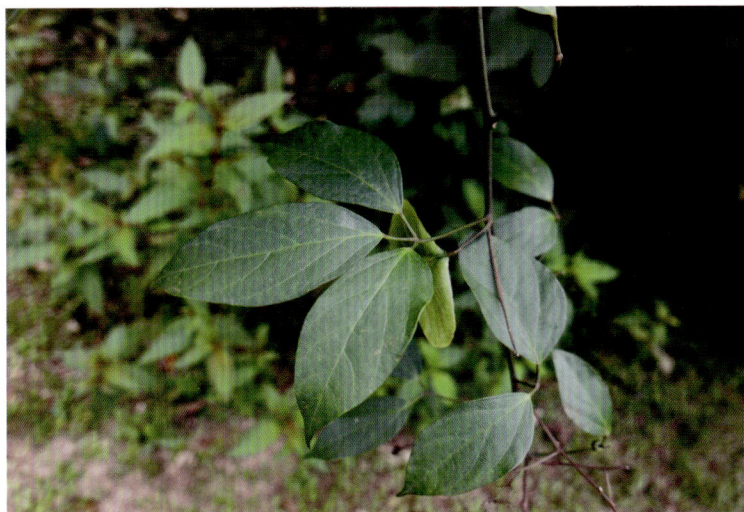

藤本。指状复叶互生，3小叶，长6~11cm，宽3~7cm，基部多少心形。聚伞状圆锥花序腋生；花瓣玫瑰红色。果具4翅，翅较大的呈舌形。

生于低海拔山谷、坡地、灌丛及路旁。

全株药用，味甘、辛、涩，性温。祛风散瘀，消肿止痛。治风湿性关节炎、跌打肿痛。

A25 樟科 Lauraceae

1. 琼楠属 Beilschmiedia Nees

1. 网脉琼楠 Beilschmiedia tsangii Merr.

乔木；高可达25m，胸径达60cm。叶椭圆形，中脉于叶面凹陷，网脉在两面呈蜂窝状突起。圆锥花序腋生；花白色。果椭圆形。

生于混交林中或溪边。

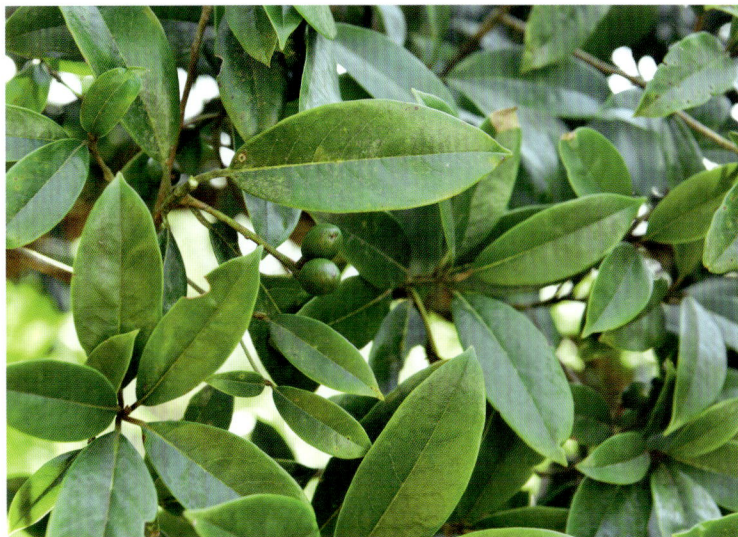

2. 无根藤属 Cassytha Linn.

1. 无根藤 Cassytha filiformis Linn.

寄生缠绕藤本，借盘状吸根攀附。叶退化成鳞片状。穗状花序；花被裂片6，2轮，外轮较内轮小。果小，卵球形，花被片宿存。

生于山坡、路旁或疏林中。

全草药用，味甘、微苦，性凉，有小毒。清热利湿，凉血止血。治感冒发热、疟疾、急性黄疸型肝炎、咯血、衄血、尿血、泌尿系结石、肾炎水肿

3. 樟属 Cinnamomum Trew

1. 毛桂 Cinnamomum appelianum Schewe

小乔木，多分枝。芽鳞覆瓦状排列。叶长4.5~11.5cm，宽1.5~4cm，离基三出脉。圆锥花序，花白色。果椭圆形，果托漏

斗状。

生于山地林中。

2. 华南桂 Cinnamomum austrosinense H. T. Chang

乔木。顶芽卵珠形，叶椭圆形，先端急尖，基部钝，边缘内卷，三出脉。圆锥花序，花黄绿色，花被裂片卵圆形。果椭圆形，果托浅杯状。

生于山地林中。

树皮药用，味辛，性温、热，气芳香。温中，散寒止痛。治胃寒疼痛、风湿痹痛及疥癣。

3. 阴香 （别名：山玉桂、香胶叶） Cinnamomum burmannii (C. G. & Th. Nees) Bl.

乔木，高达 14m。叶卵形、长圆形或披针形，长 5.5~10.5cm，先端短渐尖，基部宽楔形，两面无毛，离基三出脉；叶柄长 0.5~1.2cm，无毛。果卵圆形，长约 8mm，果托高 4mm，具 6 齿。

生于山谷林中。

树皮、根皮、叶、枝药用，味辛、微甘，性温。祛风散寒，温中止痛。治虚寒胃痛，腹泻，风湿关节痛。

4. 樟树 （别名：香樟、樟木、乌樟、油樟、香通、芳樟） Cinnamomum camphora (Linn.) Presl

常绿大乔木，高可达 30m。叶互生，卵状椭圆形，长 6~12cm，宽 2.5~5.5cm。果卵球形或近球形，直径 6~8mm，紫黑色。

生于山地林中。

根、木材、树皮、叶、果实药用，味辛，性温。祛风散寒，理气活血，止痛止痒。根、木材：治感冒头痛、风湿骨痛、跌打损伤、克山病。

5. 沉水樟 Cinnamomum micranthum (Hay.) Hay.

乔木；高 14~20（30）m。叶互生，椭圆形、长圆形，羽状脉，长 7~10cm，宽 4~6cm，脉腋窝明显。果椭圆形，长 1.5~2.5cm。

生于山地林中。

可作优良的用材树种。

6. 黄樟（别名：伏牛樟、海南香、香湖、猴樟、大叶樟）
Cinnamomum parthenoxylon (Jack) Meisn.[*C. porrectum* (Roxb.) Kosterm]

常绿乔木。树皮小片剥落。叶互生，羽状脉，脉腋窝明显；有各种味。圆锥花序腋生或近顶生。果倒卵形，长约2cm，黑色。

生于山地林中。

根、叶药用，味微苦、辛，性温。祛风利湿，行气止痛。治风湿骨痛、胃痛、胃肠炎、跌打损伤、感冒。

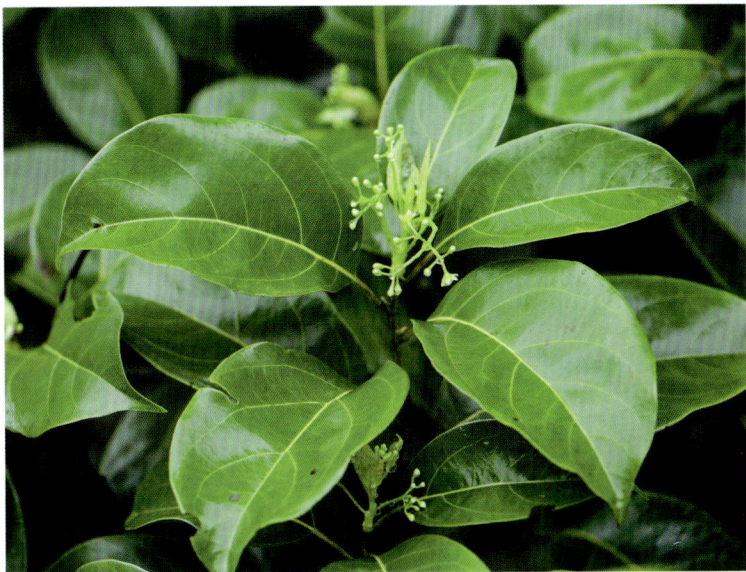

4. 厚壳桂属 Cryptocarya R. Br.

1. 厚壳桂 **Cryptocarya chinensis** (Hance) Hemsl.

乔木。叶长椭圆形，基部阔楔形，革质，上面光亮，下面苍白色，离基三出脉；圆锥花序，具梗，花淡黄色。果球形，熟时紫黑色，有纵棱。

生于山地林中。

可作用材树种。

2. 硬壳桂 **Cryptocarya chingii** Cheng

小乔木。叶互生，长圆形，长6~13cm，宽2.5~5cm，羽状脉；叶柄被短柔毛。圆锥花序，各部密被毛；能育雄蕊9枚。果椭圆形。

生于山地林中。

可作用材树种。

3. 黄果厚壳桂 **Cryptocarya concinna** Hance

乔木。叶互生，椭圆形，长5~10cm，宽2~3cm，羽状脉；叶柄被毛。圆锥花序腋生及顶生；花被筒钟形。果椭圆形，熟时黑色。

生于山地林中。

可作用材树种。

5. 山胡椒属 Lindera Thunb.

1. 香叶树（别名：香叶樟、大香叶、香果树）**Lindera communis** Hemsl.

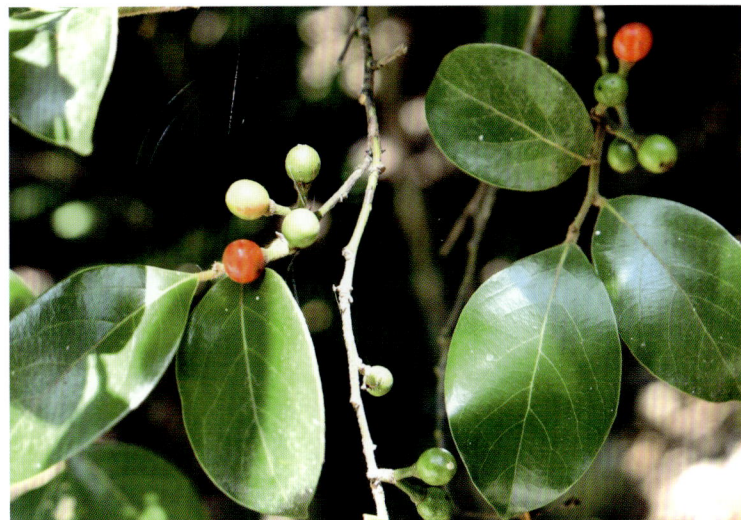

常绿灌木或小乔木。叶互生，卵形，长 4~5cm，宽 1.5~3.5cm，羽状脉，背疏被柔毛。伞形花序生于叶腋；花被片 6。果卵形。

生于山地林中。

树皮、叶药用，味辛、微苦，性温。散瘀止痛，止血，解毒。治骨折、跌打肿痛，外伤出血、疮疖痈肿。

2. 广东山胡椒 Lindera kwangtungensis (Liou) Allen

常绿乔木；高 6~30m。叶椭圆状披针形，羽状脉。花梗长 5~6cm，被棕色柔毛；伞状花序常 2~3 个生于短枝上。果球形，直径 5~6mm。

生于山地林中。

可作用材树种。

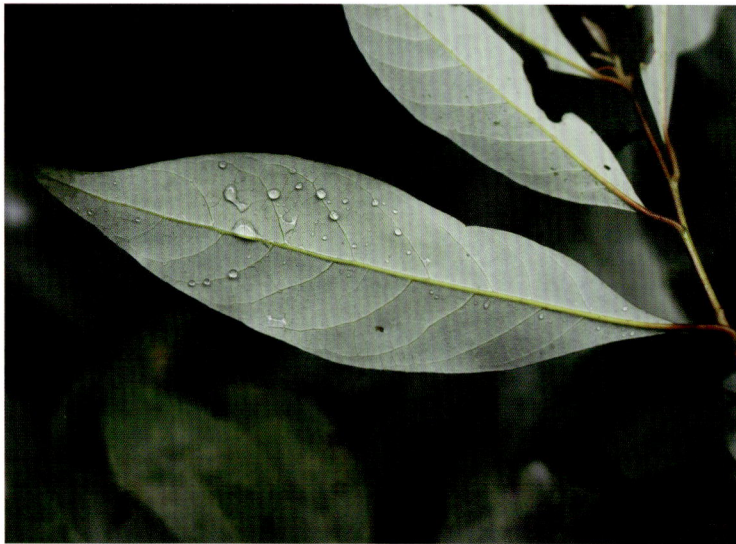

6. 木姜子属 Litsea Lam.

1. 尖脉木姜子 Litsea acutivena Hay

常绿乔木。叶互生或聚生枝顶，披针形，长 4~11cm，宽 2~4cm。伞形花序簇生；花被裂片 6。果椭圆形，长 1~1.2cm。

生于山地林中。

可作用材树种。

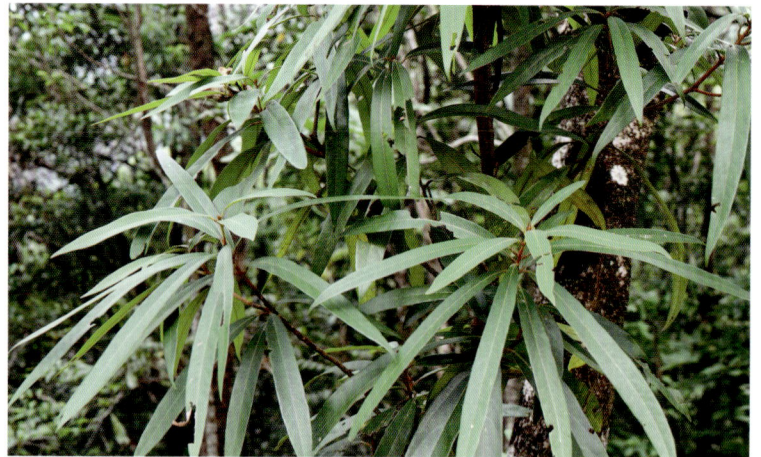

2. 山鸡椒（别名：木姜子、山苍子）Litsea cubeba (Lour.) Pers.

落叶灌木或小乔木；高达 8~10m。叶互生，披针形或长圆形，长 4~11cm，宽 1.1~2.4cm。伞形花序单生或簇生；花柱短。

果近球形。

生于向阳的山坡、疏林、灌丛中。

果实、根、叶药用，味辛、微苦，性温。祛风散寒，理气止痛。根：治风湿骨痛、四肢麻木、腰腿痛、跌打损伤、感冒头痛、胃痛。

3. 黄丹木姜子 Litsea elongata (Wall. ex Nees) Benth. et Hook. f.

常绿小乔木。叶互生，长圆形，长 6~22cm，宽 2~6cm；叶柄密被茸毛。伞形花序单生，少簇生；花被裂片卵形。果长圆形，长 7~8mm。

生于向阳的山坡、疏林、灌丛中。

可作用材树种。

4. 潺槁木姜子（别名：潺槁树、香胶木）Litsea glutinosa (Lour.) C. B. Rob.

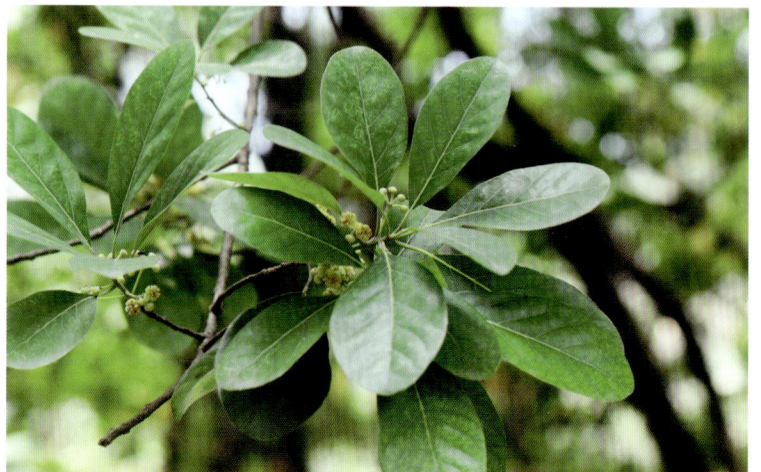

常绿乔木。树皮灰色，内皮有黏质；叶革质，倒卵状长圆形，长 6.5~15cm，宽 5~11cm。伞形花序，能育雄蕊 15 枚。果球形。

生于低海拔山地疏林中。

根、皮、叶药用，味甘、苦、涩，性凉。清湿热，消肿毒，止血，止痛。

5. 华南木姜子 Litsea greenmaniana Allen

常绿小乔木。叶互生，椭圆形，长 4~13.5cm，宽 2~3.5cm。伞形花序；花被裂片 6，被柔毛；能育雄蕊 9。果椭圆形，宽 8mm。

生于海拔 800m 以下的山谷林中。

6. 大果木姜子 Litsea lancilimba Merr.

常绿乔木。小枝红褐色。顶芽卵圆形。叶互生，披针形，基部楔形，革质，羽状脉。伞形花序腋生，花被裂片 6。果长圆形，果托盘状。

生于山地林中。

7. 毛叶木姜子（别名：鸡骨香、大力王、水苍）Litsea mollis Hemsl.

落叶小乔木；高达 4m。叶互生，小枝被毛，长 4~12cm，宽 2~4.8cm。伞形花序腋生，常 2~3 个簇生于短枝上。果球形，直径 5mm。

生于山坡林中。

根药用，味微苦，性温，气香。行气止痛，祛风消肿。治胃痛、腹痛、风湿关节痛、跌打肿痛。

8. 黑木姜子 Litsea salicifolia (Roxburgh ex Nees) J. D. Hooker [Litsea atrata S. Lee]

常绿乔木。小枝黑褐色，无毛。叶互生，长椭圆形，羽状脉。伞形花序 2~6 个簇生于叶腋，花被裂片 6。果长圆形，果托与果梗相连呈倒圆锥状。

生于海拔 300~800m 的山谷疏林中。

可作用材树种。

9. 轮叶木姜子（别名：槁树、槁木姜）Litsea verticillata Hance

常绿灌木或小乔木。叶轮生，披针形，下面被毛。伞形花序；能育雄蕊 9 枚。果卵圆形，果托碟状，边缘常残留有花被片。

生于山谷、疏林中。

根、树皮、叶药用，味辛，性温。祛风通络，活血消肿，止痛。治风湿关节炎、腰腿痛、四肢麻痹、痛经、跌打肿痛。

7. 润楠属 Machilus Nees

1. 短序润楠 Machilus breviflora (Benth.) Hemsl.

乔木。叶小，略聚生枝顶，倒卵形。圆锥花序顶生，总花梗长 3~5cm；外轮花被片略小，绿白色，花被裂片宿存。果球形。

生于山地林中。

可作用材树种。

2. 华润楠 Machilus chinensis (Champ. ex Benth.) Hemsl.

乔木。树皮薄片状剥落。叶倒卵状长椭圆形，长 5~10cm，宽 2~4cm，侧脉约 8 条。圆锥花序顶生。果球形，直径 8~10mm。

生于山地林中。

可作用材树种。

3. 广东润楠 Machilus kwangtungensis Yang

乔木。叶革质，顶端渐尖，长 6~11cm，宽 2~4.5cm。圆锥花序具柔毛；花被裂片近等长，长圆形。果较小，直径 8~9mm。

生于山地林中。

可作用材树种。

4. 薄叶润楠（别名：华东润楠）Machilus leptophylla Hand.-Mazz.

高大乔木。叶倒卵状长圆形，长 14~32cm，宽 3.5~8cm，先端短渐尖，基部楔形，坚纸质，下面带灰白色。圆锥花序，花白色。果球形。

生于山地林中。

树皮药用，味苦、微辛，性微温。活血，散瘀，止痢。治跌打损伤、细菌性痢疾。可作用材树种。

5. 刨花润楠 Machilus pauhoi Kanehirn [M. polyneura H. T. Chang]

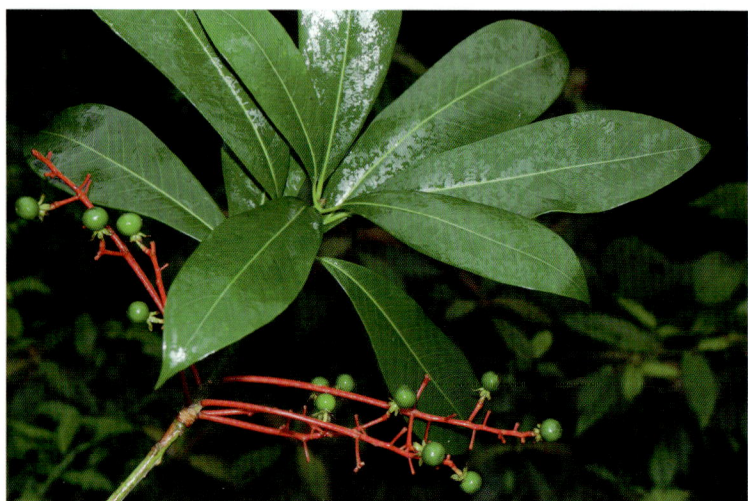

乔木。树皮浅裂。叶窄长圆形，长 7~15cm，宽 2~5cm，背面被绢毛。花序生枝条下部；花被片两面有柔毛。果球形，直径约 10mm。

生于山地林中。

茎药用，味甘、微辛，性凉。清热解毒，润肠通便。

6. 红楠 Machilus thunbergii Sieb. et Zucc.

常绿乔木；高达 15m。叶长 4.5~9cm，宽 1.7~4.2cm，无毛，侧脉 7~12 对。花序顶生；花被裂片长圆形。果扁球形，果梗鲜红色。

生于山地林中。

根皮药用，味辛、苦，性温。温中，理气和胃，舒筋活络，消肿镇痛。治寒滞呕吐、腹泻、小儿吐乳、纳呆食少、扭挫伤、转筋、寒湿脚气。可作用材树种。

8. 新木姜子属 Neolitsea Merr.

1. 新木姜子 Neolitsea aurata (Hay.) Koidz.

乔木；高达 14m。叶离基三出脉，叶背被金黄色绢毛。伞形花序 3~5 个簇生于枝顶或节间。果椭圆形，长 8mm；果托浅盘状。

生于海拔 500~1300m 的山坡林缘、疏林中。

种子、根、树皮药用，理气止痛，消肿。治胃脘胀痛、水肿。

2. 锈叶新木姜子 Neolitsea cambodiana Lec.

乔木；高 8~12m。叶 3~5 片近轮生；小枝、叶柄、叶背被锈色茸花毛。伞形花序多个簇生叶腋或枝侧。果球形，直径 8~10mm。

生于山谷、疏林中。

叶药用，味辛，性凉。清热解毒，祛湿止痒。治痈疽肿毒、湿疮疥癣。

3. 鸭公树 （别名：假樟、青胶木）Neolitsea chui Merr.

乔木。叶椭圆形，长 8~16cm，宽 2.7~9cm，离基三出脉，背无毛。伞形花序腋生或侧生；花被裂片 4。果近球形，直径约 8mm。

生于山谷、疏林中。

种子药用，味辛，性温。理气止痛，消肿。治胃脘胀痛、水肿。

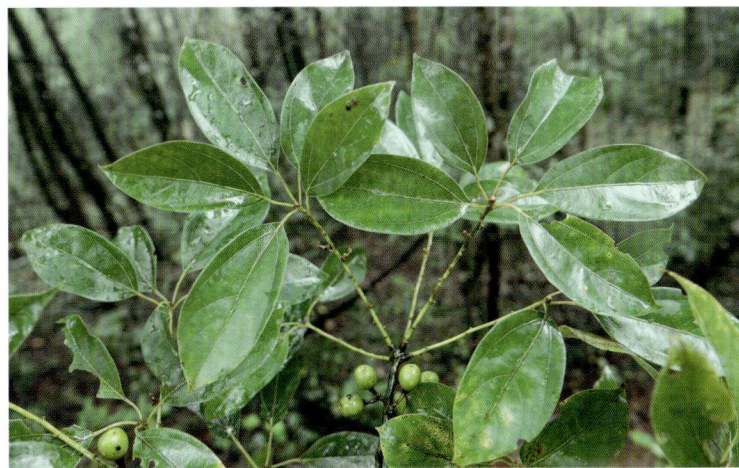

4. 大叶新木姜子 （别名：假玉桂）Neolitsea levinei Merr.

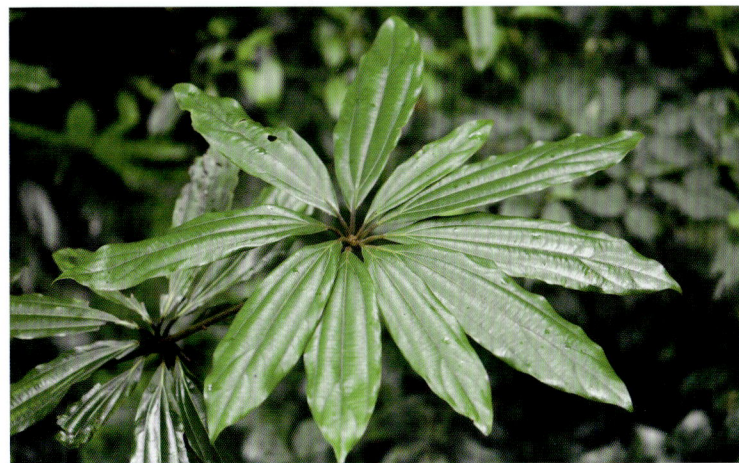

乔木；高达 22m。叶较大，长 15~31cm，宽 4.5~9cm，离基三出脉，叶背被黄褐色长柔毛。花被黄白色。果椭圆形或球形，成熟时黑色。

生于海拔 300~1300m 的山谷、山坡林中。

根药用，味辛、苦，性温。祛风除湿。治风湿痹痛、腰膝酸痛。

5. 美丽新木姜子 Neolitsea pulchella (Meissn.) Merr.

小乔木；高 6~8m。叶较小，长 4~6cm，宽 2~3cm，离基三出脉，叶背被褐柔毛；花被椭圆形，内面基部有长柔毛。果球形，直径 4~6mm。

生于疏林中。

可作用材树种。

A26 金粟兰科 Chloranthaceae

1. 草珊瑚属 Sarcandra Gardn.

1. 草珊瑚（别名：肿节风、接骨莲、九节茶、竹节茶）**Sarcandra glabra** (Thunb.) Nakai

亚灌木；高 50~120cm。茎与枝均有膨大的节。叶对生，极多，椭圆形至卵状披针形，长 6~17cm。穗状花序顶生。果球形。

生于海拔 1500m 以下的山坡、山谷林下。

全草药用，味苦，性平，有小毒。清热解毒，通经接骨。治流行性感冒、流行性乙型脑炎、咽喉炎、麻疹肺炎、小儿肺炎、大叶性肺炎、细菌性痢疾、急性阑尾炎、疮疡肿毒、骨折、跌打损伤、风湿性关节痛、癌症。

A27 菖蒲科 Acoraceae

1. 菖蒲属 Acorus Linn

1. 金钱蒲（别名：钱蒲、石菖蒲、随手香）**Acorus gramineus** Soland.

草本；高 20~30cm。叶不具中肋，叶厚，宽 2~5mm，线形。肉穗花序黄绿色，圆柱形，长 3~9.5cm。果黄绿色，果序粗达 1cm。

生于溪边及潮湿的岩石上。

全草药用，味辛，性温。理气止痛，祛风消肿。治慢性胃炎、胃溃疡、消化不良、胸腹胀闷。

2. 石菖蒲（别名：钱蒲）**Acorus tatarinowii** Schott [*A. gramineus* Soland. var. *pusillus* (Sieb.) Engl.]

草本；高 20~30cm。叶不具中肋，叶厚，宽 8~15mm，线形。肉穗花序黄绿色，圆柱形，长 3~9.5cm。果黄绿色，果序粗达 1cm。

生于溪边及潮湿的岩石上。

全草药用，味辛，性温。开窍，益智，宽胸，豁痰，去湿，解毒。治湿痰蒙窍、神志不清、健忘、多梦、癫痫、耳聋、胸腹胀闷。

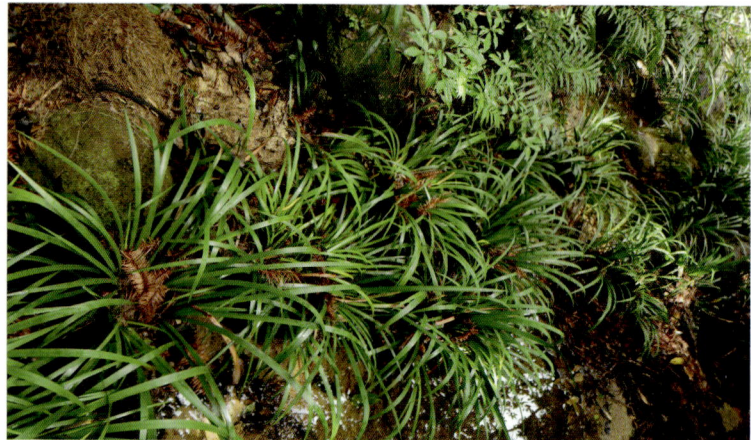

A28 天南星科 Araceae

1. 海芋属 Alocasia (Schott) G. Don

1. 海芋 Alocasia odora (Roxburgh) K. Koch [*A. macrorhiza* (Linn.) Schott]

大型草本。叶盾状着生，箭状卵形，长 0.5~1m，宽

40~90cm。佛焰苞管喉部闭合；肉穗花序顶端有附属体；雄蕊合生。浆果卵状。

生于溪谷湿地或田边。

茎药用，味辛，微苦，性寒，有大毒。清热解毒，消肿止痛。治钩端螺旋体病、肠伤寒、肺结核、支气管炎。

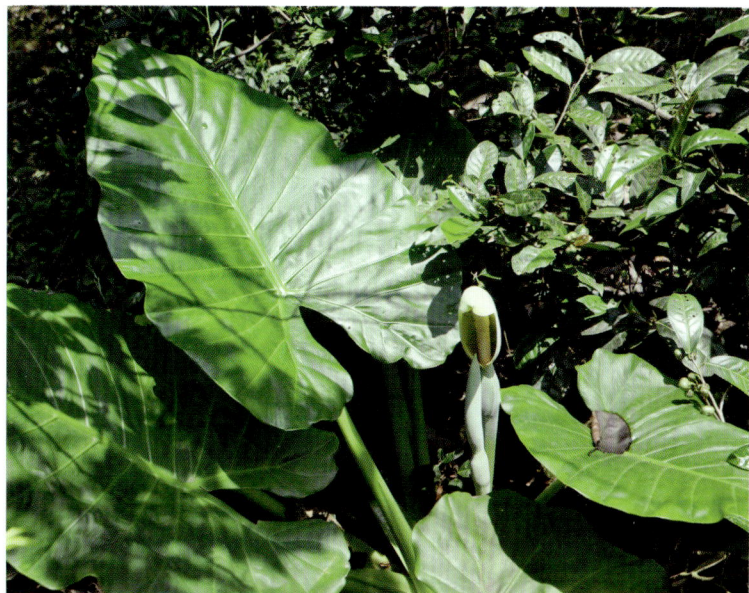

2. 磨芋属 Amorphophallus Blume

1. 南蛇棒 **Amorphophallus dunnii** Tutcher

草本。叶 3 全裂，裂片二歧分裂，肉穗花序短于佛焰苞，长 8~19cm，附属体绿色或黄白色，长 4.5~14cm；块茎扁球形。花序单生。浆果蓝色。

生于海拔 220~800m 的林下。

块茎药用，味辛，性寒，有毒。消肿散结，解毒止痛。

3. 雷公连属 Amydrium Schott

1. 雷公连 **Amydrium sinense** (Engl.) H. Li

附生藤本。叶柄具槽，叶革质，背面黄绿色，镰状披针形，基部不等侧，中肋表面平坦，背面隆起。佛焰苞肉质；肉穗花序，倒卵形。浆果。

生于海拔 800m 以下的山谷或水旁密林中，附生于树干上或石上。

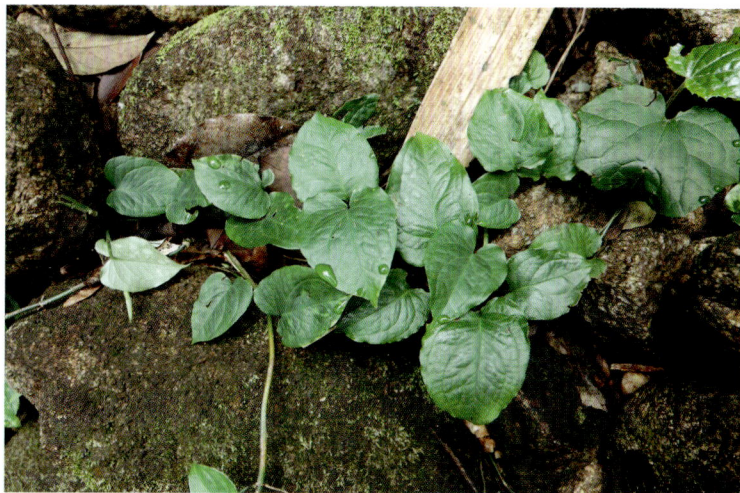

4. 芋属 Colocasia Schott

1. 野芋头（别名：野芋头、山芋）**Colocasia antiquorum** Schott

湿生草本。叶片薄革质，盾状卵形；叶柄常紫色。肉穗花序顶端附属体长 4~8cm；雄蕊合生。果包藏于佛焰苞内，白色。

生于山谷水旁等阴湿地。

全草药用，味辛，性寒，有小毒。解毒，消肿止痛。治痈疖肿毒、急性颈淋巴结炎、指头疔、创伤出血、虫蛇咬伤。

5. 石柑属 Pothos Linn.

1. 石柑子 **Pothos chinensis** (Raf.) Merr.

攀缘植物。叶椭圆形，宽 1.5~5.6cm，叶柄翅状。佛焰苞卵状；肉穗状花序椭圆形；花被分离。浆果黄绿色至红色，卵形。

生于阴湿密林中，常匍匐岩石上或附生于树干上。

全草药用，味淡，性平，有小毒。祛风除湿，活血散瘀，消积，止咳。治跌打损伤、晚期血吸虫病肝脾肿大、风湿性关节炎、小儿疳积、咳嗽、骨折、中耳炎、鼻窦炎。

6. 崖角藤属 Rhaphidophora Hassk.

1. 狮子尾（别名：岩角藤、水底蜈蚣）Rhaphidophora hongkongensis Schott

藤本。叶片无穿孔，镰状披针形，宽常在 15cm 以内。佛焰苞卵形；肉穗花序无花序梗，粉绿色或淡黄色；无花被。浆果相互粘合。

生于林中或灌丛中，攀缘于树干或石崖上。

全草药用，味淡，性凉，有毒。消炎止痛，接骨生肌，散痞块，凉血，止咳。治脾脏肿大、跌打损伤、胃痛、胀痛、支气管炎、百日咳。

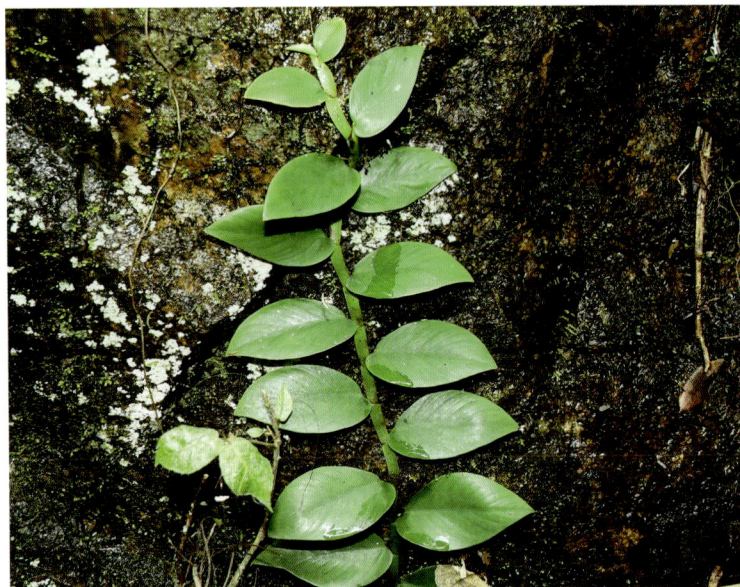

A32 水鳖科 Hydrocharitaceae

1. 黑藻属 Hydrilla Rich

1. 黑藻（别名：水王孙）Hydrilla verticillata (Linn. f.) Royle

直立沉水草。叶 3~8 枚轮生，线形或长条形，长 7~17mm，宽 1~1.8mm，边缘有齿。花单性；苞片内仅 1 花。

果圆柱形，2~9 个刺状凸起。

生于淡水中。

全草药用，清凉解毒。治疮疥、无名肿毒。

A45 薯蓣科 Dioscoreaceae

1. 薯蓣属 Dioscorea Linn.

1. 黄独（别名：黄药子、零余薯、金线吊虾蟆）Dioscorea bulbifera Linn.

无刺藤本。叶互生，卵状心形，长 8~15cm，宽 7~14cm；叶腋内有珠芽。雌雄异株；雄蕊全部能育。蒴果密被紫色小斑点。

生于山谷阴沟或林缘。

块茎药用，味苦、辛，性凉，有小毒。解毒消肿，化痰散结，凉血止血。治甲状腺肿大、淋巴结结核、咽喉肿痛、吐血、咯血、百日咳、癌肿。

2. 薯莨（别名：山猪薯、红孩儿）Dioscorea cirrhosa Lour.

缠绕藤本；长可达 20m。块茎鲜时断面红色，直径可达 20cm。叶下部互生，中上部对生，卵形，长 5~10cm。雌雄异株。蒴果三棱形。

生于山谷阳处、疏林下或灌丛中。

块茎药用，味苦、微酸、涩，性平。活血补血，收敛固涩。治功能性子宫出血、产后出血、咯血、吐血、尿血、腹泻。

3. 山薯 **Dioscorea fordii** Prain et Burkill

缠绕草质藤本。块茎长圆柱形。茎右旋，基部有刺。单叶，纸质，长 4~17cm，宽 1.5~13cm。雌雄异株，蒴果不反折，三棱状扁圆形。

生于山坡、溪沟边或路旁的杂木林中。

4. 白薯莨（别名：山仆薯、板薯）**Dioscorea hispida** Dennst.

有刺藤本。掌状复叶有 3 小叶，顶生小叶卵形，长 6~12cm，宽 4~12cm。雄蕊 6，有时不全部发育。蒴果三棱状长椭圆形。

生于村边疏林中或林边。

块茎药用，味甘，性凉，有毒。解毒消肿，散瘀止血。

5. 日本薯蓣（别名：野山药）**Dioscorea japonica** Thunb.

草质藤本。茎圆柱形，无刺；块茎长圆柱形。叶下部互生，中上部对生，纸质，三角状披针形，长 3~13cm，宽 2~5cm。穗状花序。蒴果。

生于向阳山坡林下或灌丛中。

块茎药用，味甘，性平。健脾补肺，益胃补肾，固肾益精，助五脏，强筋骨。治清热解毒、补脾健胃、脾胃亏损、气虚衰弱、

消化不良、慢性腹泻、遗精、遗尿等。

6. 柳叶薯蓣 **Dioscorea linearicordata** Prain et Burkill

缠绕草质藤本。块茎长圆柱形，单叶，纸质，线状披针形，背有白粉，叶腋内有珠芽。穗状花序。蒴果不反折，三棱状扁圆形。

生于海拔 250~750m 的山坡灌丛或疏林中。

7. 五叶薯蓣 **Dioscorea pentaphylla** Linn.

有刺藤本。掌状复叶有 3~7 小叶。穗状花序排列成圆锥状，长可达 50cm。蒴果为三棱状椭圆形，长 2~2.5cm，宽 1~1.3cm，疏被柔毛。

生于林缘或灌丛中。

块茎药用，味甘，性平。补脾益肾，利湿消肿，补肾壮阳。

治脾肾虚弱、浮肿、泄泻、产后瘦弱、缺乳、无名肿毒。

2. 裂果薯属 Schizocapsa Hance

1. 裂果薯（别名：水田七、水狗仔）Schizocapsa plantaginea Hance [Tacca plantaginea (Hance) Prenth]

多年生草本。叶片狭椭圆状披针形，顶端渐尖，基部下延成狭翅。总苞片 4，小苞片线形，伞形花序；花被裂片 6。蒴果近倒卵形，3 瓣裂。

生于海拔 200~600m 的水边、沟边、山谷、林下、路边、田边潮湿地方。

块茎药用，味苦，性寒，有毒。清热解毒，散瘀消肿，理气止痛。治咽喉肿痛、急性胃肠炎、泌尿道感染、牙痛、慢性胃炎、胃及十二指肠溃疡、风湿性关节炎、月经不调、疟疾、跌打损伤。

A50 露兜树科 Pandanaceae

1. 露兜树属 Pandanus Linn. f.

1. 露兜草 Pandanus austrosinensis T. L. Wu

多年生常绿大型草本。叶带状，长 2~5m，宽 4~5cm，具细齿。雌雄异株；雄花有 5~9 枚雄蕊，柱头分叉。聚花果近圆球形。

生于林中、溪边或路旁。

A53 黑药花科 Melanthiaceae

1. 藜芦属 Veratrum Linn.

1. 牯岭藜芦 Veratrum schindleri Loes. f.

草本；高约 1m。叶宽椭圆形，叶柄通常长 5~10cm。圆锥花序；花被片伸展或反折，淡黄绿色或绿色或褐色。蒴果直立，宽约 1cm。

生于山谷或山坡。

须根药用，味辛、微苦，性寒，有毒。通窍，催吐，散瘀，消肿，止痛。治跌打损伤、积瘀疼痛、风湿肿痛、头痛鼻塞、牙痛

A56 秋水仙科 Colchicaceae

1. 万寿竹属 Disporum Salisb

1. 横脉万寿竹 Disporum trabeculatum Gagnepain

根状茎肉质；根簇生。茎直立，上部叉状分枝。叶长 4~15cm，宽 1.5~9cm。花被片倒卵状披针形。浆果椭圆形，种子 3 颗。

生于林下或灌丛中。

A59 菝葜科 Smilacaceae

1. 菝葜属 Smilax Linn

1. 弯梗菝葜 Smilax aberrans Gagnep.

攀缘灌木。茎无刺。叶薄纸质，卵状椭圆形，下面苍白色；叶柄具半圆形鞘，无卷须，脱落点位于上部。伞形花序。浆果，果梗下弯。

生于海拔 1000m 以下的林中、灌丛下或山谷、溪旁荫蔽处。

2. 菝葜（别名：金刚藤、铁菱角）Smilax china Linn.

攀缘灌木。枝有刺。叶卵形或近圆，长 3~9cm，宽 2~9cm，顶端急尖。伞形花序；花被片 6；雄花有雄蕊 6 枚。果具粉霜。

生于林下灌丛中。

根状茎药用，味甘、酸，性平。祛风利湿，解毒消肿。治风湿关节痛、跌打损伤、胃肠炎、痢疾、消化不良、糖尿病、乳糜尿、白带、癌症。

3. 华肖菝葜 Smilax chinensis (F. T. Wang) P. Li & C. X. Fu
[*Heterosmilax chinensis* Wang]

攀缘灌木。叶披针形或长圆形，基部楔形。总花梗扁，有沟；花序托球形，直径 2mm；花被筒长圆形。浆果近球形，熟时深绿色，直径 4~5mm。

生于山谷密林中或灌丛下。

4. 长托菝葜 Smilax ferox Wall. ex Kunth

攀缘灌木。枝具丛棱，生疏刺。叶椭圆形，长 3~16cm，宽 2~9cm。伞形花序生于叶尚幼嫩的小枝上；花黄绿色或白色。浆果红色。

生于林下、灌丛中或山坡荫蔽处。

块茎药用，味辛、苦，性凉。祛风湿，利小便，解疮毒。治风湿痹痛、小便淋浊、疮疹瘙痒、臁疮。

5. 土茯苓（别名：冷饭团、光叶菝葜）Smilax glabra Roxb.

攀缘灌木。枝无刺。叶椭圆状披针形，长 5~15cm，宽 1.5~7cm；叶柄长 0.5~2.5cm。伞形花序；花六棱状球形。浆果具粉霜。

生于林下灌丛中或河岸林缘、山坡上。

根状茎药用，味甘、淡，性平。清热解毒，利湿。治钩端螺旋体病、梅毒、风湿关节痛、痈疖肿毒、湿疹、皮炎、汞粉、银朱慢性中毒。

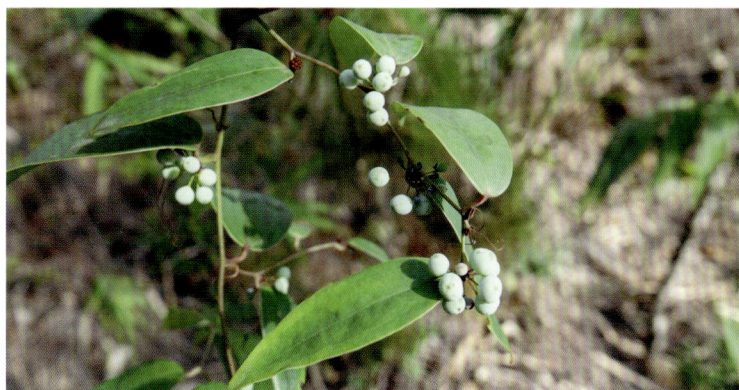

6. **粉背菝葜 Smilax hypoglauca Benth.**

攀缘灌木。叶卵状长圆形，背面灰白。总花梗很短，长 1~5mm，通常不到叶柄长度的一半；花被片 6。浆果直径 8~10mm。

生于海拔 1300m 以下的疏林中或灌丛边缘。

7. **肖菝葜（别名：白土茯苓）Smilax japonica (Kunth) P. Li & C. X. Fu [Heterosmilax japonica Kunth]**

攀缘灌木，无毛。小枝有钝棱。叶长 6~20cm，有短尖头，基部近心形，叶柄下部有卷须和窄鞘。花梗纤细。浆果扁球形，成熟时黑色。

生于海拔 350~900m 的山坡密林中或路边杂木林下。

块茎药用，味甘，性平。清热利湿，壮筋骨。治风寒湿、腰膝疼痛、淋浊、阴茎作痛、小便不利、湿热疮毒。

8. **马甲菝葜 Smilax lanceifolia Roxb.**

攀缘灌木。茎长 1~2m，枝常无刺，小枝弯曲不明显。叶长圆状披针形，长 6~17cm，宽 2~7cm。总花梗长 1~2cm。浆果有 1~2 颗种子。

生于林下灌丛中或山坡阴处。

9. **牛尾菜（别名：牛尾结、草菝葜）Smilax riparia A. DC.**

藤本。茎草质。叶形变化较大，长 7~15cm；叶柄长 7~20mm，通常在中部以下有卷须。伞形花序；雌花比雄花略小。浆果。

生于海拔 100~1000m 林下、灌丛、山坡草丛或河谷沙地上。

根和根状茎药用，味甘、苦，性平。祛风活络，祛痰止咳。治风湿性关节炎、筋骨疼痛、跌打损伤、腰肌劳损、支气管炎、肺结核咳嗽咯血。

A60 百合科 Liliaceae

1. 油点草属 Tricyrtis Wall.

1. **油点草 Tricyrtis macropoda Miq.**

多年生草本。叶茎生，基部心形抱茎。顶生或腋生的二歧聚伞花序，具梗；花被片具紫红色斑点。蒴果三棱形，直立。

生于林下、山坡草地或岩石缝隙中。

根或全草药用，味甘，性温。补虚止咳。治肺结核咳嗽。

A61 兰科 Orchidaceae

1. 金线兰属 Anoectochilus Bl.

1. 金线兰（别名：花叶开唇兰、金线风、金蚕）**Anoectochilus roxburghii** (Wall.) Lindl.

地生小草本；高 8~18cm。叶卵形，长 2~3.5cm，宽 1~3cm，金红色网脉。总状花序具 2~6 朵花；花苞片淡红色。少见蒴果长圆形。

生于密林下或山沟边阴湿处。

全草药用，味甘淡，性凉。清热润肺，消炎解毒。治肺结核、肺热咳嗽、风湿关节炎、跌打损伤、慢性胃炎等。

2. 石豆兰属 Bulbophyllum Thou.

1. 广东石豆兰 **Bulbophyllum kwangtungense** Schltr.

根状茎被筒状鞘；假鳞茎圆柱状，长 1~2.5cm。顶生 1 枚叶，革质，长圆形，先端圆钝并稍凹入。花苞片狭披针形，花淡黄色。

附生于岩石上。

全草药用，味甘、淡，性凉。清热止咳，祛风。治风热咽痛、肺热咳嗽、风湿关节疼痛、跌打损伤。

3. 虾脊兰属 Calanthe R. Br.

1. 棒距虾脊兰 **Calanthe clavata** Lindl.

假茎长约 13cm，具鞘和折扇状的叶。叶狭椭圆形，长达 65cm，宽 4~10cm，叶柄对折。花莛生于茎的基部，总状花序，花黄色，距棒状。

生于山地、沟谷阴湿处和密林下。

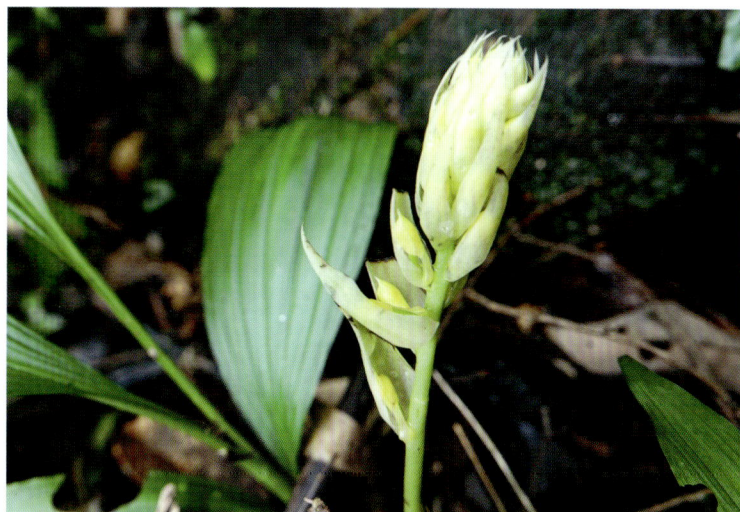

4. 黄兰属 Cephalantheropsis Guill.

1. 黄兰（别名：黄玉兰、黄缅桂）**Cephalantheropsis obcordata** (Lindl.) S. Y. Hu [*Calanthe gracilis* Lindl.]

茎圆柱形，具多数节。叶互生于茎上部，长圆状披针形。花莛从茎中部以下节上发出，萼片和花瓣反折。蒴果圆柱形，具棱。

生于海拔约 450m 的密林下。

5. 贝母兰属 Coelogyne Lindl.

1. 流苏贝母兰 **Coelogyne fimbriata** Lindl.

附生草本。叶长圆形，先端急尖。花瓣丝状披针形，宽不达 2mm；唇瓣 3 裂，具红色斑纹，中裂片边缘有流苏。蒴果倒卵形。

生于海拔 500~1200m 的溪旁岩石上或林中、林缘树干上。

全草药用，味辛，性平。滋阴清肺，化痰止咳。治感冒、咳嗽。

6. 兰属 Cymbidium Sw.

1. 兔耳兰（别名：宽叶兰）**Cymbidium lancifolium** Hook. [*C. maclehoseae* S. Y. Hu]

半附生植物。叶倒披针状长圆形，先端渐尖。花白色至淡绿色，花瓣上有紫栗色中脉，唇瓣上有紫栗色斑；萼片倒披针状长圆形。蒴果狭椭圆形。

生于山坡林下或附生于树上。

全草药用，味辛，性平。滋阴清肺，化痰止咳。治咳嗽。

7. 毛兰属 Eria Lindl.

1. 半柱毛兰（别名：石上桃）**Eria corneri** Rchb. f.

附生草本。假鳞茎长 2~5cm，直径 1~2.5cm，有 2~3 片叶。叶椭圆状披针形，长 15~45cm，宽 1.5~6cm。有花 10 余朵。蒴果开裂。

生于树上或林下岩石上。

全草药用。清凉解毒，润肺，消肿。治痨咳、瘰疬、疥疮。

8. 钳唇兰属 Erythrodes Bl.

1. 钳唇兰 **Erythrodes blumei** (Lindl.) Schltr.

草本；植株高 18~60cm。叶长 4.5~10cm，宽 2~6cm。总状花序，花苞片披针形，子房圆柱形，花较小，中萼片长椭圆形，花瓣倒披针形。

生于山坡或沟谷常绿阔叶林下阴处。

9. 斑叶兰属 Goodyera R. Br.

1. 多叶斑叶兰 **Goodyera foliosa** (Lindl.) Benth. ex Clarke

草本。根状茎匍匐，具节。叶卵形或长圆形，长 2.5~7cm，宽 1.6~2.5cm，叶面深绿色。总状花序花多朵，侧萼片不张开，萼片背面被毛。

生于海拔 800m 左右的林下或沟谷阴湿处。

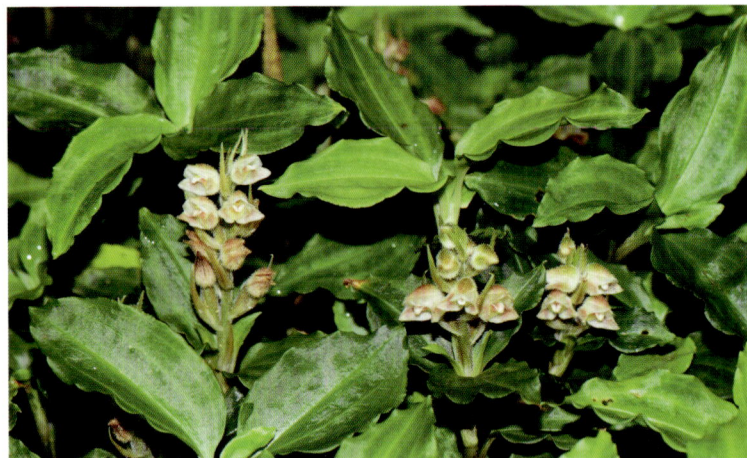

2. 高斑叶兰（别名：石风丹、大斑叶兰）**Goodyera procera** (Ker-Gawl.) Hook.

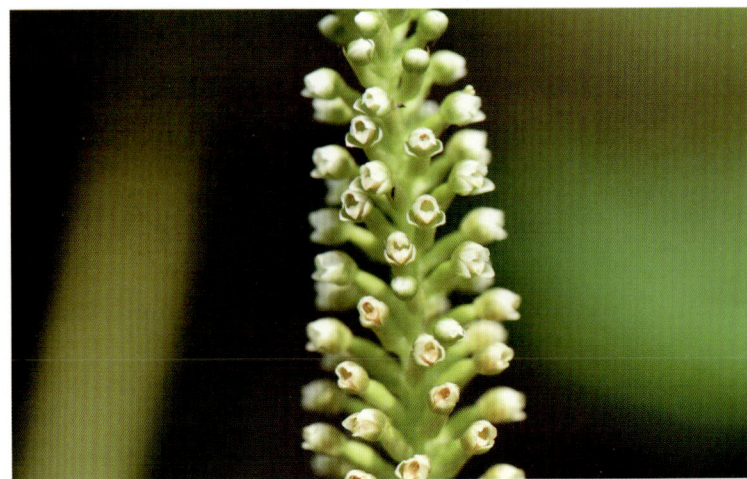

地生草本；植株高达 80cm。叶长圆形，长 7~15cm，宽 2~5.5cm。总状花序花多朵；花白色带淡绿；萼片背面无毛。蒴果。

生于山坡林下、沟旁阴湿处。

全草药用，味辛，性温。祛风除湿，止咳平喘。治风湿骨痛、跌打损伤、气管炎、哮喘。

3. 歌绿斑叶兰 Goodyera seikoomontana Yamamoto [*G. youngsayei* S. Y. Hu & Barretto]

植株高 15~18cm。叶片椭圆形。花茎下部具 2 枚鞘状苞片，总状花序，花苞片披针形，子房圆柱形；花较大，绿色，张开，无毛。

生于山谷林下。

10. 玉凤花属 Habenaria Willd.

1. 橙黄玉凤花（别名：红唇玉凤花）Habenaria rhodocheila Willd.

地生草本；高 8~35cm。块茎长圆形。叶线状披针形，长 10~15cm，宽 1.5~2cm。花葶无毛，花橙红色，侧萼片稍偏斜。

生于近溪边潮湿、多石的地上或岩石上。

全草药用，味苦，性平。止咳化痰，固肾止遗，止血敛伤。与猪肉炖，早晚空腹服，治头晕目眩、四肢无力、神经衰弱、阳痿。

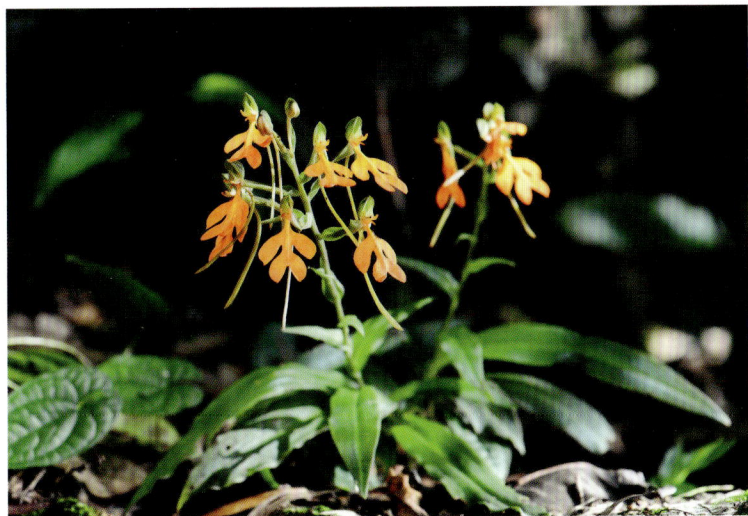

11. 菱兰属 Rhomboda Lindl.

1. 白肋菱兰 Rhomboda tokioi (Fukuy) Ormerod

草本；植株高 10~25cm。叶偏斜的卵形，长 3~9cm，宽

1.5~4cm，沿中肋具 1 条白色条纹。花苞片卵状披针形；花小，红褐色，半张开。

生于山坡或沟谷阔叶林下。

12. 羊耳蒜属 Liparis L. C. Rich.

1. 镰翅羊耳蒜 Liparis bootanensis Griff. [*L. subplicata* T. Tang et F. T. Wang]

附生草本。假鳞茎长 0.8~1.8cm，直径 4~8mm，顶生叶 1 枚。叶倒披针形，长 8~22cm，宽 1~3.3cm。总状花序外弯或下垂。蒴果。

生于海拔 130~700m 的林缘、林中或山谷阴处的树上或岩壁上。

全草药用，味甘、微苦，性寒。补脾止泻，润肺止咳，活血散瘀。治肺痨咳嗽、小儿疳积、腹泻、跌打损伤、疥疮、血吸虫腹水。

2. 见血青（别名：羊耳兰、见血莲）Liparis nervosa (Thunb. ex Murray) Lindl. [*L. bicallosa* (D. Don) Schltr.]

地生草本。茎肉质圆柱形，竹茎状。叶卵形，长 5~11cm，宽 3~8cm。总状花序；花紫色。蒴果倒卵状长圆形或狭椭圆形。

生于低山区山坡灌木林下阴湿处。

全草药用，味苦，性寒。清热，凉血，止血。治肺热咯血、吐血。

13．鹤顶兰属 Phaius Lour.

1. 黄花鹤顶兰（别名：斑叶鹤顶兰）**Phaius flavus** (Bl.) Lindl. [*P. maculatus* Lindl.]

草本。假鳞茎卵状圆锥形，长 5~6cm，直径 2.5~4cm。叶长椭圆形，通常具黄色斑块。总状花序具数朵至 20 朵花；花黄色。

生于海拔 300~1500m 的山坡林下阴湿处。

鳞茎药用，清热，活血止血。治咳嗽、多痰咯血、外伤出血。

2. 鹤顶兰（别名：大白及）**Phaius tancarvilleae** (Banks ex L' Herit.) Bl.

地生草本。假鳞茎圆锥形，长约 6cm，直径 4~6cm。叶数枚，长圆形或椭圆形。花茎长达 1m；唇瓣位于上方。蒴果。

生于林下湿地。

假鳞茎药用，味微辛，性温，有小毒。祛痰止咳，活血止血。治咳嗽多痰、咳血，假鳞茎 3~6g，水煎服；跌打肿痛，用鲜品捣烂酒炒外敷；乳腺炎，用鲜品捣烂调醋外敷。

14．石仙桃属 Pholidota Lindl. ex Hook.

1. 石仙桃（别名：石橄榄、石莲）**Pholidota chinensis** Lindl.

根状茎通常较粗壮。叶倒卵状椭圆形，长 5~22cm，宽 2~6cm。总状花序具数朵至 20 余朵花；花白色或带浅黄色。蒴果倒卵状椭圆形。

常生于海拔 200~780m 的林下或溪旁石上。

全草药用，味甘、淡，性凉。清热养阴，化痰止咳。治肺热咳嗽，肺结核咯血，淋巴结结核，小儿疳积，胃、十二指肠溃疡。

15．安兰属 Ania Lindl.

1. 香港安兰（别名：香港带唇兰）**Ania hongkongensis** (Rolfe) T. Tang et F. T. Wang [*Tainia hongkongensis* Rolfe]

假鳞茎卵球形，粗 1~2cm，顶生 1 枚叶。叶长椭圆形，中部宽 3~4cm，先端渐尖，具折扇状脉。花黄绿色带紫褐色斑点和条纹。

生于海拔 150~500m 的山坡林下或山间路旁。

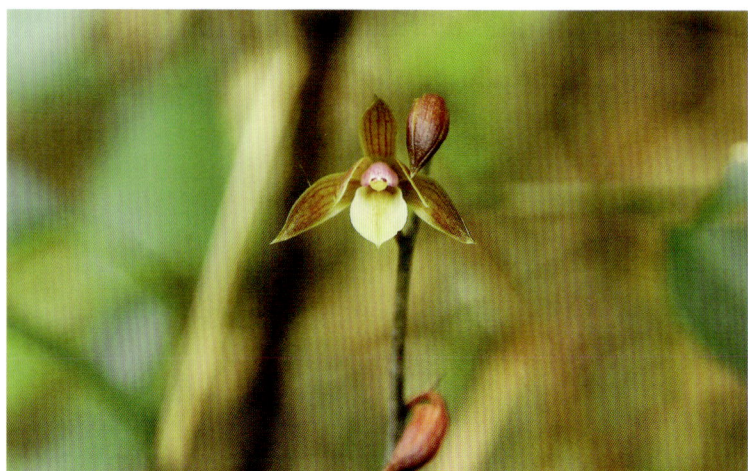

A66 仙茅科 Hypoxidaceae

1. 仙茅属 Curculigo Gaertn

1. 大叶仙茅（别名：大地棕）**Curculigo capitulata** (Lour.) O. Kuntze

大型草本。叶纸质，长 30~90cm，宽 5~14cm，叶柄长 30~80cm。花莛长达 10~30cm；总状花序强烈缩短成头状。浆果近球形，白色。

生于林下或阴湿处。

根药用，味苦、涩，性平。润肺化痰，止咳平喘，镇静健脾，补肾固精。治肾虚喘咳、腰膝酸痛、白带、遗精。

A72 日光兰科 Asphodelaceae

1. 山菅兰属 Dianella Lam.

1. 山菅兰（别名：较剪兰、山猫儿）**Dianella ensifolia** (Linn.) DC.

草本；高可达 1~2m。叶狭条状披针形，长 30~80cm，宽 1~2.5cm；叶鞘套叠。顶端圆锥花序长 10~40cm。浆果球形，熟时蓝色。

生于山地、草坡和灌木林内。

根药用，味甘、辛，性凉，有大毒。拔毒消肿。注意：全草有毒，家畜中毒可致死。人误食其果可引起呃逆，甚至呼吸困难而死。

A73 石蒜科 Amaryllidaceae

1. 文殊兰属 Crinum Linn.

1. 文殊兰（别名：十八学士）**Crinum asiaticum** Linn. var. **sinicum** (Roxb. ex Herb.) Baker

草本。叶多列，带状披针形。花茎实心，直立，几与叶等长；伞形花序；花被裂片线形，宽一般不及 1cm，渐狭。蒴果近球形。

常生于海滨地区或河旁沙地。

叶、鳞茎药用，味辛，性凉，有小毒。行血散瘀，消肿止痛。治咽喉炎、跌打损伤、痈疖肿毒、蛇咬伤。

A74 天门冬科 Asparagaceae

1. 天门冬属 Asparagus Linn.

1. 天门冬（别名：天冬）**Asparagus cochinchinensis** (Lour.) Merr.

攀缘植物。叶状枝线形或因中脉凸起而略呈三棱形，镰状弯曲。花单性，1~2 朵簇生于叶腋；花被片淡绿色。浆果熟时红色。

生于山坡、路旁、疏林下。

块根药用，味微苦、甘，性寒。养阴清热，润燥生津。治肺结核、支气管炎、白喉、百日咳、口燥咽干、热病口渴、糖尿病、大便燥结。

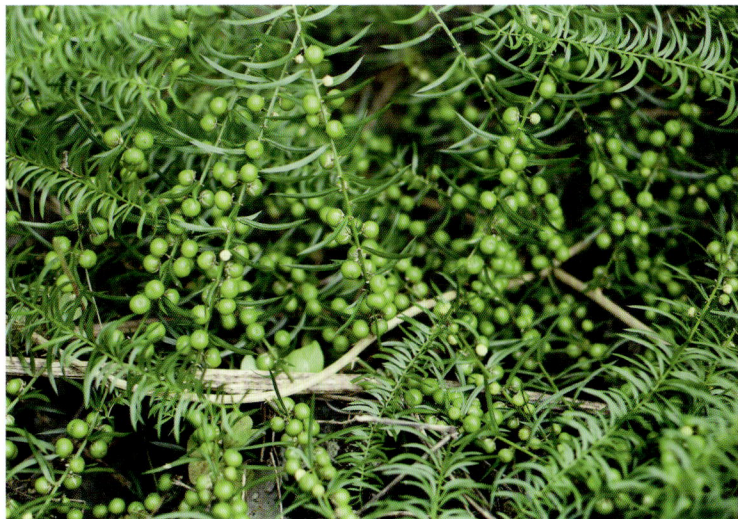

2. 蜘蛛抱蛋属 Aspidistra Ker-Gawl.

1. 小花蜘蛛抱蛋 Aspidistra minutiflora Stapf

草本。叶 2~3 枚簇生，叶线形，宽 1~2.5cm。花小，花被壶形，长约 5mm，青带紫色，具紫色细点。浆果球形。

生于路旁或山腰之石缝中。

根茎药用，解热止咳，壮筋骨。治跌打损伤。

2. 流苏蜘蛛抱蛋 Aspidistra fimbriata F. T. Wang et K. Y. Lang

根状茎直径 4~6mm。叶矩圆状披针形，长 30~43cm，宽 3.5~6cm。花被钟形，外面具紫色细点；雌蕊长 4mm；柱头盾状膨大，圆形，柱短。

生于山谷密林下的岩石上。

3. 沿阶草属 Ophiopogon Ker-Gawl.

1. 广东沿阶草 Ophiopogon reversus Hwang

草本。叶基生成丛，禾叶状，长 18~50cm，宽 5~10mm。花葶较短于叶，总状花序，苞片钻形，花被片披针形，淡紫色带白绿色。

生于海拔 350~1200m 的山坡疏密林下、山谷阴湿处、水旁等。

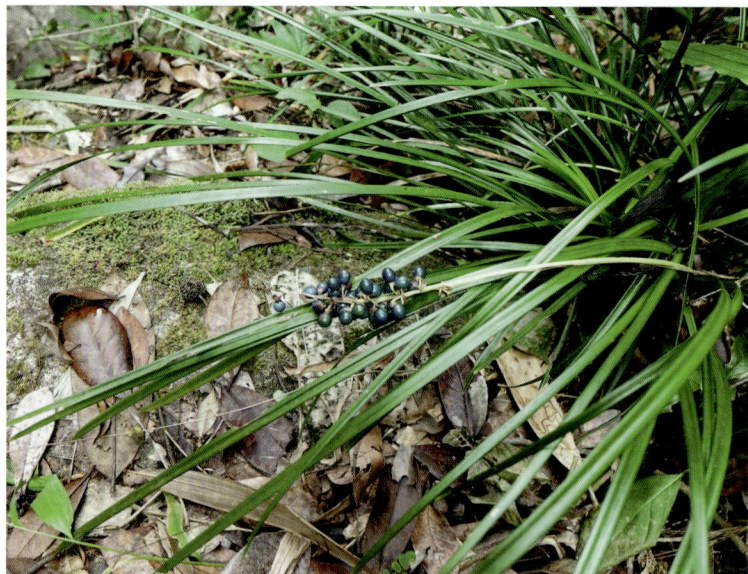

2. 麦冬（别名：沿阶草、麦门冬）Ophiopogon japonicus (Linn. f.) Ker-Gawl.

根较粗；节上具膜质的鞘。叶基生成丛，禾叶状，边缘具细锯齿。花葶通常比叶短得多，总状花序。种子球形。

生于溪边、密林或疏林下和灌丛中，亦常见栽培。

块根药用，味甘，微苦，性凉。滋阴生津，润肺止咳，清心除烦。治热病伤津、心烦、口渴、咽干、肺热燥咳、肺结核咯血、心烦失眠、便秘、白喉。

3. 长茎沿阶草（别名：剪刀蕉、铁丝草、粉叶沿阶草）Ophiopogon chingii Wang et Tang

茎长，老茎上残留叶鞘。叶散生于长茎上，剑形，长7~20cm，宽2.5~8mm，背面粉绿色。花被片卵状长圆形，白色或淡紫色。

生于溪边、密林或疏林下和灌丛中。

块根药用，清热润肺，养阴生津。

4. 黄精属 Polygonatum Mill.

1. 多花黄精（别名：白及黄精）Polygonatum cyrtonema Hua

草本。根状茎粗大，念珠状，直径达2cm。叶茎生，长椭圆形，宽2~7cm。伞形花序；花被长1.8~2.5cm，无色斑。浆果黑色。

生于林下腐殖层较厚的灌丛或山坡阴处。

根状茎药用，味甘，性平。补脾润肺，养阴生津，益肾。治肺结核干咳无痰、久病津亏口干、倦怠乏力、脾胃气虚、胃阴不足、肺虚咳嗽、精血不足、腰膝酸软、须发早白、内热消渴、糖尿病、高血压病。

A76 棕榈科 Arecaceae

1. 省藤属 Calamus Linn.

1. 杖藤 Calamus rhabdocladus Burret

攀缘灌木。茎连叶鞘直径4~5cm。叶羽状全裂，长2~3m，裂片30~40对。肉穗花序纤鞭状，长达7m。果椭圆形，长10~15mm。

生于林中。

2. 山槟榔属 Pinanga Bl.

1. 变色山槟榔 Pinanga baviensis Burret

丛生灌木。叶鞘褐色鳞秕；叶羽状，顶端羽片较宽，先端截形，具齿裂，以下羽片稍"S"字形弯曲，镰刀状渐尖。果实近纺锤形。

生于山坡林下阴处。

A78 鸭跖草科 Commelinaceae

1. 穿鞘花属 Amischotolype Hassk.

1. 穿鞘花 Amischotolype hispida (Less. et A. Rich.) Hong

多年生草本。叶椭圆形，基部成带翅的柄。花序密集成头状，自叶鞘基部处穿鞘而出；花瓣长圆形。蒴果卵球状三棱形。

生于海拔1000m以下的湿地。

全草药用，味苦，性寒。祛风除湿、祛瘀止痛。治风湿痹痛、跌打损伤。

2. 鸭跖草属 Commelina Linn.

1. 饭包草（别名：竹节菜、鸭脚草）Commelina benghalensis Linn.

多年生披散草本。叶卵形，长3~7cm，具叶柄。总苞片下缘合生；花瓣蓝色，圆形。蒴果椭圆状，长4~6mm。

生于海拔1000m以下的湿地。

全草药用，味苦，性寒。清热解毒，利水消肿。治小便短赤、涩痛、赤痢、疔疮。

2. 鸭跖草（别名：竹节菜、鸭脚草）**Commelina communis** Linn.

一年生草本。茎匍匐生根，长可达 1m。叶披针形。蝎尾状聚伞花序顶生；总苞片心形，长 1.2~2.5cm；深蓝色。蒴果 2 片裂。

常生于湿地。

全草药用、味甘、淡，性微寒。清热解毒、利水消肿。治流行性感冒、急性扁桃体炎、咽炎、水肿、泌尿感染、急性肠炎、痢疾。

3. 竹节菜（别名：竹蒿草、竹节花）**Commelina diffusa** Burm. f.

一年生披散草本。叶披针形，叶鞘上常有红色小斑点。蝎尾状聚伞花序；总苞片折叠状，萼片椭圆形，宿存；花瓣蓝色。蒴果矩圆状三棱形。

生于旷野或林缘较阴湿之地。

全草药用，味淡，性寒。清热解毒，利尿消肿，止血。治急性咽喉炎、痢疾、疮疖、小便不利。

4. 大苞鸭跖草（别名：七节风）**Commelina paludosa** Bl.

植株高大，可达 1m。叶片披针形至卵状披针形，长 7~20cm，宽 2~7cm。总苞片大，长达 2cm。蒴果卵 3 室，3 片裂，每室有 1 颗种子。

生于林下及山谷溪边。

全草药用，味甘、淡，性微寒。清热解毒，利水消肿。治流行性感冒、急性扁桃体炎、咽炎、水肿、泌尿系感染、急性肠炎、痢疾。

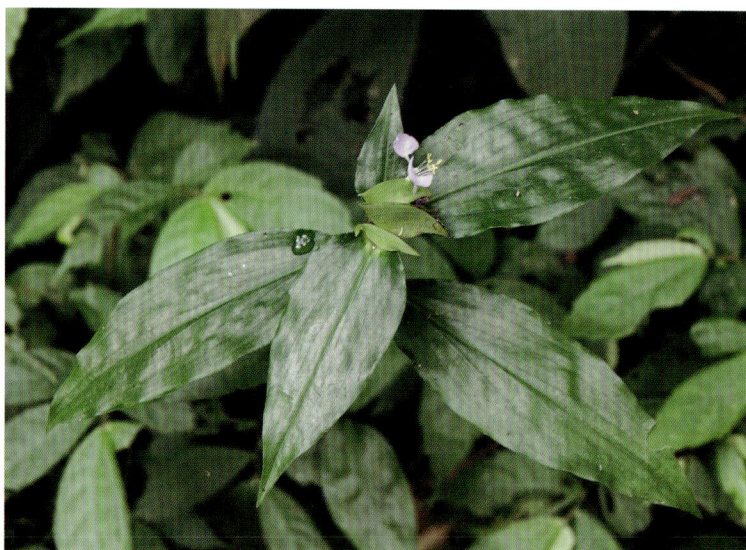

3. 聚花草属 Floscopa Lour.

1. 聚花草（别名：水草、大祥竹蒿草）**Floscopa scandens** Lour.

直立草本；高 30~60cm。叶椭圆形至披针形，长 4~12cm，上有鳞片状突起。花聚生于茎端，圆锥花序。蒴果卵圆形，侧扁。

生于沟边草地及林中。

全草药用，味苦，性凉。清热解毒，利水消肿。治发热、肺热咳嗽、目赤肿痛、淋证、水肿、疮疖肿毒、淋巴结肿大、急性肾炎。

4. 水竹叶属 Murdannia Royle

1. 大苞水竹叶（别名: 痰火草、青竹壳菜）Murdannia bracteata (C. B. Clarke) J. K. Morton ex Hong

多年生草本。叶剑形，长 20~30cm，宽 1.2~1.8cm。聚伞花序因花极为密集而呈头状，苞片圆形，长 5~7mm，花瓣蓝色。蒴果宽椭圆状三棱形。

生于密林中溪旁沙地上。

全草药用，味甘、淡，性凉。化痰散结。治淋巴结核。

2. 裸花水竹叶（别名: 红毛草、竹叶草）Murdannia nudiflora (Linn.) Brenan [Aneilena nudiflora (L.) Wall.]

草本。叶片禾叶状或披针形，长 2.5~10cm，宽 5~10mm。蝎尾状聚伞花序数个，排成顶生圆锥花序，或仅单个。蒴果卵圆状三棱形。

生于林中或旷地上。

全草药用，味淡，性凉。清热止咳，凉血止血。治肺热咳嗽、咳血、扁桃体炎、咽喉炎、急性肠炎。

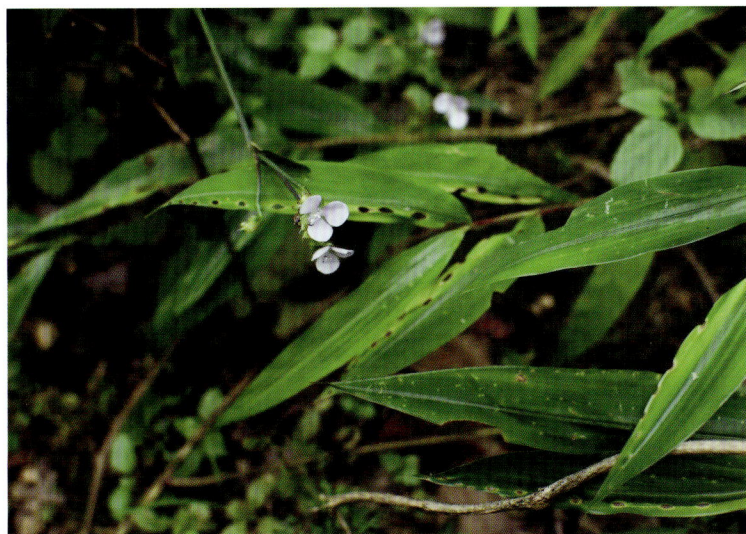

3. 水竹叶 Murdannia triquetra (Wall.) Brückn

草本。根状茎具叶鞘，节上具须状根。叶片竹叶形。花常单花，顶生并兼腋生；花瓣分离，倒卵圆形。蒴果卵圆状三棱形。

生于水稻田边或湿地上。

全草药用，味甘，性平。清热解毒，利尿，消肿。治肺热咳嗽、

赤白下痢、小便不利、咽喉肿痛、痈疖疔肿。

5. 杜若属 Pollia Thunb.

1. 杜若（别名: 竹叶莲、水芭蕉）Pollia japonica Thunb.

多年生草本。叶片长椭圆形，叶背无毛，近无叶柄。能育雄蕊 6 枚，花序比上部叶短，总花梗长 5~10cm。果球状，果皮黑色。

生于林下潮湿地。

全草药用，味辛，性微温。理气止痛，疏风消肿。治胸胁气痛、胃痛、腰痛、头肿痛、流泪。

6. 钩毛子草属 Rhopalephora Hassk.

1. 钩毛子草 Rhopalephora scaberrima (Bl.) Faden [Dictyospermum scaberrimum (Bl.) J. K. Morton ex Hong]

多年生草本。叶鞘有柔毛；叶卵状披针形。蝎尾状聚伞花序，萼片舟状，宿存；花瓣淡蓝色。蒴果近球状，外面密被顶端钩状弯曲的腺毛。

生于海拔 150~500m 的山谷林中。

A80 雨久花科 Pontederiaceae

1. 雨久花属 Monochoria Presl

1. 鸭舌草（别名：鸭仔菜）**Monochoria vaginalis** (Burm. f.) Presl ex Kunth

多年生水生草本；高 12~35cm。叶披针形，长 2~6cm，宽 1~4cm。总状花序有花 2~10 朵，花期直立；蓝色。蒴果卵圆形。

生于湿地、浅水池塘。

全草药用，味甘，性凉。清热解毒。治痢疾、肠炎、咽喉肿痛、牙龈脓肿。

A85 芭蕉科 Musaceae

1. 芭蕉属 Musa Linn.

1. 野蕉 **Musa balbisiana** Colla

直立散生草本。叶卵状长圆形，几对称，无白粉。花序半下垂，被毛；合生花被片齿裂。浆果；种子陀螺状，直径 2~3mm。

生于山谷中。

A87 竹芋科 Marantaceae

1. 柊叶属 Phrynium Willd.

1. 柊叶（别名：粽叶）**Phrynium rheedei** Suresh & Nicolson [*P. capitatum* Willd.]

草本；高 1~2m。叶长圆形，长 25~50cm；叶枕长 3~7cm；叶柄长达 60cm。头状花序直径 5cm；花冠深红。果梨形，具 3 棱。

生于山地密林中及山谷潮湿之地。

全草药用，味甘、淡，性微寒。清热解毒，凉血止血，利尿。治感冒高热、痢疾、吐血、衄血、血崩。

A88 闭鞘姜科 Costaceae

1. 闭鞘姜属 Costus Linn.

1. 闭鞘姜（别名：广东商陆、水蕉花）**Costus speciosus** (Koen.) Smith

草本。叶鞘闭合；叶螺旋状排列，叶背密被绢毛。穗状花序从茎端生出；花冠裂片白色或顶部红色。蒴果稍木质，红色。

生于疏林下、山谷阴湿地。

根状茎药用，味酸、辛，性微寒，有小毒。利尿消肿，解毒止痒。治百日咳、肾炎水肿、尿路感染、肝硬化腹水、小便不利。

A89 姜科 Zingiberaceae

1．山姜属 Alpinia Roxb.

1．海南山姜（别名：草豆蔻）Alpinia hainanensis K. Schum

草本。叶线状披针形，长 50~65cm，宽 6~9cm。总状花序，长达 20cm，花序轴"之"字形；花萼顶端具 2 齿。果球形，直径 3cm。

生于山谷疏或密林中。

果实药用，味辛，性温。祛寒燥湿，温胃止呕。治胃寒胀痛、反胃吐酸、食欲不振、寒湿吐泻。

2．山姜（别名：土砂仁）Alpinia japonica (Thunb.) Miq.

草本。叶披针形，长 25~40cm，宽 4~7cm，两面特别背面密被短柔毛。总状花序。果球形或椭圆形，被短柔毛，直径 1~1.5cm。

生于林下阴湿处。

根状茎药用，味辛，性温。祛风通络，理气止痛。治风湿性关节炎、跌打损伤、牙痛、胃痛。

3．箭秆风 Alpinia jianganfeng T. L. Wu

草本。叶披针形，先端细尾尖，基部渐窄；叶舌 2 裂，具缘毛。穗状花序，花萼筒状，唇瓣倒卵形。蒴果球形，被柔毛，顶端有宿存萼管。

生于林下阴湿处。

4．华山姜（别名：山姜）Alpinia oblongifolia Hayata [*A. chinensis* (Retz.) Rosc.]

草本。叶披针形或卵状披针形，长 20~30cm，宽 3~10cm，无毛。狭窄圆锥花序；花白色，萼管状。果球形，直径 5~8mm。

生于林下阴湿处。

根状茎药用，味辛，性温。温中，散寒，止痛。治胃腹冷痛、急性胃肠炎。

5．密苞山姜 Alpinia stachyodes Hance [*A. densibracteata* T. L. Wu & Senjen]

草本。叶椭圆状披针形，长 20~40cm，宽 4~7cm，叶舌 2 裂。穗状花序顶生，苞片披针形，密集；小苞片披针形，花萼筒状。果球形，宿萼。

生于山谷密林阴处。

全草药用，味辛、微苦，性温。祛风除湿，行气止痛。治风湿痹痛、咳嗽、胃痛、跌打损伤。

2. 豆蔻属 Amomum Roxb.

1. 砂仁（别名：春砂仁）Amomum villosum Lour.

草本；株高 1.5~3m。上部叶片线形，顶端尾尖。穗状花序，唇瓣白色，顶端具反卷、黄色小尖头，中脉黄色而染紫红。蒴果椭圆形，熟时紫红色。

生于山谷密林阴处。

果实药用，味辛，性温。行气宽中，健胃消食。治胃腹胀痛、食欲不振、恶心呕吐、肠炎、痢疾、胎动不安。

3. 姜黄属 Curcuma Linn.

1. 广西莪术 Curcuma kwangsiensis S. G. Lee et C. F. Liang

草本。根茎卵球形。叶基生，椭圆状披针形，基部下延。穗状花序从根茎抽出，上部苞片长圆形，淡红色；花生于苞片腋内，唇瓣近圆形，淡黄色。

生于山谷、沟边、山坡草地及灌丛中。

块状根药用，味苦、辛，性温。行气解郁，凉血破瘀。治胸闷胁痛、胃腹胀痛、黄疸、吐血、尿血、月经不调、癫痫。

2. 姜黄（别名：郁金、黄丝郁金）Curcuma longa Linn. [C. domestica Valet.]

草本；株高 1~1.5m。根茎发达，根状茎内橙黄色。叶片长圆形或椭圆形。穗状花序从叶鞘内抽出。蒴果球形。

生于山谷、沟边、山坡草地及灌丛中。

块根 (亦作郁金用) 药用，味苦、辛，性温。行气破瘀，通经止痛。治胸腹胀痛、肩膀痹痛、月经不调、闭经、跌打肿痛、黄疸。

4. 姜属 Zingiber Boehm.

1. 匙苞姜 Zingiber cochleariforme D. Fang

株高 0.7~2m。叶片椭圆状披针形，叶面无毛，密被紫褐色腺点。穗状花序长 3~6cm；苞片紫色或白色，楔状匙形至长圆形；花冠黄白色；中裂片倒披针形，顶端紫色或红色。蒴果成熟时红色。

生于山谷、沟边、山坡草地及灌丛中。

根状茎药用。温中散寒，止呕开胃。治风寒感冒、小儿惊风。

A94 谷精草科 Eriocaulaceae

1. 谷精草属 Eriocaulon Linn.

1. 谷精草（别名：麦苗谷精草）Eriocaulon buergerianum Koern.

草本；高 10~35cm。叶丝形，长 3~16cm，宽 2~5mm，透明。花序熟时近球形，直径 4~6mm；花冠裂片 3，近锥形。蒴果室背开裂。

生于溪边、田边潮湿处。

头状花序或全草药用，味辛、甘，性平。疏散风热，明目退翳。治眼结膜炎、角膜云翳、夜盲症、视网膜脉络膜炎、小儿疳积。

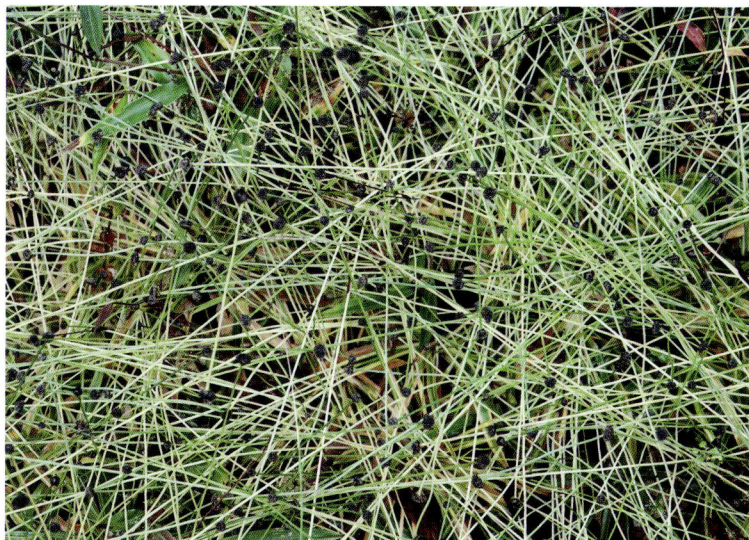

2. 华南谷精草（别名：谷精珠）Eriocaulon sexangulare Linn. [*E. wallichianum* Mart.]

草本；高 20~60cm。叶线形，长 10~32cm，宽 4~10mm，对光能见横格。花序球形，直径 6.5mm；花瓣 3 枚，膜质，线形。蒴果。

生于溪边、田边潮湿处。

全草药用，味甘，性平。散风火，消炎，明目，退翳，为眼科要药。治两目赤肿、目翳不明、畏光流泪、各种热病、风热感冒、咽喉肿痛、小便不畅、淋沥浑浊。

2. 笄石菖（别名：江南灯心草、水茅草）Juncus prismatocarpus R. Br.

多年生草本；高 30~50cm。叶线形，宽 2~3mm，扁平。头状花序顶生组成聚伞花序；总苞片叶状；雄蕊 3。蒴果三棱状圆锥形。

生于河边、池旁、水沟、稻田旁、草地及沼泽湿处。

全株药用，味淡甘，性平。降心火，清肺热，利小便。治小便不利、尿血、淋沥水肿、心烦不寐、咽喉炎、急性胃肠炎、肝炎、泌尿炎症、小儿夜啼。

A97 灯心草科 Juncaceae

1. 灯心草属 Juncus Linn.

1. 灯心草（别名：秧草、水灯心）Juncus effusus Linn. [*J. effusus* Linn. var. *decipiens* Buch.]

草本；高 27~91cm。叶片退化，仅具叶鞘包围茎基部，基部红褐至黑褐色。聚伞花序假侧生，含多花；花淡绿色。蒴果长圆形。

生于河边、池旁、水沟、稻田旁、草地及沼泽湿处。

茎髓药用，味甘、淡，性凉。清心火，利小便。治心烦口渴、口舌生疮、尿路感染、小便不利、疟疾。

A98 莎草科 Cyperaceae

1. 薹草属 Carex Linn.

1. 浆果薹草（别名：山红稗、山稗子）Carex baccans Nees

草本。茎中生。茎生叶发达，枝先出、囊状。圆锥花序复出；总苞片叶状；小穗雄雌顺序。果囊成熟时红色，有光泽。

生于河边、村旁、路旁。

全草药用。根：味苦、涩，性凉；调经止血；治鼻衄、便血、月经过多、产后出血。种子：味甘、辛，性平；透疹止咳，补中利水；治麻疹、水痘、百日咳、脱肛、浮肿。

2. 十字薹草（别名：油草）Carex cruciata Vahl

草本。叶基生和秆生，扁平，边缘具短刺毛，基部具暗褐色、分裂成纤维状的宿存叶鞘。圆锥花序复出，长 20~40cm。小坚果卵状椭圆形。

生于山坡草地或林下。

全草药用，味辛、微苦、性平。活血止血，健脾渗湿。治月经不调、狂犬咬伤、血虚浮肿、衄血、血崩、胃肠道出血。

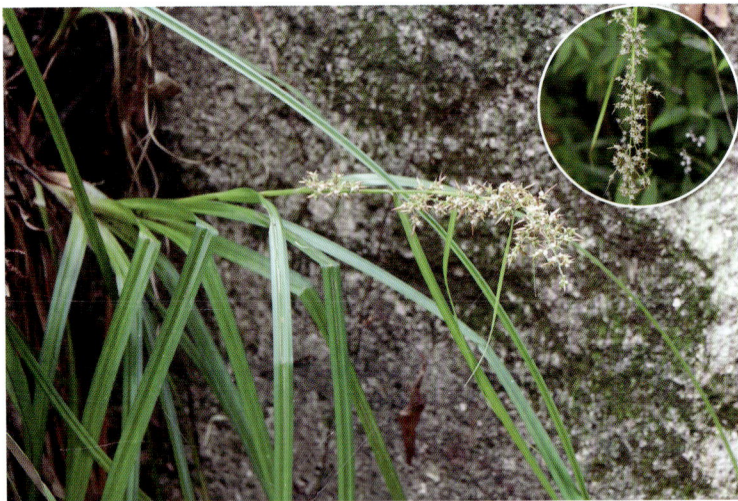

3. 蕨状薹草 Carex filicina Nees

草本。秆密丛生，锐三棱形。叶长于秆，边缘密生短刺毛。苞片叶状，长于支花序；圆锥花序，小苞片鳞片状。果囊椭圆形，小坚果椭圆形。

生于溪边山坡灌丛。

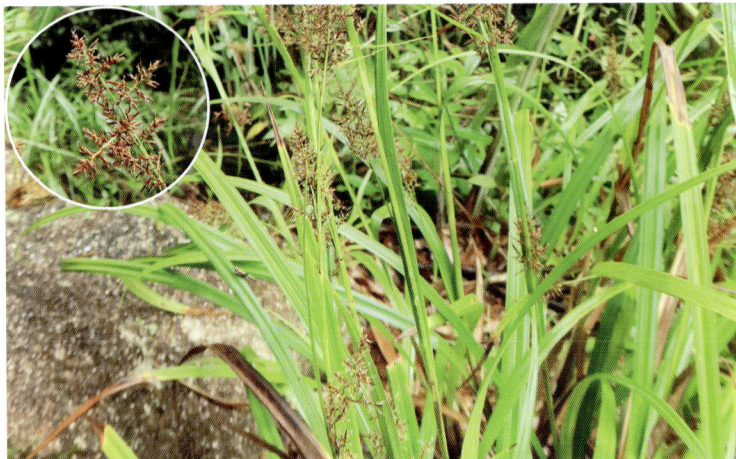

4. 密苞叶薹草（别名：头序薹草）Carex phyllocephala Koyama

草本。秆钝三棱形。叶排列紧密，长于秆，叶鞘紧包秆，套叠。苞片叶状，密集于秆的顶端长于花序；雄小穗顶生，线状圆柱形。小坚果倒卵形。

生于林中、沟谷、水边及路旁。

5. 根花薹草 Carex radiciflora Dunn

草本。秆极短。叶长 25~70cm，宽 1.4~2cm，先端渐尖，基部具叶鞘。苞片鞘状；小穗 3~6 个，基生，彼此极靠近。小坚果椭圆形，具喙。

生于林下、林缘、山溪旁的阴湿草地。

6. 花莛薹草（别名：花莛苔草）Carex scaposa C. B. Clarke

草本。叶基生和秆生；叶狭椭圆形、椭圆形，长10~35cm，宽2~5cm。圆锥花序复出，小穗雄花短于雌花。小坚果椭圆形，成熟时褐色。

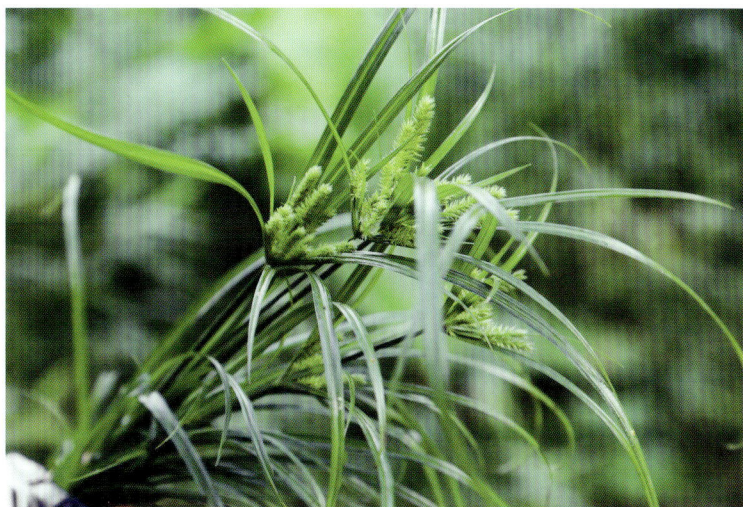

生于常绿阔叶林下、水旁、山坡阴处或石灰岩山坡峭壁上。

全草药用，味苦，性寒。清热解毒，活血化瘀。治急性胃肠炎、跌打肿痛、瘀阻疼痛、腰肌劳损。

7. 长柱头薹草（别名：细梗苔草）Carex teinogyna Boott

秆密丛生。叶宽2.5~3mm，具沟。下部苞片叶状，上部刚毛状；小穗线形，鳞片长圆状卵形。小坚果椭圆形，柱头2，很长，宿存。

生于山地、水旁、疏林。

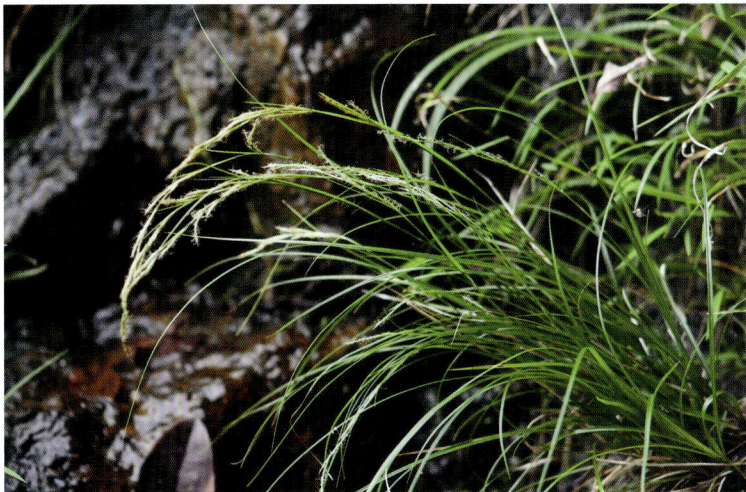

2. 莎草属 Cyperus Linn.

1. 扁穗莎草 Cyperus compressus Linn.

一年生草本。基部具较多叶，叶灰绿。长侧枝聚伞花序简单，穗状花序轴短；小穗长1~3cm，小穗轴有翅。小坚果表面具细点。

生于空旷的田野。

2. 砖子苗（别名：大香附子、三棱草）Cyperus cyperoides Urb.

草本。叶下部常折合。长侧枝聚伞花序简单；每伞梗顶端1个穗状花序，穗状花序圆柱形，宽6~8mm。小坚果狭长圆形。

生于山坡阳处、路旁草地、溪边及松林下。

根状茎、全草药用，根状茎：味辛，性温。调经，止痛，行气解表；治感冒、月经不调、慢性子宫内膜炎、产后腹痛、跌打损伤、风湿关节炎。全草：味辛、微苦，性平。祛风止痒，

解郁调经。

3. 异型莎草 Cyperus difformis Linn.

一年生草本。长侧枝聚伞花序疏展，有长短不等伞梗；小穗多数，放射状排列；鳞片顶端短直；雄蕊1~2枚。小坚果淡黄色。

常生于稻田中或水边潮湿处。

4. 多脉莎草 Cyperus diffusus Vahl

一年生草本。叶片一般较宽，最宽达2cm，粗糙。长侧枝聚伞花序多次复出；小穗数目较多，轴具狭翅。小坚果深褐色。

生于山坡草丛中或河边潮湿的地方。

5. 畦畔莎草（别名：埃及红莎草、埃及莎草）**Cyperus haspan** Linn.

一年生草本；高 10~40cm。叶短，2~3 片。长侧枝聚伞花序复出，8~12 伞梗；小穗多数；雄蕊 3(1) 枚。坚果具疣状小突起。

生于水田或浅水塘中。

全草药用，味苦，性平。息风止痉，解热。治婴儿破伤风。

6. 碎米莎草 **Cyperus iria** Linn.

一年生草本。叶少数。长侧枝聚伞花序复出；穗状花序轴伸长，小穗长 3~10mm，小穗轴无翅。坚果具密的微突起细点。

生于田间、山坡、路旁。

全草药用，味辛，性微温。行气，破血，消积，止痛，通经络。治慢性子宫炎、经闭、产后腹痛、消化不良、跌打损伤。

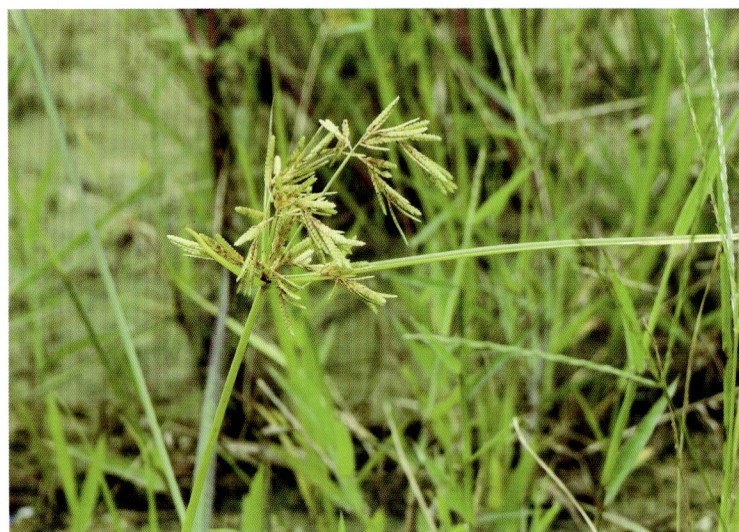

7. 毛轴莎草 **Cyperus pilosus** Vahl

草本。秆散生，锐三棱形。叶短于秆，宽 6~8mm。苞片 3 枚，长于花序，穗状花序轴上被黄色粗硬毛；小穗 2 列，线状披针形。小坚果宽椭圆形。

生于水田边、河边潮湿处。

全草药用，味辛，性温。活血化瘀，消肿止痛。治跌打损伤、浮肿。

8. 香附子（别名：莎草、雷公头、香头草）**Cyperus rotundus** Linn.

多年生草本。叶片多而长。长侧枝聚伞花序简单或复出，穗状花序轮廓为陀螺形；小穗少数，压扁。小坚果长圆状倒卵形。

生于旷野、草地、路旁、溪边。

块茎药用，味微苦、辛，性平。理气疏肝，调经止痛。治胃腹胀痛、两胁疼痛、痛经、月经不调。

9. 苏里南莎草 **Cyperus surinamensis** Rottboll

秆丛生，三棱形，微糙，具倒刺。叶短于秆。球形头状花序，一级辐射枝 4~12，微糙，具倒刺。小坚果具柄，长椭圆状。

生于沟边、田边、路边等潮湿地上。

3. 荸荠属 Eleocharis *Eleocharis* R. Br.

1. 龙师草 Eleocharis tetraquetra Nees

草本。叶狭窄，顶端急尖。长枝聚伞花序开展，有伞梗；小穗单个顶生，两侧压扁；鳞片 2 列。小坚果密被疣状突起。

生于水塘边或沟旁水边。

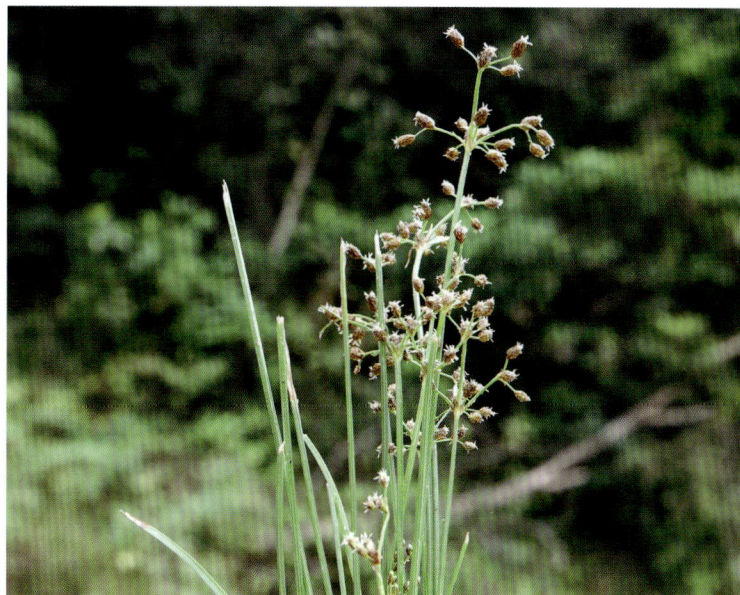

4. 飘拂草属 Fimbristylis Vahl

1. 两歧飘拂草 Fimbristylis dichotoma (Linn.) Vahl

一年生草本。叶短于秆，叶鞘具锈色斑纹，被毛。叶状苞片线形，长侧枝聚伞花序复出，鳞片螺旋状排列，宽卵形。小坚果宽倒卵形，双凸状。

生于稻田或空旷草地上。

全草药用，味辛，性温。行气止痛。治胃脘疼痛、小儿胎毒。

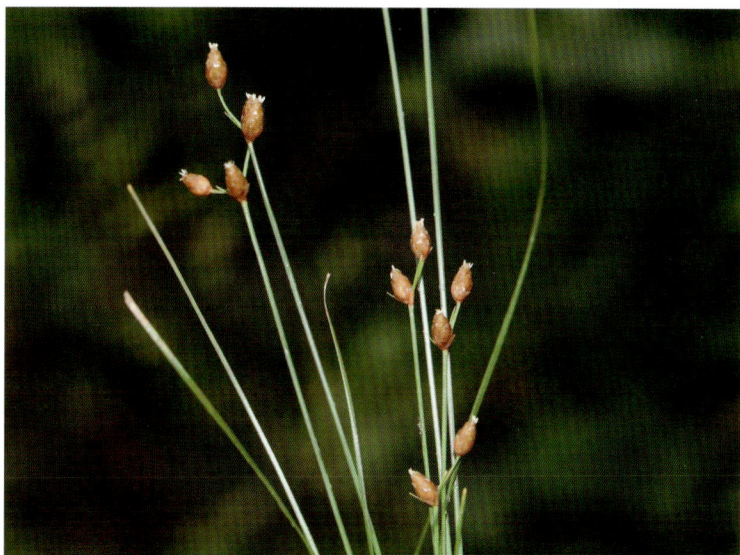

2. 水虱草 Fimbristylis littoralis Gaudich

草本。叶侧扁，套褶。苞片 2~4 枚，刚毛状；小穗单生，近球形，长 1.5~5mm，宽 1.5~2mm。小坚果长 1mm，具疣状突起和网纹。

生于河边、水边、田边等潮湿地上。

3. 少穗飘拂草 Fimbristylis schoenoides (Retz.) Vahl

草本。秆丛生，稍扁，平滑，具纵槽。叶短于秆，两边常内卷，上部边缘具小刺。小坚果圆倒卵形或近圆形，双凸状，表面具六角形网纹。

生于溪旁、荒地、沟边、路旁、水田边等低洼潮湿处。

5. 芙兰草属 Fuirena Rottb.

1. 芙兰草 Fuirena umbellata Rottb.

多年生草本。茎纤细。叶面被短硬毛。小穗上的鳞片螺旋状排列,有多数结实的两性花;外轮花被片刚毛状,内轮花瓣状。小坚果具柄。

生于湿地草原、河边等处。

6. 黑莎草属 Gahnia J. R. &. G. Forst.

1. 散穗黑莎草 Gahnia baniensis Benl

草本。秆圆柱状。叶宽 0.8~1.2cm,先端渐尖,边缘内卷。苞片叶状,圆锥花序宽而疏散,具顶生和数个侧生圆锥花序。小坚果窄椭圆形。

生于荒坡、旷野草地。

2. 黑莎草 Gahnia tristis Nees

草本;植株基部黑褐色。茎圆柱形。叶有背、腹之分,中脉明显。花序穗状;小穗有 1~3 能结实的两性花。小坚果骨质。

生于干燥的荒山坡或山脚灌丛中。

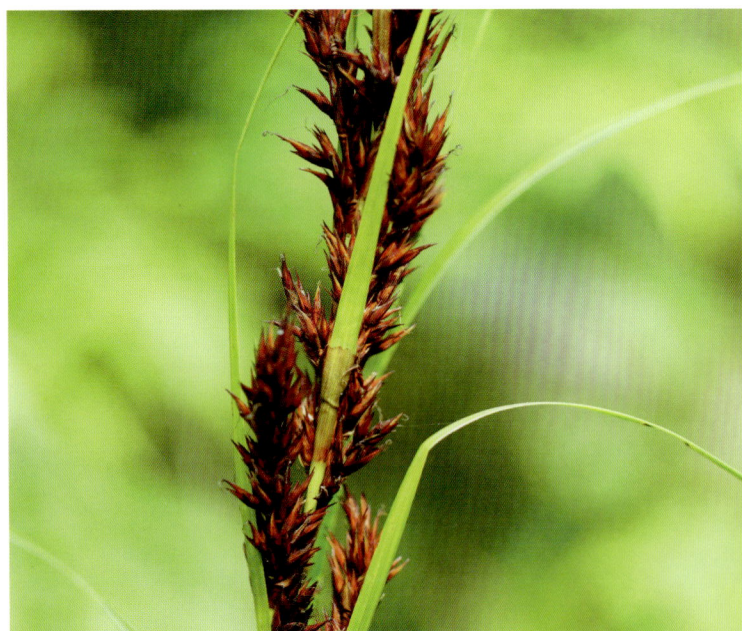

7. 割鸡芒属 Hypolytrum Rich.

1. 割鸡芒 Hypolytrum nemorum (Vahl) Spreng

草本。叶片正常发育。花单性;最下一片苞片远长于花序,长 15~30cm;雌花下无空鳞片,柱头 2 枚。小坚果基部无基盘。

生于林中湿地或灌丛中。

8. 水蜈蚣属 Kyllinga Rottb.

1. 短叶水蜈蚣(别名:水蜈蚣、金钮草)Kyllinga brevifolia Rottb. [*Cyperus brevifolia* (Rottb.) Hassk.]

草本;株高 5~50cm。根状茎延长。叶片长 5~15cm。穗状花序单生,鳞片 2 行排列,背面的龙骨状凸起有翅。小坚果褐色。

生于水边、路旁较肥沃潮湿的地方。

全草药用,味辛,性平。疏风解表,清热利湿,止咳化痰,祛瘀消肿。治伤风感冒、支气管炎、百日咳、疟疾、痢疾、肝炎、乳糜尿、跌打损伤、风湿性关节炎。

2. 单穗水蜈蚣(别名:一箭球、水百足、猴子草)Kyllinga nemoralis Rottb. [*K. cororata* (Linn.) Druce]

多年生草本。叶平张，柔弱。穗状花序常 1 个，具极多数小穗；小穗压扁，具 1 朵花；鳞片舟状。小坚果较扁，顶端短尖。

生于田边、水旁潮湿地上。

全草药用，味微甘、微苦，性平。清热化痰，活血消肿。治百日咳、疟疾。

9. 鳞籽莎属 Lepidosperma Labill.

1. 鳞籽莎 Lepidosperma chinense Nees ex Meyen

草本。茎圆柱状，长达 130cm。叶无背、腹之分。花两性；小穗鳞片螺旋状排列；花柱基部脱落。坚果平滑，有光泽。

生于山边、山谷、疏林下、湿地和溪边。

10. 湖瓜草属 Lipocarpha R. Br.

1. 湖瓜草 Lipocarpha microcephala (Osbeck) J. Kern

草本。叶狭线形，宽 0.7~1.5mm。穗状花序 2~4 个簇生，绿色或紫褐色；小总苞片尾状尖，外弯；花被鳞片状。小坚果草黄色。

生于水边或潮湿草地上。

11. 剑叶莎属 Machaerina Vahl

1. 多花剑叶莎 Machaerina myrianthum (Chun & F. C. How) Y. C. Tang

草本。叶革质，剑形，鸢尾叶状，长达 150cm，宽

18~22mm，2 列。小穗 2~4 个簇生，有花 2~4 朵，鳞片长方形。小坚果倒卵形，具喙。

生于沟边缝中。

12. 扁莎属 Pycreus P. Beauv.

1. 球穗扁莎 Pycreus flavidus (Retz.) Koyama [*P. globosus* (All.) Reichb.]

草本。根状茎短，具须根。秆丛生。叶少，短于秆。简单长侧枝聚伞花序具 1~6 个辐射枝；小穗密聚于辐射枝上端呈球形。小坚果倒卵形，双凸状。

生于田边、沟边或溪边湿润的沙地上。

2. 红鳞扁莎 Pycreus sanguinolentus (Vahl) Nees [*Cyperus sanguinolentus* Vahl]

草本。须根。秆扁三棱形。叶缘具刺。苞片叶状，小穗辐

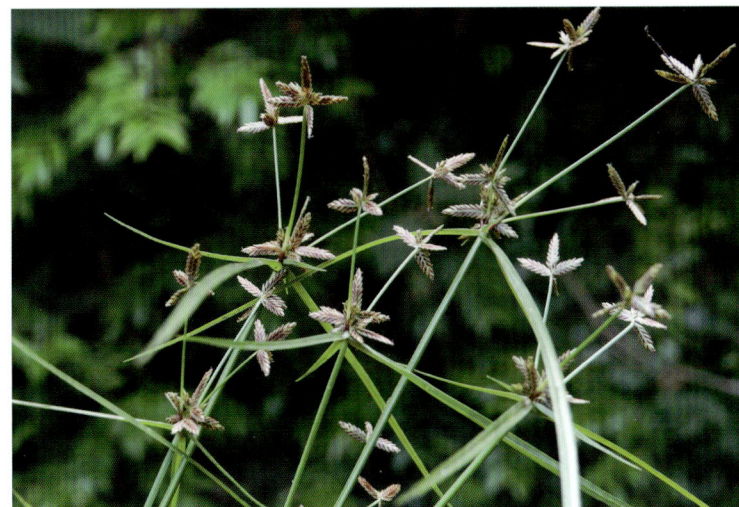

射展开，鳞片覆瓦状排列，卵形，边缘暗血红色或暗褐红色。小坚果圆倒卵形，双凸状。

生长山谷、田边、河旁、潮湿处，或长于向阳浅水处。

13. 刺子莞属 Rhynchospora Vahl

1. 刺子莞 Rhynchospora rubra (Lour.) Makino.

草本。叶全部基生，钻状线形。头状花序单个顶生；小穗钻状披针形；花柱基部膨大而宿存。小坚果阔倒卵形，长约1.5mm。

生于路边、草地、空旷地上。

14. 水葱属 Schoenoplectus (Rchb.) Palla

1. 萤蔺（别名：野马蹄草）Schoenoplectus juncoides (Roxburgh) Lye [Scirpus juncoides Roxb.]

草本。秆丛生，圆柱状，无叶片。苞片1枚，小穗聚成头状，假侧生，长圆状卵形，鳞片宽卵形。小坚果宽倒卵形，平凸状，成熟时黑褐色。

生于田边、塘边、溪边或沼泽中。

全草药用，味甘、淡，性凉。清热解毒，凉血利水。治肺痨咳血、风火牙痛、目赤肿痛、尿路感染。

2. 猪毛草 Schoenoplectus wallichii (Nees) Lye [Scirpus wallichii Nees]

草本。茎4~5棱，高10~40cm。叶鞘长3~9cm；叶缺。头状花序假侧生，由2~5小穗组成。小坚果倒卵形，下位刚毛4~5条，有倒刺。

生于稻田中或湿处。

全草药用，清热利尿。治小便不利。

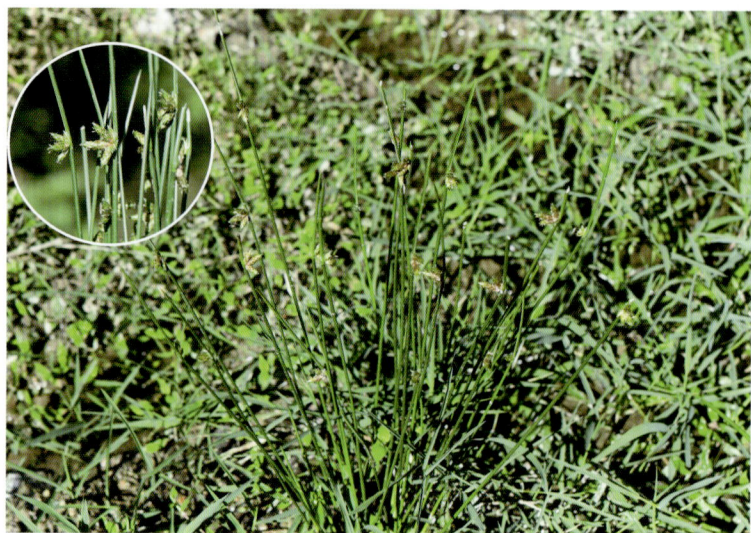

15. 珍珠茅属 Scleria Bergius

1. 二花珍珠茅 Scleria biflora Roxb.

草本。秆丛生，三棱形。叶秆生，线形，叶舌半圆形。苞片叶状，具鞘，小苞片刚毛状，圆锥花序，小穗披针形。小坚果近球形，顶端具白色短尖。

生于荒坡草地。

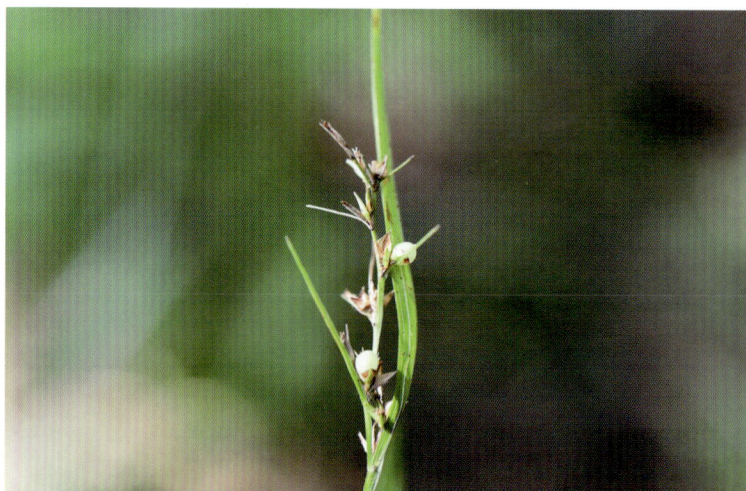

2. 毛果珍珠茅 Scleria levis Retz. [S. herbecarpa Nees]

草本；有匍匐茎；植株各部被短柔毛。叶鞘1~8cm，纸质。花序圆锥状；小穗1或2簇生；花盘淡黄色。小坚果白色。

生于干燥处、山坡草地、密林下、潮湿灌丛中。

A103 禾本科 Poaceae

1. 水蔗草属 Apluda Linn.

1. 水蔗草（别名：假雀麦）**Apluda mutica** Linn.

多年生草本。秆高 50~300cm。叶片扁平，长 10~35cm。圆锥花序；小穗成对着生；有 2 朵小花，能育小花具芒。颖果卵形。

生于开旷草地或河岸、林边、篱旁。

全草药用，去腐生肌。治蛇伤、脚部糜烂。

2. 荩草属 Arthraxon Beauv.

1. 荩草 **Arthraxon hispidus** (Thunb.) Makino

一年生草本。秆细弱，高 30~60cm。叶片卵状披针形，长 2~4cm。总状花序，2~10 枚指状排列或簇生秆顶。颖果长圆形。

生于草坡或阴湿地方。

全草药用，味苦，性平。清热降逆，止咳平喘。治肝炎、久咳气喘、咽喉炎、口腔炎、淋巴结炎、乳腺炎、惊悸。

3. 野古草属 Arundinella Raddi

1. 石芒草 **Arundinella nepalensis** Trin. [*A. virgata* Janow.]

多年生草本。秆高 90~190cm，节间上段常具白粉。叶宽 1~1.5cm。圆锥花序长圆形，分枝不及 9cm；小穗具柄。颖果棕褐色。

生于山坡灌丛、道旁、林缘、田边及水沟旁。

4. 芦竹属 Arundo Linn.

1. 芦竹（别名：芦荻竹、芦竹笋）**Arundo donax** Linn.

多年生大草本。秆高 3~6m。叶长 30~50cm，宽 3~5cm。圆锥花序极大型，长 30~60cm，宽 3~6cm；小穗含 2~4 小花。颖果细小。

多生于河岸上或溪涧旁。

根状茎和嫩笋芽药用，味苦、甘，性寒。清热泻火。治热病烦渴、风火牙痛、小便不利。

5. 地毯草属 Axonopus P. Beauv.

1. 地毯草 **Axonopus compressus** A. Chase

多年生草本；高 8~60cm。节密被灰白色柔毛。叶薄，宽 6~12mm。总状花序 2~5 枚；小穗单生，长 2.2~2.5mm；柱头白色。

生于荒野、路旁较潮湿处。

6. 簕竹属 **Bambusa** Schreb.

1. 粉单竹 **Bambusa chungii** McClure

节间幼时被白色蜡粉，箨环最初有一圈刺毛环。箨耳呈窄带形，箨片卵状披针形；末级小枝具 7 叶，线状披针形，外稃宽卵形。

生于山谷、河边。

叶药用，味苦，性寒。清心除烦，清暑止渴。治热病心烦、伤暑口渴、烫伤。

2. 青皮竹 **Bambusa textilis** McClure

乔木状。箨鞘顶端凸拱；箨耳非镰形，不被箨片掩盖，宽不达 1cm。叶背绿色，先端具细尖头。小穗有柄。成熟颖果未见。

生于山谷、河边。

竹黄药用，味甘，性寒。清热化痰，凉心定惊。治小儿惊风、癫痫、热病神昏、中风痰迷、痰热咳嗽。

7. 细柄草属 **Capillipedium** Stapf

1. 细柄草 **Capillipedium parviflorum** (R. Br.) Stapf

草本。叶舌边缘具短纤毛；叶线形，顶端长渐尖。圆锥花序可具 1~2 回小枝，纤细；无柄小穗第二外稃线形，先端具芒；

有柄小穗无芒。

生于山坡草地、河边、灌丛中。

8. 酸模芒属 **Centotheca** Desv.

1. 酸模芒 **Centotheca lappacea** (Linn.) Desv. [*C. latifolia* (Osbeck) Trin]

多年生草本。叶片长椭圆状披针形，叶有明显小横脉。圆锥花序，小穗有 2~7 朵小花。颖果椭圆形，长 1~1.2mm。

生于山坡草地、河边、灌丛中。

9. 金须茅属 **Chrysopogon** Trin.

1. 竹节草（别名：鸡谷草、粘人草）**Chrysopogon aciculatus** (Retz.) Trin.

多年生草本；高 20~50cm。叶片披针形，宽 4~6mm，边缘具小刺毛。圆锥花序只由顶生 3 小穗组成；有柄小穗基盘被短柔毛。

生于山坡草地或荒野。

全草药用，味甘、微苦，性凉。清热利湿。治上呼吸道感染、急性胃肠炎、暑热小便短赤。

10. 薏苡属 Coix Linn.

1. 薏苡（别名：薏米、川谷根）Coix lacryma-jobi Linn.

一年生粗壮草本。秆高 1~2m，具 10 节以上。叶片宽 1.5~3cm。总状花序腋生成束；总苞珐琅质，坚硬，有光泽。颖果不饱满。

生于溪边、水边、塘边。

根及根状茎药用，味甘、淡，性微寒。根：利水，止咳；治麻疹、筋骨拘挛。根状茎：清热，利湿，杀虫；治尿路感染、尿路结石、水肿、脚气、蛔虫病、白带过多。

11. 狗牙根属 Cynodon Rich.

1. 狗牙根（别名：铁线草、绊根草）Cynodon dactylon (Linn.) Pers.

多年生草本。具根茎或匍匐茎。节生不定根。叶舌有一轮纤毛，叶线形。穗状花序；小穗灰绿色或紫色。颖果长圆柱形。

生于旷野、路旁及草地上。

全草药用，味甘，性平。清热利尿，散瘀止血，舒筋活络。治上呼吸道感染、肝炎、痢疾、泌尿道感染、鼻衄、咯血、呕血、便血、脚气水肿、风湿骨痛、荨麻疹、半身不遂、手脚麻木、跌打损伤。

12. 弓果黍属 Cyrtococcum Stapf

1. 弓果黍 Cyrtococcum patens (Trin.) Stapf

一年生草本。叶披针形，长 3~8cm，宽 3~10mm。圆锥花序长不超过 15cm，宽不过 6cm；小穗柄长于小穗；外稃背部弓状隆起。

生于山地或丘陵林下。

2. 散穗弓果黍 Cyrtococcum patens (Linn.) A. Camus. var. latifolium (Honda) Ohwi

一年生草本；植株被毛。叶长 7~15cm，宽 1~2cm，脉间具小横脉。圆锥花序长达 30cm，宽超过 15cm；小穗柄远长于小穗。

生于山地或丘陵林下。

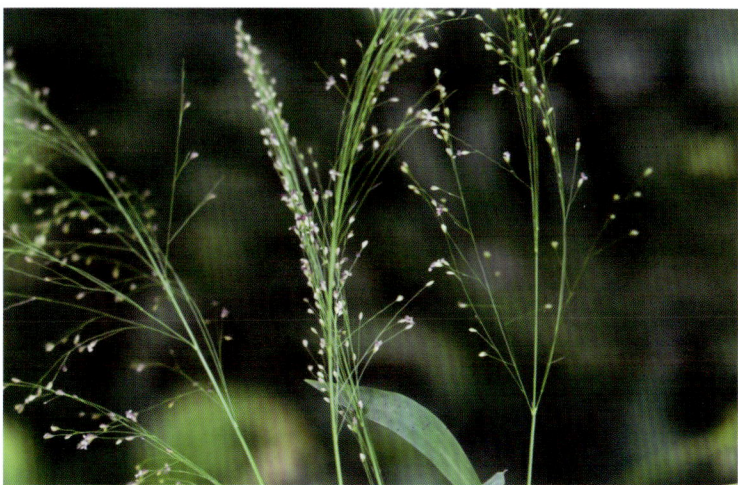

13. 牡竹属 Dendrocalamus Nees

1. 麻竹 Dendrocalamus latiflorus Munro

乔木状。箨舌顶端齿裂，秆高 20~25m，直径 15~30cm，箨鞘背面略被小刺毛，易落变无毛。叶长椭圆状披针形，长 15~35cm。果为囊果状。

生于村旁、溪边。

竹笋药用，味涩、苦，性平。化痰止咳，解毒。治咳嗽。

14. 马唐属 Digitaria Heist. ex Adans

1. 马唐 Digitaria sanguinalis (Linn.) Scop.

一年生草本。叶片线状披针形，长 5~15cm。总状花序 4~12 枚成指状着生；小穗孪生，同型，椭圆状披针形；第二颖具柔毛。

生于山坡草地、路旁和田野。

全草药用，味甘，性寒。消食调中，清肝明目。治腹胀、消化不良、视物昏花。

15. 稗属 Echinochloa Beauv.

1. 光头稗 Echinochloa colona (Linn.) Link.

草本。秆直立，高 10~60cm。叶线形，长 3~20cm，宽 3~7mm。小穗阔卵形或卵形，顶端急尖或无芒；第一颖长为小穗的 1/2。

生于田野、园圃、路边湿润地。

全草药用，味微苦，性平。消肿利水，止血。治腹水、咳嗽。

2. 稗 Echinochloa crusgalli (Linn.) P. Beauv.

一年生草本。秆基部倾斜或膝曲。叶鞘疏松裹秆；叶片扁平，线形。圆锥花序直立，分枝柔软；小穗卵形；芒长 0.5~1.5cm。

生于沼泽地、沟边及水稻田中。

全草药用，味甘、苦，性微寒。止血生肌。治金疮、外伤出血。

16. 穇属 Eleusine Gaertn.

1. 牛筋草（别名：蟋蟀草）Eleusine indica (Linn.) Gaertn.

一年生草本。秆丛生。叶鞘压扁而具脊；叶片平展，线形。穗状花序 2~7 个指状着生于秆顶，弯曲，宽 8~10mm。囊果卵形。

生于村前村后旷野、荒芜之地。

全草药用，味甘、淡，性平。清热解毒，祛风利湿，散瘀止血。防治流行性乙型脑炎、流行性脑脊髓膜炎、风湿性关节炎、黄疸型肝炎、小儿消化不良、肠炎、痢疾、尿道炎。

17. 画眉草属 Eragrostis Wolf

1. 鼠妇草（别名：鱼串草）Eragrostis atrovirens (Desf.) Trin. ex Steud.

多年生草本。叶鞘光滑，鞘口有毛；叶扁平或内卷，上面近基部疏生长毛。圆锥花序开展；小花外稃和内稃同时脱落。

多生于荒芜田野、草地与路边。

全草药用，味甘、淡、微辛，性凉。清热利湿。治暑热病、小便短赤。

2. 大画眉草 Eragrostis cilianensis (All.) Link. ex Vignolo-Lutati

一年生草本；高 30~90cm，直径 3~5mm。叶片线形扁平，伸展，长 6~20cm，宽 2~6mm。圆锥花序长圆形或尖塔形，分枝粗壮，单生。颖果近圆形。

生于荒芜草地上。

全草药用，味甘、淡，性凉。利尿通淋，疏风清热。治热淋、石淋、目赤痒痛。

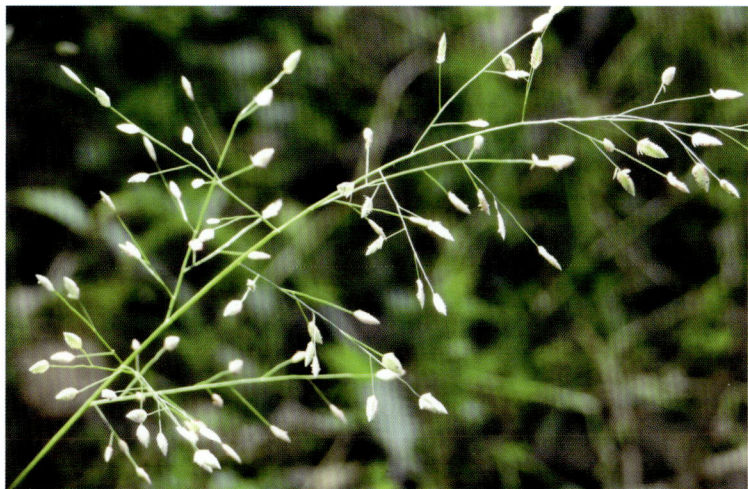

3. 乱草 Eragrostis japonica (Thunb.) Trin.

一年生草本。叶鞘松裹茎；叶片平展。圆锥花序长圆形；小穗卵圆形，成熟后紫色；小花随小穗轴关节自上而下逐节脱落。

生于田野路旁、河边及潮湿地。

全草药用，味淡，性平。利尿通淋，凉血止血。治热淋、咳血、吐血、衄血。

4. 画眉草（别名：星星草）Eragrostis pilosa (Linn.) Beauv. [E. afghanica Gandog.]

一年生草本；高 10~60cm。秆通常具 4 节。叶片线形，无毛。圆锥花序，分枝腋间有毛；小穗有花 3~14 朵；第一颖无脉。

多生于荒芜田野。

全草或花序药用，全草：味甘、淡，性凉；疏风清热，利尿；治膀胱结石、肾结石、肾炎、肾盂肾炎、膀胱炎、结膜炎、角膜炎。花序：味淡，性平；解毒，止痒；治黄水疮。

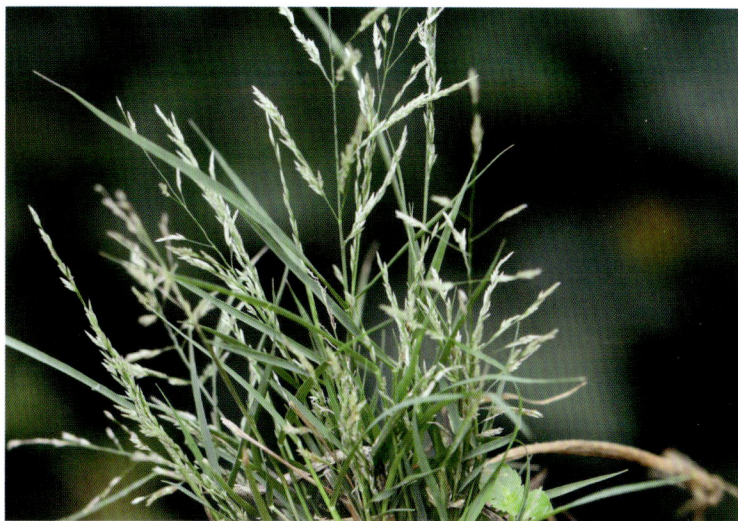

18. 蜈蚣草属 Eremochloa

1. 假俭草（别名：爬根草）Eremochloa ophiuroides (Munro) Hack.

多年生草本。叶鞘多密集跨生于秆基；叶片条形。总状花序顶生，稍弓曲，花序轴节间具短柔毛；第一颖顶端两侧有宽翅。

生于潮湿草地及河岸、路旁。

全草药用，味辛、苦，性凉。活血。治跌打损伤。

19. 耳稃草属 Garnotia Brongn

1. 耳稃草 Garnotia patula Munro ex Benth. [G. poilanei A. Camus]

多年生草本。叶鞘具脊，叶舌具毛；叶线状披针形。圆锥花序，小穗狭披针形，两颖先端渐尖至具短尖头；内稃近基部边缘具耳。

生于林下、山谷和湿润的田野路旁。

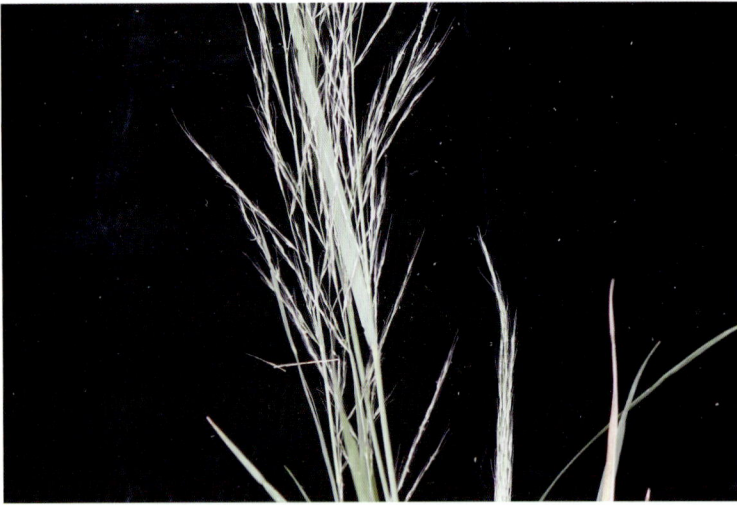

20. 距花黍属 Ichnanthus Beauv.

1. **大距花黍 Ichnanthus pallens** (Swartz) Munro ex Bentham var. **major** (Nees) Stieber [*I. vicinus* (F. M. Bail.) Merr.]

多年生草本。叶片卵状披针形至卵形，长 3~8cm，宽 1~2.5cm，两面通常被短柔毛或无毛，脉间有小横脉。圆锥花序顶生或腋生。

生于山谷林下、阴湿处、水旁及林下。

21. 箬竹属 Indocalamus Nakai

1. **粽巴箬竹 Indocalamus herklotsii** McClure

秆高 2m，直径 5~6mm，全体无毛，秆壁厚，近于实心。箨耳无或极微弱。小枝通常具 3 叶。圆锥花序紫色。

生于山坡路旁。

22. 大节竹属 Indosasa McClure

1. **摆竹 Indosasa shibataeoides** McClure [*I. tinctilimba* McClure]

乔木状或灌木状。箨鞘背面淡橘红色、淡紫色或黄色，具黑褐色条纹，疏被刺毛和白粉。新秆无毛，末级小枝有 1 片叶。叶片椭圆状披针形。

生于山谷。

23. 柳叶箬属 Isachne R. Br.

1. **柳叶箬 Isachne globosa** (Thunb.) Kuntze

多年生草本。叶片披针形，边缘软骨质。圆锥花序卵圆形，分枝具黄色腺斑；小穗椭圆状球形，长 2~1.2mm。颖果近球形。

生于低海拔的缓坡、平原草地中，亦为稻田中的杂草。

2. **日本柳叶箬 Isachne nipponensis** Ohwi

多年生草本。叶鞘短于节间，叶舌纤毛状，叶卵状披针形，顶端渐尖，基部钝圆，被毛。圆锥花序，小穗球状椭圆形，颖果半球形。

生于山坡、路旁等潮湿草地中。

24. 鸭嘴草属 Ischaemum Linn.

1. 细毛鸭嘴草 Ischaemum indicum (Houtt.) Merr. [*I. ciliare* Retz.]

多年生草本。节上密被白色髯毛。叶片线形。总状花序 2（3~4）枚孪生，常分离；小穗具芒，无柄小穗第一颖脊上有翅。

生于山坡草丛中和路旁及旷野草地。

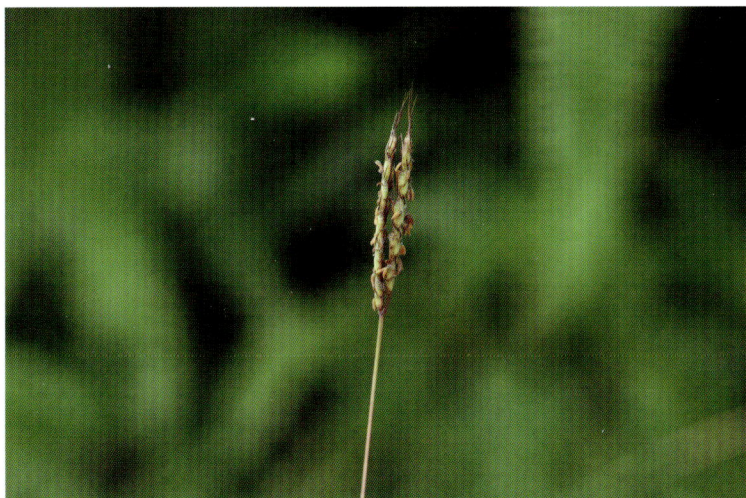

2. 田间鸭嘴草 Ischaemum rugosum Salisb.

一年生草本。秆节上密被髯毛。叶鞘无毛，叶卵状披针形，中脉显著，基部圆形，被毛。第二小花外稃顶端深裂，齿间伸出长芒。

生于田边路旁湿润处。

25. 假稻属 Leersia Soland. ex Swartz

1. 李氏禾 Leersia hexandra Swartz

草本。叶披针形，长 5~12cm，宽 3~6mm。圆锥花序分枝多，无小枝；雄蕊 6 枚；花药长 2.5~3mm；小穗具长约 0.5mm 的短柄。

生于水边、沼泽湿地或沟渠中。

全草药用，味辛，性平。疏风解表，利湿，通络止痛。

26. 千金子属 Leptochloa P. Beauv.

1. 双稃草 Leptochloa fusca (Linn.) Kunth [*Diplachne fusca* (Linn.) Beauv.]

多年生草本。叶片内卷，长 5~25cm，宽 1.5~3mm。圆锥花序，外稃中脉延伸成短芒，第一外稃长 4~5mm；内稃略短于外稃。颖果。

生于潮湿之地。

27. 淡竹叶属 Lophatherum Brongn

1. 淡竹叶（别名：山鸡米、竹叶草、竹叶麦冬）Lophatherum gracile Brongn

多年生草本。秆高 40~80cm，具 5~6 节。叶披针形，长 6~20cm。圆锥花序；小穗线状披针形。颖果长椭圆形，熟后易刺粘。

生于山坡林下或荫蔽处。

全草药用，味甘、淡，性寒。利小便，清心火，除烦热，生津止渴。治感冒发热、中暑、咽喉炎、尿道炎、高热烦渴、牙周炎、口腔炎、尿道炎、失眠。

28. 莠竹属 Microstegium Nees

1. 蔓生莠竹 Microstegium fasciculatum (Linn.) Henrard

多年生草本。秆下部节生根并分枝。叶片不具柄，无毛。总状花序 3~5 枚；无柄小穗长 2~4mm；第二颖顶端尖。颖果长圆形。

生于林缘和林下阴湿地。

2. 柔枝莠竹 Microstegium vimineum (Trin.) A. Camus

一年生草本。叶鞘短于节间，叶舌截形，叶长 4~8cm，宽 5~8mm，边缘粗糙，顶端渐尖。无柄小穗，第一颖披针形。颖果长圆形。

生于林缘与阴湿草地。

29. 芒属 Miscanthus Anderss

1. 五节芒（别名：苦芦骨）Miscanthus floridulus (Lab.) Warb. ex K. Schum. et Laut.

多年生草本。秆高大似竹，高 2~4m。叶片披针状线形，长 25~60cm，宽 1.5~3cm。圆锥花序大型稠密；小穗卵状披针形，黄色。

生于山脚湿地或林下。

根、茎药用，味甘、淡，性平。发表，理气，调经。治小儿疹出不透、小儿疝气、月经不调、胃寒作痛、筋骨扭伤、淋病。

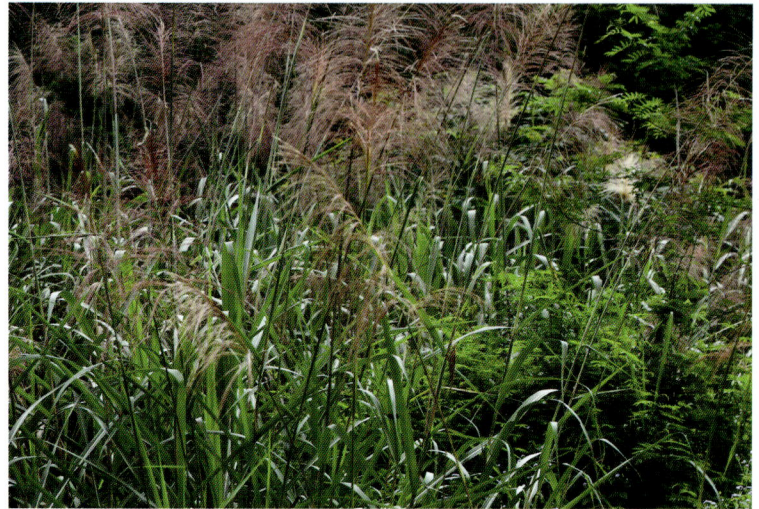

2. 芒 Miscanthus sinensis Anderss

多年生草本。叶片下面疏生柔毛及被白粉。圆锥花序，花序轴长达花序的 1/2 以下，短于总状花序分枝；雄蕊 3 枚。颖果长圆形。

生于山坡草地或河边湿地。

嫩根状茎、花药用，味甘，性平。清热解毒，利尿，散瘀。根：治热淋、小便不利、虫蛇咬伤。

30. 类芦属 Neyraudia Hook. f.

1. 类芦（别名：篱笆竹、石珍茅）Neyraudia reynaudiana (Kunth) Keng ex Hithc.

多年生草本。具木质根状茎。秆节间被白粉。叶片扁平或卷折。圆锥花序开展或下垂；小穗第一小花不育；外稃长 4mm。

生于河边、草坡或石山上。

嫩芽、叶药用，味甘、淡，性平。清热利湿，消肿解毒。治肾炎水肿。

31. 求米草属 Oplismenus P. Beauv.

1. 竹叶草 Oplismenus compositus (Linn.) Beauv. [*O. patens* Honda]

草本。叶片披针形至卵状披针形，长 3~9cm，具横脉。圆锥花序，分枝互生而疏离，长于 2cm；小穗孪生；颖草质，近等长。

生于荒地潮湿处。

2. 求米草 Oplismenus undulatifolius (Arduino) Beauv.

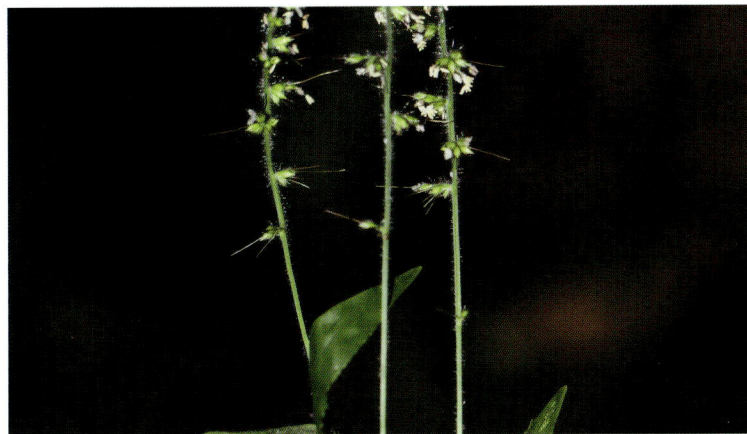

草本。秆纤细，基部平卧地面。叶片扁平，披针形至卵状披针形。圆锥花序长 2~10cm；花序分枝短于 2cm。叶、叶鞘、花序轴密被疣基毛。

生于疏林阴湿处。

32. 露籽草属 Ottochloa Dandy

1. 露籽草 Ottochloa nodosa (Kunth) Dandy

多年生蔓生草本。叶披针形，边缘稍粗糙。圆锥花序多少开展；小穗有短柄，椭圆形，长 2.8~3.2mm；颖草质，不等长。

生于疏林下或林缘。

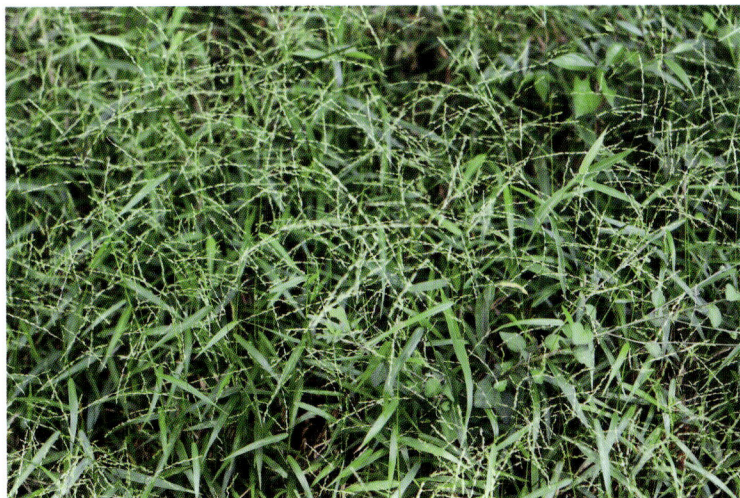

33. 黍属 Panicum Linn.

1. 糠稷 Panicum bisulcatum Thunb.[*P. acroanthum* Thunb. var. *brevipedicellatum* Hack.]

一年生草本；高达 1m。叶片狭披针形。圆锥花序分枝纤细；第一颖长为小穗的 1/3~1/2。颖果平滑，浆片蜡质，具 3~5 脉。

生于阴湿地和林缘。

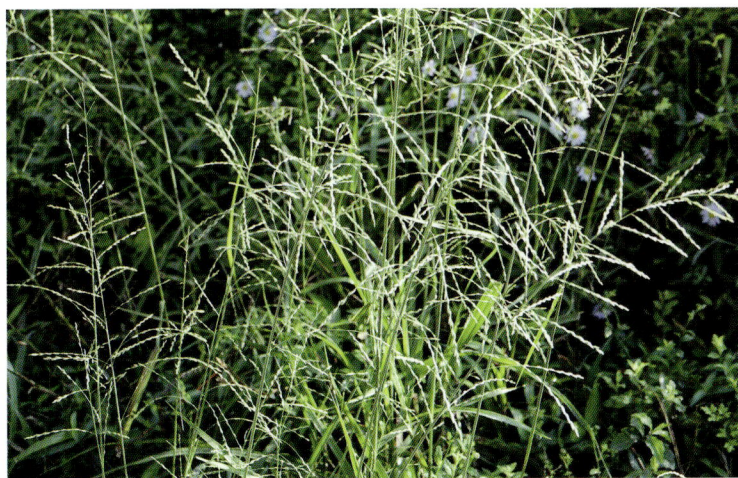

2. 短叶黍 Panicum brevifolium Linn.[*P. brevifolium* Linn. var. *hirtifolium* (Ridly) Jansen]

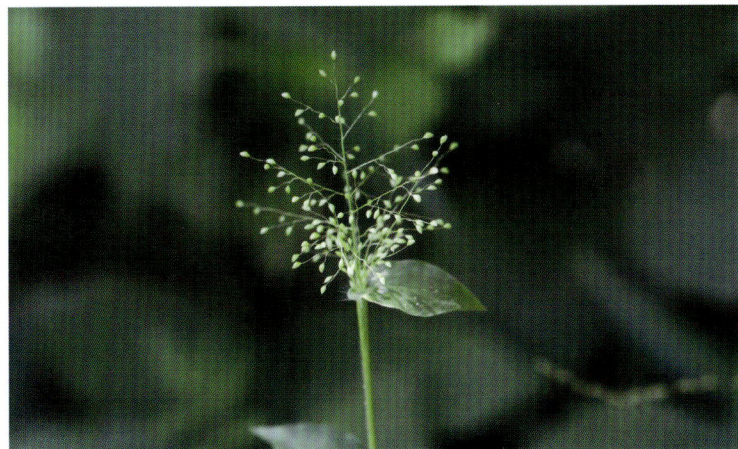

一年生草本。叶舌顶端被纤毛；叶片两面疏被粗毛。圆锥花序分枝具黄色腺点；小穗椭圆形，具蜿蜒长柄。颖果有乳突。

生于阴湿地和林缘。

3. 藤竹草 **Panicum incomtum** Trin. [*P. submontanum* Hayata]

多年生草本。叶鞘松弛，叶舌被纤毛；叶线状披针形，顶端渐尖，基部圆形，两面被柔毛。圆锥花序，小穗卵圆形，第一颖卵形。

生于林地草丛中。

4. 铺地黍 （别名：枯骨草）**Panicum repens** Linn.

多年生草本。秆高 50~100cm。叶片质硬，长 5~25cm。圆锥花序开展，长 5~20cm；第一颖长为小穗 1/3 以下。颖果浆片纸质，多脉。

生于海边及水湿地。

全草药用，味甘，性平。清热平肝，利尿解毒。治高血压病、鼻窦炎、鼻出血、湿热带下、尿路感染、肋间神经痛、黄疸型肝炎、骨鲠喉。

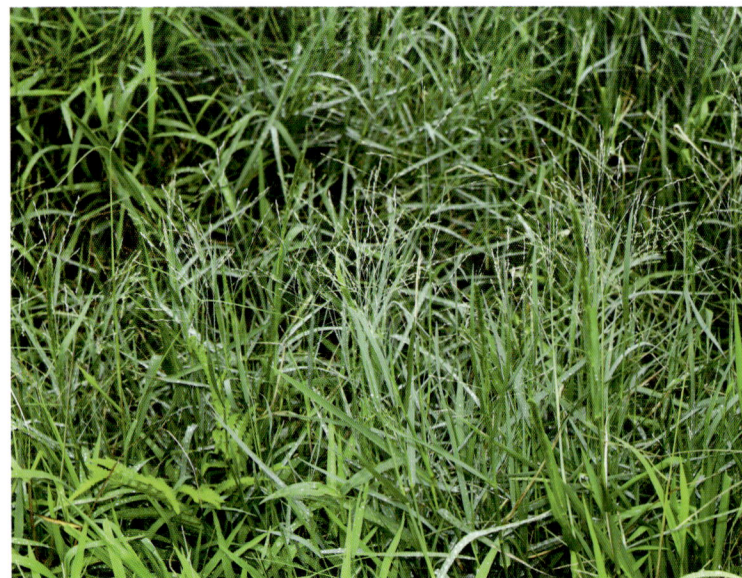

5. 细柄黍 **Panicum sumatrense** Roth ex Roemer & Schultes [*P. psilopodium* Trin.]

草本。叶舌截形；叶线形，长 8~15cm，宽 4~6mm，顶端渐尖，基部圆钝，无毛。圆锥花序，花序分枝纤细；小穗卵状长圆形，柄长于小穗。

生于丘陵灌丛中或荒野路旁。

34. 雀稗属 Paspalum Linn.

1. 两耳草 **Paspalum conjugatum** Berg. [*P. ciliatifolium* Trin.]

多年生草本。叶舌极短顶端具纤毛；叶片质薄。总状花序 2 枚，长 6~12cm；小穗卵形，长 1.5~1.8mm。颖果长约 1.2mm。

生于田野、林缘、潮湿草地。

2. 圆果雀稗 **Paspalum scrobiculatum** Linn. var. **orbiculare** (G. Forster) Hackel [*P. orbiculare* Forst.]

多年生草本。叶片长披针形至线形，长 10~20cm，宽 5~10mm，大多无毛。总状花序长 3~8cm，2~10 枚；小穗柄微粗糙，长约 0.5mm。

生于低海拔的荒坡、草地、路旁及田间。

全草药用，清热利尿。治水肿。

35. 芦苇属 Phragmites Adans.

1. 芦苇（别名：苇根、芦头）Phragmites australis Trin. ex Steud. [P. communis Trin.]

多年生草本。秆直立，节下被蜡粉。叶鞘长于其节间；叶舌具毛，叶片披针状线形，顶端长渐尖成丝形。圆锥花序大型，分枝多数。

生于池沼、河旁、湖边，常以大片形成所谓芦苇荡，但干旱沙丘也能生长。

根状茎药用，味甘，性寒。清热生津，除烦止渴，止呕，泻胃火，利二便。治肺热咳嗽、肺痈吐脓烦渴、口苦咽干、热淋涩痛、大便干结、热病高热烦渴、牙龈出血、鼻出血、胃热呕吐、肺脓疡、大叶性肺炎、气管炎、尿少色黄。

36. 刚竹属 Phyllostachys Sieb. et Zucc.

1. 毛竹 Phyllostachys edulis (Carriere) J. Houzeau [P. heterocycla (Carr.) Mitford . 'Pubescens']

箨鞘背面具黑褐色斑点及密生棕色刺毛；箨舌尖拱形，箨片长三角形。末级小枝具 2~4 叶，披针形。花枝穗状，佛焰苞覆瓦状排列。

生于山地、山坡、疏林。

叶药用，味甘、淡、微涩，性温。清热利尿，止吐。治烦热口渴、小儿疳积、小儿发热、高热不退、呕吐。

37. 金发草属 Pogonatherum Beauv.

1. 金丝草（别名：黄毛草、猫毛草）Pogonatherum crinitum (Thunb.) Kunth

矮小草本；高约20cm。秆具纵条纹，节上被髯毛。叶片线形。穗形总状花序单生于秆顶；小穗同形同性。颖果卵状长圆形。

生于阴湿山坡、河边、石隙中。

全草药用，味甘、淡，性凉。清热，解暑，利尿。治感冒发热、中暑、尿路感染、肾炎水肿、黄疸型肝炎、糖尿病、小儿久热不退。

38. 矢竹属 Pseudosasa Makino ex Nakai

1. 茶竿竹 Pseudosasa amabilis (McClure) Keng f.

节间圆筒形，秆每节分 1~3 枝，箨鞘背面密被栗色刺毛；箨舌拱形，箨片狭长三角形，内卷。小枝顶端具 2~3 叶，长披针形。小穗披针形。

生于山地林中。

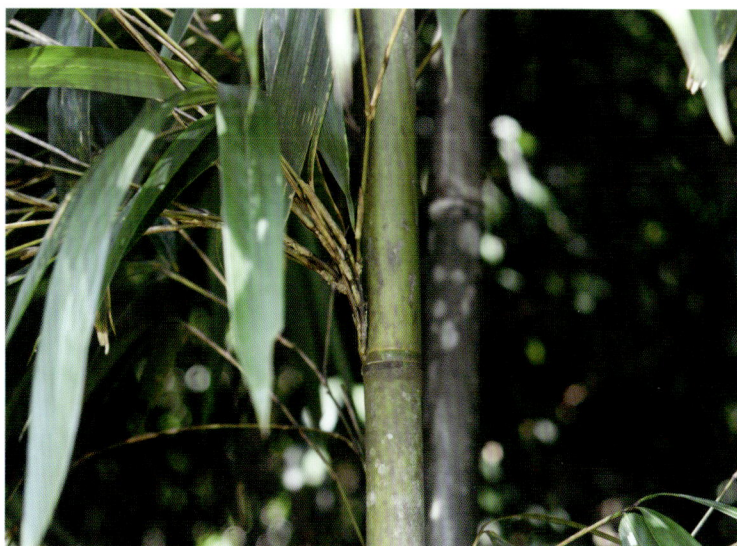

39. 筒轴茅属 Rottboellia Linn. f.

1. 筒轴茅（别名：筒轴草、粗轴草）Rottboellia cochinchinensis (Loureiro) Clayton [R. exaltata Linn. f.]

一年生草本。叶片线形。总状花序粗壮直立，花序轴节间肥厚，易逐节断落；无柄小穗嵌生于凹穴中。颖果长圆状卵形。

生于山坡、路旁、草丛中。

全草药用。清热利尿。治小便不畅。

40．甘蔗属 Saccharum Linn.

1．斑茅 **Saccharum arundinaceum** Retz.

多年生高大丛生草本。叶鞘长于其节间，叶线状披针形，长 1~2m，宽 2~5cm，顶端长渐尖，边缘锯齿状粗糙。圆锥花序大型。颖果长圆形。

生于山坡和河岸溪涧草地。

根药用，味甘、淡，性平。活血通经，通窍利水。治跌打损伤、筋骨风痛、经闭、月经不调、水肿、蛊胀。

41．囊颖草属 Sacciolepis Nash

1．囊颖草 （别名：滑草）**Sacciolepis indica** (Linn.) A. Chase [*S. indica*(Linn.) A. Chase var. *angusta* (Trin.) Keng]

一年生草本。秆高 20~100cm。叶线形，长 5~20cm。圆锥花序；小穗斜披针形，长 2~2.5mm；第一颖为小穗长的 1/3~2/3。颖果椭圆形。

生于湿地或淡水中，常见于稻田边、林下等地。

全草药用。收敛生肌，止血。治外伤出血。

42．裂稃草属 Schizachyrium Nees

1．红裂稃草 **Schizachyrium sanguineum** (Retz.) Alston

多年生草本。叶片线形，长 5~20cm，顶端钝。总状花序单生，3~9cm，顶端的附属物有 2 齿；无柄小穗窄线形。颖果线形。

生于山坡草地。

43．狗尾草属 Setaria Beauv.

1．棕叶狗尾草 （别名：雏茅草）**Setaria palmifolia** (Koen.) Stapf

高大草本。叶片纺锤状宽披针形，宽 2~7cm，具纵深皱折。圆锥花序疏松；部分小穗下有 1 条刚毛。颖果卵状披针形。

生于山坡或谷地林下阴湿处。

根药用。治脱肛、子宫脱垂。

2．皱叶狗尾草 **Setaria plicata** (Lam.) T. Cooke.

多年生草本。叶宽 1~3cm。圆锥花序狭长圆形或线形；小穗披针形，部分小穗下有 1 条刚毛。颖果狭长卵形，先端具尖头。

生于山坡林下、沟谷地阴湿处或路边杂草地上。

全草药用，味淡，性平。解毒、杀虫。治疥癣、丹毒、疮疡。

生于荒野间。

全草药用，味淡，性平。祛风明目，清热利尿。治风热感冒、砂眼、目赤疼痛、黄疸肝炎、小便不利。

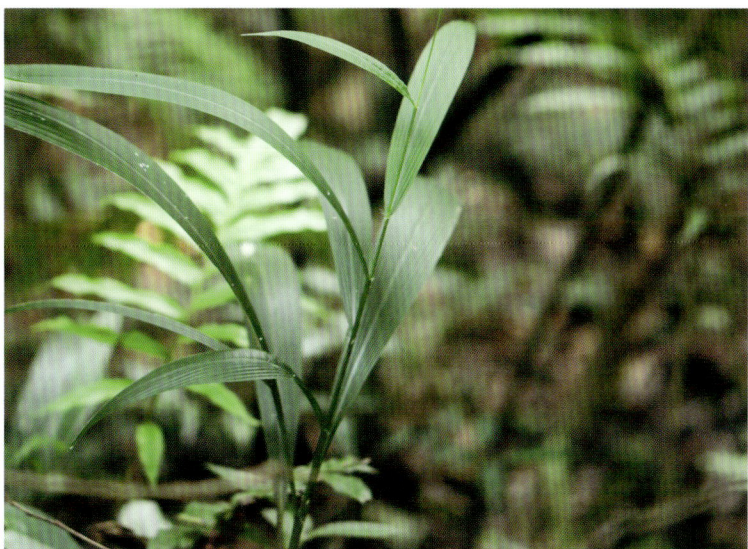

3. 金色狗尾草 Setaria pumila (Poiret) Roemer & Schultes [*S. glauca* (Linn.) Beauv.]

一年生草本。叶片线状披针形。圆锥花序；小穗长 2~2.5mm，顶端钝，小穗基部具 5~10 条刚毛，第二颖长约与谷粒之半，成熟后小穗微有肿胀。

生于林边、山坡、路边和荒芜的园地及荒野。

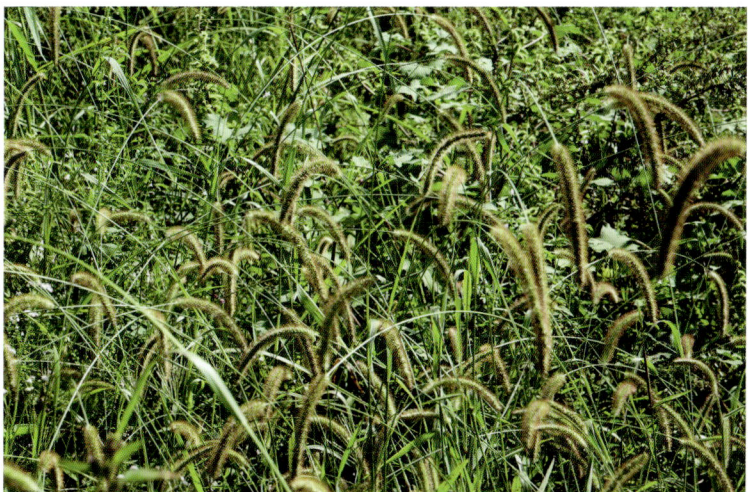

4. 狗尾草（别名：谷莠草、莠） Setaria viridis (Linn.) Beauv.

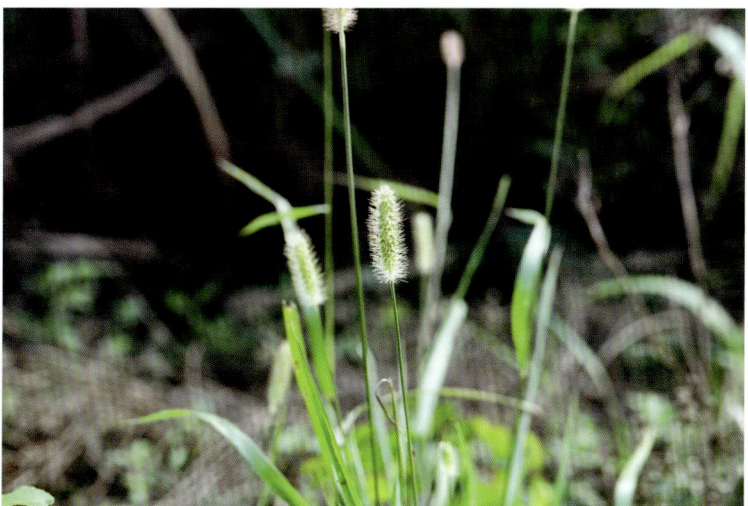

一年生草本。叶片扁平，长三角状狭披针形，长 4~30cm，宽 2~18mm。圆锥花序紧密呈圆柱状或基部稍疏离；小穗 2~5 个簇生。颖果灰白色。

44. 稗荩属 Sphaerocaryum Nees ex Hook. f.

1. 稗荩 Sphaerocaryum malaccense (Trin.) Pilger. [*S. pulchella* (Roth) A. Camus]

一年生草本。叶鞘被柔毛；叶片卵状心形，基部抱茎，疏生硬毛。圆锥花序卵形；小穗具 1 小花。颖果卵圆形，棕褐色。

生于灌丛或草甸中。

45. 鼠尾粟属 Sporobolus R. Br.

1. 鼠尾粟（别名：狗屎草） Sporobolus fertilis (Steud.) W. D. Clayton var. purpureosuffusus (Ohwi) Koyama [*S. fertilis* (Steud.) W. D. Claytoon]

多年生丛状草本。叶长 15~45cm，通常内卷。圆锥花序长 19~44cm；小穗具 1 小花；第二颖长为小穗的 1/2~2/3。囊果红褐色。

生于田野路边、山坡草地及山谷湿处或林下。

全草药用，味甘，性平。清热解毒，凉血。治伤暑烦热、燥热便秘、湿热淋浊、小儿烦热、尿血。

46. 菅属 Themeda Forssk.

1. 菅 Themeda villosa (Poir.) A. Camus [*T. gigantea* (Cav.) Hack. var. *villosa* (Poir.) Keng]

多年生草本。叶线形，长可达 1m，宽 0.7~1.5cm，基部渐狭，顶端渐尖，两面微粗糙。佛焰苞舟形，外稃主脉延伸成 1 小尖头或短芒。颖果。

生于山坡灌丛、草地或林缘向阳处。

根茎药用，味甘、辛，性温。祛风散寒，除湿通络，利尿消肿。治风湿痹痛、风寒感冒、小便淋痛、水肿、骨折。

47. 棕叶芦属 Thysanolaena Nees

1. 棕叶芦 Thysanolaena latifolia (Roxburgh ex Hornemann) Honda [*T. maxima* (Roxb.) Kuntze.]

多年生丛状草本。秆高 2~3m。叶片披针形，长 20~50cm。圆锥花序大型，长达 50cm；小穗微小，具 2 小花。颖果长圆形。

生于丛林中、山上或山谷中。

根或笋药用，味甘，性凉。清热截疟，止咳平喘。

A106 罂粟科 Papaveraceae

1. 紫堇属 Corydalis DC.

1. 北越紫堇（别名：北越黄堇、滇南黄堇、中越黄堇、滇南紫堇、台湾紫堇）Corydalis balansae Prain

灰绿色丛生草本，高 30~50cm。叶片长 7.5~15cm，宽

6~10cm。总状花序多花而疏离，具明显花序轴；雄蕊具 3 条纵脉。蒴果线状长圆形。

生于海拔 300~900m 的山谷、灌丛阴湿处石上。

全草药用，味苦，性凉。清热解毒，消肿止痛。治痈疮肿毒、顽癣、跌打损伤。

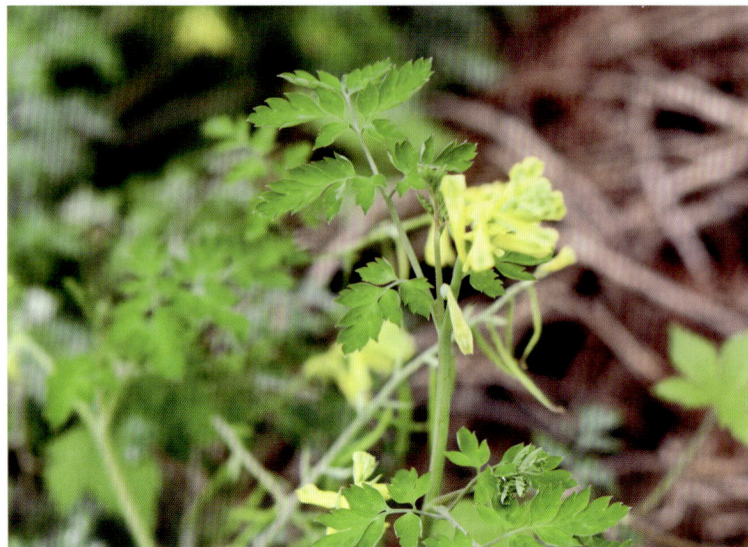

2. 博落回属 Macleaya R. Br.

1. 博落回（别名：泡通珠、三钱三）Macleaya cordata (Willd.) R. Br. [*Bocconia cordata* Willd.]

直立草本。茎多白粉，中空。叶长 5~27cm，宽 5~25cm，常裂。大型圆锥花序多花，萼片倒卵状长圆形，舟状，黄白色。蒴果狭倒卵形。

生于海拔 250~700m 的山谷、灌丛、路旁。

全草药用，味苦，性寒，有大毒。杀虫，祛风解毒，散瘀消肿。治跌打损伤，风湿关节痛，痈疖肿毒，下肢溃疡：鲜品捣烂外敷或干品研粉撒敷患处，阴道滴虫：煎水冲洗阴道，湿疹：煎水外洗，烧、烫伤：研粉调搽患处，杀蛆虫。本品有毒，不作内服。

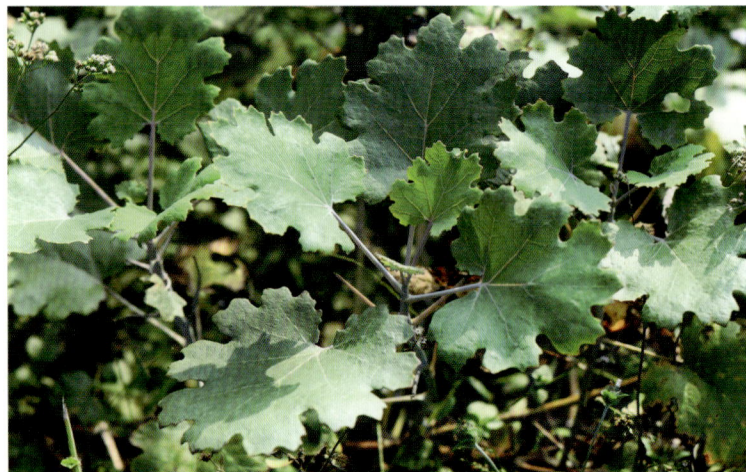

A108 木通科 Lardizabalaceae

1. 野木瓜属 Stauntonia DC.

1. 翅野木瓜 Stauntonia decora (Dunn) C. Y. Wu

木质藤本。茎与小枝具狭翅及线纹。叶柄具翅；3 小叶，椭圆形，长 5~12cm，宽 3~7cm，边缘背卷，下面被毛，粉绿色。

花白绿色。

生于山坡和沟谷林中。

2. 斑叶野木瓜 Stauntonia maculata Merr.

木质藤本。掌状复叶，革质，长 5~12cm，宽 1~3cm，先端长渐尖，下面密布明显的斑点。总状花序，花雌雄同株，浅黄绿色。果椭圆状。

生于山谷林中。

全草药用，味微苦，性平。祛风去湿，通经活络，消肿止痛。治跌打损伤、风湿性关节炎。

A109 防己科 Menispermaceae

1. 轮环藤属 Cyclea Arn. ex Wight

1. 毛叶轮环藤（别名：银不换、九条牛）Cyclea barbata Miers

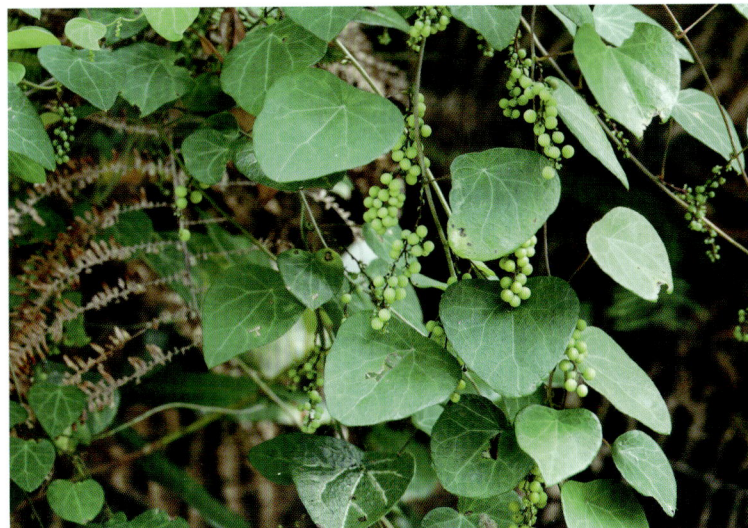

草质藤本。叶盾状着生，两面被毛；叶柄被硬毛，长 1~5cm。花序腋生或生于老茎上。核果斜倒卵圆形至近圆球形，红色，被柔毛。

生于林中、林缘或村边。

根药用，味苦，性寒，有小毒。清热解毒，散瘀消肿，止痛。治咽喉炎、牙痛、腹痛、急性扁桃体炎、胃痛、胃肠炎、疟疾、跌打损伤。

2. 粉叶轮环藤（别名：百解藤、山豆根）Cyclea hypoglauca (Schauer) Diels

藤本。叶纸质，盾状着生，阔卵状三角形至卵形，长 2.5~7cm，掌状脉 5~7 条。雄花序穗状；雌花序总状。核果红色。

生于林缘和山地灌丛。

根、叶或全株药用，味苦，性寒。清热解毒，祛风止痛。治咽喉肿痛、风热感冒、牙痛、气管炎、肠炎、痢疾、尿路感染、风湿性关节炎、毒蛇咬伤、疮疡肿毒。

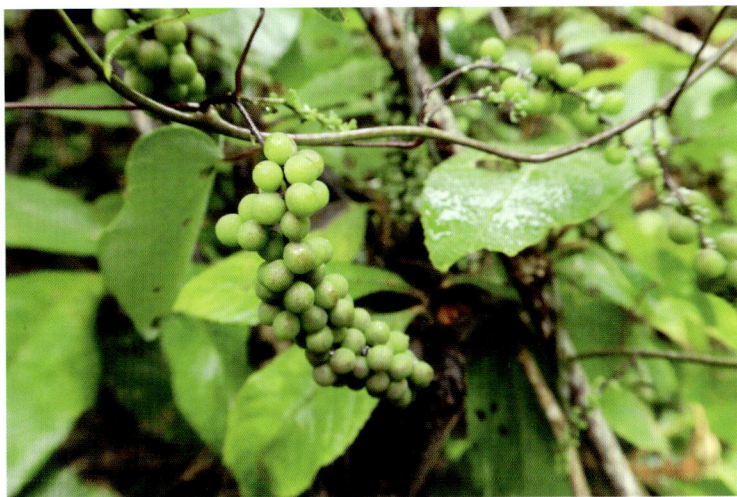

2. 秤钩风属 Diploclisia Miers

1. 秤钩风 Diploclisia affinis (Oliv.) Diels

木质藤本。叶三角状扁圆形，长 3.5~9cm，边缘具波状圆齿；掌状脉。聚伞花序，萼片椭圆形，花瓣卵状菱形。核果红色，倒卵圆形。

生于林缘或灌丛中。

根药用，味苦、辛，性寒。利水消肿，祛风除湿，行气止痛。治风湿痹痛、跌打损伤、小便淋涩、毒蛇咬伤。

3. 夜花藤属 Hypserpa Miers

1. 夜花藤（别名：细红藤）Hypserpa nitida Miers ex Benth.

木质藤本。叶片长 4~10cm，宽 1.5~5cm，掌状脉，叶柄长 1~2cm。核果成熟时黄色或橙红色，近球形，果核阔倒卵圆形。

生于山谷林中。

全株药用，味微苦，性凉。凉血止血，消炎利尿。治咳血、咯血、吐血、便血、外伤出血。

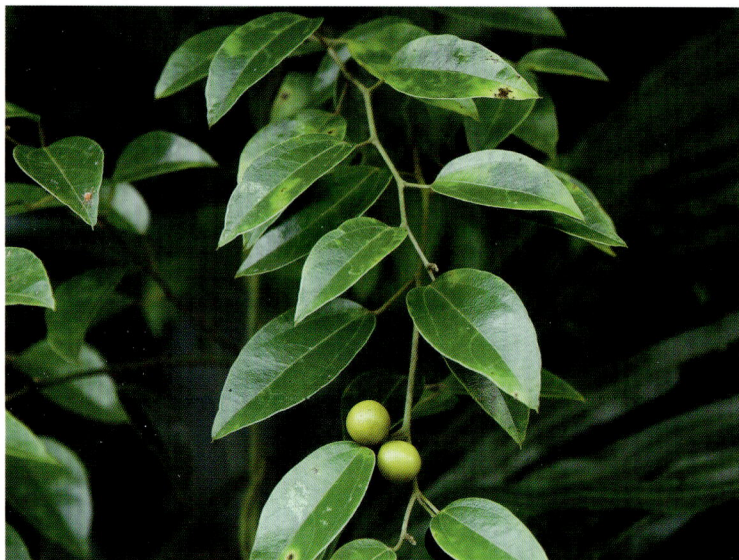

4. 细圆藤属 Pericampylus Miers

1. 细圆藤（别名：小广藤、土藤、广藤、细红藤）Pericampylus glaucus (Lam.) Merr.

木质藤本。叶三角状卵形，长 3.5~8cm，掌状 3~5 脉，顶端有小凸尖。聚伞花序伞房状腋生；花瓣 6，楔形。核果红色或紫色。

生于山谷密林或山坡灌丛中。

全草药用，味苦、辛，性凉。通经络，除风湿，镇痉。治小儿惊风、破伤风、跌打损伤。

5. 千金藤属 Stephania Lour.

1. 血散薯（别名：独脚乌桕、山乌龟、石蟾薯）Stephania dielsiana Y. C. Wu

草质藤本；枝、叶含红色液汁。块根硕大。叶三角状近圆形，掌状脉。花瓣 3，贝壳状，紫色或带橙黄。核果红色，倒卵圆形，扁。

生于林中、林缘或溪边多石砾的地方。

块根药用，味苦，性凉。清热解毒，散瘀止痛。治上呼吸道感染、咽喉炎、胃痛、急性肠胃炎、细菌性痢疾、疟疾、风湿疼痛、外伤疼痛。

2. 粪箕笃（别名：千金藤、田鸡草）Stephania longa Lour.

草质藤本。叶三角状卵形，盾状着生，掌状脉 10~11 条。聚伞花序腋生；花瓣 4（3）。核果红色，长 5~6mm，果核背部 2 行小横肋。

生于山谷、灌丛、旷野。

全草药用，味微苦、涩，性平。清热解毒，利尿消肿。治肾盂肾炎、膀胱炎、慢性肾炎、肠炎、痢疾、毒蛇咬伤。

A110 小檗科 Berberidaceae

1. 鬼臼属 Dysosma Woods

1. 八角莲（别名：八角金盘、山荷叶、金魁莲、旱八角）Dysosma versipellis (Hance) M. Cheng ex Ying

多年生草本；植株高 40~150cm。叶 1~2 枚，卵形，背面被柔毛，边缘具细齿。花深红色，5~8 朵簇生于离叶基部不远处。浆果椭圆形。

生于山谷林下湿润处。

根茎药用，味苦、辛，性温，有毒。消炎解毒，散瘀止痛。治蛇伤、疔疮、牙痛、痢疾、肺热咳嗽、腮腺炎、急性淋巴结炎、跌打损伤、疮疹。

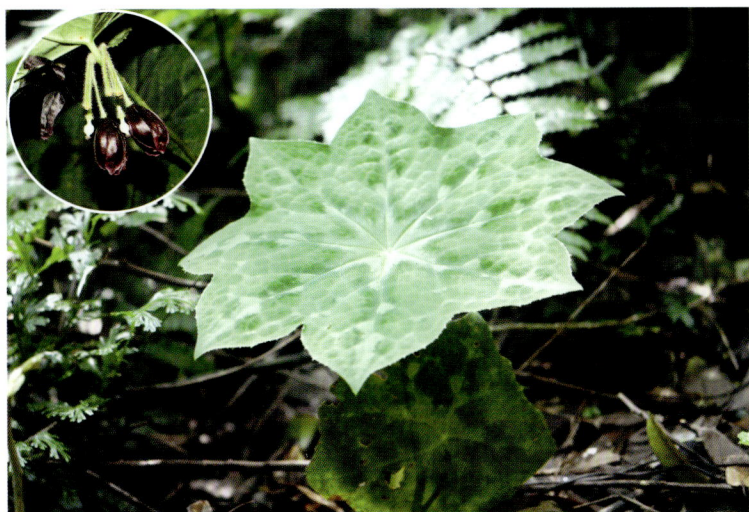

2. 十大功劳属 Mahonia Nutt.

1. 沈氏十大功劳（别名：黄析、黄连木）Mahonia shenii Chun

灌木。叶长 23~40cm，宽 13~22cm，小叶无柄，基部一对较小，全缘或近先端具不明显锯齿。总状花序，花黄色。浆果球形，蓝色，被白粉。

生于海拔 500~1200m 的山谷林下和水沟边。

根、茎药用，味苦，性寒。清心胃火，解毒，抗菌消炎。治黄疸肝炎，痢疾，赤眼，枪炮伤，烧、烫伤；可作黄连代用品。

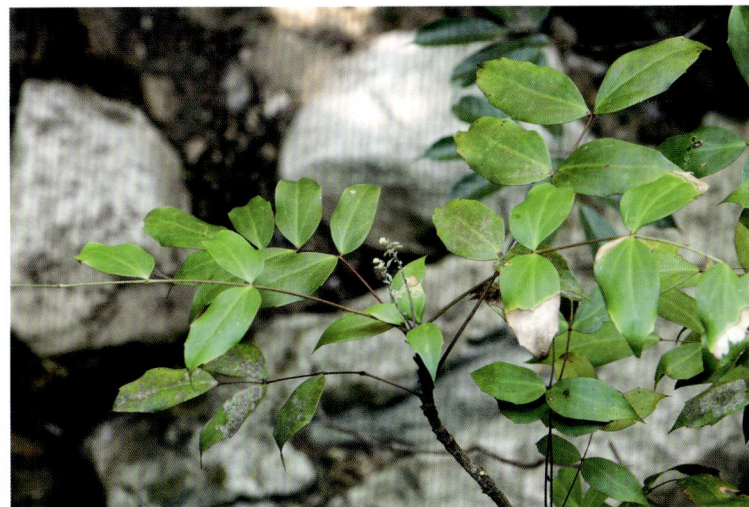

A111 毛茛科 Ranunculaceae

1. 铁线莲属 Clematis Linn.

1. 威灵仙（别名：铁脚威灵仙、老虎须）Clematis chinensis Osbeck

木质藤本。一回羽状复叶有 5 小叶，有时 3 或 7，卵形。圆锥状聚伞花序，腋生或顶生；花白色。瘦果扁，卵形至宽椭圆形。

生于山坡、山谷、路旁。

根、叶药用。根：味辛、微苦，性温；祛风除湿，通络止痛；治风寒湿痹、关节不利、四肢麻木、跌打损伤、扁桃体炎、黄疸型急性传染性肝炎、鱼骨鲠喉、食道异物、丝虫病。叶：味辛、

苦，性平；消炎解毒。

2. 丝铁线莲（别名：甘木通、紫木通、眼蛇药、喉痹散）Clematis loureiroana DC. [C. finetiana Lévl. et Vant. ; C. pavoliniana Pamp.]

木质藤本。单叶，厚革质，长 10~16cm，宽 6.5~13cm，基部盾状心形。圆锥花序腋生，萼片花后反卷。瘦果狭卵形，宿存花柱丝状。

生于山坡、疏林中。

根、茎、叶药用，味苦、辛，性温。祛风湿，通经络，活血行气。治风湿关节炎、骨类鲠喉、牙疳、痔疮、跌打损伤、角膜炎、疟疾等。

2. 毛茛属 Ranunculus Linn.

1. 禺毛茛（别名：小回回蒜）Ranunculus cantoniensis DC.

89

多年生草本；高 25~80cm。三出复叶，叶边缘密生锯齿。多花，疏生；花瓣 5，基部狭窄成爪。聚合果近球形，瘦果扁平。

生于溪边、沟旁、田边湿地上。

全草药用，味辛，性温，有毒。治疟疾、结膜炎、外伤性角膜白斑。

A112 清风藤科 Sabiaceae

1. 泡花树属 Meliosma Bl.

1. 香皮树 **Meliosma fordii** Hemsl. [*M. pseudoparpera* Gufod.; *M. simplicifolia* subsp. *fordii* (Hemsl.) Beus.]

乔木；高达 10m。单叶倒披针形，长 9~18cm，宽 2.5~5cm，叶面光亮，背面被疏柔毛，侧脉 10~20 对。圆锥花序宽广。核果。

生于中海拔以下的森林中。

2. 樟叶泡花树 **Meliosma squamulata** Hance[*M. lepidota* Bl. subsp. *squamulata* (Hance) Beus.]

小乔木；高可达 15m。单叶椭圆形、卵形，长 5~12cm，宽 1.5~5cm，背面粉绿色。圆锥花序顶生或腋生，单生或 2~8 个聚生。核果球形。

生于海拔 1500m 以下山林。

3. 山楂叶泡花树 **Meliosma thorelii** Lecomte [*M. buchananifolia* Merr.]

乔木；高 6~14m。单叶倒披针形，长 12~25cm，宽 4~8cm，侧脉 15~22 对。圆锥花序顶生或生于上部叶腋。核近球形，有稍凸起的网纹。

生于海拔 200~1000m 的山林间。

2. 清风藤属 Sabia Colebr.

1. 灰背清风藤 **Sabia discolor** Dunn.

常绿攀缘木质藤本。叶纸质，卵形，叶背苍白色。聚伞花序呈伞状；花瓣 5 片，卵形或椭圆状卵形。核果。

生于海拔 300~800m 山地灌木林中。

根、茎药用，味甘、苦，性平。祛风利湿，活血通络，止痛。治风湿痹痛、跌打损伤、肝炎。

2. 柠檬清风藤 **Sabia limoniacea** Wall.

常绿攀缘木质藤本。叶革质，椭圆形，基部阔楔形或圆形；叶柄长 1.5~2.5cm。聚伞花序再组成圆锥花序式。分果近圆形或

近肾形，红色。

生于山地林中。

3. 长脉清风藤 Sabia nervosa Chun ex Y. F. Wu

藤本。叶薄革质，先端长尾状渐尖，侧脉每边 3~5 条，近叶缘处开叉网结。聚伞花序有花 3 朵，萼片 5，花瓣 5。分果爿熟时蓝色，倒卵形。

生于溪边、山谷、山坡林间。

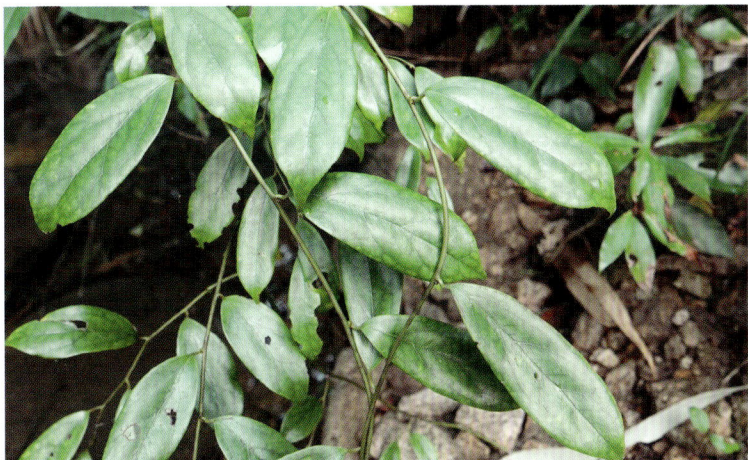

4. 尖叶清风藤 Sabia swinhoei Hemsl. [S. swinhoei Hemsl. var. hainanensis L. Chen; S. dunnii Lévl.]

常绿攀缘木质藤本。叶纸质，椭圆形，叶背被短柔毛或仅在脉上有柔毛。聚伞花序有花 2~7 朵。分果深蓝色，近圆形或倒卵形。

生于海拔 700~1000m 的溪边、山谷、山坡林间。

A115 山龙眼科 Proteaceae

1. 山龙眼属 Helicia Lour.

1. 小果山龙眼（别名：红叶树、羊屎树）Helicia cochinchinensis Lour.

乔木或灌木；高 4~15m；无毛。叶长圆形，长 5~11cm，宽 2.5~4cm，网脉不明显；叶柄长 5~15mm。总状花序腋生。果椭圆状。

生于山坡、山谷的疏林或密林中。

根、叶药用，味苦，性凉。行气活血，去瘀止痛。治跌打损伤、肿痛、外伤出血。

2. 广东山龙眼 Helicia kwangtungensis W. T. Wang

乔木。叶长圆形，长 10~26cm，宽 6~12cm，基部楔形，侧脉 5~8 对，网脉不明显。总状花序腋生，苞片狭三角形。果近球形。

生于山地林中。

3. 网脉山龙眼（别名：豆腐渣果）Helicia reticulata W. T. Wang

常绿乔木或灌木；高 3~10m。叶长圆形、倒卵形或倒披针形，网脉两面突起。总状花序；花被管白色或浅黄。果椭圆状。

生于山地杂木林中。

根、叶药用，味涩，性凉。收敛，消炎解毒。治肠炎腹泻、食物中毒、蕈中毒、农药"六六六"中毒。

A120 五桠果科 Dilleniaceae

1. 锡叶藤属 Tetracera Linn.

1. 锡叶藤（别名：涩叶藤、红藤头）Tetracera sarmentosa (Lour.) Hoogl.

常绿木质藤本。叶长圆形，侧脉 10~15 对，在下面显著突起。圆锥花序；萼片 5，离生；花瓣通常 3 个。果熟时黄红色。

生于低海拔山地疏林和灌丛中。

根、叶、藤药用，味酸、涩，性平。收敛止泻，消肿止痛。治腹泻、便血、肝脾肿大、子宫脱垂、白带、风湿关节痛。

A123 蕈树科 Altingiaceae

1. 蕈树属 Altingia Noronha

1. 蕈树（别名：阿丁枫）Altingia chinensis (Champ.) Oliv. ex Hance

常绿乔木；高达 20m。叶倒卵状长圆形，长 7~13cm，宽 3~4.5cm。雄花短穗状花序；雌花头状花序。头状果序有 15~26 颗果。

生于山地常绿阔叶林中。

根、枝、叶药用，味甘，性温。祛风除湿，舒筋活血。治风湿关节炎、类风湿关节炎、腰肌劳损、慢性腰腿痛、半身不遂、跌打损伤、扭挫伤。

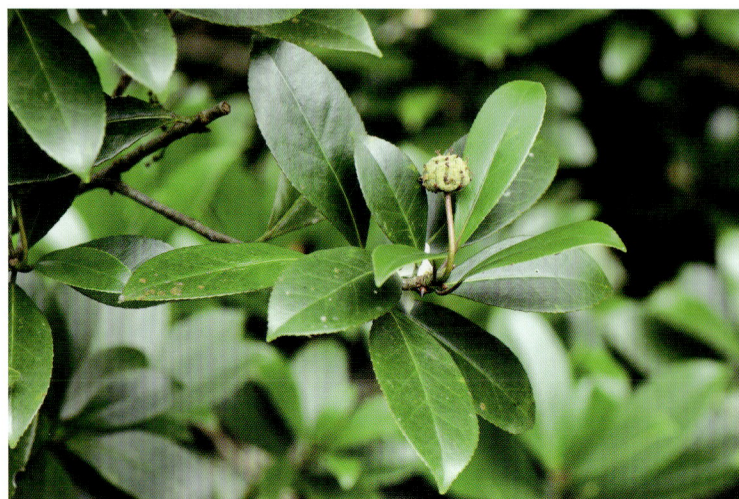

2. 枫香树属 Liquidambar

1. 枫香树（别名：路路通、大叶枫、枫子树、鸡爪枫）Liquidambar formosana Hance

落叶乔木；高达 30m。叶基部心形，掌状 3 裂。雄性短穗状花序；雌性头状花序；萼齿长 4~8mm。头状果序直径 3~4cm。

生于山地、丘陵或荒山灌丛中。

根、叶及树脂、果实药用。根：味苦，性温；祛风止痛；治风湿性关节痛、牙痛。叶：味苦，性平；祛风除湿，行气止痛；治肠炎，痢疾，胃痛。白胶香（枫香脂）：味苦、辛，性平；解毒生肌，止血止痛；治外伤出血，跌打疼痛。果（路路通）：味苦，性平；祛风通络，利水，下乳。可作用材树种。

A124 金缕梅科 Hamamelidaceae

1. 马蹄荷属 Exbucklandia R. W. Brown

1. 马蹄荷 Exbucklandia populnea (R. Br.) R. W. Brown

常绿乔木；高达 20m。叶革质，阔卵圆形，长 10~17cm，宽 9~13cm。头状花序单生或组成总状。头状果序有 8~12 颗果。

生于山地常绿阔叶林中。

根、枝、叶药用，味甘，性温。祛风除湿，舒筋活血。治风湿关节炎、类风湿关节炎、腰肌劳损、慢性腰腿痛、半身不遂、跌打损伤、扭挫伤。可作用材树种。

2. 大果马蹄荷 Exbucklandia tonkinensis (Lec.) Steenis

常绿乔木；高达 30m。叶革质，阔卵形，全缘或幼叶为掌状 3 浅裂。头状花序单生，或数个排成总状花序，有花 7~9 朵。蒴果卵圆形。

生于常绿林中。

根药用，味辛、甘、苦，性平。祛风除湿，活血舒筋，止痛。治风湿痛、腰膝酸痛、偏瘫。可作用材树种。

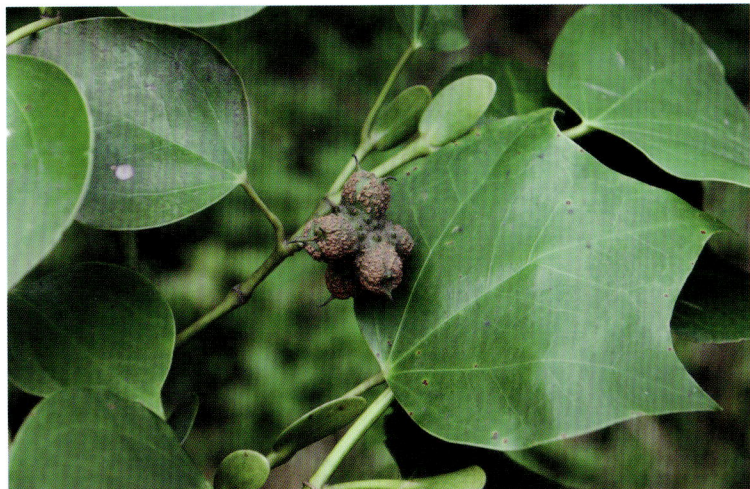

2. 檵木属 Loropetalum R. Br.

1. 檵木（别名：桎木柴、檵花、坚漆）Loropetalum chinense (R. Br.) Oliver

灌木。叶全缘，羽状脉，下面被星毛，稍带灰白色。花 3~8 朵簇生，有白色花瓣；近头状花序。蒴果近球形。

生于低山灌丛。

根、叶、花药用。根：味苦，性温；行血去瘀；治血瘀经闭、跌打损伤、慢性关节炎、外伤出血。叶：味苦、涩，性平；止血、止泻，止痛，生肌；治子宫出血、腹泻、外伤出血。花：味甘、涩，性平；清热，止血；治鼻出血、外伤出血。可作用材树种。

3. 红花荷属 Rhodoleia Champ. ex Hook.

1. 红花荷（别名：红苞木）Rhodoleia championii Hook.

常绿乔木；高 12m。叶革质，卵形，长 7~13cm，宽 4.5~6.5cm，有三出脉。花瓣匙形，长 2.5~3.5cm，宽 6~8mm。蒴果卵圆形。

生于山地常绿林中。

叶药用，味辛，性温。活血止血。治刀伤出血。可作用材树种。

A126 虎皮楠科 Daphniphyllaceae

1. 交让木属 Daphniphyllum Bl.

1. 牛耳枫（别名：老虎耳）Daphniphyllum calycinum Benth.

灌木；高 1~4m。叶阔椭圆形或倒卵形，长 12~16cm。总状花序腋生；雄花花萼盘状，3~4 浅裂；雌花萼片 3~4。果卵圆形。

多生于海拔 60~850m 的疏林或灌丛中。

根、叶药用，味辛、苦，性凉。清热解毒，活血舒筋。治感冒发热、扁桃体炎、风湿关节痛、跌打肿痛、骨折、毒蛇咬伤、疮疡肿毒。

2. 虎皮楠 Daphniphyllum oldhami (Hemsl.) Rosenth.

乔木；高 5~10m。叶纸质，长圆状披针形，叶背显著被白粉；叶柄常绿色。总状花序，花有萼片，花梗纤细。核果斜卵形，暗褐色。

生于山地阔叶林中。

根药用，味辛、苦，性凉。清热解毒，活血散瘀。治感冒发热、咽喉肿痛、毒蛇咬伤、骨折创伤。

A127 鼠刺科 Iteaceae

1. 鼠刺属 Itea Linn.

1. 鼠刺（别名：老鼠刺）Itea chinensis Hook. et Arn.

常绿灌木或小乔木。叶薄革质，倒卵形，侧脉 4~5 对，边缘上部具小齿。总状花序腋生；花瓣披针形。蒴果长圆状披针形。

生于山地山坡疏林、灌丛中。

根、花药用，味苦，性温。祛风除湿，滋补强壮，止咳，解毒，消肿。治身体虚弱、劳伤脱力、产后风痛、跌打损伤、腰痛、白带。

A130 景天科 Crassulaceae

1. 景天属 Sedum Linn.

1. 大苞景天（别名：苞叶景天、鸡爪七、活血草）Sedum oligospermum Maire [S. amplibracteatum K. T. Fu]

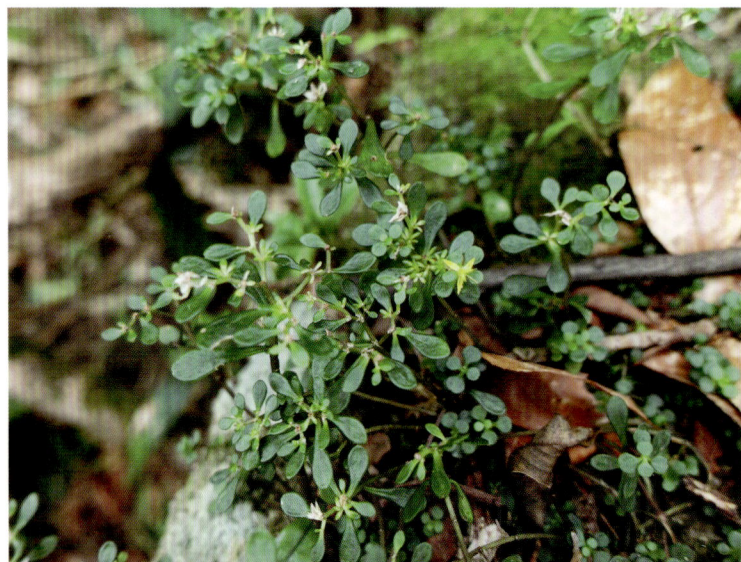

一年生草本。叶菱状椭圆形，常聚生在花序下；叶柄长 1cm。聚伞花序常三歧分枝，每枝有 1~4 花；花瓣 5，黄色。蓇葖果。

生于山坡林下阴湿处。

全草药用，味甘、淡，性寒。清热解毒，化血散瘀，止痛，通便。治产后腹痛、痈疮肿痛、胃痛、大便燥结、烫伤。

A134 小二仙草科 Haloragaceae

1. 小二仙草属 Gonocarpus J. R. & G. Forst.

1. 小二仙草（别名：豆瓣草、船板草）Gonocarpus micranthus (Thunb.) R. Br. ex Sieb. & Zucc.

多年生草本；高 5~45cm。叶对生，卵形或卵圆形，边缘具稀疏锯齿。花序为顶生的圆锥花序；花红色或紫红色，极小。坚果近球形。

生于荒山草丛中。

全草药用，味苦，性凉。清热利湿，止咳平喘，调经活血。治咳嗽哮喘、痢疾、小便不利、月经不调、跌打损伤。

A136 葡萄科 Vitaceae

1. 蛇葡萄属 Ampelopsis Michaux

1. 广东蛇葡萄 Ampelopsis cantoniensis (Hook. et Arn.) Planch.

木质藤本。卷须二叉分枝。常二回羽状复叶，基部 1 对为 3 小叶。多歧聚伞花序与叶对生；花瓣 5。浆果近球形，直径

0.5~0.6cm。

生于海拔 100~850m 的山谷林中或山坡灌丛。

全草药用，味辛、微苦，性凉。祛风化湿，清热解毒。治夏季感冒、风湿痹痛、痈疽肿痛、湿疮湿疹、急性结膜炎、骨髓炎、急性淋巴结核、急性乳腺炎、嗜盐菌食物中毒。

2. 异叶蛇葡萄 **Ampelopsis glandulosa** (Wall.) Momiy. var. **heterophylla** (Thunberg) Momiyama [*A. heterophylla* (Thunb.) Sieb. et Zucc.]

木质藤本。卷须 2~3 叉分枝。单叶心形，3~5 中裂或不裂，长 3.5~14cm，宽 3~11cm，基部心形，基出脉 5。萼碟形，花瓣 5。果实近球形。

生于海拔 200m 以上的山地。

根皮药用，味甘、微苦，性寒。清热，散瘀，通络，解毒。治产后心烦口渴、脚气水肿、跌打损伤、痈肿恶疮、中风半身不遂。

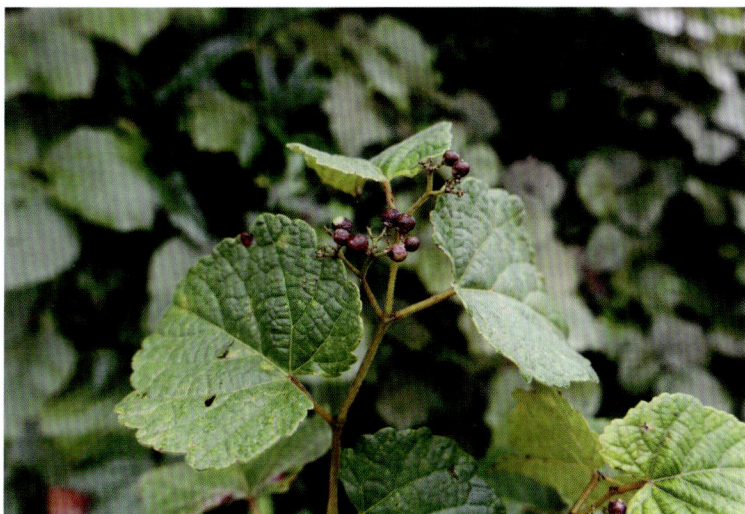

3. 牯岭蛇葡萄 **Ampelopsis glandulosa** (Wall.) Momiy. **var. kulingensis** (Rehder) Momiyama

木质藤本。卷须 2~3 叉分枝。单叶心形，3~5 中裂或不裂，长 3.5~14cm，宽 3~11cm，基部心形，基出脉 5。萼碟形，花瓣 5。果实近球形。

生于海拔 200m 以上的山地。

根皮药用，味甘、微苦，性寒。清热，散瘀，通络，解毒。治产后心烦口渴、脚气水肿、跌打损伤、痈肿恶疮、中风半身不遂。

4. 显齿蛇葡萄 **Ampelopsis grossedentata** (Hand.-Mazz.) W. T. Wang

木质藤本。叶为一至二回羽状复叶，二回羽状复叶者基部一对为 3 小叶，小叶卵圆形。花序为伞房状多歧聚伞花序。浆果近球形。

生于海拔 200~900m 的沟谷林中或山坡灌丛。

叶、根药用，味甘、淡，性凉。清热解毒，利湿消肿。治感冒发热、咽喉肿痛、黄疸型肝炎、目赤肿痛、痈肿疮疖。

2. 乌蔹莓属 Causonis Juss.

1. 角花乌蔹莓（别名：菱茎野葡萄、野葡萄）**Causonis corniculata** (Benth.) Gagnep.

草质藤本。小枝圆柱形。叶为鸟足状 5 小叶，长椭圆披针形，长 3.5~9cm，宽 1.5~3cm。花序为复二歧聚伞花序，腋生。果实近球形。

生于低海拔的潮湿山谷、林中。

块根药用。清热解毒，祛风化痰。治风热咳嗽。

2. 乌蔹莓（别名：母猪藤、红母猪藤、五爪龙、五叶藤、地五加、五龙草）**Causonis japonica** (Thunb.) Gagnep.

藤本。卷须 2~3 分枝。小叶 5 指状，中央小叶长圆形，长 2.5~4.5cm，宽 1.5~4.5cm。复二歧聚伞花序腋生；花瓣 4。果实近球形。

生于山坡、路旁草丛或灌丛中。

全草药用，味酸、苦，性寒。解毒消肿，活血散瘀，利尿，止血。治咽喉肿痛、目翳、咯血、血尿、痢疾。

3. 白粉藤属 Cissus Linn.

1. 苦郎藤（别名：藤风叶藤、毛叶白粉藤、左爬藤、葫芦叶、粗壳藤、左边藤）**Cissus assamica** (Laws.) Craib.

藤本。枝圆柱形，被丁字毛；卷须 2 分枝。叶阔心形，长 5~7cm，宽 4~14cm，顶端急尖，基部心形。花序与叶对生。肉质浆果；种子 1 颗。

生于低海拔至中海拔的密林或疏林及溪边。

根药用，味淡、微涩，性平。拔脓消肿，散瘀止痛。治跌打损伤、扭伤、风湿关节疼痛、骨折、痈疮肿毒。

2. 翼茎白粉藤（别名：六方藤、六棱粉藤、翅茎白粉藤、方茎宽筋藤）**Cissus pteroclada** Thorel ex Planch.

草质藤本。枝具 4 翅棱，卷须 2 分枝。叶卵圆形，长 5~12cm，宽 4~9cm。花序顶生或与叶对生；花瓣 4。果实倒卵椭圆形。

生于海拔 50~400m 的溪边林中。

藤茎药用，味微苦，性凉。祛风活络，散瘀活血。治风湿关节痛、腰肌劳损、跌打损伤。

3. 崖爬藤属 Tetrastigma (Miq.) Planch.

1. 尾叶崖爬藤 **Tetrastigma caudatum** Merr. ex Chun

木质藤本。卷须不分枝，相隔 2 节间断与叶对生。3 小叶，顶端尾状渐尖。花蕾壶状，萼碟形，4 齿，花瓣 4，卵椭圆形。果实椭圆形。

生于海拔 200~700m 的山谷林中或山坡灌丛阴处。

茎药用。祛风湿，散瘀止痛，消肿拔毒。治风湿骨痛、跌打、疮痈肿毒。

2. 三叶崖爬藤（别名：三叶扁藤、丝线吊金钟、三叶青、小扁藤、骨碎藤）**Tetrastigma hemsleyanum** Diels & Gilg

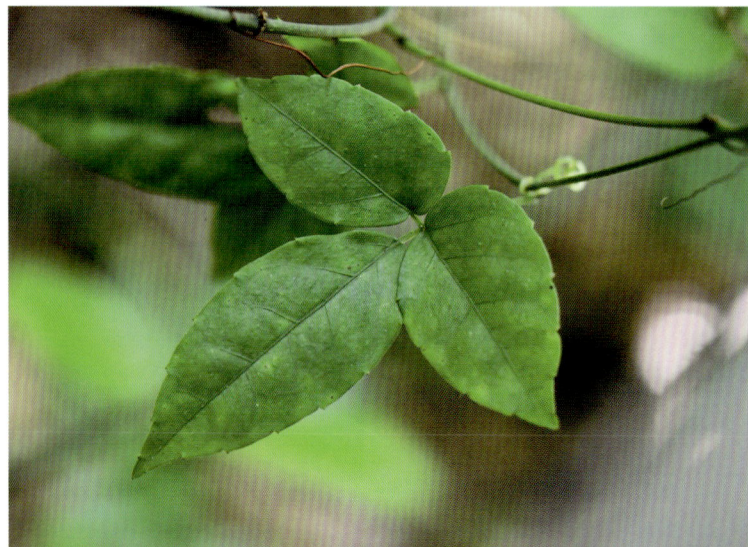

木质藤本。3 小叶，小叶披针形，长 3~10cm，宽 1.5~3cm，侧生小叶不对称。花序腋生，花二歧状着生在分枝末端。果近球形或倒卵球形。

生于海拔 200~900m 以上的山坡灌丛、林谷岩石缝中。

全草药用，味苦，性平。清热解毒，祛风化痰，活血止痛。治白喉、小儿高热惊厥、肝炎、痢疾。

3. 崖爬藤（别名：走游草、爬山虎、藤五甲、红五加、癫痫藤、五爪龙）Tetrastigma obtectum (Wall.) Planch. ex Franch.

草质藤本。卷须 4~7，呈伞状集生，相隔 2 节间断与叶对生。掌状 5 小叶，基部楔形，边缘有齿。萼浅碟形，花瓣 4，长椭圆形。果球形。

生于海拔 250m 以上的山坡岩石或林下石壁上。

全草药用，味辛、涩，性温。祛风活络，活血止痛。治跌打损伤、风湿麻木、关节筋骨疼痛。

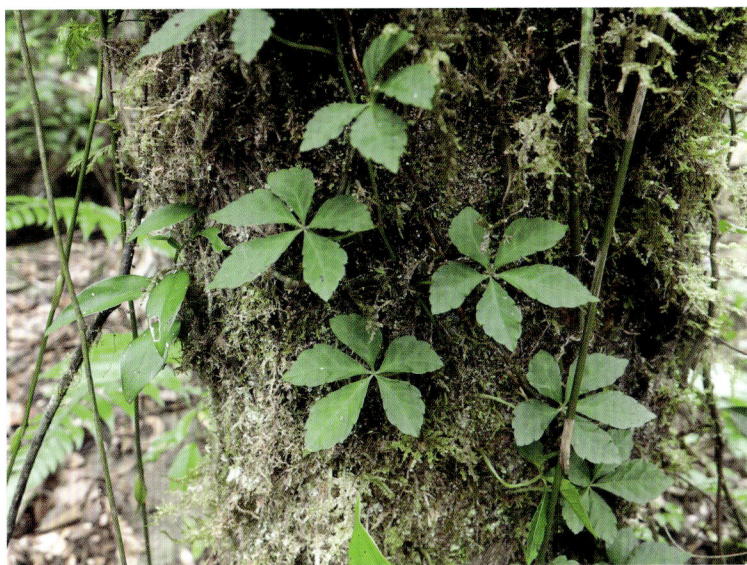

4. 扁担藤（别名：扁藤、大芦藤、铁带藤、扁茎崖爬藤、过江扁龙）Tetrastigma planicaule (Hook.) Gagnep.

木质大藤本。掌状 5 小叶，中央小叶披针形，长 9~16cm，宽 3~6cm，边缘有 5~9 个齿。花瓣 4。果实近球形，直径 2~3cm。

生于海拔 100m 以上的山谷林中或山坡岩石缝中。

全株药用，味辛、涩，性温。祛风除湿，舒筋活络。治风湿骨痛、腰肌劳损、跌打损伤、半身不遂。

4. 葡萄属 Vitis Linn.

1. 毛葡萄（别名：橡根藤、五角叶葡萄、飞天白鹤、茅婆驳骨、野葡萄）Vitis heyneana Roem. & Schult. [V. quinquangularis Rehd. ; V. pentagona Diels]

木质藤本，被毛。卷须二叉分枝，每隔 2 节间断与叶对生。叶长 4~12cm。花杂性异株，萼碟形，花瓣 5。果圆球形，熟时紫黑色。

生于山谷林下。

根皮、叶药用，味微苦、酸，性平。根皮：调经活血，舒筋活络；治月经不调、白带。叶：止血，用于外伤出血，将叶搓为绒絮，外敷伤处。

A140 豆科 Fabaceae

1. 相思子属 Abrus Adans.

1. 广州相思子（别名：鸡骨草）Abrus pulchellus Wall. ex Thwaites subsp. cantoniensis (Hance) Verdcourt [A. cantoniensis Hance]

攀缘灌木。羽状复叶互生；小叶长圆形，长 0.5~1.5cm，宽 0.3~0.5cm，被毛。总状花序，花冠紫红色。荚果长圆形，具喙，被毛。

生于海拔约 200m 的疏林、灌丛或山坡。

藤叶药用，味甘、淡，性凉。清热利湿，解毒，止痛。治急、慢性黄疸型肝炎、肝硬化腹水、胃痛、风湿骨痛、毒蛇咬伤。可用作夏季清凉饮料。

2. 金合欢属 Acacia Mill.

1. 台湾相思 Acacia confusa Merr.

乔木。叶状柄披针形，长 6~10cm，宽 2~6mm，有明显的纵脉 3~8 条。头状花序，单生或 2~3 个簇生叶腋；花金黄色。荚果扁平。

多生于低海拔的疏林中。

枝叶药用，去腐生肌。种子有毒，误食引起腹痛、头痛、恶心。

2. 羽叶金合欢（别名：蛇藤、龙骨刺）Acacia pennata (Linn.) Willd.

攀缘灌木。小枝多刺。羽片 8~22 对；小叶 30~54 对，长 5~10mm，宽 0.5~1.5mm；叶柄具腺体。头状花序圆球形。果带状。

多生于低海拔的疏林中，常攀附于灌木或小乔木的顶部。

根及老茎药用，味苦、辛、微甘、涩，性微温。祛风湿，强筋骨，活血止痛。治脊椎骨损伤及腰脊四肢风湿疼痛等。

3. 海红豆属 Adenanthera Linn.

1. 海红豆 Adenanthera microsperma Teijsm. et Binnend.

落叶乔木。二回羽状复叶，羽片 4~7 对，小叶 4~7 对；小叶互生，长圆形或卵形。总状花序；雄蕊 10 枚。荚果狭长圆形，开裂后旋卷。

多生于山沟、溪边或栽培于庭园。

可作用材树种和园林绿化用。

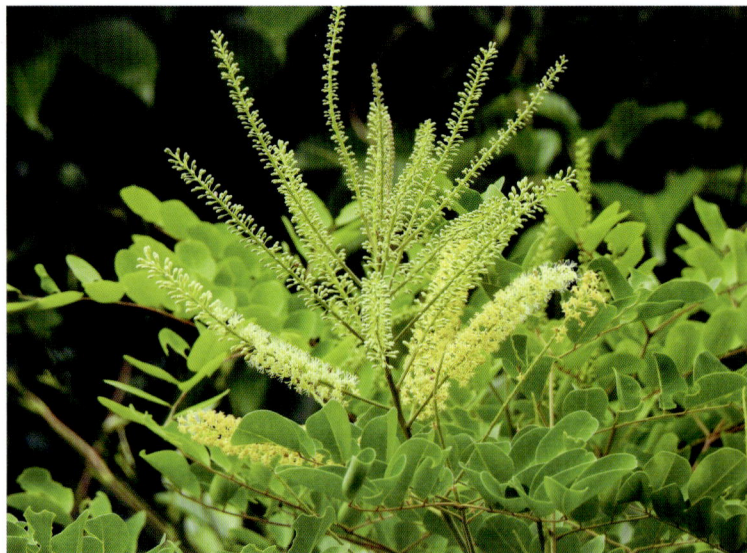

4. 合欢属 Albizia Durazz.

1. 天香藤 Albizia corniculata (Lour.) Druce

攀缘灌木或藤本。二回羽状复叶；羽片 2~6 对；小叶 4~10 对；总叶柄基部有 1 腺体。头状花序有花 6~12 朵。荚果带状扁平。

生于旷野或山地疏林中，常攀附于树上。

心材药用，味甘、性平。行气散瘀、止血。治跌打损伤、创伤出血等。

2. 山槐（别名：山槐、黑心树、夜蒿树）Albizia kalkora (Roxb.) Prain

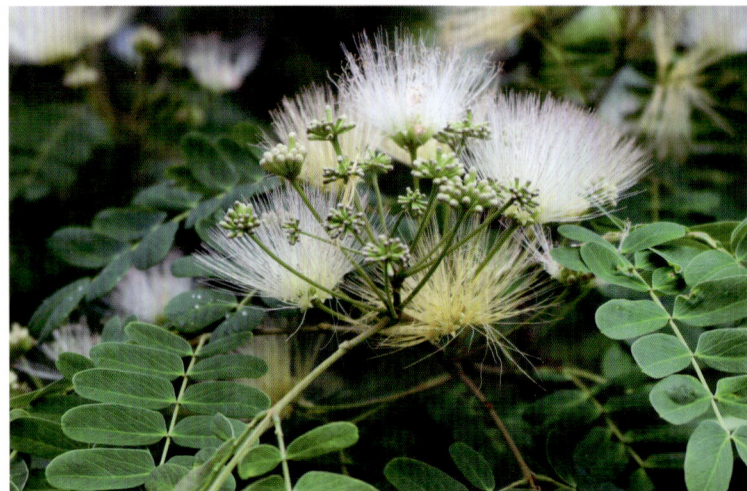

落叶小乔木或灌木。二回羽状复叶，羽片 2~4 对，小叶 5~14 对，小叶两面被短柔毛。圆锥花序；花初白色，后变黄。荚果带状，长 7~17cm。

生于溪边、路旁、山坡。

树皮药用，味甘，性平。安神解郁，和血止痛。治心神不安、失眠、肺脓疡、咯脓痰、筋骨损伤、痈疖肿痛。

5. 链荚豆属 Alysicarpus Neck. ex Desv.

1. 链荚豆（别名：假地豆、狗蚁草、小号野花生、山花生）**Alysicarpus vaginalis** (Linn.) DC. [*A. vaginalis* (Linn.) DC. var. *diversifolius* Chun]

草本；高 30~90cm。仅单小叶，上部卵状长圆形，长 3~6.5cm，下部卵形，长 1~3cm。总状花序有花 6~12 朵。荚果扁圆柱形。

生于旷野、草坡、路旁或海边沙地。

全草药用，味甘、苦，性平。活血通络，清热化湿，驳骨消肿，去腐生肌。治半身不遂、股骨酸痛、慢性肝炎。

6. 猴耳环属 Archidendron F. Muell

1. 猴耳环 **Archidendron clypearia** (Jack.) Nielsen [*Pithecellobium clypearia* (Jack.) Benth.]

常绿乔木。二回羽状复叶，羽片 3~8 对，小叶对生，3~12 对，斜菱形。花数朵聚成头状花序。荚果旋卷，种子间缢缩。

生于疏林或密林中。

叶、果实、种子药用，味微苦、涩，性凉。清热解毒，凉血消肿。治上呼吸道感染、咽喉炎、扁桃体炎、痢疾。可作用材树种。

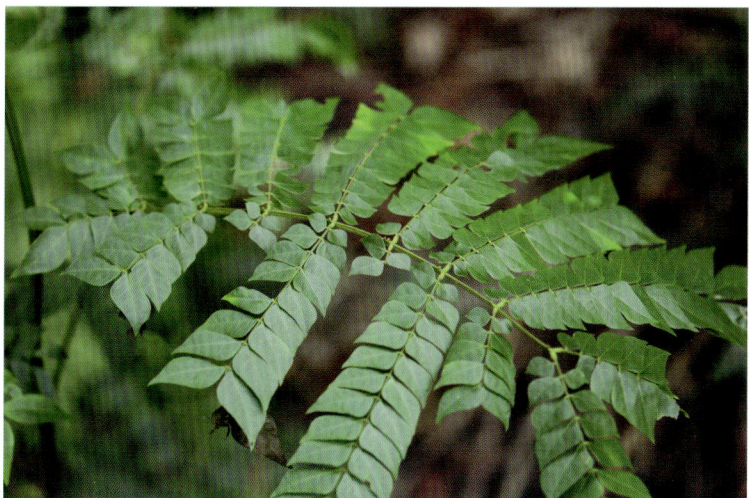

2. 亮叶猴耳环（别名：亮叶围涎树、尿桶公、水肿木、火烫木）**Archidendron lucidum** (Benth.) Nielsen [*Pithecellobium lucidum* Benth.]

常绿小乔木。羽片 1~2 对；小叶互生，2~5 对，斜卵形。头状花序球形；花瓣中部以下合生。荚果旋卷成环状，种子间缢缩。

多生于混交林或阔叶林中。

枝、叶药用。消肿。治风湿痛、跌打、火烫伤。

3. 薄叶猴耳环 **Archidendron utile** (Chun et How) Nielsen [*Pithecellobium utile* Chun et How]

灌木。羽片 2~3 对，总叶柄有腺体；小叶对生，长方菱形，长 2~9cm，宽 1.5~4cm。花白色，芳香，花萼钟状。荚果红褐色，镰刀状。

生于林中。

7. 藤槐属 Bowringia Champ. ex Benth.

1. 藤槐（别名：包令豆）**Bowringia callicarpa** Champ. ex Benth.

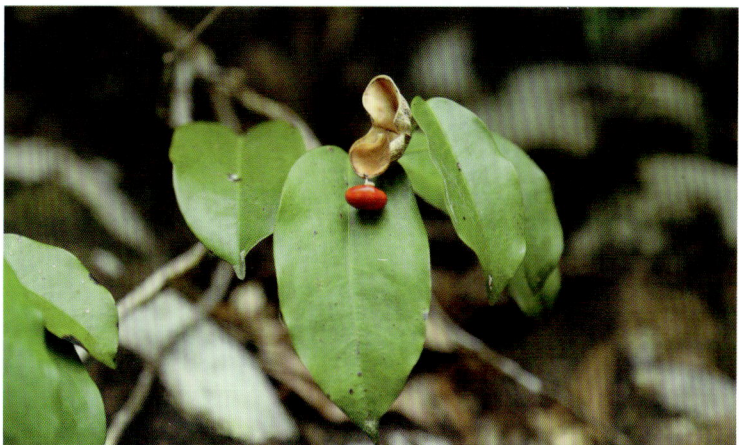

木质藤本。单叶，基部圆形。总状花序；花白色，翼瓣较旗瓣长，龙骨瓣最短。果卵形，先端具喙，长 2.5~3cm；种子 1~2 颗。

生于山谷林缘或河溪旁。

根、叶药用，味苦，性寒。清热、凉血。治血热所致的吐血、衄血。

8. 云实属 Caesalpinia Linn.

1. 南天藤（别名：华南云实、刺果苏木、假老虎簕、虎耳藤、双角龙）**Caesalpinia crista** Linn. [*C. nuga* Ait.]

攀缘灌木。二回羽状复叶；羽片对生，2~3(4) 对；小叶 4~6 对。总状花序；花瓣 5，黄色，其中一片具红纹。果卵形；种子 1 颗。

生于山地林中。

根药用，味苦，性凉。祛瘀止痛，清热解毒。治急、慢性胃炎，胃溃疡，痈疮疖肿。

2. 小叶云实 Caesalpinia millettii Hook. et Arn.

有刺藤本，被毛。小叶互生，长圆形，长 7~13mm，宽 4~5mm，先端圆钝，基部斜截形。圆锥花序腋生，萼片 5，花瓣黄色。荚果倒卵形。

生于山脚灌丛中或溪水旁。

根药用，味甘，性温。健脾和胃，消食化积。治胃病、消化不良、风湿痹痛。

9. 鸡血藤属 Callerya Endl.

1. 密花鸡血藤（别名：密花崖豆藤）**Callerya congestiflora** (T. C. Chen) Z. Wei & Pedley [*Millettia congestiflora* T. Chen]

藤本。羽状复叶，小叶 2 对，阔椭圆形。圆锥花序，花单生，密集，花萼钟状，花冠白色至红色。荚果线形，扁平，密被毛，顶端具钩喙。

生于海拔 500~1200m 的山地杂木林中。

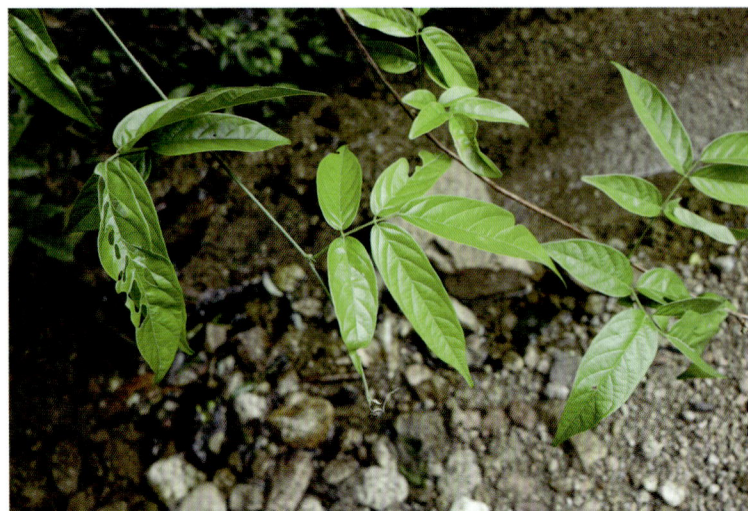

2. 香花鸡血藤（别名：香花崖豆藤、贯肠血藤、山鸡血藤）**Callerya dielsiana** (Harms) P. K. Loc ex Z. Wei & Pedley [*Millettia dielsiana* Harms]

攀缘灌木；高 2~5m。小叶叶片披针形、长圆形，长 5~15cm，宽 1.5~6cm。圆锥花序顶生，黄色被微柔毛。果实近球形，直径约 1cm。

生于海拔 1000m 以下的山坡杂木林与灌丛中。

根和藤药用，味甘，性温。补血行血，通经活络。治贫血、月经不调、闭经、风湿痹痛、腰腿酸痛、四肢麻木、放射反应引起的白血球减少症。

3. 亮叶鸡血藤（别名：光叶崖豆藤）**Callerya nitida** (Benth.) R. Geesink [*Millettia nitida* Benth.]

藤本。小枝无皮孔，初时密被褐色茸毛。羽状复叶；小叶 1~2 对，两面无毛。圆锥花序顶生，花冠淡黄色带微红或微紫色。荚果肿胀，顶端有坚硬的钩状喙。

生于海拔 200~1600m 的山地杂木林中。

根、茎入药，广西瑶山称"血皮藤"，行血补气；治风湿关节痛。茎皮纤细坚韧。种子煨熟可食。

10. 猪屎豆属 Crotalaria Linn.

1. 响铃豆（别名：黄花地丁、小响铃、马口铃）**Crotalaria albida** Heyne ex Roth

多年生直立草本。单叶，倒卵形，长 1.5~4cm，宽 3~17mm；托叶刚毛状。总状花序。荚果短圆柱形，长 1cm；种子 10~15 颗。

生于海拔 100~1300m 的荒山草地。

全草药用，味苦、辛，性凉。清热解毒，止咳平喘，截疟。治尿道炎、膀胱炎、肝炎、胃肠炎、痢疾、支气管炎、肺炎、哮喘、疟疾。

2. 大猪屎豆（别名：马铃根、自消容、凸尖野百合、大猪屎青）**Crotalaria assamica** Schrank.

直立高大草本。单叶，长 5~15cm，宽 2~4cm；托叶线形。总状花序有花 20~30 朵。荚果长圆形，长 7~10mm；种子 6~12 颗。

生于旷野草地上。

全草药用，味辛、甘，性平。健脾消食。治小儿疳积、消化不良、脘腹胀满。

11. 黄檀属 Dalbergia Linn. f.

1. 秧青（别名：南岭黄檀、南岭檀、水相思、黄类树）**Dalbergia assamica** Benth. [*D. balansae* Prain]

乔木；高 6~15m。小叶 13~15 片，长圆形，长 2~4cm。圆锥花序长 5~10cm；花萼钟状，萼齿 5。荚果阔舌状；种子 1 颗，有时 2~3 颗。

生于海拔 300~900m 的山地杂木林中或灌丛中。

心材药用，味辛，性温。行气止痛，解毒消肿。可作用材树种。

2. 两广黄檀（别名：蕉藤麻、藤春）**Dalbergia benthamii** Prain

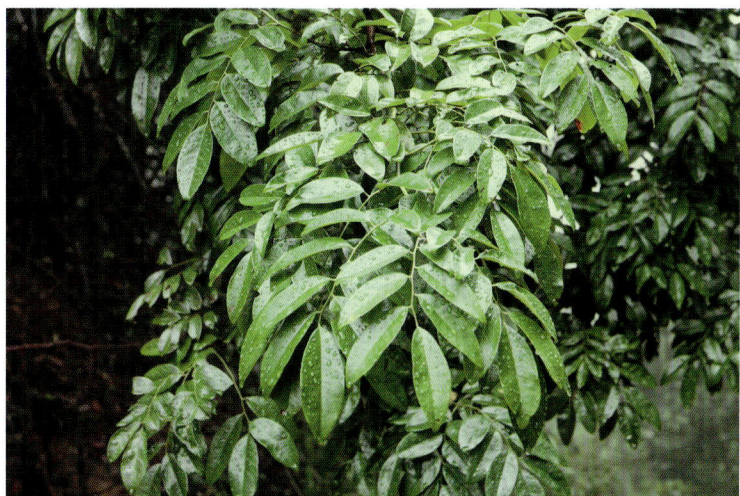

藤本。羽状复叶，小叶 2~3 对，卵形，先端钝，基部楔形。圆锥花序腋生，花芳香，花萼钟状，花冠白色，旗瓣外反。荚

果舌状长圆形。

生于疏林或灌丛中，常攀缘于树上。

茎药用。活血通经。治月经不调。

3. 藤黄檀（别名：藤檀、大香藤、痛必灵、梣果藤、丁香柴）Dalbergia hancei Benth.

攀缘灌木。枝疏柔毛。小叶 7~13 片，顶端圆钝或微凹，基部圆形。总状花序；花冠绿白色。荚果扁平，长圆形或带状，无毛。

生于山坡灌丛中或山谷溪旁。

茎、根药用，味辛，性温。理气止痛。茎：治胃痛、腹痛、胸胁痛。根：治腰腿关节痛。

12. 山蚂蝗属 Desmodium Desv.

1. 假地豆（别名：异果山绿豆、假花生、大叶青、稗豆）Desmodium heterocarpon (Linn.)DC.

亚灌木。三出复叶；顶生小叶椭圆形。总状花序顶生或腋生；花萼钟形，4 裂；花冠紫红色或白色。荚果较小，不开裂。

生于海拔 350~1800m 的山坡草地、水旁、灌丛或林中。

全草药用，味苦、甘，性寒。清热解毒，消肿止痛。预防腮腺炎、治流行性乙型脑炎、喉痛。

2. 单序拿身草 Sohmaea diffusa (DC.) H. Ohashi & K. Ohashi

植株上升状。顶生小叶倒卵形。上萼齿顶端二齿裂；花序

单生，通常顶生；花梗长 3~5mm。荚果于节间明显收缩。

生于海拔 500~900m 的草地或林缘。

3. 显脉山绿豆（别名：假花生）Desmodium reticulatum Champ. ex Benth.

灌木。三出复叶；顶生小叶卵形，卵状椭圆形，长 3~5cm，宽 1~2cm。总状花序；花冠红色，后变蓝色。荚果有荚节 3~7。

生于 250~900m 的山地灌丛或草坡上。

全草药用。去腐，生肌。治痢疾、刀伤。

4. 长波叶山蚂蝗（别名：波叶山蚂蝗、瓦子草）Desmodium sequax Wall.

直立灌木。三出复叶，顶生小叶长 4~10cm，宽 4~6cm；托叶披针形，长 1~4mm。总状花序顶生和腋生；花冠紫色。荚果腹背缝线缢缩呈念珠状。

生于山谷、草坡或林缘。

全草药用，味涩、微苦，性凉。清热泻火，活血祛瘀，敛疮。治风热目赤、胞衣不下、血瘀经闭、烧伤。

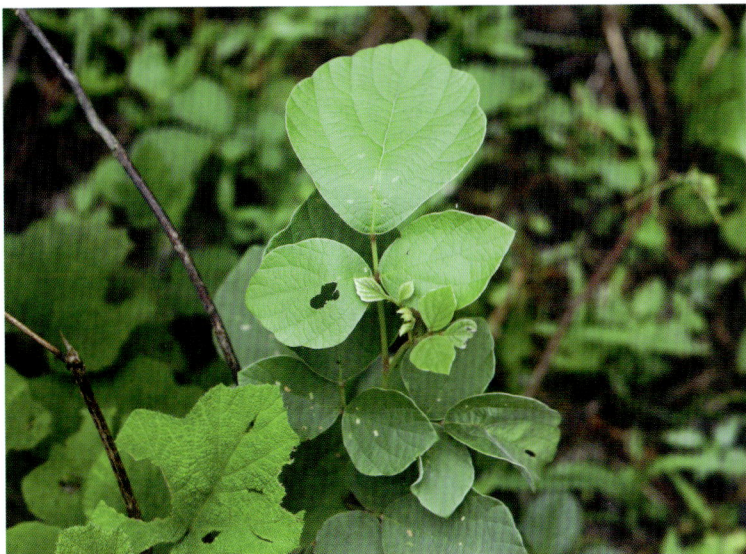

攀缘状缠绕草本。叶具羽状 3 小叶，线状披针形；叶柄纤细，长 3~7cm。总状花序腋生；花萼圆筒状，淡绿色。荚果倒披针形，长 4cm。

生于海拔 380~1000m 的路旁潮湿地。

14. 长柄山蚂蝗属 Hylodesmum H. Ohashi & R. R. Mill.

1. 疏花长柄山蚂蝗（别名：长果柄山蚂蝗、疏花山绿豆）**Hylodesmum laxum** (DC.) H. Ohashi & R. R. Mill.

直立草本。顶生小叶卵形，宽 5~5.5cm；托叶三角状披针形，长约 1cm，宽 4mm。总状花序。荚果具 2~4 个半倒卵形的荚节。

生于海拔 400~1000m 的山坡阔叶林中。

全草药用。降血压，消炎。治高血压、肺炎、肾炎。

5. 三点金（别名：三花山绿豆、八字草）**Desmodium triflorum** (Linn.) DC.

匍匐草本。三出复叶；小叶同型，倒三角形。常单生或 2~3 朵簇生；花冠紫红色，与萼近相等。荚果狭长圆形，略呈镰刀状。

生于旷野荒地草丛中或河边沙土上。

全草药用，味苦、微辛，性温。行气止痛，温经散寒，解毒。治中暑腹痛、疝气痛、月经不调、痛经、产后关节痛、狂犬病。

15. 鸡眼草属 Kummerowia Schindl.

1. 鸡眼草（别名：人字草、三叶人字草、掐不齐、老鸦须、铺地锦）**Kummerowia striata** (Thunb.) Schindl.

草本。三出复叶；小叶有白色粗毛。花单生或 2~3 朵簇生；花萼钟状，5 裂；花冠粉红或紫色。果倒卵形，长 3.5~5mm。

生于山坡、路旁、田边、林边和林下。

全草药用，味甘、淡，性微寒。清热解毒，活血，利尿，止泻。治胃肠炎、痢疾、肝炎、夜盲症、泌尿系感染、跌打损伤、疔疮疖肿。

13. 山黑豆属 Dumasia DC.

1. 山黑豆 Dumasia truncata Sieb. et Zucc.

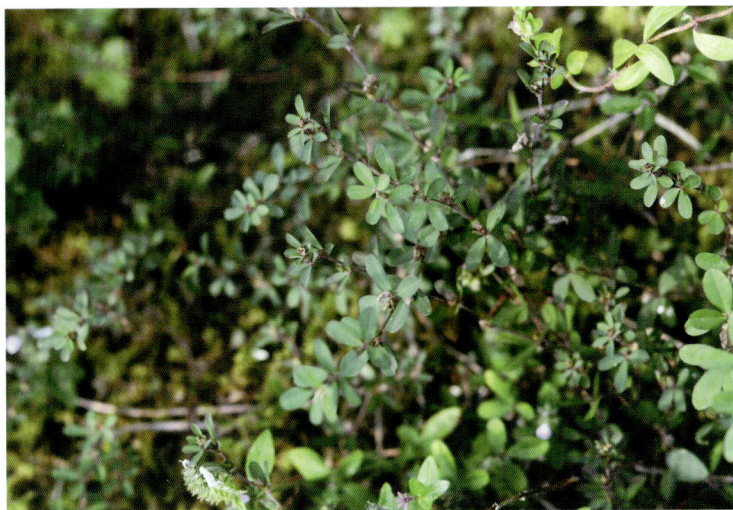

16. 胡枝子属 Lespedeza Michx.

1. 胡枝子 Lespedeza bicolor Turcz.

直立灌木，多分枝。芽卵形。羽状复叶具 3 小叶，小叶质薄，卵形。小苞片卵形，花萼 5 浅裂，花冠红紫色。荚果斜倒卵形，表面具网纹。

生于海拔 150~1000m 的山坡、林缘、路旁、灌丛及杂木林间。

枝、叶药用，味甘，性平。清热润肺，利尿通淋，止血。治肺热咳嗽、感冒发热、百日咳、淋证、吐血、尿血、便血。

2. 截叶铁扫帚（别名：铁扫帚、铁马鞭、苍蝇翼、三叶公母草、鱼串草）Lespedeza cuneata (Dum.-Cours.) G. Don

小灌木。三出复叶；小叶长 1~3cm，宽 2~5mm，顶端截平，具小尖头。总状花序比叶短；花黄白色或白色。荚果长 2.5~3.5mm。

生于海拔 100m 以下的山坡路旁。

全草药用，味甘、微苦，性平。清热利湿，消食除积，祛痰止咳。治小儿疳积、消化不良、胃肠炎、细菌性痢疾、胃痛、黄疸型肝炎、肾炎水肿、白带、口腔炎、咳嗽、支气管炎。

17. 崖豆藤属 Millettia Wight et Arn.

1. 厚果崖豆藤 Millettia pachycarpa Benth.

藤本。羽状复叶；小叶 6~8 对，长圆状椭圆形。总状圆锥花序；花冠淡紫，旗瓣卵形；单体雄蕊。荚果肿胀，长圆形。

生于海拔 900m 以下的山坡常绿阔叶林中。

2. 海南崖豆藤（别名：毛瓣鸡血藤、白药根、雷公藤蹄）Millettia pachyloba Drake [M. lasiopetala (Hayata) Merr.]

巨大藤本。羽状复叶，小叶 4 对，长 7~17cm，宽 3~5.5cm。花萼杯状，萼齿尖三角形，花冠淡紫色。荚果菱状长圆形，先端喙尖。

生于疏林中或溪边灌丛中。

藤茎药用，有小毒。消炎止痛。

18. 含羞草属 Mimosa Linn.

1. 光荚含羞草 Mimosa bimucronata (DC.) Kuntze [M. sepiaria Benth.]

乔木。二回羽状复叶；羽片 6~7 对；小叶 12~16 对，长 5~7mm，宽 1~1.5mm，被短柔毛。头状花序球形。荚果带状，无毛。

引种或逸为野生。

2. 含羞草（别名：感应草、知羞草、喝呼草、怕丑草）Mimosa pudica Linn.

草本。二回羽状复叶；羽片 2 对；小叶 10~20 对。头状花序腋生；花淡红色；雄蕊 4 枚，伸出于花冠之外。荚果被毛，荚缘波状。

生于旷野荒坡草地。

全草药用，味甘、涩，性凉，有小毒。清热利尿，化痰止咳，安神止痛。治感冒、小儿高热、急性结膜炎、支气管炎、胃炎、肠炎、泌尿系结石、疟疾、神经衰弱。

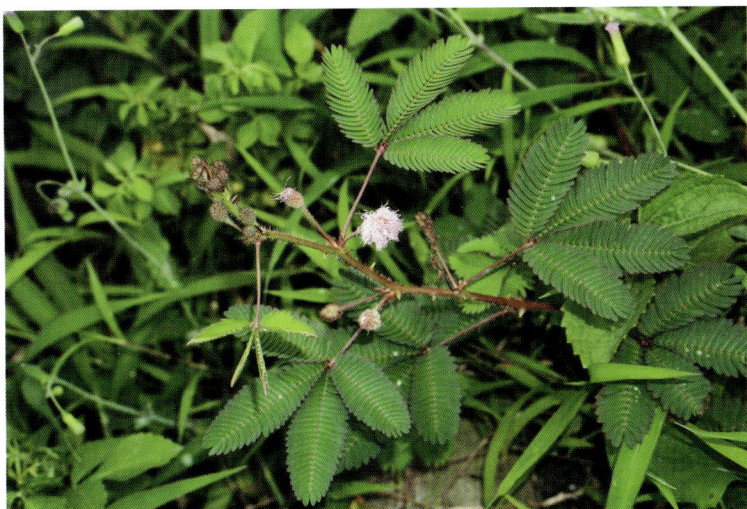

19. 黧豆属 Mucuna Adans.

1. 白花油麻藤（别名：血藤、鸡血藤、禾雀花、鲤鱼藤、大蓝布麻）Mucuna birdwoodiana Tutch.

常绿大型木质藤本。羽状复叶，具 3 小叶，叶长 17~30cm。苞片卵形，长约 2mm，早落；花梗长 1~1.5cm，花冠白色或带绿白色。果木质，带形。

生于海拔 500~1000m 的山地阳处、路旁、溪边。

藤茎药用，味微苦、涩，性平。补血，通经络，强筋骨。治贫血、白细胞减少症、月经不调、瘫痪、腰腿痛。

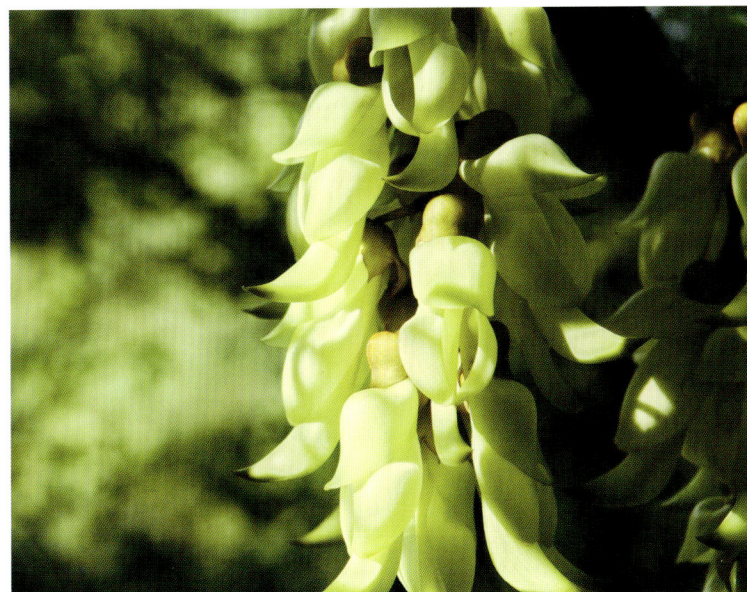

20. 小槐花属 Ohwia H. Ohashi

1. 小槐花（别名：草鞋板、味噌草、羊带归、青酒缸、拿身草）Ohwia caudata (Thunberg) H. Ohashi [Desmodium caudatum (Thunb.) DC.]

直立灌木。三出复叶；叶柄两侧有窄翅。总状花序；花冠绿白色，具明显脉纹。荚果背缝线深凹入腹缝线，节荚呈斜三角形。

生于海拔 150~1000m 的山坡林下或草地。

全草药用，味微苦、辛，性平。清热解毒，祛风利湿。治感冒发热、胃肠炎、痢疾、小儿疳积、风湿关节痛。

21. 红豆属 Ormosia Jacks.

1. 肥荚红豆（别名：福氏红豆、鸭公青、青竹蛇、大红豆）Ormosia fordiana Oliv.

乔木。树皮浅裂。奇数羽状复叶；小叶 7~9 片。圆锥花序；花冠淡紫红色。荚果半圆形或长圆形；种子 1~4 颗，长 2cm 以上。

生于海拔 100m 以上的山谷、山坡路旁、溪边杂木林。

树皮、根、叶药用，味苦、涩，性凉，有小毒。清热解毒，消肿止痛。治跌打损伤，肿痛，风火牙痛，烧、烫伤。

2. 花榈木（别名：花梨木、鸭公青、三钱三、青竹蛇、牛屎樵）Ormosia henryi Prain

乔木。奇数羽状复叶，小叶长圆状椭圆形，侧脉与中脉成 45° 角。花冠中央淡绿色，边缘绿色微带淡紫。荚果扁平，长椭圆形，种皮鲜红色。

生于山地林中。

根、根皮、茎、叶药用，味辛，性温，有毒。活血化瘀、祛风消肿。治跌打损伤、腰肌劳损、风湿关节痛、产后血瘀腹痛、白带、流行性腮腺炎、丝虫病。

3. 软荚红豆 Ormosia semicastrata Hance

常绿乔木。小枝具黄色柔毛。奇数羽状复叶，小叶 1~2 对，椭圆形，侧脉与中脉成 60° 角。花冠白色。荚果近圆形，种子 1 颗，扁圆形，鲜红色。

生于海拔 240~910m 的路旁、山谷杂木林中。

可作用材树种。

22. 龙须藤属 Phanera Miq.

1. 阔裂叶龙须藤（别名：阔裂叶羊蹄甲）Phanera apertilobata (Merr. & F. P. Metcalf) K. W. Jiang [Bauhinia apertilobata Merr. et Metc.]

藤本。叶纸质，阔椭圆形，长 5~10cm，宽 4~9cm。伞房式总状花序腋生或 1~2 个顶生；花瓣白色或淡绿白色。果瓣厚革质，褐色，无毛。

生于海拔 300~600m 的山谷疏密林或灌丛。

2. 龙须藤（别名：九龙藤、乌郎藤）Phanera championii (Benth.) Benth. [Bauhinia championii (Benth.) Benth.]

藤本；植株具卷须。叶纸质，卵形或心形，上面无毛，下面被短柔毛。总状花序狭长；花瓣白色。荚果倒卵状长圆形。

多生于混交林或阔叶林中。

藤茎药用，味涩、微苦，性平。归肝、大肠经，祛风除湿、活血止痛、健脾理气。治跌打损伤、风湿性关节痛、胃痛、小儿疳积。

23. 排钱树属 Phyllodium Desv.

1. 排钱树（别名：排钱草、虎尾金钱、钱串草）Phyllodium pulchellum (Linn.) Desv.

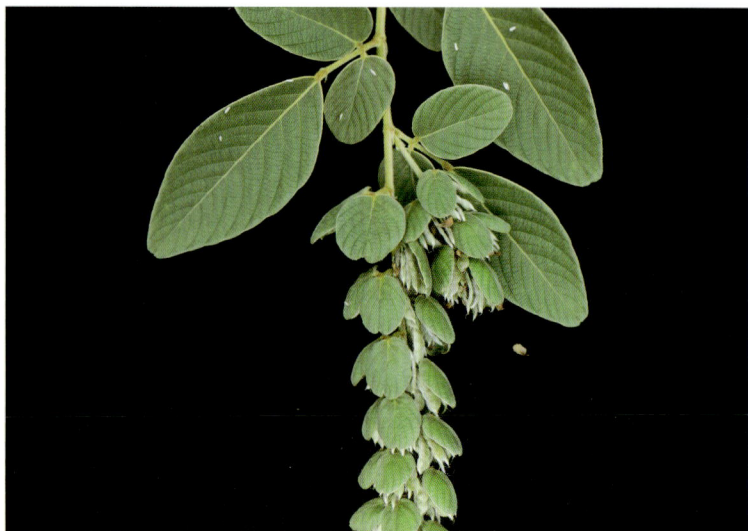

灌木；高 0.5~2m。羽状三出复叶；顶生小叶长 5~10cm，比侧生的长 1 倍，上面无毛。伞形花序藏于叶状苞片内。荚果有荚节 2。

生于海拔 100~1300m 的丘陵荒地、路旁或山坡疏林中。

根和叶药用，味淡、涩，性平，有小毒。清热利湿，活血祛瘀，软坚散结。治感冒发热、疟疾、肝炎、肝硬化腹水、血吸虫病肝脾肿大、风湿疼痛、跌打损伤。

24. 葛属 Pueraria DC.

1. 葛（别名：野葛）Pueraria montana (Lour.) Merr.

粗壮藤本。羽状 3 小叶；小叶 3 裂；托叶基部着生。总状花序；花萼长 8~10mm；旗瓣长 10~18mm。荚果扁平，宽 8~11mm。

生于旷野灌丛中或山地疏林下。

根药用，味甘、辛，性平。解肌退热，生津止渴，透发斑疹。治感冒发热、口渴、头痛项强、疹出不透、急性胃肠炎、小儿腹泻、肠梗阻、痢疾、高血压引起的颈项强直和疼痛、心绞痛、突发性耳聋，并可解酒。

2. 葛麻姆 Pueraria montana var. lobata (Willdenow) Maesen & S. M. Almeida ex Sanjappa & Predeep

粗壮藤本。羽状三出复叶；顶生小叶宽卵形，长大于宽。总状花序；花萼长 8mm；花冠紫色，旗瓣直径 8mm。果扁平，宽 6~8mm。

生于旷野灌丛中或山地疏林下。

根药用，味甘、辛，性平。解肌退热，生津止渴，透发斑疹。治感冒发热、口渴、头痛项强、疹出不透、急性胃肠炎、小儿腹泻、肠梗阻、痢疾、高血压引起的颈项强直和疼痛、心绞痛、突发性耳聋，并可解酒。

3. 三裂叶野葛 Pueraria phaseoloides (Roxb.) Benth.

草质藤本。羽状复叶具 3 小叶；托叶盾状着生；小叶宽卵形。总状花序单生；花冠浅蓝色或淡紫色。荚果圆柱形；种子长圆形。

生于山地、路旁、水边及山谷灌丛中。

全草药用。解热，驱虫。治外感发热头痛、项背强痛、口渴、麻疹不透、热痢、眩晕头痛、中风偏瘫。

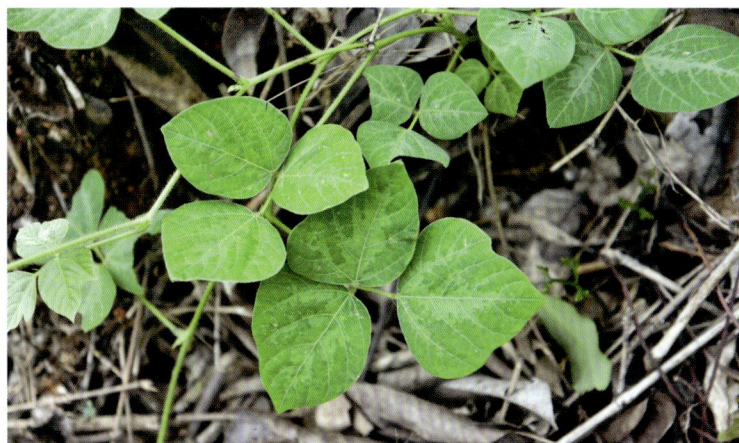

25. 决明属 Senna Mill.

1. 望江南（别名：野扁豆）Senna occidentalis (Linn.) Link [Cassia occidentalis Linn.]

灌木。小叶 4~5 对，卵形，有小缘毛；叶柄揉之有腐败气味。总状花序腋生和顶生；花瓣有短狭的瓣柄。荚果带状镰形。

生于平缓旷地、村边或丘陵的疏林中。

全草药用，味甘、苦，性平，有小毒。种子：清肝明目，健胃润肠；治高血压头痛、目赤肿痛、口腔糜烂、习惯性便秘、痢疾腹痛、慢性肠炎。茎、叶：解毒。

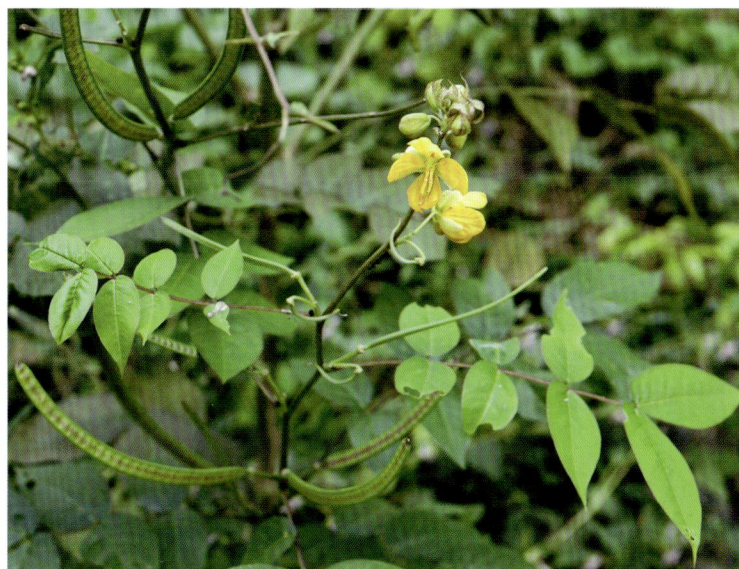

2. 决明（别名：草决明）Senna tora (Linn.) Roxburgh

草本。小叶 3 对，倒卵状长椭圆形，基部偏斜，每小叶间有 1 腺体。花腋生或常 2 朵聚生；花瓣下面 2 片略长。果近四棱形。

生于山坡、旷野及河滩沙地上。

种子或全草药用，味苦，性凉，清肝明目，轻泻，解毒止痛。治胃痛、肋痛、肝炎、高血压、结合膜炎、便秘、皮肤搔痒、毒蛇咬伤等。

26. 葫芦茶属 Tadehagi Ohashi

1. 葫芦茶（别名：剃刀柄、虫草、金剑草）**Tadehagi triquetrum** (Linn.) Ohashi [*Pteroloma triquetrum* Linn.; *Desmodium triquetrum* (Linn.) DC.]

灌木。叶仅具单小叶；小叶纸质，窄披针形或卵状披针形。总状花序顶生或腋生；花萼长 3mm；花冠淡紫或蓝紫色。荚果。

生于海拔 1400m 以下的荒地或山地林缘、路旁。

全草药用，味微苦、涩，性凉。清热解毒，消积利湿，杀虫防腐。预防中暑，治感冒发热、咽喉肿痛、肾炎、黄疸性肝炎、肠炎、细菌性痢疾、小儿疳积、妊娠呕吐、菠萝中毒、小儿硬皮病。民间腌制在咸鱼、肉类时放入本品，可防蝇蛆。

27. 豇豆属 Vigna Savi

1. 贼小豆（别名：山绿豆）**Vigna minima** (Roxb.) Ohwi et H. Ohashi [*Phaseolus minimus* Roxb.]

草本。羽状 3 小叶；叶披针形，长 2.5~7cm，宽 0.8~3cm；托叶长 4~6mm。总状花序。荚果圆柱形，长 3.5~6.5cm；种子 4~8 颗。

生于旷野、草丛或灌丛中。

种子药用，味甘、苦，性凉。利水除湿，和血排脓，消肿解毒。治水肿，痈肿。

A142 远志科 Polygalaceae

1. 远志属 Polygala Linn.

1. 华南远志（别名：金不换、大金不换、紫背金牛）**Polygala chinensis** Linn. [*P. glomerata* Lour.]

一年生直立草本；高 10~90cm。叶互生，叶片纸质，长 2.6~10cm，宽 1~1.5cm。总状花序腋上生，稀腋生。蒴果圆形，直径约 2mm。

生于空旷草地上。

全草药用，味甘、淡，性平。清热解毒，祛痰止咳，活血散瘀。治咳嗽胸痛、咽炎、支气管炎、肺结核、百日咳、肝炎、小儿麻痹后遗症、痢疾。

2. 黄花倒水莲（别名：倒吊黄花、观音坠、白马胎、吊吊黄、鸡仔树、黄花参、黄花远志）**Polygala fallax** Hemsl. [*P. aureocauda* Dunn]

灌木或小乔木。叶片膜质，披针形至椭圆状披针形，两面均被短柔毛。总状花序顶生或腋生；花瓣正黄色。蒴果阔倒心形至圆形，绿黄色。

生于山谷、溪旁或湿润的灌丛中。

根药用，味甘、微苦，性平。补益气血，健脾利湿，活血调经。治病后体虚、腰膝酸痛、跌打损伤、黄疸型肝炎、肾炎水肿、子宫脱垂、白带、月经不调。

2. 齿果草属 Salomonia Lour.

1. 齿果草（别名：莎萝莽、一碗泡）**Salomonia cantoniensis** Lour.

一年生直立草本；高 5~25cm。单叶互生，叶卵状心形，长 5~16mm，基出 3 脉。穗状花序顶生；花极小，花瓣 3。蒴果肾形。

生于海拔 200~700m 的山坡、旷地、路旁。

全草药用，味微辛，性平。解毒消肿，散瘀止痛。治毒蛇咬伤、跌打肿痛、痈疮肿毒。

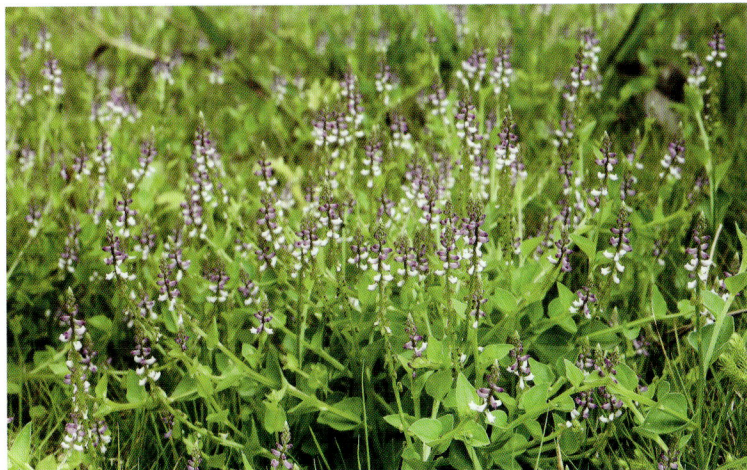

3. 黄叶树属 Xanthophyllum Roxb.

1. 黄叶树 Xanthophyllum hainanense Hu

乔木。叶革质，长 4~12cm，宽 1.5~5cm，先端长渐尖。花小，芳香，萼片 5，花瓣 5，白黄色，分离。核果球形，淡黄色；种子近球形。

生于海拔 150~600m 的山地林中。

A143 蔷薇科 Rosaceae

1. 龙芽草属 Agrimonia Linn.

1. 小花龙芽草（别名：龙芽草）**Agrimonia nipponica** Kordz. var. **occidentalis** Skalicky

多年生草本。茎被毛，下部叶小叶 3 对，中部叶具小叶 2 对，托叶镰形。花序常分枝，苞片 3 深裂。果实小，萼筒钟状，顶端具钩刺。

生于海拔 160~1000m 的山谷林中、灌丛或旷野草丛。

全草药用，味苦、涩，性平。收敛止血，消炎止痢。治呕血、咯血、衄血、尿血、便血、功能性子宫出血、胃肠炎、痢疾、肠道滴虫。冬芽：驱虫。

2. 龙芽草（别名：仙鹤草）**Agrimonia pilosa** Ledeb.[*A. pilosa* ledeb var. *japonica* (Miq.) Nakai]

草本；高 30~120cm。奇数羽状复叶；小叶倒卵形。穗状花序；花直径 6~9mm。果倒卵圆锥形，直径 3~4mm，具 10 条肋。

生于荒野山坡及路旁。

全草药用，味苦、涩，性平。收敛止血，消炎止痢。治呕血、咯血、衄血、尿血、便血、功能性子宫出血、胃肠炎、痢疾、肠道滴虫。冬芽：驱虫。

2. 樱属 Cerasus Mill.

1. 钟花樱桃 Cerasus campanulata (Maxim.) Yü et Li[*Prunus campanulata* Maxim.]

乔木或灌木。叶长 4~7cm，有急尖锯齿；叶柄顶端常有 2 腺体。萼筒钟状；花瓣倒卵状长圆形，粉红色，先端下凹。核果卵圆形。

生于海拔 200~1000m 的山地林中。

花美丽，可作花卉植物。

3. 蛇莓属 Duchesnea J. E. Smith

1. 蛇莓（别名：蛇泡草、蛇盘草）Duchesnea indica (Andr.) Focke

多年生草本。小叶片倒卵形至菱状长圆形；托叶狭卵形至宽披针形，长 5~8mm。花单生于叶腋，黄色。瘦果卵形，长约 1.5mm。

生于山坡、村边路旁较潮湿肥沃之地。

全草药用，味甘、酸，性寒，有小毒。清热解毒，散瘀消肿。治感冒发热、咳嗽、小儿高热惊风、咽喉肿痛、白喉、黄疸型肝炎、细菌性痢疾、阿米巴痢疾、月经过多。

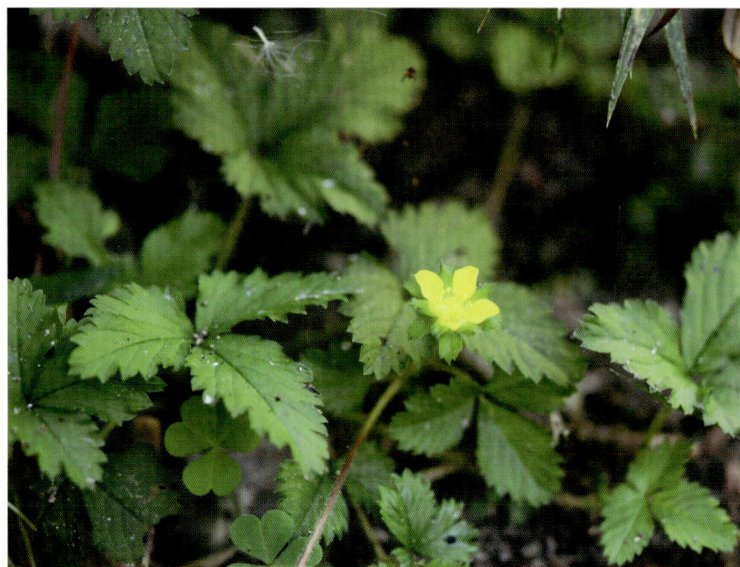

4. 枇杷属 Eriobotrya Lindl.

1. 大花枇杷 Eriobotrya cavaleriei (Lévl.) Rehd.

常绿乔木；高 4~6m。叶片集生枝顶，长圆形，长 7~18cm，宽 2.5~7cm。圆锥花序顶生，花瓣白色，倒卵形。果椭圆形或近球形。

生于海拔 300~1000m 的山谷林中。

根皮药用，味甘、酸，性平。止咳平喘，消肿镇痛。治咳嗽多痰、气喘、跌打骨折。

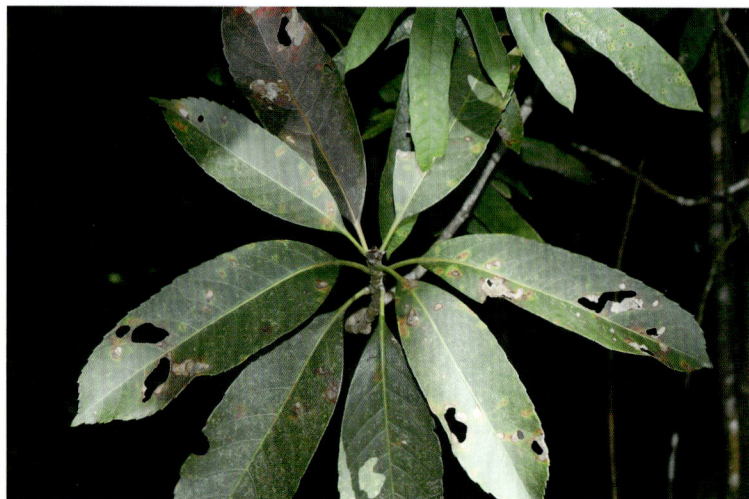

2. 香花枇杷 Eriobotrya fragrans Champ. ex Benth.

小乔木或灌木。单叶互生，长圆状椭圆形，长 7~15cm，侧脉 9~11 对。圆锥花序；花瓣白色。果球形，表面颗粒状突起。

生于海拔 200~850m 的山地林中。

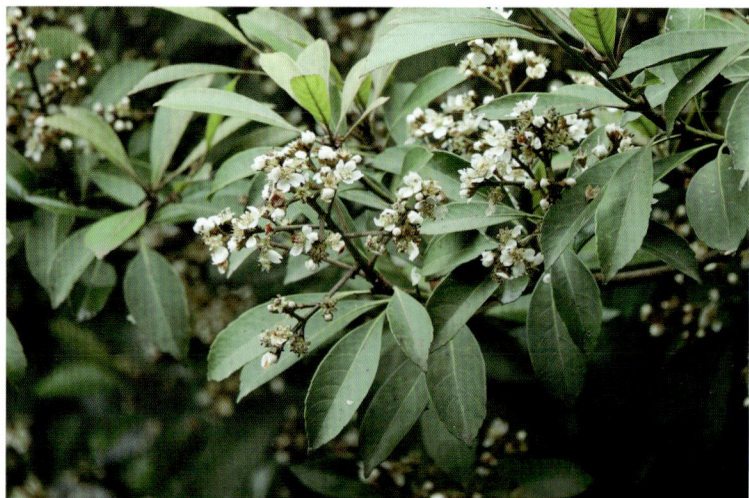

3. 枇杷（别名：卢橘）Eriobotrya japonica (Thunb.) Lindl.

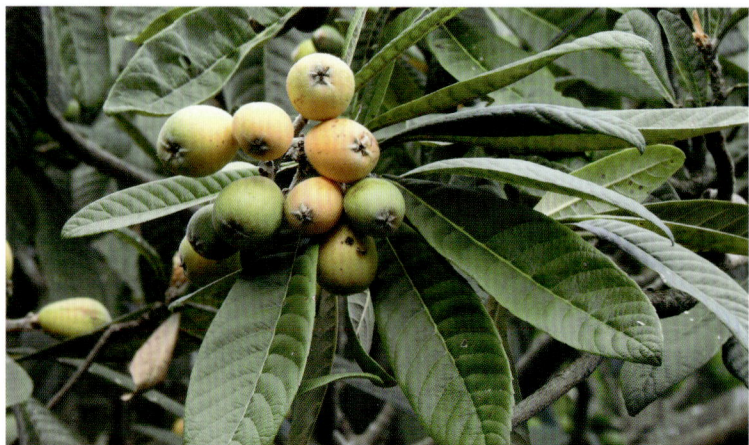

乔木。叶子长椭圆形。花白色。果实也叫枇杷，淡黄色或橙色，外皮有细毛，可以吃。

生于较温暖的地区或山谷。

叶、根、核药用。叶：味苦，性平；化痰止咳，和胃降气；治支气管炎、肺热咳喘、胃热呕吐。根：味苦，性平；清肺止咳，镇痛下乳；治肺结核咳嗽、风湿筋骨疼痛、乳汁不通。核：味苦，性寒；疏肝理气；治疝痛、淋巴结结核、咳嗽。

5. 桂樱属 Laurocerasus Tourn. ex Duh.

1. 腺叶桂樱（别名：腺叶野樱）Laurocerasus phaeosticta (Hance) S. K. Schneid. [Prunus phaeosticta (Hance) Schneid.]

常绿灌木或小乔木；高 4~12m。叶互生，狭椭圆形，长6~12cm，下面散生腺点，基部 2 腺体。总状花序。果近球形。

生于山地林中。

全株药用。活血化瘀，镇咳利尿。种子活血化瘀，润燥滑肠。治经闭、痛疽、大便燥结。

2. 钝齿尖叶桂樱 Laurocerasus undulata (D. Don) Roem. f. microbotrys (Koenhe) Yü et Lu

常绿灌木或小乔木。叶长圆状披针形，叶边具稀疏浅钝锯齿，基部近圆形。花序无毛，萼筒宽钟形，花瓣浅黄白色。果卵球形。

生于海拔 300~1400m 的山地林中。

3. 大叶桂樱 Laurocerasus zippeliana (Miq.) Yü et Lu [Prunus zippeliana Miq.]

常绿乔木。叶互生，宽卵形，长 10~19cm，宽 4~8cm，具

粗锯齿；叶柄具 2 腺体。总状花序。果长圆形或卵状长圆形。

生于海拔 170~500m 的山地林中。

全草药用，味淡、微涩，性平。治全身瘙痒、鹤膝风、跌打损伤。

6. 石楠属 Photinia Lindl.

1. 小叶石楠（别名：牛奶子）Photinia parvifolia Pritz.

落叶灌木；高 1~3m。叶椭圆形，长 4~8cm，宽 1~3.5cm，边缘具腺尖齿，侧脉 4~6 对。花 2~9 朵成伞形花序；雄蕊 20。果实椭圆形。

生于海拔 150~1100m 的山地林中或灌丛。

根药用，味苦涩，性微寒。行血活血，止痛。治牙痛、黄疸、乳痈。

2. 桃叶石楠 Photinia prunifolia (Hook. et Arn.) Lindl.

乔木。叶椭圆形，长 7~13cm，宽 3~5cm，侧脉 10~15 对，叶背密被疣点；柄长 1~2.5cm。伞房花序；花梗被毛且有疣点。果椭圆形。

生于海拔 100~1000m 的山地林中。

木质密实，是优良的用材树种。

7. 臀果木属 Pygeum Gaertn.

1. 臀果木 **Pygeum topengii** Gaertn.

乔木；高可达 20m。叶互生，卵状椭圆形或椭圆形，长 6~12cm，近基部有 2 枚黑色腺体。总状花序。果实肾形，宽 10~16mm。

生于山地林中。

可作用材树种。

8. 梨属 Pyrus Linn.

1. 豆梨 **Pyrus calleryana** Decne

乔木；高 5~8m。叶片宽卵形至卵形，长 4~8cm，宽 3.5~6cm，边缘有钝锯齿。伞形总状花序；花瓣卵形，白色。梨果球形，直径约 1cm。

生于山坡杂木林缘。

根、枝叶、果实药用，味涩、微甘，性凉。润肺止咳，清热解毒。治肺燥咳嗽、急性眼结膜炎。

9. 石斑木属 Rhaphiolepis

1. 石斑木（别名：车轮梅、春花木）**Rhaphiolepis indica** (Linn.) Lindl.

灌木。叶常聚生枝顶，卵形，长 2~8cm，宽 1.5~4cm，边缘细锯齿；叶柄长 5~18mm。圆锥或总状花序顶生；花瓣 5。果球形。

生于海拔 20~1800m 的山地和丘陵的灌丛或林中。

根、叶药用，味微苦、涩，性寒。活血消肿，凉血解毒。治跌打损伤、骨髓炎、关节炎。

10. 蔷薇属 Rosa Linn.

1. 小果蔷薇（别名：小金樱、七姊妹）**Rosa cymosa** Tratt. [*R. microcarpa* Lindl.]

攀缘灌木。小枝有钩状皮刺。小叶长 2.5~6cm，宽 8~25mm，基部近圆形，托叶线形。复伞房花序，花瓣白色，倒卵形。果球形。

生于灌丛中。

根、叶药用。根：味苦、涩，性平；祛风除湿，收敛固脱；治风湿关节痛、跌打损伤、腹泻、脱肛、子宫脱垂。叶：味苦，性平；解毒消肿。

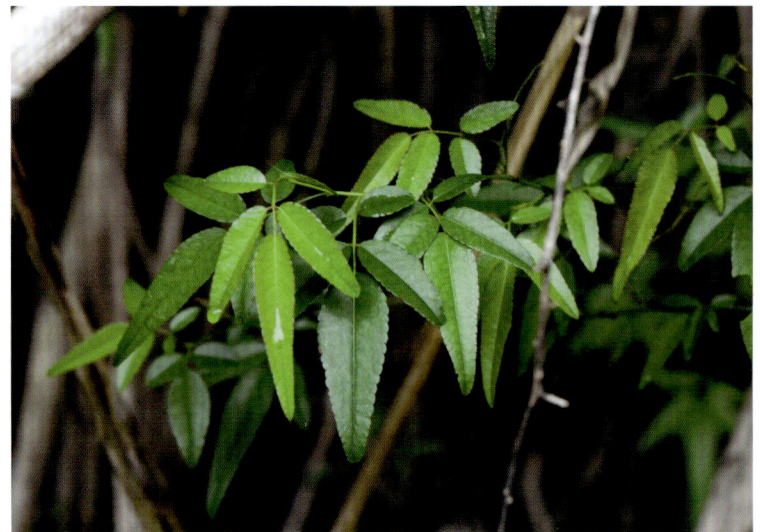

2. 金樱子（别名：刺糖果）**Rosa laevigata** Michx.

攀缘灌木。奇数羽状复叶；小叶椭圆状卵形至披针卵形，有锐锯齿。花单生叶腋；花大，直径 5~8cm。果梨形或倒卵圆形。

生于低海拔的山地林中或灌丛。

果实或全株药用。果实：味酸、甘，性平；补肾固精；治神经衰弱、高血压病、神经性头痛、久咳、自汗、盗汗、脾虚泄泻、慢性肾炎、遗精、遗尿、尿频、白带、崩漏。叶：味苦，性平；解毒消肿。根：味甘、淡，性平；活血散瘀，祛风除湿，解毒收敛，杀虫；治肠炎、痢疾、肾盂肾炎、乳糜尿、象皮肿、跌打损伤、腰肌劳损、风湿关节痛、遗精、月经不调、白带、子宫脱垂、脱肛。

11．悬钩子属 Rubus Linn.

1．柔毛小柱悬钩子 Rubus columellaris var. villosus Yü et Lu

攀缘灌木；高 1~2.5m；小枝、叶柄、叶片两面、花梗和花萼均密被柔毛。小叶 3 枚，椭圆形或长卵状披针形，基部圆形或近心形，侧脉 9~13 对。花 3~7 朵成伞房状花序。果橘红色或褐黄色。

生于海拔 300~800m 的山地、丘陵林中或灌丛。

2．粗叶悬钩子（别名：大叶蛇泡簕、狗头泡、老虎泡、八月泡）Rubus alceifolius Poir.

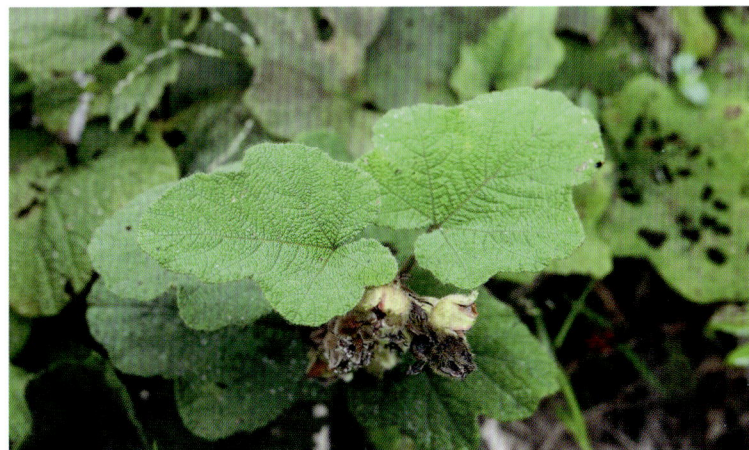

攀缘灌木；全株被锈色长柔毛。单叶，近圆形，边不规则 3~7 裂。顶生狭圆锥花序或近总状；花瓣白色。聚合果红色。

生于山地林中或灌丛。

根、叶药用，味淡、甘，性平。清热利湿，活血散瘀。治肝炎、肝脾肿大、口腔炎、乳腺炎、痢疾、肠炎、跌打损伤、风湿骨痛、外伤出血。

3．寒莓（别名：寒刺泡、山火莓）Rubus buergeri Miq.

小灌木。茎、花枝密被长柔毛，无刺或疏小刺。单叶，卵形，基部心形。总状花序，白色，总花梗、花梗密被长柔毛。果近球形。

生于海拔 300~900m 的山地、丘陵的林中或灌丛。

全草药用，味甘、酸，性凉。活血止血，清热解毒。根：治黄疸型肝炎、胃痛、月经不调、产后发热、小儿高热、痔疮。叶：治肺结核咯血。

4．山莓（别名：三月泡、五月泡）Rubus corchorifolius Linn. f.

灌木。单叶，卵形，叶面脉被毛，背面幼时密被柔毛。花单生或数朵生短枝，白色，花梗被毛。果由很多小核果组成，红色。

生于海拔 100~600m 的山地林中或灌丛。

根、叶药用，根：味苦、涩，性平；活血散瘀，止血，祛风利湿；治吐血、便血、肠炎、痢疾、风湿关节痛、跌打损伤、月经不调、白带。叶：味苦，性凉；消肿解毒。

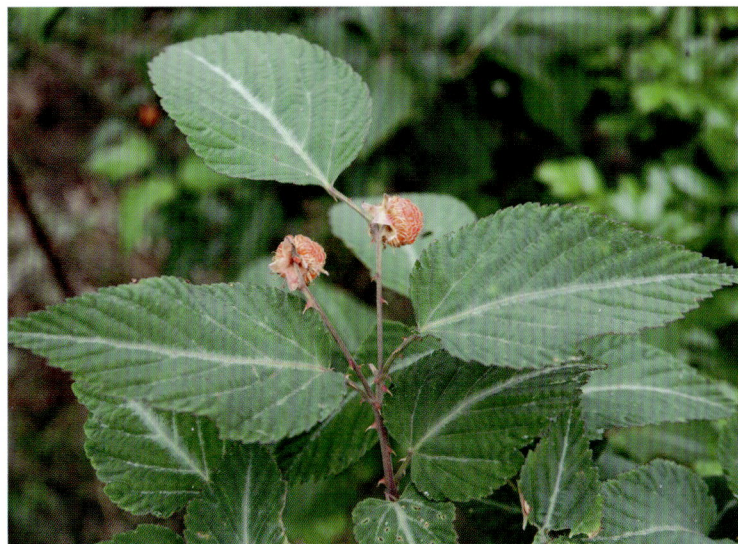

5. 灰毛泡（别名：地五泡藤）Rubus irenaeus Focke

常绿矮小灌木。单叶，近革质，近圆形，基部深心形，五出掌状脉，托叶大，叶状。萼片宽卵形，花瓣近圆形。果球形，红色。

生于海拔 300~900m 的山谷溪边林中。

根、叶药用，味咸，性温。理气止痛，散毒生肌。治气滞腹痛、月经不调、口角疮。

6. 蒲桃叶悬钩子 Rubus jambosoides Hance

攀缘灌木。枝无毛，有小刺。单叶革质，披针形，叶两面无毛，花单生叶腋，白色。果卵球形，直径约 1cm，红色。

生于海拔 200~1000m 的丘陵或山地林中、灌丛。

7. 高粱泡（别名：细烟筒子、秧泡子）Rubus lambertianus Ser.

攀缘灌木。幼枝被柔毛和小钩刺，单叶，卵形，3~7 波状浅裂，两面被柔毛。圆锥花序，花白色。果由多数小核果组成，熟时红色。

生于海拔 200~1600m 的丘陵或山地林中、灌丛。

根、叶药用，味甘、苦，性平。活血调经，消肿解毒。治产后腹痛、血崩、产褥热、痛经、坐骨神经痛、风湿关节痛、偏瘫。

8. 白花悬钩子（别名：泡藤）Rubus leucanthus Hance

攀缘灌木。3 小叶，小叶卵形或椭圆形，两面无毛，侧脉 5~8 对。花 3~8 朵形成伞房状花序，无毛；花瓣白色。聚合果红色。

生于海拔 200~700m 的山地林中或灌丛。

根药用，味酸、甘，性平。利湿止泻。治腹泻、赤痢、烫伤、崩漏。

9. 茅莓（别名：蛇泡簕、三月泡、红梅消）Rubus parvifolius Linn.

灌木；被柔毛和钩状皮刺。小叶 3~5，菱状圆卵形或倒卵形，具齿。伞房花序顶生或腋生；子房被毛。果卵圆形红色。

生于山地林中或灌丛。

全草药用，味苦、涩，性凉。清热凉血，散结，止痛，利尿消肿。治感冒发热、咽喉肿痛、咯血、吐血、痢疾、肠炎、肝炎、肝脾肿大、肾炎水肿、泌尿系感染、结石、月经不调、白带、风湿骨痛、跌打肿痛。

10. 梨叶悬钩子 **Rubus pirifolius** Smith

攀缘灌木。小枝被粗毛，具刺。单叶，卵形，两面脉上被柔毛。圆锥花序，白色。果直径 1~1.5cm，由数个小核果组成。

生于低海拔至中海拔的山地、丘陵林中或灌丛。

全草药用，味淡、涩，性凉。凉血，清肺热。治肺热咳嗽、胸闷、咳血。

11. 锈毛莓（别名：红泡刺）**Rubus reflexus** Ker Gawl.

攀缘灌木。单叶，心状长卵形，长 7~14cm，宽 5~11cm，边缘 3~5 裂，基部心形。短总状花序；花瓣白色。果近球形，深红色。

生于海拔 300~1000m 的山坡林中或灌丛。

根药用，味苦，性平。祛风除湿，活血消肿。治驳骨、跌打损伤、痢疾、腹痛、发热头重。

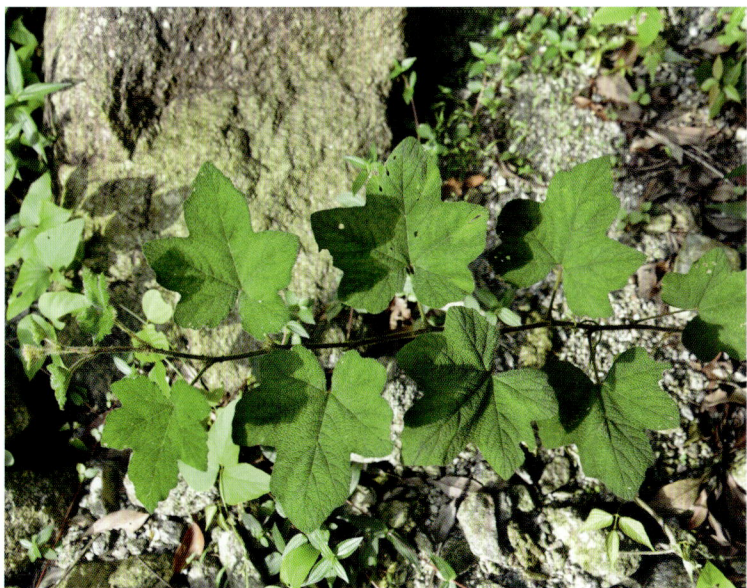

12. 浅裂锈毛莓 **Rubus reflexus** Ker Gawl. var. **hui** (Diels apud Hu) Metc.

攀缘灌木。枝被锈色茸毛，具疏小皮刺。单叶，叶心状阔卵形或近圆形，长 8~13cm，宽 7~12cm，裂片急尖。花白。果近球形。

生于海拔 250~1000m 的丘陵、山地灌丛或林中。

根药用，味涩、苦，性平。清热，除湿，祛风通络。治湿热痢疾、风湿痹痛。

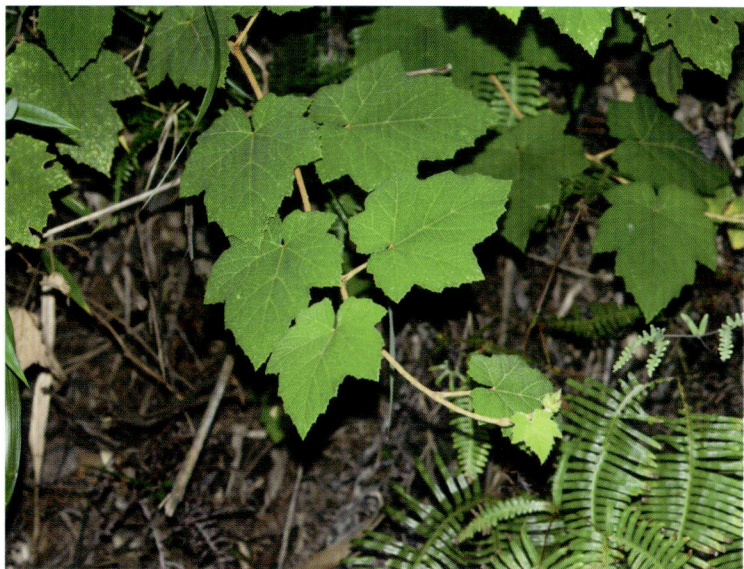

13. 深裂锈毛莓（别名：七爪风、黄牛箭桐）**Rubus reflexus** Ker Gawl.var. **lanceolobus** Metc.

攀缘灌木。枝被茸毛，具疏小皮刺。单叶，心状宽卵形或近圆形，边缘 3~5 深裂，裂片披针形。花瓣白色。果近球形。

生于海拔 160~600m 的山地林中或灌丛。

根药用，味苦，性平。祛风除湿，活血消肿。治风湿痛、月经过多、崩漏、夹色伤寒、痢疾、风火牙痛。

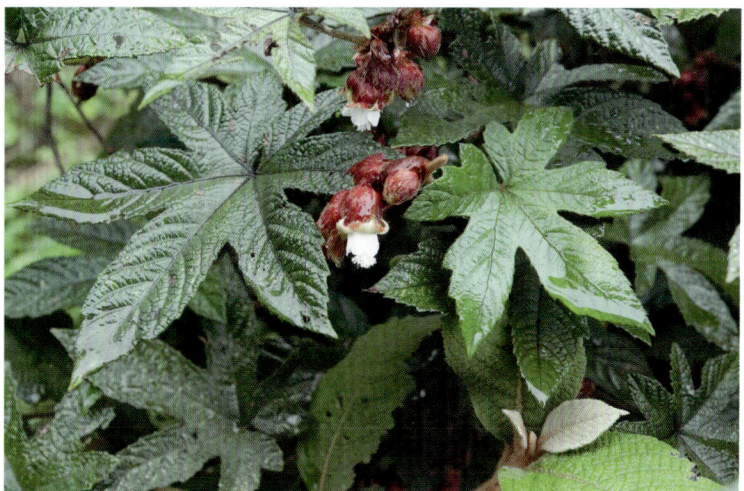

14. 空心泡（别名：蔷薇莓、白花三月泡）**Rubus rosifolius** Smith

直立灌木；高 50cm。小叶宽卵形至椭圆状卵形，顶生小叶比侧生者大得多。花单生或成对，常顶生。果椭圆形或长圆形，

浅红色。

生于海拔 50~500m 的山地林中或灌丛。

根、嫩枝、叶药用，味苦、甘、微涩，性凉。清热，止咳，止血，祛风湿。治肺热咳嗽、百日咳咯血、盗汗、牙痛、筋骨痹痛、跌打损伤。

15. 红腺悬钩子（别名：马泡、红刺苔、牛奶莓）Rubus sumatranus Miq.

灌木。小枝、叶轴等被紫红色腺毛和皮刺。小叶 5~7 枚，长 3~8cm，宽 1.5~3cm，基部圆形，边缘具齿。萼片披针形。果实长圆形，橘红色。

生于海拔 200~900m 的山地林中或灌丛。

根、叶药用，味甘、苦，性寒。清热解毒，健胃，行水。治产后寒热腹痛、食纳不佳、身面浮肿、中耳炎、湿疹、黄水疮。

16. 木莓（别名：高脚老虎扭、斯氏悬钩子）Rubus swinhoei Hance

灌木。单叶，自宽卵形至长圆披针形，长 5~11cm。总状花序，白色，花梗、总花梗、花萼被紫褐色腺毛及小刺。果实由多数小核果组成。

生于海拔 300~800m 的山地林中或灌丛。

全草药用，味涩、苦，性平。凉血止血，活血调经，收敛解毒。治牙痛、疮漏、疔肿疮疡、月经不调。

A146 胡颓子科 Elaeagnaceae

1. 胡颓子属 Elaeagnus Linn.

1. 蔓胡颓子（别名：耳环果、羊奶果、甜棒槌、砂糖罐、桂香柳）Elaeagnus glabra Thunb.

常绿蔓生或攀缘灌木。叶革质或薄革质，卵形或卵状椭圆形，边缘全缘，微反卷。花淡白色，下垂。果长圆形，熟时红色。

生于山谷林缘或山坡、丘陵路旁灌丛中。

叶、根、果药用，味酸，性平。叶：平喘止咳。果：收敛止泻。根：利水通淋，散瘀消肿。治支气管哮喘、慢性气管炎、跌打损伤、腹泻。

2. 角花胡颓子（别名：羊母奶子、吊中子藤）Elaeagnus gonyanthes Benth.

直立或攀缘灌木。叶椭圆形，长 4~14cm，宽 2~2.5cm，背面红色。花单生或数朵生；萼筒长 4~6mm。果宽倒卵状宽椭圆形。

生于旷野灌丛、山地混交林或山谷水边疏林中。

根、叶、果药用，味微苦、涩，性温。叶：平喘止咳；治支气管哮喘、慢性支气管炎。根：祛风通络，行气止痛，消肿解毒；治风湿性关节炎、腰腿痛、河豚中毒、狂犬咬伤、跌打肿痛。果：收敛止泻；治泄泻。

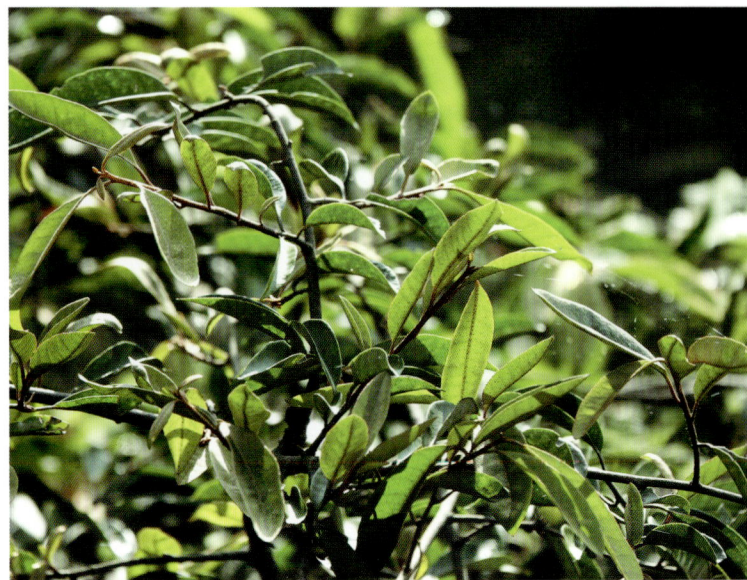

A147 鼠李科 Rhamnaceae

1. 勾儿茶属 Berchemia Neck. ex DC.

1. 多花勾儿茶（别名：勾儿茶、黄鳝藤）Berchemia floribunda (Wall.) Brongn. [*B. giraldiana* Schneid.; *Zizyphus floribunda* Wall.]

藤状灌木。叶纸质，卵形或卵状椭圆形至与卵状披针形，长 4~9cm，宽 2~5cm。数个簇生排成顶生宽聚伞圆锥花序。核果圆柱状椭圆形。

生于山地沟旁、路旁和林缘灌丛中或疏林下。

根、茎药用，味微涩，性温。祛风利湿，活血止痛。治风湿关节痛、痛经、产后腹痛。

2. 裸芽鼠李属 Frangula Mill.

1. 长叶冻绿（别名：黄药）Frangula crenata (Sieb. et Zucc.) Miq. [*Rhamnus crenata* Sieb. et Zucc.]

灌木，无短枝，无刺，叶倒卵形，长 4~8cm，宽 2~4cm，叶面幼时被毛，后无毛，背面被柔毛。聚伞花序被柔毛。核果球形。

生于山地疏林中或灌丛。

根、叶药用，味苦、涩，性寒，有毒。消炎解毒，杀虫止痒，收敛。治黄疸肝炎、疥癣、湿疹、脓疱疮。叶可治骨折。

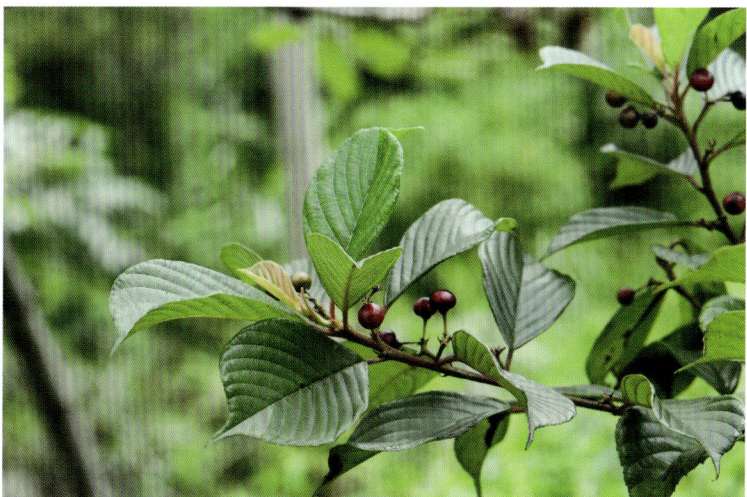

3. 枳椇属 Hovenia Thunb.

1. 枳椇（别名：枳椇、万字果）Hovenia acerba Lindl.

高大乔木；高 10~25m。叶互生，宽卵形，长 8~17cm，边缘常具锯齿。二歧式聚伞圆锥花序顶生和腋生。浆果状核果近球形。

生于山地林中、村旁。

果实、根皮药用，味甘，性平。止渴除烦，解酒毒，利二便。治醉酒、烦热、口渴、呕吐、二便不利。

4. 马甲子属 Paliurus Tourn ex Mill.

1. 马甲子（别名：铁篱笆、企头簕、雄虎刺）Paliurus ramosissimus (Lour.) Poir.

灌木。叶圆形，长 3~5.5(7)cm，宽 2.2~5cm，仅有 3 基出脉，背面被毛；叶柄基部 2 针刺。花序被茸毛。果小，直径 12~14mm，被毛。

生于山地沟谷及平坦地区的酸、碱性较强的湿土中。

根、叶药用，味苦，性平。祛风，止痛，解毒。根：治感冒发热、胃痛。叶：治疮痈肿毒。

5. 鼠李属 Rhamnus Linn.

1. 山绿柴 Rhamnus brachypoda C. Y. Wu ex Y. L. Chen

多刺灌木。叶稀椭圆形或近圆形，长 3~10cm，宽 1.5~4.5cm。雌雄异株，花黄绿色，背面被微毛。核果倒卵状圆球形，直径 6~7mm，熟时黑色。

生于海拔 500m 以上的山坡、山谷和路旁灌丛或林下。

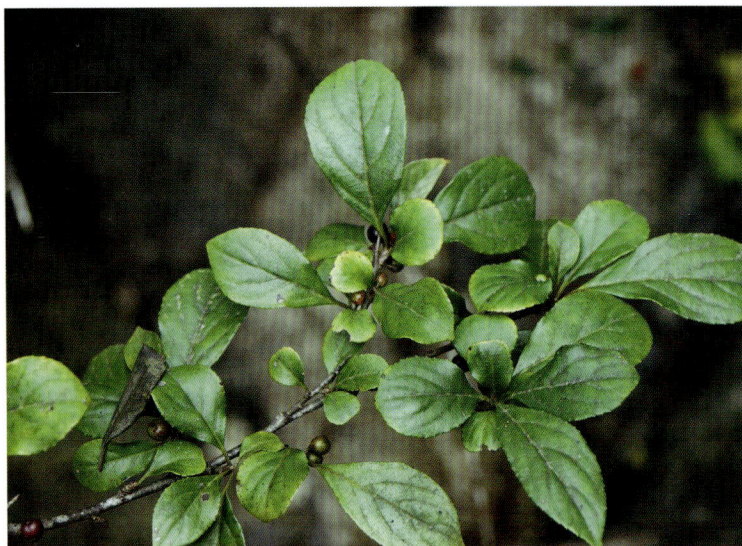

6. 雀梅藤属 Sageretia Brongn.

1. 钩刺雀梅藤 Sageretia hamosa (Wall.) Brongn.

常绿藤状灌木。小枝常具钩状下弯的粗刺。叶革质，长9~20cm，宽4~7cm，边缘具细锯齿。花无梗，苞片小，卵形。核果近球形。

生于山坡、路旁、沟边和山谷疏林下。

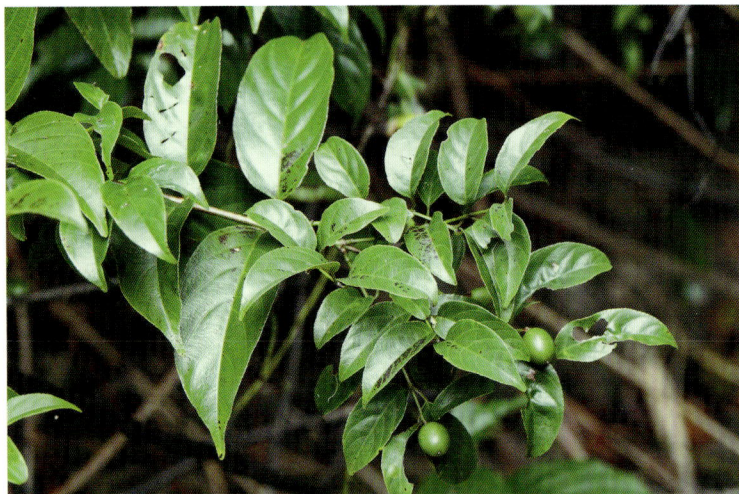

2. 雀梅藤（别名：酸梅簕、对节刺、碎米子、抗癌藤）
Sageretia thea (Osbeck) Johnst. [*S. theezans* Brongn.]

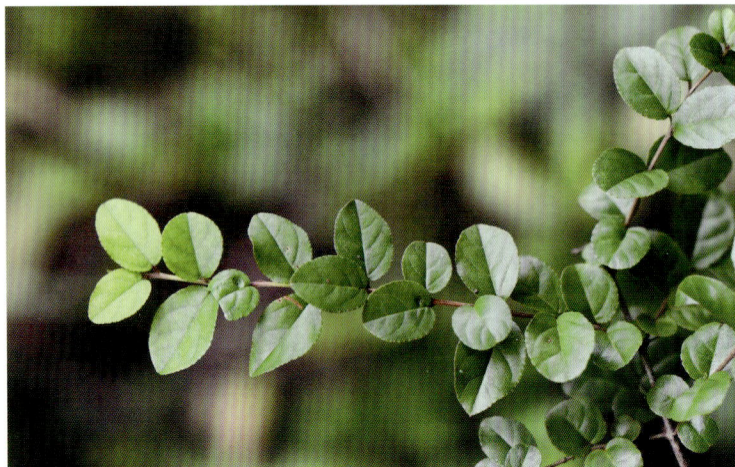

灌木。叶圆形、椭圆形，长1~4cm，宽7~25mm，背面被毛；柄长2~7mm。花序轴长2~5cm；花瓣顶端2浅裂。核果近圆球形。

生于山地、丘陵、平原、山谷、旷野、路旁等的疏林或灌丛中。

根、叶药用。根：味甘、淡，性平；行气化痰；治咳嗽气喘、胃痛。叶：味酸，性凉；解毒消肿，止痛。

7. 翼核果属 Ventilago Gaertn.

1. 翼核果（别名：血风根、血风藤、红蛇根、青筋藤、铁牛入石、血宽根）**Ventilago leiocarpa** Benth.

藤状灌木。单叶互生，卵状长圆形，长4~8cm。花单生或数个簇生于叶腋。核果近球形，顶部具翅，翅长圆形，长3~5cm。

生于山地路旁、水旁灌丛中或疏林下。

根药用，味苦，性温。养血祛风，舒筋活络。治风湿筋骨痛、跌打损伤、腰肌劳损、贫血头晕、四肢麻木、月经不调。

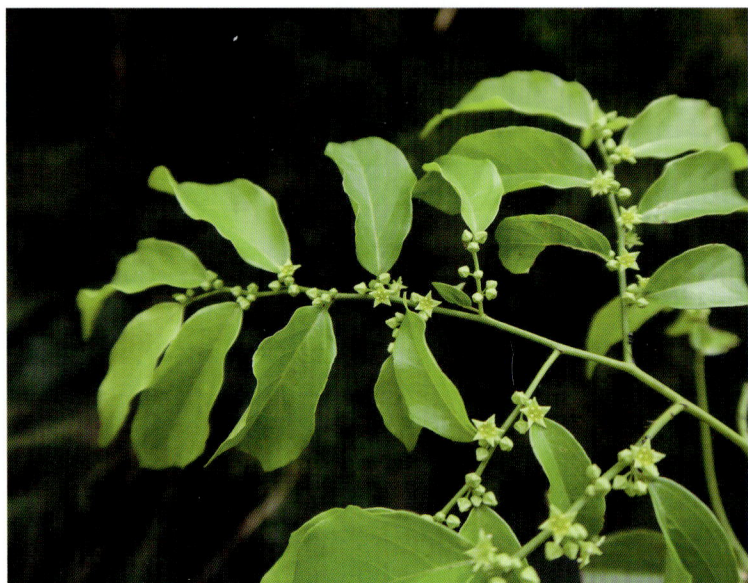

A149 大麻科 Cannabaceae

1. 朴属 Celtis Linn.

1. 朴树（别名：小叶牛筋树）**Celtis sinensis** Pers.

乔木。单叶互生，基部明显三出脉，叶脉在末达边之前弯曲。花具柄；萼片覆瓦状排列。核果直径5mm；柄长5~10mm。

生于路旁、溪边或疏林中。

根皮、树皮、叶、果药用，味苦、涩，性平。根皮：散瘀止泻；

治腰疼。鲜根皮（或树皮）120~150g，鲜苦参 60~90g，水煎冲黄酒服，早晚各服 1 次；漆疮：用叶捣汁涂。果：清热利喉。

2. 山黄麻属 Trema Lour.

1. 狭叶山黄麻（别名：小麻筋木、细尖叶谷木树）Trema angustifolia (Planch.) Blume

灌木或小乔木。叶卵状披针形，狭小，长 4~8cm，宽 8~20mm，基部圆钝，背密被短柔毛。数朵花组成小聚伞花序。核果微压扁。

生于海拔 100~1000m 的疏林或灌丛中。

根、叶药用，味辛，性凉。疏风清热，凉血止血。治风热感冒、温病初起、血热妄行之诸种出血症。

2. 光叶山黄麻（别名：硬壳郎、滑郎树）Trema cannabina Lonr.

灌木或小乔木。叶卵形，长 4~10cm，宽 1.8~4cm，边缘具齿。雌雄同株；雌花序常生于上部，或雌雄同序。核果近球形。

生于低海拔山坡、旷野的疏林或灌丛中。

根皮药用，味甘、微酸，性平。健脾利水，化瘀生新。治水泻、骨折。

3. 银毛叶山黄麻 Trema nitida C. J. Chen

小乔木。叶披针形，先端尾状渐尖状，边缘有细锯齿，叶背贴生银灰色有光泽的绢状茸毛，基出三脉。聚伞花序长不过叶柄。核果近球状。

生于山谷林缘。

4. 山黄麻（别名：麻桐树、麻络木、山麻、母子树、麻布树）Trema tomentosa (Roxb.) Hara

乔木；高达 10m。稀宽披针形，长 7~20cm，宽 3~8cm。雄花序花被片 5，雌花序花被片 5~4，三角状卵形，背面中肋有毛。核果宽卵珠状。

生于山谷林中。

根药用。散瘀，消肿，止血。治跌打损伤、肿痛。

A150 桑科 Moraceae

1. 波罗蜜属 Artocarpus J. R. & G. Forst.

1. 二色波罗蜜（别名：奶浆果、木皮）Artocarpus styracifolius Pierre

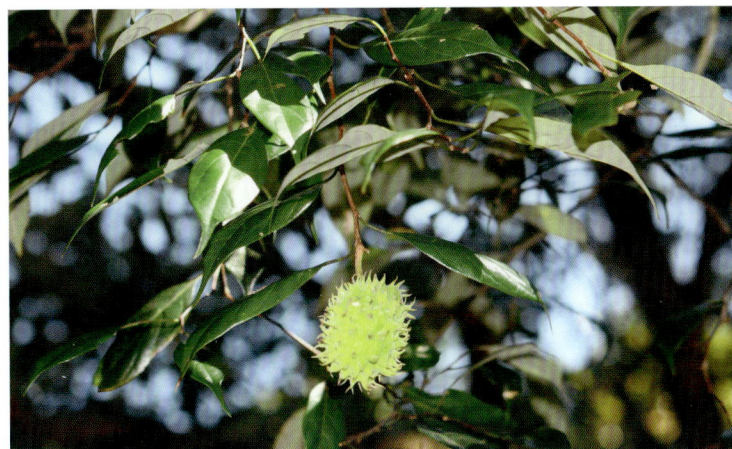

乔木。叶互生，2 列，长 3.5~12.5cm，宽 1.5~3.5cm，背面被苍白粉沫状毛。花序单生叶腋；雌雄同株。聚花果球形，直径 4cm。

生于中海拔的山谷、山坡疏林中。

根药用，味甘，性温。祛风除湿，舒筋活血。治风湿关节痛、腰肌劳损、跌打损伤。

2. 构属 Broussonetia L'Hér. ex Vent.

1. 葡蟠（别名：小构树、藤构、谷树）Broussonetia kaempferi Sieb.

蔓生藤状灌木。叶互生，螺旋状排列，近对称的卵状椭圆形，长 3.5~8cm。雌花集生为球形头状花序，花药黄色。聚花果直径 1cm。

多生于中海拔以下的山坡林缘、沟边等地。

根、根皮、树皮、叶药用，味甘、淡，性平。根、根皮：散瘀止痛；治跌打损伤、腰痛。叶、树皮汁：解毒，杀虫。

2. 构树（别名：楮实子、楮树、沙纸树、谷木、谷浆树）Broussonetia papyrifera (Linn.) L'Hert. ex Vent.

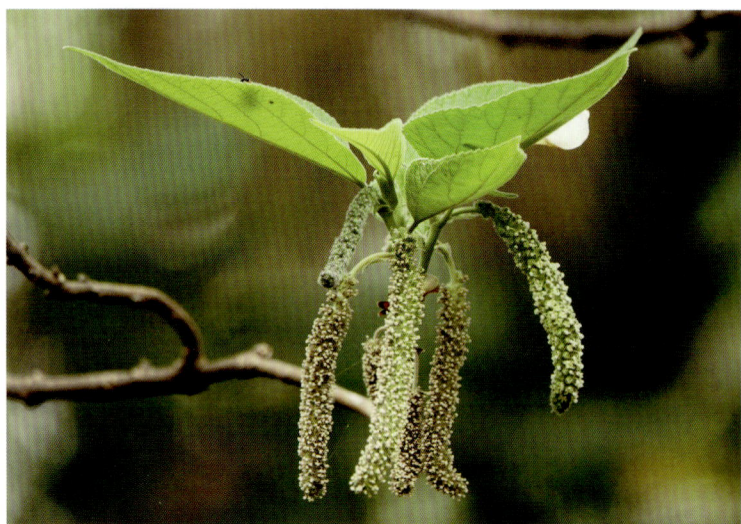

乔木。叶螺旋状排列，边缘具粗锯齿，被毛。雌雄异株；雄花序为柔荑花序；雌花序球形头状。聚花果肉质，熟时橙红色。

多生于村旁旷地上。

种子、叶晒干、树皮汁药用。种子：味甘，性寒；补肾，强筋骨，明目，利尿；治腰膝酸软、肾虚目昏、阳萎、水肿。

叶：味甘，性凉；清热，凉血，利湿，杀虫。树皮：味甘，性平；利尿消肿，祛风湿。

3. 榕属 Ficus Linn.

1. 石榕树（别名：毛脉榕、水榕）Ficus abelii Miq.

灌木；高 1~2.5m。叶长 2.5~12cm，宽 1~4cm，叶背密被毛。雄花散生榕果内壁；雌花无花被。果梨形，肉质，直径 5~17mm。

生于低海拔至中海拔的山谷或溪边潮湿地上。

叶药用，味苦，性凉。消肿止痛，去腐生新。治乳痈、刀伤。

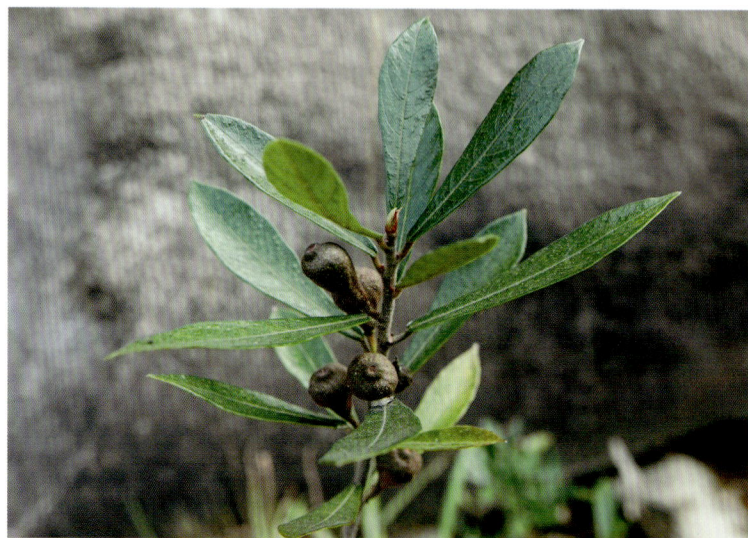

2. 天仙果（别名：水风藤、牛乳茶、牛奶子、野枇杷、山牛奶、鹿饭榕）Ficus erecta Thunb.

落叶小乔木或灌木。叶椭圆状倒卵形，长 6~22cm，宽 3~13cm，叶面稍粗糙，基部心形。雌花花被片 4~6，宽匙形。果球形，直径 5~20mm。

常生于山坡、林下、溪边潮湿处。

根药用，味甘、辛、酸，性温。祛风化湿，止痛。治关节风湿疼痛、头风疼痛、跌打损伤、月经不调、腹痛、腰疼带下、小儿发育缓慢。

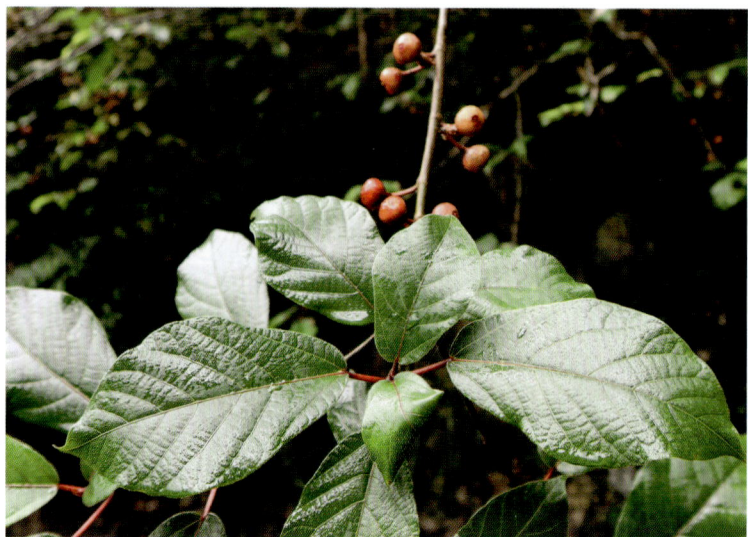

3. 黄毛榕（别名：老虎掌、老鸦风、大赦婆树、毛楤）Ficus esquiroliana Lévl. [F. fulva Reinw. ex Bl.]

小乔木或灌木。叶互生，广卵形，长 10~27cm，宽

8~25cm。雄花生榕果内壁口部。果着生叶腋内，直径 2~3cm，表面有瘤体。

生于山谷、溪边林中。

根皮药用，味甘，性平。健脾益气，活血祛风。治气血虚弱、子宫下垂、脱肛、水肿、风湿痹痛、便溏泄泻。

4. 水同木（别名：哈氏榕）Ficus fistulosa Reinw. ex Bl. [F. harlandii Benth.]

常绿小乔木。叶互生，倒卵形，长 7~32cm，宽 3~19cm。雄花和瘿花生榕果内壁，雄花近口部。果簇生于茎干上，直径 1~1.5cm。

生于溪旁、岩石上或散生于村落附近的疏林中。

根皮、叶药用，味甘，性平。补气润肺，活血，渗湿利尿。治五痨七伤、跌打、小便不利、湿热腹泻。

5. 台湾榕（别名：细叶牛奶树、石榨、长叶牛奶树）Ficus formosana Maxim.

常绿灌木；高 1.5~3m。叶倒披针形，长 4~12cm，宽 1.5~3.5cm，叶面有瘤体。雄花散生榕果内壁。果卵形，直径 6~8mm。

生于溪边、旷野的疏林或灌丛中。

全株药用，味甘、微涩，性平。柔肝和脾，清热利湿。治急慢性肝炎、腰脊扭伤、急性肾炎、泌尿系感染。

6. 藤榕 Ficus hederacea Roxb. [F. repens Hort.]

藤状灌木。叶 2 列，长 4.5~11cm，宽 2~6cm，背面有乳头状突起。雄花散生榕果内壁；雌花生于另一榕果内。果直径 8~14cm。

生于丘陵或山谷。

7. 粗叶榕（别名：五指毛桃、掌叶榕、佛掌榕、大叶牛奶子）Ficus hirta Vahl

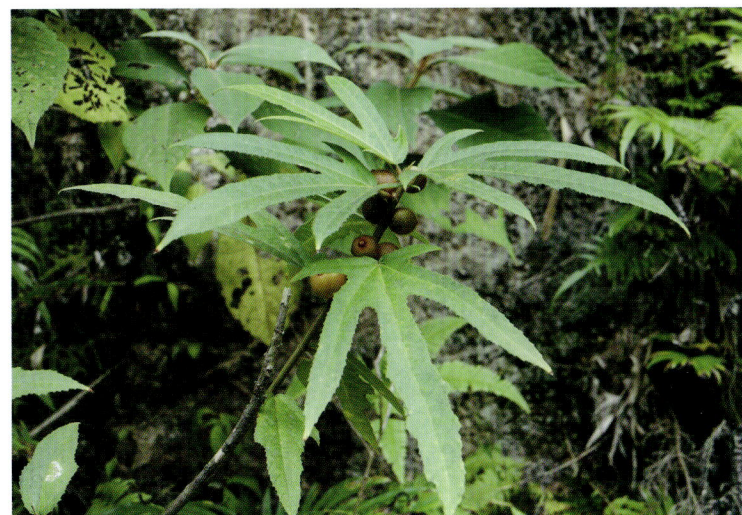

常绿灌木或小乔木；全株被长硬毛。叶互生，卵形，长 6~33cm，宽 2~30cm，不裂至 3~5 裂，边缘有锯齿。果直径

1~2cm。

生于旷野、山地灌丛或疏林中。

根、果药用，味甘，性微温。健脾化湿，行气化痰，舒筋活络。治肺结核咳嗽、慢性支气管炎、风湿性关节炎、腰腿痛、脾虚浮肿、病后盗汗、白带。

8. 对叶榕（别名：牛奶树、牛奶子、多糯树、稔水冬瓜）Ficus hispida Linn. f.

灌木或小乔木。叶通常对生，厚纸质，卵状长椭圆形或倒卵状长圆形。榕果陀螺形，成熟黄色；雄花生于其内壁口部。

生于山谷、溪边、疏林或灌丛中，池塘边或河边近水处。

叶、根、果实药用，味淡，性凉。清热去湿，消积化痰。治感冒、气管炎、消化不良、痢疾、风湿性关节炎。

9. 青藤公 Ficus langkokensis Drake [F. harmandii Gagnep.]

乔木。叶互生，椭圆状披针形，3 出脉，长 7~19cm，宽 2~7cm，基部不对称，叶背红褐色。果直径 5~12mm，柄长 5~20mm。

生于中海拔的山谷、沟边林中。

10. 九丁榕 Ficus nervosa Heyne ex Roth

乔木。叶椭圆形，长 6~15cm，宽 2~7cm，微反卷，叶脉明显突起，背面散生乳突状瘤点。总花梗长 1cm。果直径 1~1.2cm。

生于中海拔的山谷林中。

11. 琴叶榕（别名：牛奶子树、铁牛入石、倒吊葫芦）Ficus pandurata Hance

小灌木。叶提琴形或倒卵形，长 3~15cm，宽 1.2~6cm，背面叶脉有疏毛和小瘤点；叶柄疏被糙毛。果梨形，直径 6~10mm。

生于山野间或村庄附近旷地。

根、叶药用，味甘，性温。行气活血，舒筋活络。治月经不调、乳汁不通、跌打损伤、腰腿疼痛。

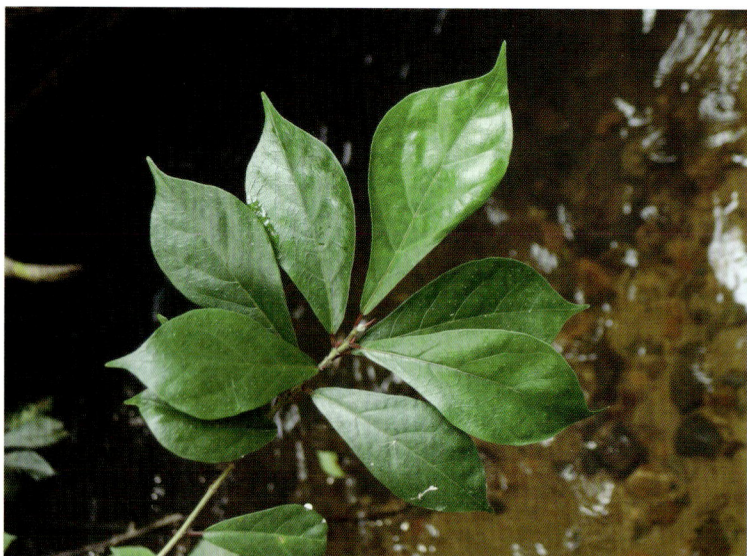

12. 薜荔（别名：凉粉果、王不留行、爬墙虎、木馒头）Ficus pumila Linn

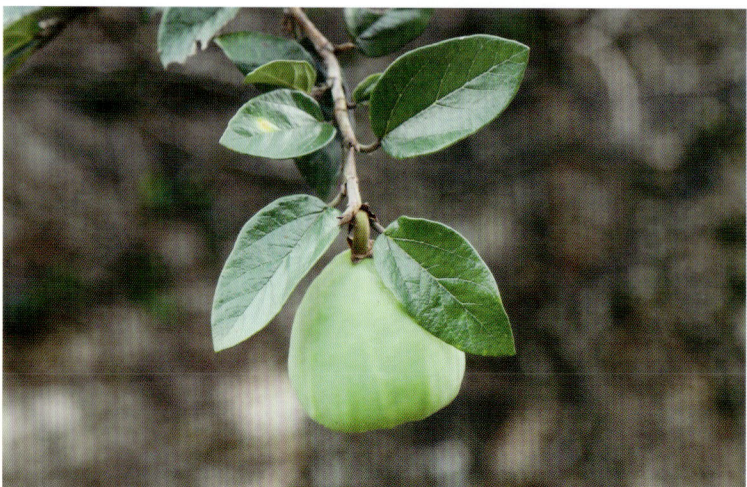

攀缘或匍匐藤本。不结果枝节叶卵状心形；结果枝上叶卵状椭圆形，长 4~12cm，宽 1.5~4.5cm。果倒锥形，大，直径 3~4cm。

生于村郊、旷野、常攀附于残墙破壁或树上。

果实、不育幼枝药用，夏秋采收，果实、不育幼枝（络石藤）晒干。果：味甘，性平，补肾固精，活血，催乳。络石藤：味苦，性平；祛风通络，活血止痛。

13. 舶梨榕 Ficus pyriformis Hook. & Arn.

灌木。叶倒披针形，长 4~17cm，宽 1~5cm，全缘稍背卷。雄花近口部；雌花生另一植株榕果内壁。果梨形，肉质，直径 1~2cm。

生于中海拔的山谷、沟边。

茎药用，味涩，性凉。清热止痛，利水通淋。治小便淋沥、尿路感染、水肿、胃脘痛、腹痛。

14. 竹叶榕（别名：狭叶榕、水稻清、竹叶牛奶树、水边柳）Ficus stenophylla Hemsl.

小灌木；高 1~3m。叶纸质，线状披针形，长 4~15cm，宽 5~18mm，边脉连结，背面有小瘤体。瘦果直径 5~10mm。

生于山谷、小河、溪边较阳处。

全草药用，味甘、苦，性温。祛痰止咳，行气活血，祛风除湿。治咳嗽、胸痛、跌打肿痛、肾炎、风湿骨痛、乳少。

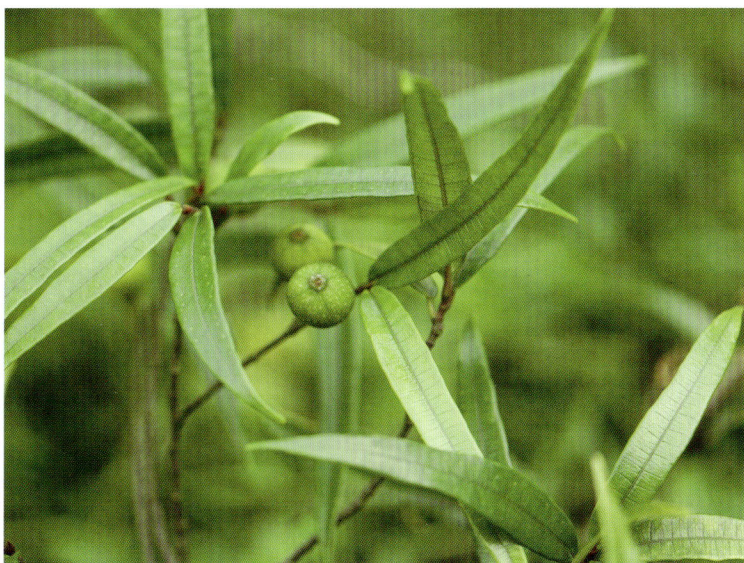

15. 笔管榕（别名：笔管树、雀榕）Ficus subpisocarpa Gagnepain [F. superba (Miq.) Miq. var. japonica Miq.；F. virens Ait.；F. wightiana Wall.ex Benth.]

落叶乔木。叶互生或簇生，长圆形，长 6~15cm，宽 2~7cm，边缘微波状。总花梗长 2~5mm。果扁球形，直径 5~8mm。

生于低海拔山坡林中或河岸，或栽培作行道树。

根、叶药用，味甘、微苦，性平。清热解毒。治漆疮、鹅儿疮、乳腺炎。

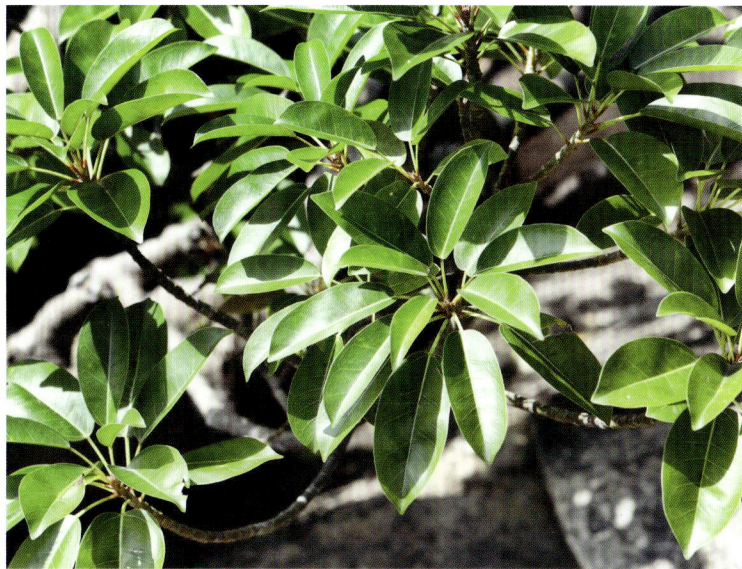

16. 变叶榕 Ficus variolosa Lindl. ex Benth.

常绿灌木或小乔木。叶薄狭椭圆形至椭圆状披针形，长 4~15cm，宽 1.2~5.7cm，边脉连结。瘦果直径 5~15mm，表面具瘤体。

生于丘陵、平原或山地疏林中。

根药用。补脾健胃，祛风去湿。治脾虚泄泻、跌打、风湿痹痛、四肢无力、疲劳过度等。

17. 黄葛树（别名：雀树、大叶榕、马尾榕）Ficus virens Ait. (Miq.) Corner [F. lacor Buch.-Ham.]

落叶或半落叶乔木。有板根或支柱根。叶近披针形，长可达 20cm，先端渐尖。榕果无总梗。花果期 4~7 月。

生于山谷、溪边或村郊疏林中。

根、叶药用，味微苦、涩，性平。消肿止痛，止血，祛风活血。治跌打肿痛、骨折、风湿痹痛、半身不遂、急性关节炎、皮肤湿疹等。

桑白皮：味甘，性寒；润肺平喘，利水消肿；治肺热喘咳、面目浮肿、小便不利、高血压病、糖尿病、跌打损伤。桑枝：味苦，性平；祛风清热，通络。果序（桑椹）：味甘、酸，性凉。滋补肝肾，养血祛风。桑叶：味甘、苦，性寒；疏风清热，清肝明目。

4. 柘属 Maclura Nutt.

1. 构棘（别名：穿破石、葨芝、金蝉退壳、黄龙退壳、牵扯入石）**Maclura cochinchinensis** (Loureiro) Corner [*Cudrania cochinchinensis* (Lour.) Kudo & Masamune]

直立或攀缘状灌木。叶革质，长圆形，长 3~8cm，宽 2~2.5cm。球形头状花序，苞片锥形，内面具 2 个黄色腺体。聚合果熟时橙红色。

生于山谷林中或山坡灌丛中。

根药用，味微苦，性微寒。归脾、胃经，止咳化痰，祛风利湿，散瘀止痛。治肺结核、黄疸型肝炎、肝脾肿大、胃、十二指肠溃疡、风湿性腰腿痛。

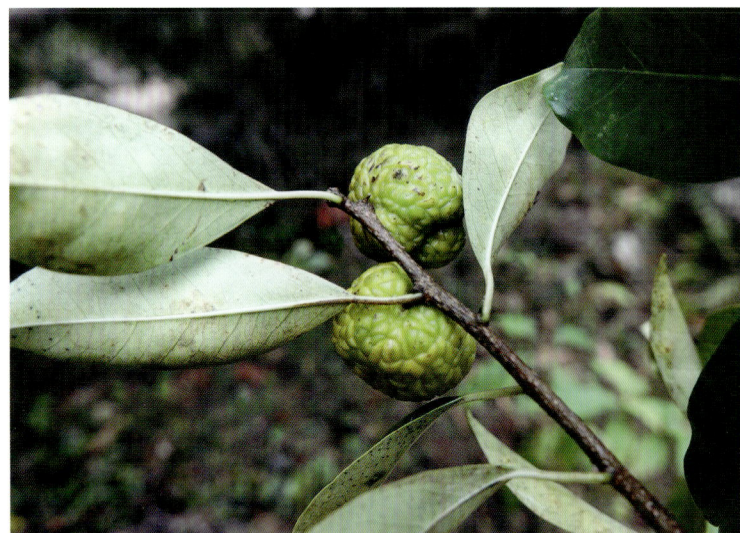

5. 桑属 Morus Linn.

1. 桑（别名：桑白皮）**Morus alba** Linn.

乔木或灌木状。叶卵形或宽卵形，长 5~15cm，先端尖或渐短尖，基部圆或微心形，锯齿粗钝，有时缺裂，上面无毛，下面脉腋具簇生毛。聚花果卵状椭圆形，长 1~2.5cm，红色至暗紫色。

生于村边旷地。

根部内皮（桑白皮）、桑枝、桑叶、果序（桑椹）药用。

2. 长穗桑 Morus wittiorum Hand.-Hazz. [*M. jinpingensis* S. S. Chang]

落叶乔木或灌木。叶纸质，长圆形至宽椭圆形，基生叶脉三出。穗状花序具柄，总花梗短。聚花果狭圆筒形，长 10~16cm，核果卵圆形。

生于山谷林中。

A151 荨麻科 Urticaceae

1. 舌柱麻属 Archiboehmeria C. J. Chen

1. 舌柱麻 **Archiboehmeria atrata** (Gagnep.) C. J. Chen

灌木或半灌木。叶卵形至披针形，全缘，3 基出脉，基部不偏斜；托叶合生。雄花序生下部叶腋，雌花序生上部。瘦果卵形。

生于海拔 300~1000m 的山谷半阴坡疏林中较潮湿肥沃土上或石缝中。

2. 苎麻属 Boehmeria Jacq.

1. 海岛苎麻 Boehmeria formosana Hayata

多年生草本或亚灌木。茎 4 棱。叶对生，椭圆形或卵状椭圆形，长 6~16cm，宽 2~6cm，边缘具粗锯齿。花序串珠状。瘦果近球形。

生于海拔 1000m 以下的疏林、灌丛中或沟边。

叶药用，味辛、苦，性平。活血散瘀，消肿止痛。治跌打损伤、瘀血肿痛。

2. 水苎麻（别名：阔叶苎麻）Boehmeria macrophylla Hornem. [B. platyphylla D. Don]

亚灌木或多年生草本。叶长 6.5~14cm，宽 3.2~7.5cm，有短伏毛，脉平，侧脉 2~3 对。穗状花序，雌雄异株或同株。

生于山谷林下或沟边。

全草药用，味微苦、辛，性温。祛风止痛。治风湿关节炎、跌打损伤。

3. 糙叶水苎麻 Boehmeria macrophylla Hornem. var. scabrella (Roxb.) Long

亚灌木或多年生草本。叶长 4.5~10cm，宽 2~6.5cm，上面粗糙，脉网下陷，呈泡状，下面脉网明显隆起；叶柄长达4cm。花序常不分枝。

生于山谷、沟边或林缘。

全草药用。治风湿骨痛、疮毒等。

4. 苎麻（别名：白麻、青麻、家苎麻、圆麻）Boehmeria nivea (Linn.) Gaud.

灌木或亚灌木。茎上部与叶柄密被长硬毛。叶圆卵形或宽卵形，互生；托叶分生，钻状披针形。圆锥花序腋生。瘦果近球形。

多生于石灰岩风化土中或溪涧边土质较肥的湿润处。

根、叶药用。根：味甘，性寒。清热利尿，凉血安胎。治感冒发热、麻疹高烧、尿路感染、肾炎水肿、孕妇腹痛、胎动不安、先兆流产。

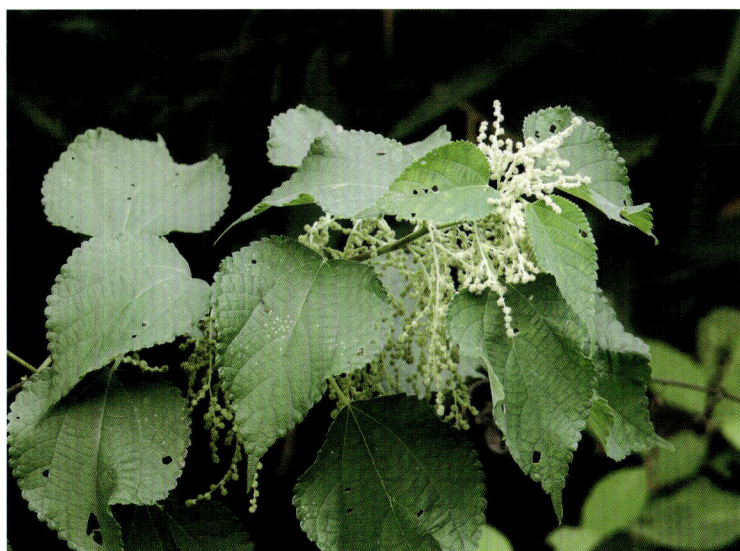

3. 楼梯草属 Elatostema J. R. et G. Forst.

1. 楼梯草 Elatostema involucratum Franch. et Sav.

多年生草本。叶互生，斜长圆形，长 8~15cm，宽 2~6cm，顶端渐尖，不对称，柄长 4~8mm。雌雄异株。瘦果狭椭圆球形。

生于海拔 200m 以上的山谷沟边石上、林中或灌丛中。

全草药用，味辛、苦，性温，有小毒。祛风除湿，活血散瘀。治风湿关节痛、跌打损伤、骨折、疮疖痈肿、牙痛、骨髓炎、丝虫病引起淋巴管炎、肝炎、咳嗽、虫蛇咬伤、烧伤、烫伤。

2. 多序楼梯草 Elatostema macintyrei Dunn

亚灌木。叶片两面无毛，或下面沿中脉及侧脉有伏毛，钟乳体极明显。花序雌雄异株；雄花序数个腋生，有梗；雌花序5~9个簇生，有梗。瘦果椭圆球形。

生于山谷沟边或林下潮湿处。

全草药用。清热凉肝，润肺止咳。

4. 糯米团属 Gonostegia Turcz.

1. 糯米团（别名：糯米草、糯米藤、糯米条）Gonostegia hirta (Bl.) Miq. [Memorialia hirta (Bl.) Wedd.]

多年生草本。茎蔓生，长50~100cm。叶对生，草质或纸质，宽披针形至狭披针形，长3~10cm。团伞花序腋生。瘦果卵球形。

生于溪旁、林下、沟边或田野草地潮湿处。

全草药用，味淡，性平。健脾消食，清热利湿，解毒消肿。治消化不良、食积胃痛、白带。

5. 紫麻属 Oreocnide Miq.

1. 紫麻（别名：山麻、紫苎麻、白水苎麻、野麻）Oreocnide frutescens (Thunb.) Miq.

灌木稀小乔木。叶常生于枝的上部，卵状长圆形，长5~17cm，宽1.5~7cm。团伞花序呈簇生状；花被片3。瘦果卵球状。

生于海拔300~900m的山谷和林缘半阴湿处或石缝。

全草药用，味甘，性凉。清热解毒，行气活血，透疹。治感冒发热、跌打损伤、牙痛、麻疹不透、肿疡。

2. 倒卵叶紫麻 Oreocnide obovata (C. H. Wright) Merr.

灌木。叶倒卵形，长7~17cm，宽3~9cm，边缘自下部以上有齿，基出脉3。花序生当年生枝和老枝上。瘦果卵形，肉质"花托"盘状。

生于海拔200~1000m山谷水旁林下。

根药用，味辛，性温。发表透疹，祛风化湿，活血散瘀。治小儿麻疹、水痘、风湿、跌打损伤、骨折。

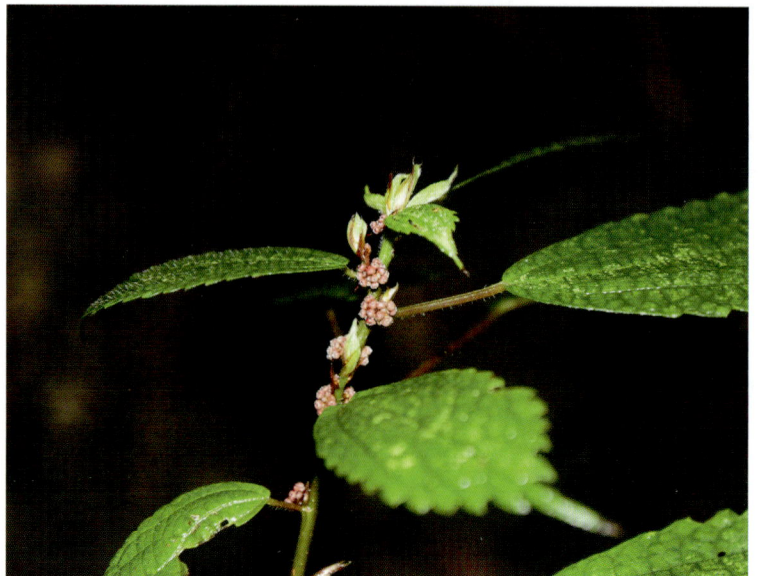

6. 赤车属 Pellionia Gaudich.

1. 华南赤车 Pellionia grijsii Hance

多年生草本。叶草质，斜长椭圆形，长 10~16cm，宽 3~6cm，顶端渐尖，不对称，柄长 1~4mm。瘦果椭圆球形，有小瘤状突起。

生于海拔 200~1000m 山谷水旁林下。

2. 赤车（别名：赤车使者、岩下青、坑兰、拔血红）Pellionia radicans (Sieb. et Zucc.) Wedd.

多年生草本。叶斜狭卵形，长 2~5cm，宽 1~2cm，顶端急尖，不对称，边缘波状齿，柄长 1~4mm。雌雄异株。瘦果近椭圆球形。

生于海拔 200~1000m 的山谷林下、灌丛中阴湿处。

全草药用，味辛、苦，性温，有小毒。祛风除湿，活血散瘀。治风湿关节痛、跌打损伤、骨折、疮疖痈肿、牙痛、骨髓炎、丝虫病引起淋巴管炎、肝炎、咳嗽、虫蛇咬伤、烧伤、烫伤。

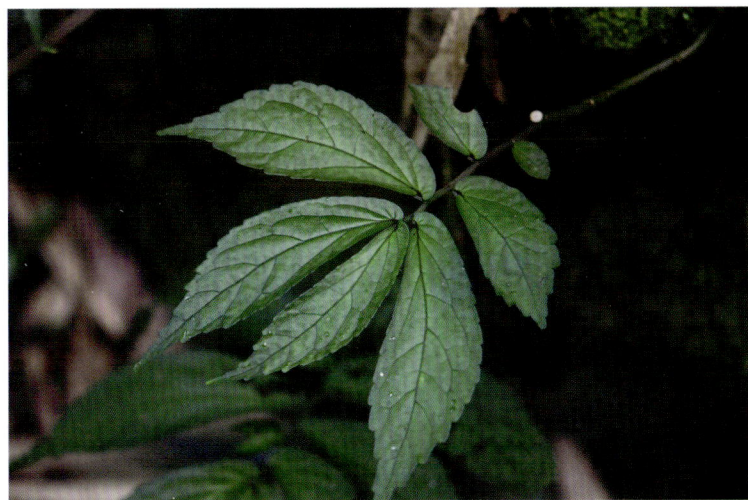

3. 蔓赤车（别名：毛赤车、羊眼草、石解骨、坑兰、坑冷）Pellionia scabra Benth.

亚灌木。叶草质，斜菱状披针形，长 2~8cm，宽 1~3cm，不对称，柄长 1~3mm。常雌雄异株；雌花序密集。瘦果近椭圆球形。

生于海拔 700m 以下的山谷溪边或林中。

全草药用，味甘、淡，性凉。清热解毒，凉血散瘀。治急性结膜炎、流行性腮腺炎、扭挫伤、牙痛、带状疱疹、妇女闭经、毒蛇咬伤等。

7. 冷水花属 Pilea Lindl.

1. 心托冷水花 Pilea cordistipulata C. J. Chen

多年生草本。叶椭圆状披针形，长叶面绿黑色或深棕色；托叶卵形，长约 3mm。雄花序聚伞圆锥状，雌花序多回二歧聚伞状。瘦果小。

生于高海拔的山谷阴湿地。

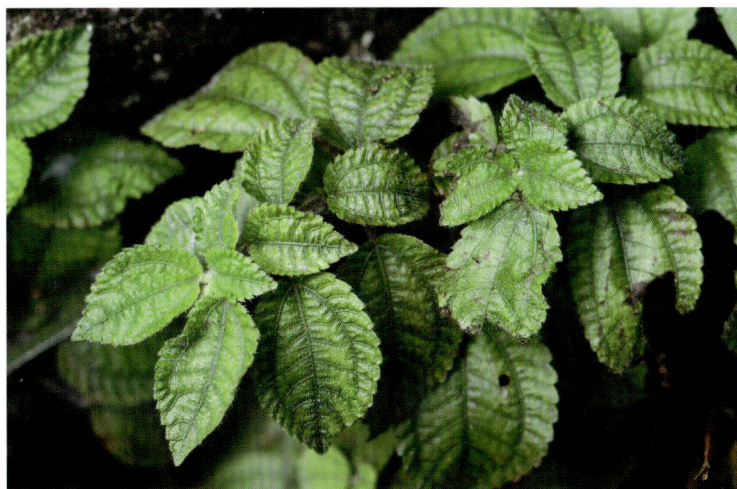

2. 点乳冷水花 Pilea glaberrima (Bl.) Bl.

草本。叶卵形、椭圆形，长 6~15cm，宽 2.5~7cm。花序聚伞圆锥状，雄花序长不过叶柄，雌花序更短。瘦果圆卵形，熟时红褐色。

生于海拔 500~1000m 山谷林下。

3. 大叶冷水花 Pilea martinii (Lévl.) Hand.-Mazz.

草本。茎肉质。叶近膜质，同对的常不等大，两侧不对称；长 7~20cm，宽 3.5~12cm，边缘有齿，基出脉 3。花雌雄异株。瘦果狭卵形。

生于海拔 700~1000m 以上的的常绿阔叶林下和山谷阴湿处。

4. 小叶冷水花（别名：透明草、玻璃草）Pilea microphylla (Linn.) Liebm.

肉质小草本。叶同对不等大，倒卵形，长 5~20mm，宽 2~5mm。聚伞花序密集成近头状，具梗；花被片 4，卵形。瘦果卵形，熟时变褐色。

常生于路边石缝和墙上阴湿处。

全草药用，味淡、涩、性凉。清热解毒。治痈疮肿痛；无名肿毒：鲜全草捣烂，调红糖少许，外敷；烧、烫伤：鲜全草捣烂，绞汁外涂。

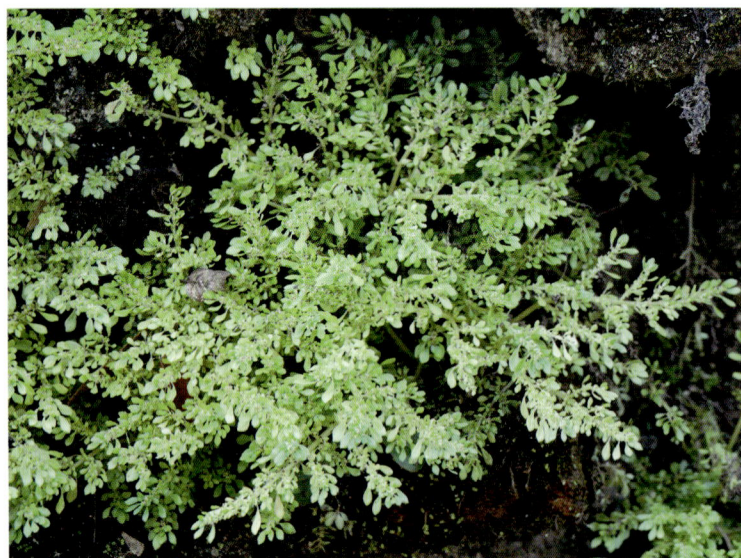

5. 冷水花 Pilea notata C. H. Wright

草本。叶卵状披针形，长 5~14cm，宽 2~7cm，顶端尾尖，基部圆钝，边缘有齿；叶柄长 2~8cm。花被片绿黄色，4 深裂。瘦果小，圆卵形。

生于海拔 200~1000m 的山谷、溪旁或林下阴湿处。

全草药用，味淡、微苦，性凉。清热利湿，生津止渴，利

胆退黄。治湿热黄疸、肺痨、小儿夏季热、消化不良、神经衰弱、赤白带下、淋浊、尿血。

8. 雾水葛属 Pouzolzia Gaudich.

1. 多枝雾水葛 Pouzolzia zeylanica (Linn.) Benn. var. microphylla (Wedd.) W. T. Wang

多年生草本。叶全部对生，或茎顶对生，长 1~3.5cm，上面被毛。团伞花序通常两性；花被外面被毛。瘦果卵球形，有光泽。

生于海拔 500m 的平原或丘陵草地、田边。

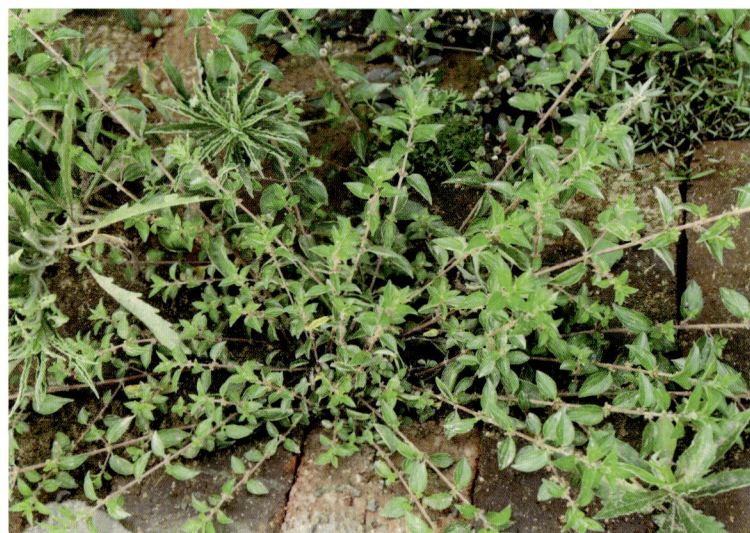

9. 藤麻属 Procris

1. 藤麻（别名：平滑楼梯草、石羊草、金玉叶）Procris crenata C. B. Robinson [P. wightiana Wall. ex Wedd.]

多年生草本。茎肉质。叶两侧稍不对称，狭长圆形，顶端渐尖，基部渐狭，侧脉每侧 5~8 条。花序簇生。瘦果褐色，狭卵形。

生于山谷林下、水沟旁边或石上。

全草药用，味淡，性凉。水肿拔毒，清热凉肝，润肺止咳。治肺病、水泻、痈疮疖肿、脓成未溃、枪炮伤等。

A153 壳斗科 Fagaceae

1. 锥属 Castanopsis (D. Don) Spach

1. 米槠 Castanopsis carlesii (Hemsl.) Hayata

大乔木。叶披针形，长 4~12cm，宽 1~3.5cm，顶部尖。雌花花柱 3 或 2 枚；雄圆锥花序。壳斗近球状，长 10~15mm，坚果近圆球形。

生于山地林中。

木质优良，是良好的用材树种。种子含淀粉可食用。

2. 甜槠 Castanopsis eyrei (Champ.) Tutch.

乔木。叶革质，长 5~13cm，宽 1.5~5.5cm，顶部长渐尖。壳斗有 1 坚果，阔卵形，2~4 瓣开裂，刺及壳壁被毛；坚果阔圆锥形。

生于山地林中。

果药用，味苦，性平。理气止痛，止泻。治胃痛、腹泻、肠炎。木质优良，是良好的用材树种。种子含淀粉可食用。

3. 罗浮锥 Castanopsis fabri Hance [C. hickelii A. Camus]

常绿乔木；高 8~20m。叶长椭圆状披针形，长 8~18cm，上

部 1~5 对锯齿，背面有红褐色鳞秕。花序直立。每壳斗 2~3 坚果。

生于山地林中。

木质优良，是良好的用材树种。种子含淀粉可食用。

4. 栲 Castanopsis fargesii Franch.

乔木。枝被铁锈色毛。叶长椭圆形，长 6.5~8cm，宽 1.8~3.5cm，背被鳞秕，顶端常有齿。雄花穗状或圆锥花序。壳斗常圆球形。

生于山地林中。

木质优良，是良好的用材树种。种子含淀粉可食用。

5. 黧蒴锥 Castanopsis fissa (Champ. ex Benth.) Rehd. et Wils.

乔木。叶大，长 11~23cm，宽 5~9cm，侧脉 15~20 对。雄

花多为圆锥花序，花序轴无毛。果序长 8~18cm；坚果圆球形或椭圆形。

生于山地林中。

6. 毛锥（别名：南岭栲）Castanopsis fordii Hance

乔木。叶革质，长椭圆形，长 9~14cm，宽 3~7cm，背密被长毛，边全缘。雄穗状花序常排成圆锥花序。每壳斗有坚果 1 个。

生于缓坡及山地常绿阔叶林中。

木质优良，是良好的用材树种。种子含淀粉可食用。

7. 红锥 Castanopsis hystrix A.DC.

乔木。叶披针形，长 4~9cm，宽 1.5~2.5cm，背被鳞秕，中脉在叶面凹陷。壳斗有坚果 1 个，4 瓣开裂，刺合生成束，坚果宽圆锥形。

生于缓坡及山地常绿阔叶林中。

种子药用，味甘，性微温。滋养强壮，健胃消食。治食欲不振，脾虚泄泻。木质优良，是良好的用材树种。种子含淀粉可食用。

8. 吊皮锥 Castanopsis kawakamii Hayata

乔木。叶革质，卵形或披针形，长 6~12cm，宽 2~5cm。雄花序多为圆锥花序，花序轴被疏短毛。壳斗有坚果 1 个，圆球形；坚果扁圆形。

生于山地林中。

木质优良，是良好的用材树种。种子含淀粉可食用。

9. 鹿角锥 Castanopsis lamontii Hance

乔木。叶厚纸质或近革质，椭圆形，长 12~30cm，宽 4~10cm。雄花序多穗排列成假复穗状花序。壳斗有坚果 2~3 个，圆球形；坚果阔圆锥形。

生于山地林中。

木质优良，是良好的用材树种。种子含淀粉可食用。

10. 钩锥（别名：大叶钩栗、大叶锥栗、大叶槠、巴栗、钩栗、假板栗）Castanopsis tibetana Hance

乔木。叶革质，长 15~30cm，宽 5~10cm，叶缘有齿。壳斗有坚果 1 个，圆球形，4 裂，刺在基部合生成刺束；坚果扁圆锥形，被毛。

生于山地林中。

果实药用，味甘，性平。敛肠，止痢。治痢疾：研成粉，沸水冲服。木质优良，是良好的用材树种。种子含淀粉可食用。

2. 青冈属 Cyclobalanopsis Oerst.

1. 槟榔青冈 Cyclobalanopsis bella (Chun et Tsiang) Chun

乔木。叶长椭圆状披针形，长 8~15cm，宽 2~3.5cm，先端渐尖，基部楔形，中部以上具锯齿，老叶无毛。壳斗盘状，具环带；坚果扁球形。

生于山地林中。

木质优良，是良好的用材树种。

2. 饭甑青冈（别名：饭甑椆）Cyclobalanopsis fleuryi (Hick. et A. Camus) Chun [Quercus fleuryi Hick. et A. Camus]

常绿乔木。芽卵形。叶革质，长椭圆形，基部楔形，叶背粉白色。壳斗钟形，包着坚果约 2/3，被毛；坚果柱状长椭圆形，被毛，果脐凸起。

生于山地林中。

果实药用，味甘、微苦，性凉。归肺经；清热解毒，收敛肺气，止咳。治肺燥咳嗽、痰火病病、湿热痢疾、小肠气。木质优良，是良好的用材树种。

3. 雷公青冈 Cyclobalanopsis hui (Chun) Chun ex Y. C. Hsu et H. W. Jen [Quercus hui Chun]

常绿乔木。叶长 7~13cm，宽 1.5~4cm，基部楔形，叶缘反

曲。壳斗浅碗形至深盘形，包着坚果基部，被毛；坚果扁球形，果脐凹陷。

生于山地林中。

木质优良，是良好的用材树种。

4. 小叶青冈（别名：杨梅叶青冈）Cyclobalanopsis myrsinifolia (Blume) Oerst. [Quercus myrsinifolia Blume]

常绿乔木。叶卵状披针形或椭圆状披针形，叶缘中部以上有细锯齿，叶背粉白色。坚果卵形或椭圆形，顶端圆，柱座明显，果脐平坦。

生于山地林中。

木质优良，是良好的用材树种。

3. 柯属 Lithocarpus Bl.

1. 美叶柯 Lithocarpus calophyllus Chun

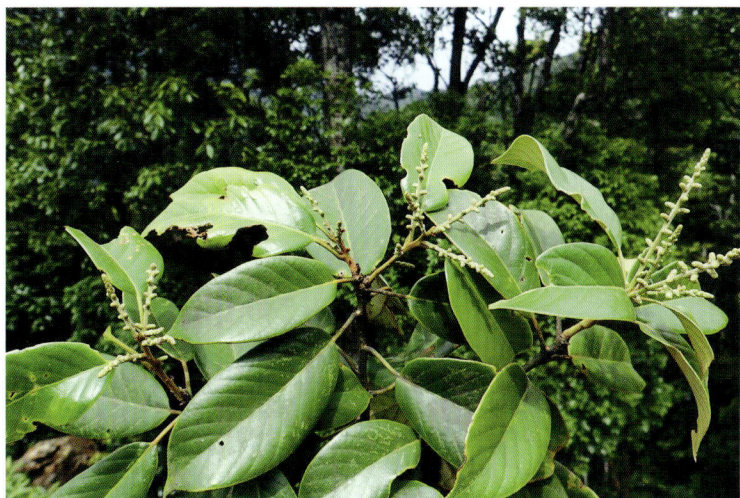

乔木。叶硬革质，宽椭圆形，长 8~15cm，宽 4~9cm。雄花序由多个穗状花序组成圆锥花序。壳斗厚木质，坚果常有淡薄的灰白色粉霜。

生于山地林中。

木质优良，是良好的用材树种。

2．烟斗柯 **Lithocarpus corneus** (Lour.) Rehd.

乔木。叶常聚生枝顶，椭圆形，长 4~20cm，宽 1.5~7cm，中部以上边缘有齿。雌花通常着生于雄花序轴下段。壳斗半圆形。

生于山地林中。

木质优良，是良好的用材树种。种子含淀粉可食用。

3．厚斗柯 **Lithocarpus elizabethae** (Tutch.) Rehd.

乔木。叶披针形，长 8.5~14.5cm，宽 2.4~3.8cm，缘全，无毛。雄穗状花序三数穗排成圆锥花序，有时单穗腋生。壳斗半球形，包裹果大部分。

生于山地林中。

木质优良，是良好的用材树种。

4．柯（别名：稠木、石栎、椆、珠子栎、槠子）**Lithocarpus glaber** (Thunb.) Nakai

乔木。叶上部叶缘有 2~4 个浅裂齿或全缘，成长叶背面有较厚的蜡鳞层。壳斗碟状或浅碗状；坚果椭圆形，有淡薄的白色粉霜。

生于山地林中。

树皮药用，味辛，性平，有小毒。行气，利水。治腹水肿胀，

腹泻。木质优良，是良好的用材树种。

5．硬壳柯 **Lithocarpus hancei** (Benth.) Rehd.

乔木。叶薄纸质至硬革质，叶形变异大，长 8~14cm，宽 2.5~5cm，全缘或上部 2~4 浅齿。花序直立。壳斗包着坚果不到 1/3。

生于山地林中。

木质优良，是良好的用材树种。

6．港柯 **Lithocarpus harlandii** (Hance) Rehd.

乔木。叶硬革质，披针形，顶部尾状尖，叶边缘上段有波浪状钝裂齿，叶背有蜡鳞层。壳斗浅碗状；坚果长圆锥形或宽椭圆形。

生于山地林中。

木质优良，是良好的用材树种。

7. 榄叶柯 **Lithocarpus oleifolius** (Hance) Rehd.

乔木。叶硬纸质，长椭圆形，长 8~16cm，宽 2~4cm，先端长渐尖，基部楔形，全缘，下面被平伏毛。壳斗球形；坚果近球形。

生于山地林中。

木质优良，是良好的用材树种。

8. 大叶苦柯 **Lithocarpus paihengii** Chun et Tsiang

乔木。叶长椭圆形，长 14.5~23cm，宽 5.5~8.5cm。雄穗状花序单穗腋生或多穗排成圆锥花序，长达 20cm。壳斗近球形；包坚果绝大部分。

生于山地林中。

木质优良，是良好的用材树种。

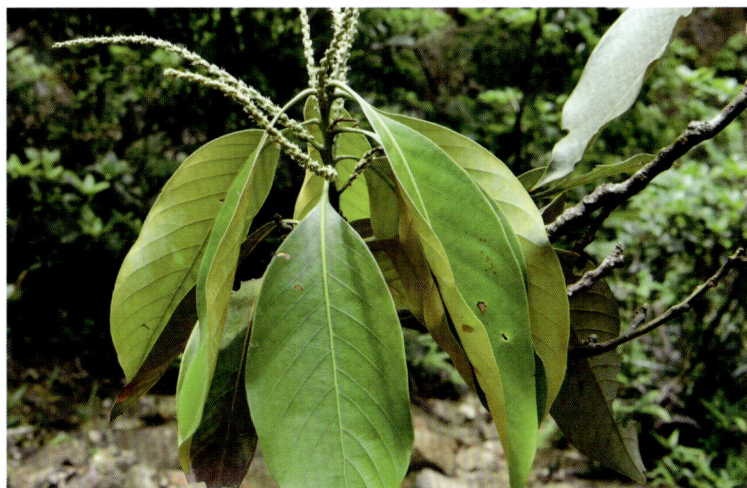

9. 滑皮柯 **Lithocarpus skanianus** (Dunn) Rehd.

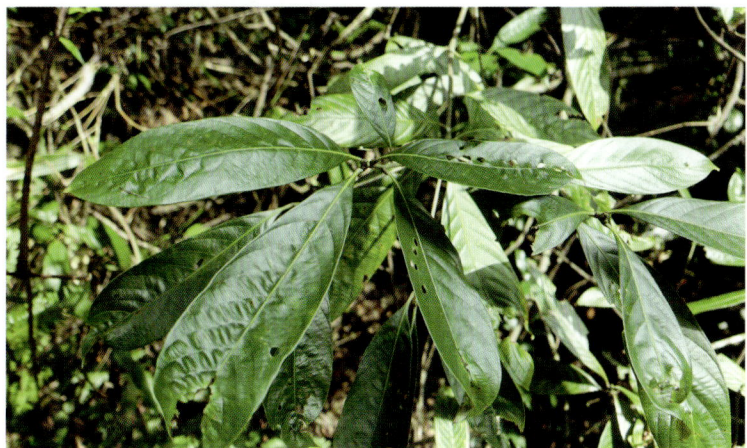

乔木。叶厚纸质，基部楔尖。壳斗近圆球形，包着坚果绝大部分，坚果宽圆锥形，无毛，果脐口径 11~13mm，深不到 1mm。

生于山地林中。

木质优良，是良好的用材树种。

10. 紫玉盘柯 **Lithocarpus uvariifolius** (Hance) Rehd.

乔木。叶倒卵形，长 12~23cm，宽 3.5~8.5cm，上部边缘有齿，叶背被毛。雌花常生于雄花序轴基部。壳斗深碗状或半圆形。

生于山地林中。

木质优良，是良好的用材树种。种子含淀粉可食用。

A154 杨梅科 Myricaceae

1. 杨梅属 **Myrica** Linn.

1. 毛杨梅 **Myrica esculenta** Buch-Ham. ex D. Don

乔木。枝被绒毛。单叶互生，长椭圆状倒卵形，两面无腺点。雌雄异株；均为穗状花序复合圆锥花序。核果具乳头状凸起。

生于海拔 280m 以上的疏林中。

根皮药用，味苦、涩、性温。消肿散瘀，止痛，杀虫，收敛。治痢疾、肠炎、腰肌劳损、跌打损伤、湿疹、秃头疮、慢性疮疡。果实可食用。

2. 杨梅（别名：树梅、珠红）**Myrica rubra** Sieb. et Zucc.

常绿乔木。枝无毛。单叶互生，常聚生枝顶，长椭圆状楔状披针形至倒卵形，背面有腺点。雌雄异株。核果球状，直径 1~3cm。

生于山谷疏林内或山坡、村落的灌丛中或栽培作果树。

果实、树皮、根药用。根、树皮：味苦，性温；散瘀止血，止痛；治跌打损伤，骨折，痢疾，胃、十二指肠溃疡，牙痛。果：味酸、甘，性平；生津止渴。

A155 胡桃科 Juglandaceae

1. 黄杞属 Engelhardia Leschen. ex Bl.

1. 少叶黄杞 （别名：白皮黄杞）Engelhardia fenzlii Merr.

乔木。偶数羽状复叶；小叶 1~2 对，全缘，基部歪斜。雌雄花序常生于枝顶端而成圆锥状或伞形状花序束。果序长 7~12cm，俯垂；坚果具翅。

生于海拔 400~1000m 的山地林中。

2. 黄杞 （别名：黄榉、仁杞、土厚朴）Engelhardia roxburghiana Wall. [E. chrysolepis Hance]

半常绿乔木；高达 10m。羽状复叶互生；小叶 3~5 对，长椭圆状披针形，长 6~14cm。柔荑花序。果序长达 15~25cm；坚果具翅。

生于山地、山谷、丘陵或山坡较干燥的疏林或次生林中。

树皮、叶药用。树皮：味微苦、辛，性平；行气化湿，导滞。叶：味微苦，性凉；清热止痛。

A158 桦木科 Betulaceae

1. 桦木属 Betula Linn.

1. 亮叶桦 （别名：光皮桦、尖叶桦、大叶椰、红桦树、桦角、花胶树）Betula luminifera H. Winkl.

乔木。叶长 4.5~10cm，宽 2.5~6cm，顶端骤尖，基部圆形，边缘具齿，侧脉 12~14 对。果序长圆柱形，下垂；小坚果倒卵形，具翅。

生于海拔 200~1000m 的杂木林中。

叶药用，味甘、辛，性凉。清热利尿。

A163 葫芦科 Cucurbitaceae

1. 绞股蓝属 Gynostemma Bl.

1. 绞股蓝 （别名：五叶参、七叶胆、甘茶蔓）Gynostemma pentaphyllum (Thunb.) Makino

草质攀缘植物。叶呈鸟足状，具 3~9 小叶；小叶片卵状长圆形或披针形，中央小叶长 3~12cm。雌雄异株；圆锥花序。果肉质。

生于沟旁、山谷林下或灌丛中。

全草药用，味甘、苦，性寒。归肺、肝经；止咳，平喘，清热解毒，降血脂，抗衰老。治慢性支气管炎、肺热咳嗽、高血脂症、传染性肝炎、肾盂炎、肠胃炎。

2. 苦瓜属 Momordica Linn.

1. 木鳖子（别名：木别子、漏苓子）**Momordica cochinchinensis** (Lour.) Spreng

藤本。叶 3~5 裂或不分裂，基部心形，掌状脉。卷须不分歧。雌雄异株；花萼筒漏斗状，花冠黄色。果卵球形，熟时红色，具刺尖突起。

生于低海拔灌丛中。

根、叶药用，味苦、微甘，性寒，有毒。解毒，消肿止痛。治化脓性炎症、乳腺炎、淋巴结炎、头癣、痔疮。

3. 茅瓜属 Solena Lour.

1. 茅瓜（别名：老鼠偷冬瓜）**Solena heterophylla** (Lam.) Gandhi [*Melothria heterophylla* (Lour.) Cogn]

藤本。叶不分裂或 3~5 浅裂至深裂，上面密被细刚毛。雌雄同株；雄花几乎呈簇生；雌花在雄花同一叶腋单生。果宽卵形。

生于山坡、路旁的疏林或灌丛中。

根药用，味甘、苦、微涩，性寒。清热除湿，消肿，化痰散结。治结膜炎、疖肿、咽喉炎、腮腺炎、淋巴结核、淋病、胃痛、腹泻、赤白痢。

3. 赤瓟属 Thladiantha Bunge

1. 大苞赤瓟（别名：球果赤瓟、越南赤瓟、茸毛赤瓟）**Thladiantha cordifolia** A. M. Lu et Z. Y. Zhang

草质藤本。叶片卵状心形，边缘有胼胝质小齿。雌雄异株；雄花 3 至数朵呈短总状花序；雌花单生。果实长圆形，有 10 条纵纹。

生于低海拔山地的灌丛或沟谷林中。

全草药用。解毒，消肿止痛。治深部脓肿、各种疮疡。

4. 栝楼属 Trichosanthes Linn.

1. 两广栝楼 Trichosanthes reticulinervis C. Y. Wu ex S. K. Chen

大攀缘藤本。叶片革质，卵状至阔卵状心形，长15~20cm，宽 10~18cm。雄花排列成总状花序或狭圆锥花序；花冠白色。果卵圆形。

生于低海拔的山谷沟边林中或灌丛。

根药用。治热病烦渴、肺热燥咳、消渴、疮疡肿毒。

5. 马㼎儿属 Zehneria Endl.

1. 钮子瓜 Zehneria bodinieri (H. Léveillé) W. J. de Wilde & Duyfjes [*Z. maysorensis* (Wight et Arn.) Arn. ;*Melothria maysorensis* (Wight et Arn.) Chang]

草质藤本。叶宽卵形，边缘有小齿或深波状锯齿。雌雄同株；雄花常 3~9 朵着生；雌花单生。果球状；果柄长 3~12mm。

常生于海拔 500~1000m 的山林潮湿处。

全草药用，味甘，性平。清热，镇痉，解毒。治发热、头痛、咽喉肿痛、疮疡肿毒、淋证、小儿高热抽筋。

2. 马㼎儿（别名：老鼠拉冬瓜）Zehneria japonica (Lour.) Keraudren [*Melothria indica* Lour.]

攀缘或平卧草本。叶近三角形，脉上有极短的柔毛，背面淡绿色。雄蕊数朵生于叶腋内，花冠淡黄色。果长圆形或狭卵形，熟后橘红色。

常生于荒地、林缘、溪边等处，缠绕于灌木或绿篱上。

全草药用，味甘、苦，性凉。清热解毒，散结消肿。治咽喉肿痛、结膜炎。

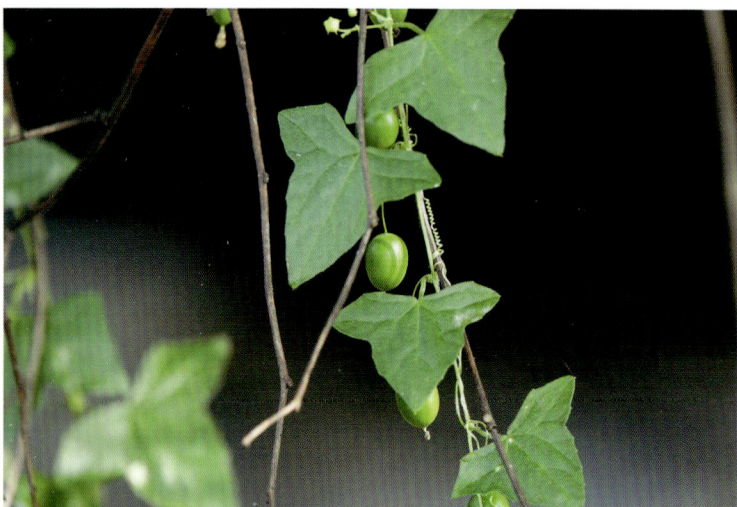

A166 秋海棠科 Begoniaceae

1. 秋海棠属 Begonia Linn.

1. 周裂秋海棠（别名：野海棠）Begonia circumlobata Hance

草本。叶基生，具长柄；叶 5~6 深裂，掌状脉。雄花花被片 4，玫瑰色；雌花花被片 5，柱头螺旋状扭曲呈环状。蒴果下垂，具不等 3 翅。

生于海拔 250~1100m 的山谷林下阴湿处。

全草药用，味酸，性凉。消炎，镇咳。治咳嗽、中耳炎。

2. 粗喙秋海棠（别名：肉半边莲、黄疸草）Begonia longifolia Blume [*B. crassirostris* Irmsch.]

多年生草本。叶两侧极不相等，掌状脉。花白色，花被片 4，雌花柱头呈螺旋状扭曲。蒴果轮廓近球形，顶端具粗厚长喙，无翅，无棱。

生于山地林下岩石上。

全草药用，味酸、涩，性凉。清热解毒，消肿止痛。治咽喉炎、牙痛、淋巴结结核、毒蛇咬伤。

3. 裂叶秋海棠 Begonia palmata D. Don [*B. laciniata* Roxb.]

草本。茎高 30~60cm，被锈褐色绒毛。单叶互生，叶 5~7 浅裂，被长硬毛。雌雄同株；花玫瑰色或白色；子房 2 室。蒴果。

生于山地林下或阴湿的岩石上。

全草药用，味酸，性凉。清热解毒，散瘀消肿。治感冒、急性支气管炎、风湿性关节炎、跌打内伤瘀血、闭经、肝脾肿大。

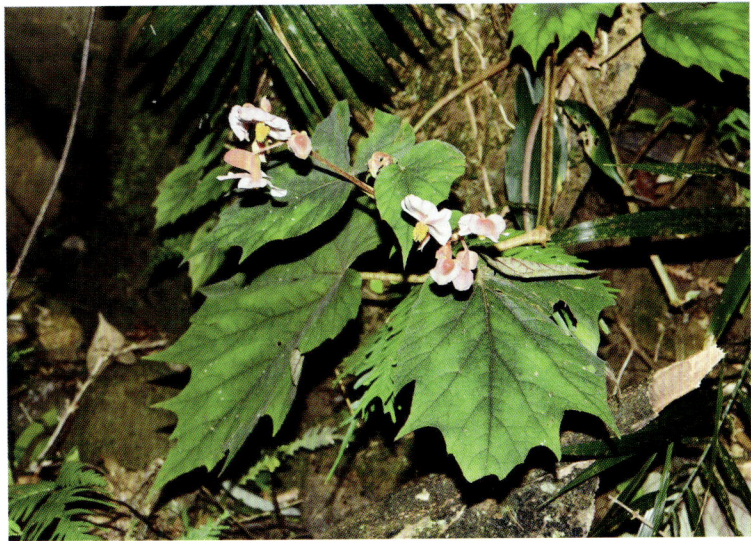

4．红孩儿 **Begonia palmata** D. Don var. **bowringiana** (Champ. ex Benth.) J. Golding et C. Kareg.

草本。茎被锈褐色茸毛。叶形变异大，通常斜卵形，上面密被短硬毛，偶混长硬毛。雌雄同株；花玫瑰色或白色。蒴果。

生于海拔 800~1000m 密林中阴湿处。

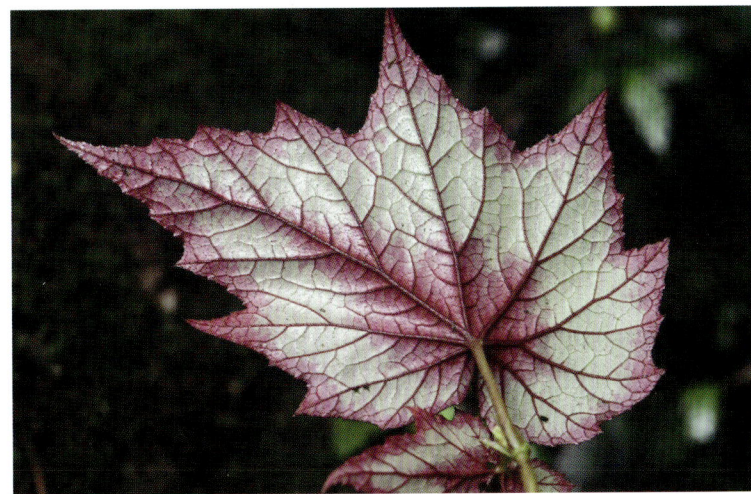

A168 卫矛科 Celastraceae

1. 南蛇藤属 Celastrus Linn.

1．大芽南蛇藤（别名：哥兰叶、霜红藤、地南蛇、米汤叶、绵条子）**Celastrus gemmatus** Loes.

灌木。叶长方形，卵状椭圆形或椭圆形，长 6~12cm，宽 3.5~7cm。聚伞花序顶生及腋生，顶生花序长约 3cm。蒴果球状，直径 10~13mm。

生于海拔 100m 以上的密林或灌丛中。

根药用，味涩，性温。舒筋活血，散瘀。治风湿关节痛、月经不调。

2．青江藤 **Celastrus hindsii** Benth.

常绿藤本。叶纸质或革质，干后常灰绿色，长方窄椭圆形、或卵窄椭圆形至椭圆倒披针形，长 7~14cm，宽 3~6cm。顶生聚伞圆锥花序；花淡绿色。

生于海拔 300m 以上的灌丛或山地林中。

根药用，味辛、苦，性平。通经，利尿，祛风除湿，壮筋骨。治经闭、小便不利。

3．独子藤 **Celastrus monospermus** Roxb. [*Monocelastrus monospermus* (Roxb.) Wang et Tang]

常绿藤本。叶片近革质，长方阔椭圆形至窄椭圆形。花序腋生或顶生及腋生并存，二歧聚花序排成聚伞圆锥花序。蒴果，阔椭圆状。

生于海拔 300~1500m 山坡密林中或灌丛湿地上。

4．显柱南蛇藤 **Celastrus stylosus** Wall. [*C. hypoleucus* Warb. ex Loes f. *puberula* Loes.]

叶片长方椭圆形，稀近长方倒卵形，长 6.5~12.5cm，宽 3~6.5cm。聚伞花序腋生及侧生。蒴果近球状，直径 6.5~8mm。

生于海拔 350~1000m 的山谷林中。

根、茎药用，味辛、苦，性平，有小毒。祛风除湿，利尿通淋。治风湿痹痛、脉管炎、淋症、跌打肿痛。

2. 卫矛属 Euonymus Linn.

1. 扶芳藤（别名：爬行卫矛）Euonymus fortunei (Turcz.) Hand.-Mazz.

攀缘灌木。小枝圆柱形。叶椭圆形，长 3~8cm，宽 1.5~3.5cm。聚伞花序 3~4 次分枝；花序梗长 1.5~3cm。果近球形，无刺。

生于山坡丛林中。

茎、叶药用，味甘、苦，性温。舒筋活络，散瘀止血。治咯血、月经不调、功能性子宫出血、风湿性关节痛。

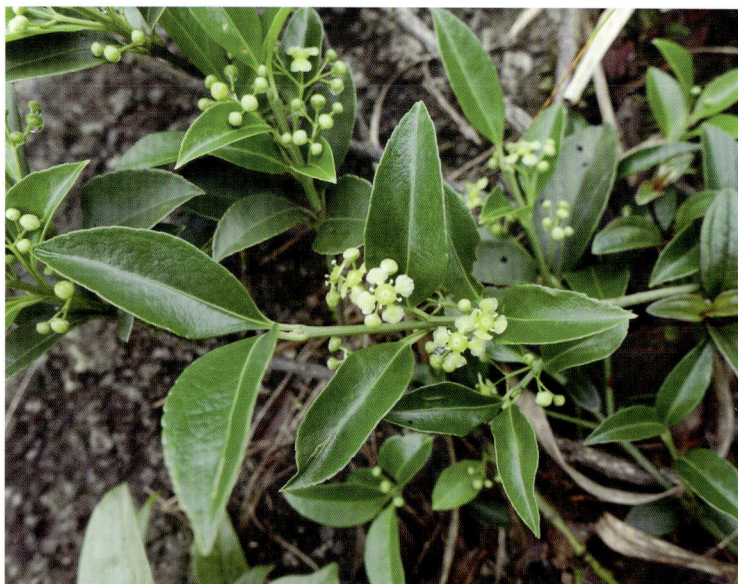

2. 疏花卫矛（别名：山杜仲、飞天驳、土杜仲、木杜仲）Euonymus laxiflorus Champ. ex Benth.

灌木。枝四棱形。叶卵状椭圆形，长 5~12cm，宽 2~4cm。聚伞花序分枝疏松，5~9 花；子房每室 2 胚珠。果倒圆锥形，具 5 阔棱。

生于山谷林下、林缘或水边较阴湿处。

根、树皮药用，味淡、涩，性平。祛风湿，强筋骨。治风湿骨痛、腰腿酸痛、跌打疼痛。

3. 中华卫矛（别名：杜仲藤）Euonymus nitidus Benth. [E. chinensis Lindl.]

灌木。小枝四棱形。叶卵形、倒卵形，长 5~8cm，宽 2.5~4cm。花瓣基部窄缩成短爪。果卵状三角形，直径 9~17mm，顶端 4 浅裂。

生于山坡、林边或疏林中。

全株药用，味微辛、涩，性平。舒筋活络，强壮筋骨。治风湿腰腿痛、跌打损伤、高血压。

A170 牛栓藤科 Connaraceae

1. 红叶藤属 Rourea Aubl.

1. 小叶红叶藤（别名：牛栓藤、牛见愁、荔枝藤、霸王藤）Rourea microphylla (Hook. & Arn.) Planch.[Connarus microphylla Hook. & Arn.]

攀缘灌木。奇数羽状复叶；7~17小叶，叶片顶端骤尖。聚伞花序排成圆锥花序；花瓣有纵脉纹。蓇葖果单生，宽4~5mm。

生于丘陵、山坡疏林或灌丛中。

根、叶药用，味甘、微辛，性温。活血通经，止血止痛。

2. 红叶藤 **Rourea minor** (Gaertn.) Leenh. [*R. santalodes* Wight. & Arn.]

藤本或攀缘灌木。奇数羽状复叶，小叶3~7片，常3片，长3~12cm，宽2~5cm。花芳香，萼片卵形，花瓣长椭圆形。果弯月形，宿萼。

生于海拔800m以下的丘陵或山地的林中或灌丛。

根、叶药用，味甘、涩，性微温。止血止痛，活血通经，收敛，埋口生肌。治风湿关节痛、跌打刀伤、月经不调、闭经等。

A171 酢浆草科 Oxalidaceae

1. 酢浆草属 Oxalis Linn.

1. 酢浆草（别名：酸浆草、酸味草）**Oxalis corniculata** Linn. [*O. repens* Thunb.]

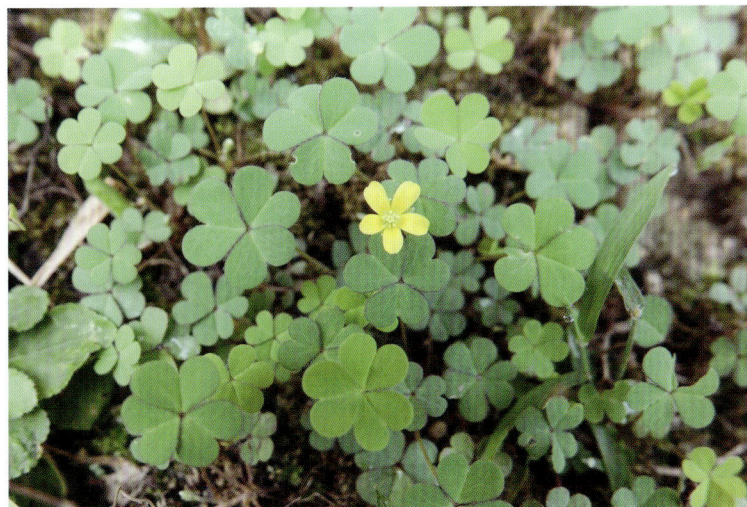

草本。茎细弱，多分枝，匍匐茎节上生根。叶基生或茎上互生；小叶3，倒心形。花单生或伞形花序状。蒴果长圆柱形。

生于旷地、园地或田边等处。

全草药用，味酸，性凉。清热利湿，解毒消肿。治感冒发热、肠炎、肝炎、尿路感染、结石、神经衰弱。

2. 红花酢浆草（别名：三夹莲、铜锤草）**Oxalis corymbosa** DC.

多年生直立草本。地下部分有球状鳞茎。叶基生，小叶3，扁圆状倒心形，顶端凹入，基部宽楔形。花瓣5，倒心形，淡紫色至紫红色。

多生于旷野或园地上。

全草药用，味酸，性寒。清热解毒，散瘀消肿，调经。治肾盂肾炎、痢疾、咽炎、牙痛、月经不调、白带。

A173 杜英科 Elaeocarpaceae

1. 杜英属 Elaeocarpus Linn.

1. 中华杜英（别名：小冬桃）**Elaeocarpus chinensis** (Gardn. et Champ.) Hook. f. ex Benth.

常绿小乔木。叶卵状披针形，基部圆形，边缘有齿。总状花序，两性花；花萼披针形，花瓣5，长圆形，不分裂。核果椭圆形，长不到1cm。

生于海拔350~850m的常绿林。

根皮药用，味辛，性温。活血化瘀，散瘀消肿。治风湿、跌打损伤。

2. 杜英 Elaeocarpus decipiens Hemsl.

常绿乔木；高5~15m。叶披针形，长7~12cm，宽2~3.5cm。总状花序多生于叶腋及无叶的去年枝条上，长5~10cm。果椭圆形，直径2~3cm。

生于海拔400~700m的山地林中。

根皮药用，味辛，性温。活血化瘀，散瘀消肿。治风湿、跌打损伤。

3. 褐毛杜英（别名：冬桃杜英）Elaeocarpus duclouxii Gagnep.

乔木。叶长圆形，宽3~6cm，先端急尖，基部楔形，下面被褐色毛，边缘有齿；叶柄被褐色毛。花瓣上半部撕裂。核果椭圆形，宽1.7~2cm。

生于山地常绿林中。

果实药用，味苦，性寒。清热解毒。治宣肺止咳、通淋、养胃消食。

4. 日本杜英 Elaeocarpus japonicus Sieb. et Zucc. [E. yunnanensis Brandis]

乔木。单叶互生，革质，通常卵形，长6~12cm，宽3~6cm，叶背有细小黑腺点。总状花序生叶腋。核果椭圆形，直径8mm。

生于海拔400~1000m的常绿林中。

5. 山杜英（别名：羊屎树）Elaeocarpus sylvestris (Lour.) Poir.

小乔木。小枝无毛，叶长4~8cm，宽2~4cm，基部窄楔形，下延，两面均无毛。总状花序，花瓣上半部撕裂。果椭圆形，长1~1.2cm。

生于海拔350~1000m的常绿林中。

根皮药用，味苦，性凉。清热解毒，散瘀消肿。治跌打瘀肿、痈肿、牙痛。

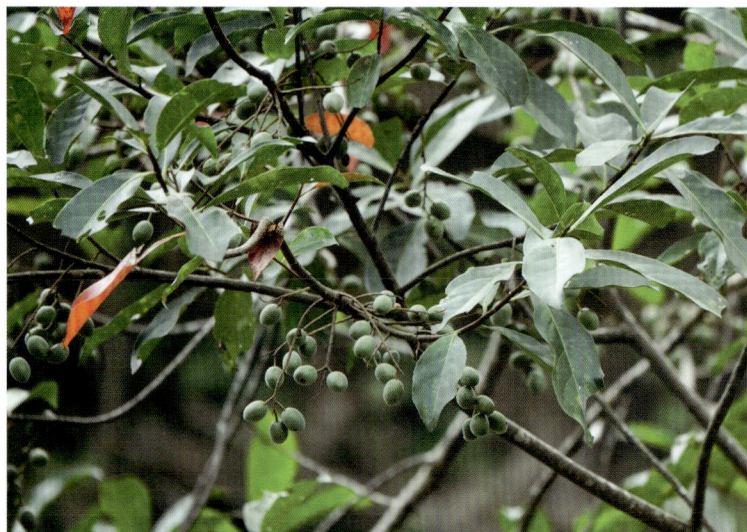

2. 猴欢喜属 Sloanea Linn.

1. 薄果猴欢喜 Sloanea leptocarpa Diels [S. elegans Chun]

乔木。叶革质，披针形，侧脉 7~8 对。萼片 4~5，花瓣 4~5，上端齿状撕裂，雄蕊多数。蒴果圆球形，3~4 片裂开，果片薄；针刺短。

生于海拔 700~1000m 的常绿林中。

2. 猴欢喜 Sloanea sinensis (Hance) Hemsl.

常绿乔木。叶常为长圆形或狭窄倒卵形，长 8~15cm，宽 3~7cm，全缘。花多朵簇生；花瓣 4。蒴果球形，直径 2.5~3cm。

生于海拔 250~1000m 的常绿林中。

根药用，味辛，性温。散寒行气，止痛。治虚寒胃痛、腹痛。

A176 小盘木科 Pandaceae

1. 小盘木属 Microdesmis Hook. f.

1. 小盘木（别名：狗骨树）**Microdesmis caseariifolia** Planch. ex Hook.

乔木或灌木。叶披针形，长 3.5~16cm，宽 1.5~5cm；叶柄长 3~7cm。花簇生于叶腋；花瓣椭圆形，黄色。核果圆球状。

生于沿海平原或山地、山谷常绿阔叶林中。

树汁药用。止痛。

A180 古柯科 Erythroxylaceae

1. 古柯属 Erythroxylum P. Browne

1. 东方古柯（别名：细叶接骨丹）**Erythroxylum sinense** (Morris) Hieron.

灌木或小乔木。叶较小，长 2~4.5cm，宽 1~1.8cm，顶端圆钝或微凹；托叶不裂。花瓣粉红色，卵状长圆形。核果长圆形。

生于海拔 300~1000m 山地林中。

叶药用，味微苦、涩，性温。定喘，止痛。治哮喘、骨折疼痛疟疾、疲劳。由叶中提制出的古柯碱为局部麻醉药。可咀嚼少量叶片。

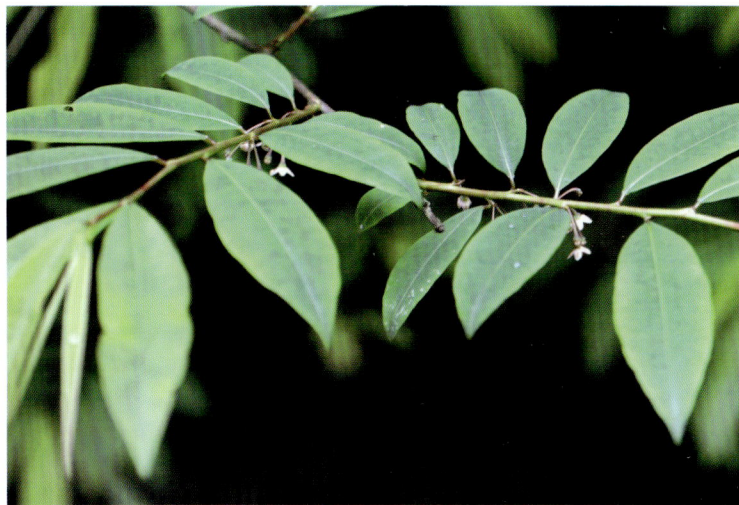

A181 金莲木科 Ochnaceae

1. 合柱金莲木属 Sauvagesia Diels

1. 合柱金莲木 **Sauvagesia rhodoleuca** Diels

直立小灌木。叶狭披针形，两端渐尖，边缘有腺状锯齿，侧脉多数，近平行。圆锥花序，萼片浅绿色；花瓣椭圆形，白色。蒴果卵球形。

生于海拔 1000m 以下的山谷水旁密林中。

A183 藤黄科 Clusiaceae

1. 藤黄属 Garcinia Linn.

1. 木竹子（别名：多花山竹子）**Garcinia multiflora** Champ. ex Benth.

常绿乔木。叶对生，革质，长圆状卵形或长圆状倒卵形，边缘微反卷。圆锥花序；花瓣倒卵形。浆果球形，直径 2~3.5cm。

生于低海拔至中海拔的山地林中。

树皮、果药用，味苦、涩，性凉，有小毒。消炎止痛，收敛生肌。治肠炎，小儿消化不良，胃、十二指肠溃疡，溃疡病轻度出血，口腔炎，牙周炎。

2. 岭南山竹子（别名：黄牙果、岭南倒捻子）Garcinia oblongifolia Champ. ex Benth.

乔木。叶近革质，长 5~10cm，宽 2~3.5cm，基部楔形，中脉在上面微隆起。花小，花瓣倒卵状长圆形。浆果球形，直径 2.5~3.5cm。

多生于山地、山脚密林或丘陵、平地的疏林中。

树皮、果药用，味苦、涩，性凉，有小毒。消炎止痛，收敛生肌。治肠炎，小儿消化不良，胃、十二指肠溃疡，溃疡病轻度出血，口腔炎，牙周炎。

A184 胡桐科 Calophyllaceae

1. 红厚壳属 Calophyllum Linn.

1. 薄叶红厚壳（别名：横经席、跌打将军）Calophyllum membranaceum Gardn. & Champ. [*C. spectabile* Hook. & Arn.]

灌木至小乔木。叶对生，边缘反卷，侧脉极多而密，近平行。聚伞花序腋生；花两性；花瓣 4；子房 1 室。果卵状长圆球形。

生于低海拔至中海拔的山地林中或灌丛。

根、叶药用，味微苦，性平。壮腰补肾，活血止痛。根、叶：治风湿关节痛、腰腿痛、跌打损伤、黄疸型肝炎、月经不调、痛经。

A186 金丝桃科 Hypericaceae

1. 黄牛木属 Cratoxylum Bl.

1. 黄牛木（别名：黄牛茶、黄芽茶）Cratoxylum cochinchinense (Lour.) Bl. [*C. ligustrinum* Bl.]

落叶灌木或乔木。叶对生，椭圆形至长椭圆形，叶背有透明腺点及黑点。聚伞花序；花瓣粉红、深红至红黄色。蒴果椭圆形。

常生于低海拔山地、丘陵的疏林或灌丛中。

全株药用，味甘、微苦，性凉。解暑清热，利湿消滞。治感冒、中暑发热、急性胃肠炎、黄疸。

2. 金丝桃属 Hypericum Linn.

1. 地耳草（别名：小田基黄、雀舌草）Hypericum japonicum Thunb. ex Murray

一年生或多年生草本。叶对生，卵形，长小于 2cm，散布透明腺点。花序具 1~30 花；花瓣椭圆形；花柱长 10mm。蒴果无腺条纹。

生于田野、沟边等较潮湿处。

全草药用，味甘、微苦，性凉。清热利湿，解毒消肿，散瘀止痛。治肝炎、早期肝硬化、阑尾炎、眼结膜炎、扁桃体炎。

A192 金虎尾科 Malpighiaceae

1. 盾翅藤属 Aspidopterys A. Juss.

1. 贵州盾翅藤 Aspidopterys cavaleriei Léveille

攀缘藤本。叶长 11~25cm，宽 8~15cm，先端急渐尖，主脉背面隆起。总状圆锥花序，萼片长圆形，花瓣 5，黄白色。翅果近圆形，具翅。

生于山地沟谷林中。

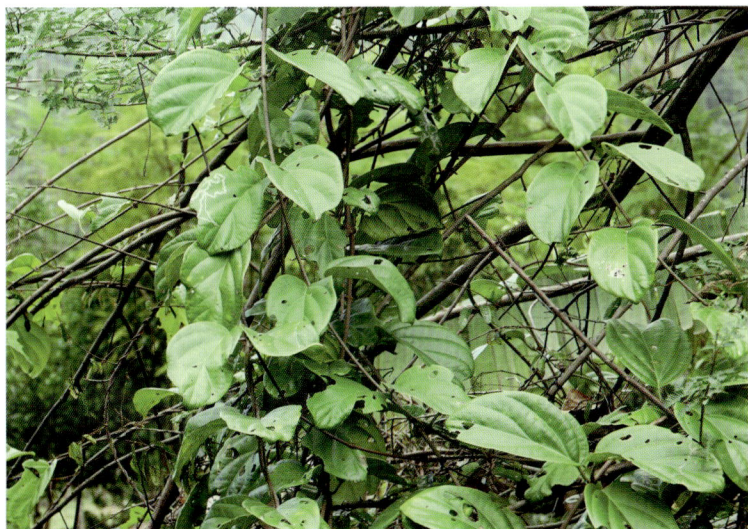

A200 堇菜科 Violaceae

1. 堇菜属 Viola Linn.

1. 如意草 Viola arcuata Blume [V. hamiltoniana D. Don]

多年生草本。地上茎丛生，节间较长；匍匐枝蔓生，节上生不定根。基生叶，叶柄上部具狭翅。花淡紫色或白色；具暗紫色条纹。蒴果长圆形。

生于山谷灌丛阴湿处。

全草药用，味辛、微酸，性寒。清热解毒，止血，化瘀消肿。治热毒疮疡、乳痈、跌打瘀肿、开放性骨折、金疮出血、虫蛇咬伤。

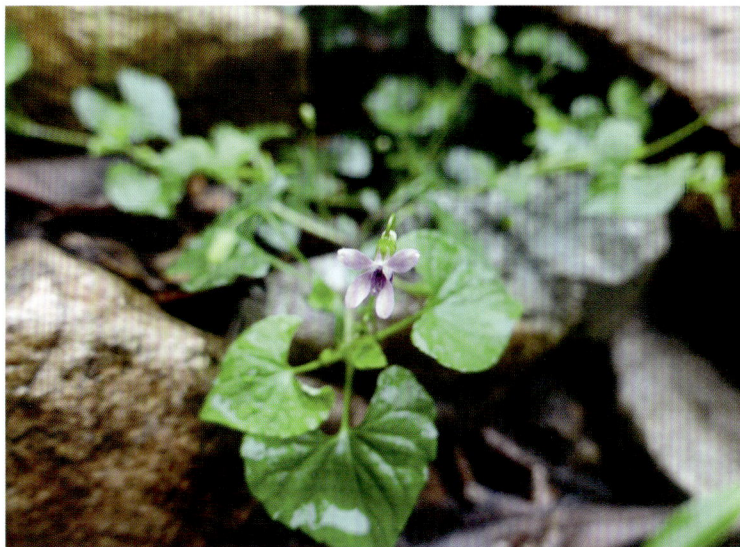

2. 七星莲 （别名：匍匐堇菜、蔓茎堇菜）Viola diffusa Ging

一年生草本；有匍匐枝，全株被白色长柔毛。基生叶多数，叶卵形。花梗长 2~8cm ；中部有 2 枚小苞片；花较小。蒴果长圆形。

生于山地沟旁、疏林下或村旁较湿润、肥沃处。

全草药用，味苦、微辛，性寒。消肿排脓，清热解毒，生肌接骨。治肝炎、百日咳、目赤肿痛。

3. 长萼堇菜 （别名：毛堇菜、犁头草、紫花地丁）Viola inconspicua Blume [V. confusa Champ. ex Benth.]

多年生草本；植株无茎，无匍匐枝。叶基生，莲座状，叶片三角形，宽 1~3.5cm。花淡紫色，有暗色条纹。蒴果长圆形。

生于山地草坡、平地、田野或河边。

全草药用，味苦、微辛，性寒。消炎解毒，凉血消肿。治急性结合膜炎、咽喉炎、乳腺炎、急性黄疸型肝炎、痈疖肿毒、化脓性骨髓炎、毒蛇咬伤。

A202 西番莲科 Passifloraceae

1. 西番莲属 Passiflora Linn.

1. 鸡蛋果（别名：西番莲果）Passiflora edulis Sims

草质藤本。叶纸质，掌状 3 深裂，边缘有细齿，基部有 1~2 个杯状小腺体。花芳香；苞片边缘有不规则细齿。浆果卵球形。

栽培。

果药用，味甘、酸，性平。清热解毒，镇痛安神。治痢疾、痛经、失眠等。

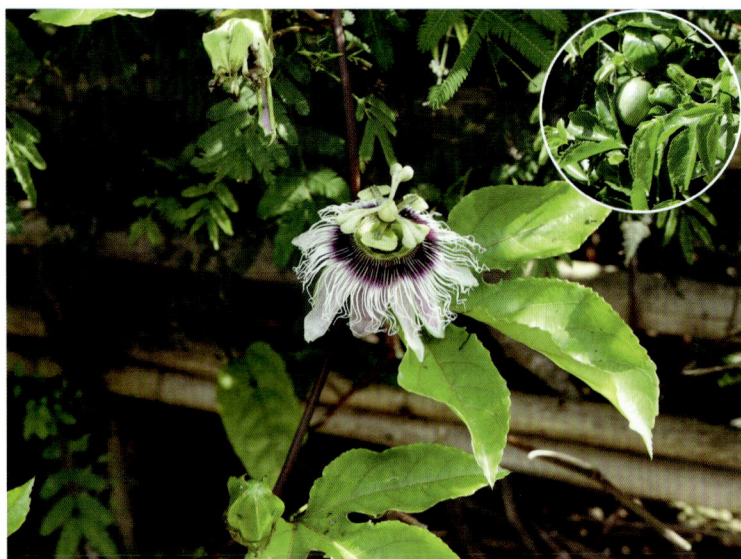

2. 广东西番莲 Passiflora kwangtungensis Merr.

草质藤本。叶膜质，披针形，先端长渐尖，基部心形。花序成对生于卷须两侧，萼片 5，花瓣 5，外副花冠丝状，内副花冠褶状。浆果球形。

生于海拔 350~880m 的山地疏林中或灌丛中。

全草药用，味苦，性寒。清热解毒，除湿，消肿。治痈疮肿毒、湿疹。

A204 杨柳科 Salicaceae

1. 嘉赐树属 Casearia Jacq.

1. 爪哇脚骨脆（别名：毛叶嘉赐树、毛嘉赐树）Casearia velutina Bl. [C. villilimba Merr；C. balansae Gagnep.]

灌木；高 1.5~2.5m。叶纸质，卵状长圆形，稀卵形，长 5~8cm，边缘有锐齿。花小，淡紫色，数朵簇生于叶腋。蒴果。

生于低海拔疏林中。

2. 天料木属 Homalium Jacq.

1. 天料木 Homalium cochinchinense (Lour.) Druce

小乔木或灌木。叶纸质，长 6~15cm，宽 3~7cm，边缘有齿，侧脉 7~9 对。花多数，萼筒陀螺状，花瓣匙形。蒴果倒圆锥状。

生于山地阔叶林中。

3. 山桂花属 Bennettiodendron Merr.

1. 山桂花（别名：广东勒木、木勒木、短柄本勒木、披针叶山桂）Bennettiodendron leprosipes (Clos) Merr.

灌木或小乔木。叶纸质，倒卵状披针形，长 5~12cm，两面无毛；叶柄 0.3~2cm，密被棕色短毛。圆锥花序顶生。浆果圆形，直径 3~4mm，成熟时朱红色。

生于山谷林中。

全株药用。清热解毒，消炎，止血生肌。

全草药用，味苦、涩，性凉。清热解毒，消积，止痢，止血。治肠炎、细菌性痢疾、阿米巴痢疾、小儿疳积、肝炎、疟疾、吐血、衄血、尿血、便血、子宫出血。

2. 山麻杆属 Alchornea Sw.

1. 红背山麻杆（别名：红背叶）Alchornea trewioides (Benth.) Muell. Arg.

灌木；高 1~2m。叶 3 基出脉，下面浅红，叶基具 4 腺体；2 托叶。雄花序穗状，长 7~15cm；雌花序总状。蒴果球形，具 3 圆棱。

生于沿海平地、山地灌丛或疏林下。

根、叶药用，味甘，性凉。清热利湿，散瘀止血。治痢疾、小便不利、血尿、尿路结石、红崩、白带、腰腿痛、跌打肿痛。

4. 柳属 Salix Linn.

1. 腺柳 Salix chaenomeloides Kimura

小乔木。叶长 4~8cm，宽 1.8~4cm，先端急尖，基部楔形，两面光滑，边缘有腺锯齿；叶柄先端具腺点。蒴果卵状椭圆形。

生于海拔 1000m 以下的山沟水旁。

A207 大戟科 Euphorbiaceae

1. 铁苋菜属 Acalypha Linn.

1. 铁苋菜（别名：海蚌含珠）Acalypha australis Linn.

3. 巴豆属 Croton Linn.

1. 毛果巴豆（别名：小叶双龙眼）Croton lachnocarpus Benth.

灌木；高 1~2m。叶椭圆状卵形，长 4~10cm，3 基出脉，基部 2 枚具柄杯状腺体。总状花序顶生。果近球形，直径 7~8mm。

生于山地林中。

根、叶药用，味辛、苦，性温，有小毒。祛风除湿，散瘀消肿。

一年生草本。叶长卵形，边缘具圆锯；叶柄具毛。雌雄花同序，腋生；雌花苞片 1~2 枚，长约 10mm，有齿。蒴果具 3 个分果爿。

生于村边路旁等空旷地上。

治风湿性关节痛、跌打肿痛、毒蛇咬伤。

2. 巴豆（别名：双眼龙）Croton tiglium Linn.

小乔木。叶纸质，卵形，顶端短尖，3 或 5 基出脉，基部两侧各 1 枚盘状腺体。总状花序顶生；雄花花蕾近球形。果椭圆形，长达 2cm。

生于山地林中。

全株及种子药用。种子：味辛，性热，有大毒；泻下祛积，逐水消肿；治寒积停滞，胸腹胀满。根、叶：味辛，性温，有毒；温中散寒，祛风活络。根：治风湿性关节炎、跌打肿痛、毒蛇咬伤。

4. 大戟属 Euphorbia Linn.

1. 飞扬草（别名：大飞扬、节节花）Euphorbia hirta Linn.

一年生草本。叶菱状椭圆形，长 1~3cm，宽 5~17mm，边具锯齿，有时具紫色斑。花序密集呈球状。蒴果；种子具 4 棱。

生于村镇路旁或草地上。

全草药用，味酸、微苦，性凉。清热解毒，利湿止痒。治细菌性痢疾、阿米巴痢疾、肠炎、肠道滴虫、消化不良、支气管炎、肾盂肾炎。

2. 通奶草（别名：光叶飞扬）Euphorbia hypericifolia Linn. [E. indica Lam.]

一年生草本。叶对生，狭长圆形，基部圆形，常偏斜，不对称。花序数个簇生于叶腋或枝顶。蒴果三棱状；种子卵棱状。

生于路旁杂草地、旱地或石山山脚。

全草药用，味辛、微苦，性平。利尿，通乳，生肌。治刀伤出血，妇女乳汁不通，水肿，泄泻，痢疾，皮炎，烧、烫伤，疥癣。

3. 千根草（别名：细叶飞扬草、小乳汁草、苍蝇翅）Euphorbia thymifolia Linn.

一年生草本。叶对生，卵状椭圆形，长 4~8mm，基部偏斜，边缘有细锯齿。花序 1 或数个簇生于叶腋。蒴果卵状三棱形。

生于山坡草地、村边路旁砂质土上。

全草药用，味酸、涩，性微凉。清热利湿，收敛止痒。治细菌性痢疾、肠炎腹泻、痔疮出血。

5. 血桐属 Macaranga Thou.

1. 印度血桐（别名：盾叶木）Macaranga indica Wight [*M. adenantha* Gagnep.]

乔木。嫩枝被黄褐色柔毛。叶卵圆形，斑状腺体 2 个；托叶三角形，长 1.5~3cm。圆锥花序。蒴果球形；具颗粒状腺体。

生于山谷或山坡常绿阔叶林中。

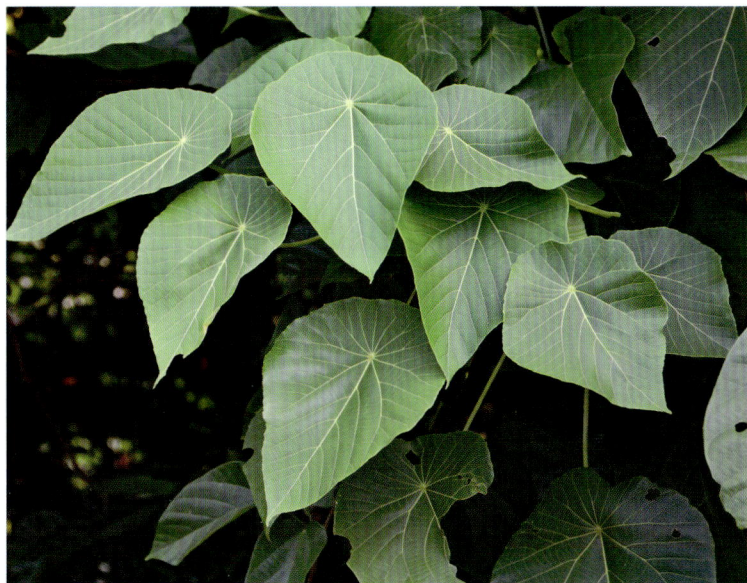

2. 刺果血桐 Macaranga lowii King. et Hook. [*M. auriculata* (Merr.) Airy Shaw]

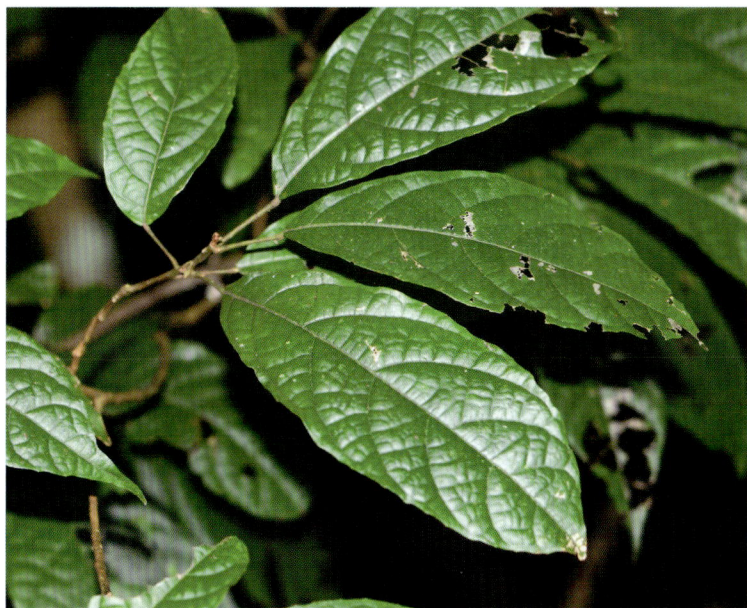

小乔木。叶纸质，椭圆形，顶端长渐尖，基部微耳状心形，两侧具腺体。蒴果双球形，具数枚或多枚软刺和颗粒状腺体；种子近球形。

生于山地常绿林中。

3. 鼎湖血桐 Macaranga sampsonii Hance

小乔木。嫩枝被黄褐色绒毛。叶长 12~17cm，宽 11~15cm，顶端骤长渐尖，盾状着生，掌状脉；托叶披针形。蒴果具颗粒状腺体。

生于山地或山谷常绿阔叶林中。

6. 野桐属 Mallotus Lour.

1. 白背叶（别名：野桐、叶下白）Mallotus apelta (Lour.) Muell. Arg.

灌木或小乔木。叶互生，5 基出脉，叶背白色，基部近叶柄处有 2 腺体。雄花多朵簇生；雌花序穗状，长 30cm。蒴果近球形。

生于荒地灌丛或山坡疏林中。

全草药用，味微苦、涩，性平。根：柔肝活血，健脾化湿，收敛固脱；治慢性肝炎、肝脾肿大、子宫脱垂、脱肛、白带、妊娠水肿。叶：消炎止血。

2. 南平野桐 Mallotus dunnii Metc.

灌木。叶长 10~25cm，宽 8~21cm，顶端长渐尖，边缘具齿，两面有毛和腺体，掌状脉，叶柄盾状着生。花雌雄异株。蒴果钝三棱状球形。

生于海拔 300~500m 的河谷、溪边疏林下。

3. 东南野桐 **Mallotus lianus** Croiz.

小乔木或灌木。叶互生，纸质，卵形或心形，有时阔卵形；基出脉 5 条。总状花序或圆锥花序；雄花序长 10~18cm。蒴果球形，直径 8~10mm。

生于海拔 200~900m 的林中或林缘。

4. 白楸 **Mallotus paniculatus** (Lam.) Muell. Arg.

乔木。叶互生，卵形，5 基出脉，叶柄具腺体，盾状着生。总状花序或圆锥花序。蒴果扁球形，直径 10~15mm，被皮刺和茸毛。

生于海拔 50~1300m 的林中或灌丛中。

5. 粗糠柴 （别名：香桂树）**Mallotus philippensis** (Lam.) Muell. Arg.

小乔木或灌木。枝密被柔毛。叶背具红色腺点，3 基出脉。总状花序。蒴果扁球形，直径 6~8mm，被星状毛和红色腺点。

多生于山坡、丘陵杂木林或灌丛。

根、叶、果腺毛药用。果上腺体粉末：味微苦、涩，性凉；驱虫。根：清热利湿；治急、慢性痢疾，咽喉肿痛。茎、叶：退热、祛风湿。果腺毛：驱蛔虫、蛲虫、绦虫；治跌打、烂疮、外伤出血。

6. 石岩枫 （别名：山龙眼）**Mallotus repandus** (Willd.) Muell.-Arg.

攀缘状灌木。嫩枝等密被毛。叶互生，长 3.5~8cm，宽 2.5~5cm，侧脉 4~5 对。花雌雄异株，总状花序。蒴果密生毛和具腺体。

生于山坡、丘陵疏林或灌丛。

根、茎、叶药用，味微辛，性温。祛风活络，舒筋止痛。治风湿关节炎、腰腿痛、产后风瘫。

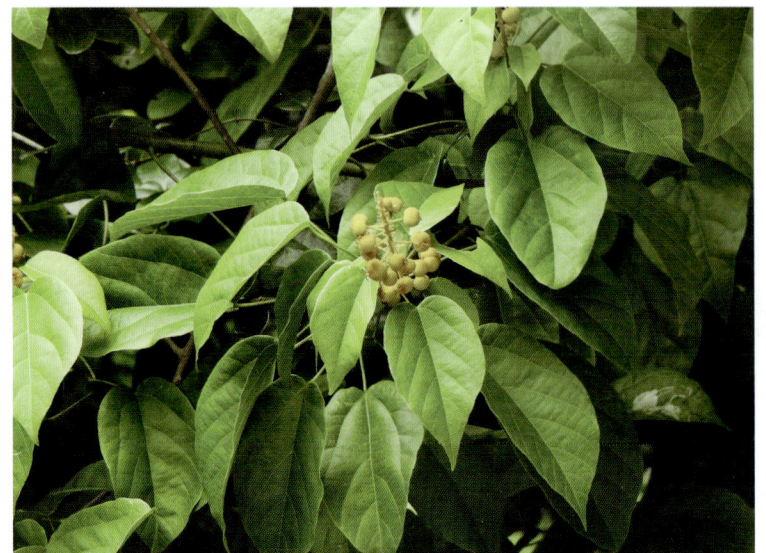

7. 木薯属 Manihot Mill.

1. 木薯 Manihot esculenta Crantz

直立灌木。叶纸质，近圆形，掌状深裂几达基部，裂片3~7。圆锥花序顶生或腋生。蒴果椭圆状，具6条狭而波状纵翅。

栽培。

叶药用。拔毒消肿。治无名肿毒。

8. 乌桕属 Triadica Lour.

1. 山乌桕（别名：红乌桕）Triadica cochinchinensis Loureiro [Sapium discolor (Champ. ex Benth.) Muell.-Arg.]

落叶乔木。叶互生，叶椭圆形，长5~10cm，宽3~5cm；叶柄顶端2腺体。雌雄同株；总状花序；雌花生于花序轴下部。蒴果。

生于山谷或山坡混交林中。

根皮、树皮、叶药用，味苦，性寒，有小毒。泻下逐水，散瘀消肿。根皮、树皮：治肾炎水肿，肝硬化腹水，大、小便不通。

2. 乌桕（别名：白乌桕）Triadica sebifera (Linn.) Small [Sapium sebiferum (Linn.) Roxb.]

乔木。叶互生，纸质，叶片阔卵形，长3~10cm，宽5~9cm。花单性，雌雄同株，总状花序；雄花：花梗纤细；雌花：花梗圆柱形。蒴果近球形。

生于山坡疏林或灌丛中及丘陵旷野、村边、路旁。

根皮、树皮、叶药用，味苦，性微温，有小毒。利尿，解毒，杀虫，通便。治血吸虫病、肝硬化腹水、大小便不利、毒蛇咬伤。

9. 油桐属 Vernicia Lour.

1. 油桐（别名：三年桐、罂子桐、虎子桐）Vernicia fordii (Hemsl.) Airy Shaw [Aleurites fordii Hemsl.]

落叶乔木；高达20m。叶卵圆形，先端短尖，基部平截或浅心形，全缘或浅裂；叶柄顶端有2枚具柄的杯状腺体。花瓣白色。核果近球形，果皮平滑。

生于山地、山谷疏林中。

根、叶、花、果壳及种子药用，味甘、微辛，性寒，有小毒。根：消积驱虫，祛风利湿；治蛔虫病、食积腹胀、风湿筋骨痛、湿气水肿。叶：解毒，杀虫。

2. 木油桐（别名：皱桐）Vernicia montana Lour. [Aleurites montand (Lour.) Wils.]

落叶乔木；高达20m。叶阔卵形，长8~20cm，裂缺常有杯状腺体；叶柄顶端有2枚具柄的杯状腺体。花瓣白色。核果3棱，有皱纹。

生于山地、山谷疏林中。

叶、种子并压榨油酯药用，味苦，性凉。祛风湿。治风湿痹痛、水火烫伤。

A209 粘木科 Ixonanthaceae

1. 粘木属 Ixonanthes Jack.

1. 粘木 Ixonanthes reticulata Champ.

乔木，嫩枝顶端压扁状。叶互生，椭圆形，上面中脉凹陷，侧脉 5~12 对。花白色；萼片 5，花瓣 5；雄蕊花期伸出。蒴果卵状圆锥形。

生于山地林中。

A211 叶下珠科 Phyllanthaceae

1. 五月茶属 Antidesma Linn.

1. 黄毛五月茶（别名：旱禾仔树）Antidesma fordii Hemsl.

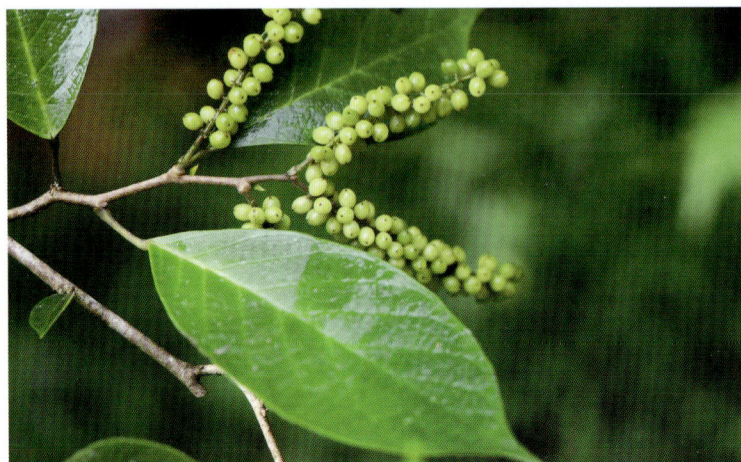

灌木或小乔木；小枝、叶背、托叶密被黄色柔毛。叶长圆形或椭圆形，背面凸出。雄花序穗状；雌花序总状。核果纺锤形。

生于灌木林中。

叶药用。清热解毒。治痈疮。

2. 酸味子 Antidesma japonicum Sieb. et Zucc. [A. filipes Hand.-Mazz.]

乔木或灌木。叶片纸质至近革质，椭圆形至长圆状披针形，长 3.5~13cm。总状花序顶生，长达 10cm。核果椭圆形，长 5~6mm。

生于海拔 200~830m 的山谷密林下。

全株药用，味辛、苦，性凉。清热解毒。治蛇伤。

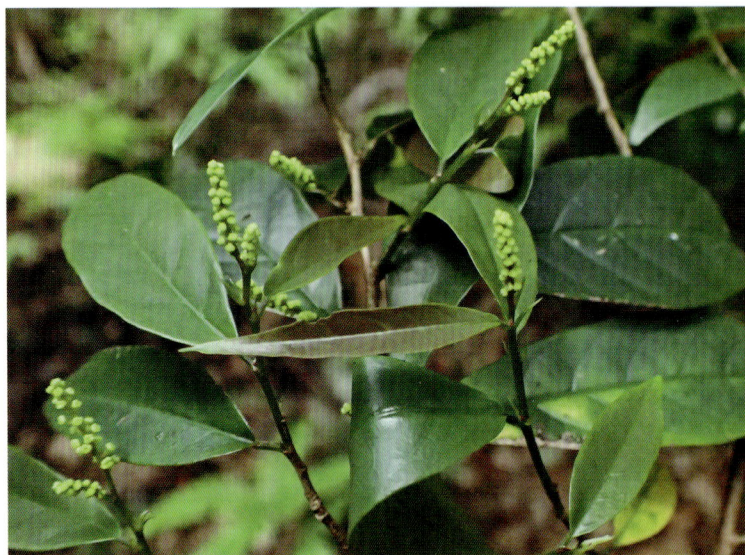

2. 银柴属 Aporosa Bl.

1. 银柴（别名：大沙叶）Aporosa dioica Muell.-Arg.

乔木。叶互生，椭圆至长圆状披针形，背面脉上被短茸毛；叶柄先端具 2 个腺体。雌、雄花序穗状。蒴果椭圆形；种子 2 颗。

生于低山或平原地区的疏林或密林中。

叶药用，味辛、苦，性凉。拔毒生肌。治疮毒。

3. 重阳木属 Bischofia Bl.

1. 秋枫（别名：茄冬）Bischofia javanica Bl.

大乔木。三出复叶，叶长 7~15cm，宽 4~8cm，顶端尖，基部宽楔形至钝，边缘有浅锯齿；叶柄具腺体。圆锥花序。果近圆球形。

生于平原或山谷湿润常绿林中。

根、树皮、叶药用，味微辛、涩，性凉。行气活血，消肿解毒。根及树皮：治风湿骨痛。叶：治食道癌、胃癌、传染性肝炎、小儿疳积、肺炎、咽喉炎。

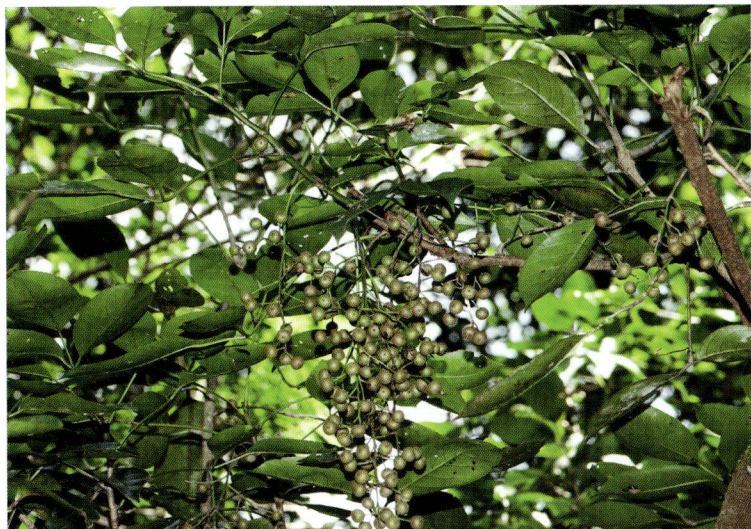

4. 黑面神属 Breynia J. R. Forst. et G. Forst.

1. 黑面神（别名：鬼画符、黑面叶）**Breynia fruticosa** (Linn.) Hook. f.

灌木。叶革质，长 3~7cm，宽 1.8~3.5cm，侧脉每边 3~5 条。花单生或 2~4 朵簇生叶腋；雌花花萼花后增大。蒴果圆球状，顶端无喙。

生于平原区缓坡至海拔 450m 以下的山地疏林或灌丛中。

全株药用，味微苦，性凉，有小毒。清热解毒，散瘀止痛，止痒。根：治急性胃肠炎、扁桃体炎、支气管炎、尿路结石、产后子宫收缩疼痛、风湿性关节炎。

5. 土蜜树属 Bridelia Willd.

1. 禾串树（别名：尖叶土蜜树）**Bridelia balansae** Tutcher [*B. insulana* Hance]

乔木；高达 17m。单叶互生，椭圆形或长椭圆形，长

5~25cm，边缘反卷。雌雄同序，团伞花序腋生。核果长卵形，1 室。

生于山地常绿林中。

叶药用。消炎。治慢性气管炎。

6. 算盘子属 Glochidion J. R. Forst. et G. Forst.

1. 毛果算盘子（别名：漆大姑、漆大伯）**Glochidion eriocarpum** Champ. ex Benth.

灌木；全株几被长柔毛。单叶互生，2 列，狭卵形或宽卵形，基部钝。花单生或 2~4 朵簇生于叶腋内。蒴果扁球状，4~5 室。

生于海拔 30~600m 的山地疏林或灌木林中。

叶、根或全株药用，味苦、涩，性平。清热利湿，解毒止痒。根：治肠炎、痢疾。

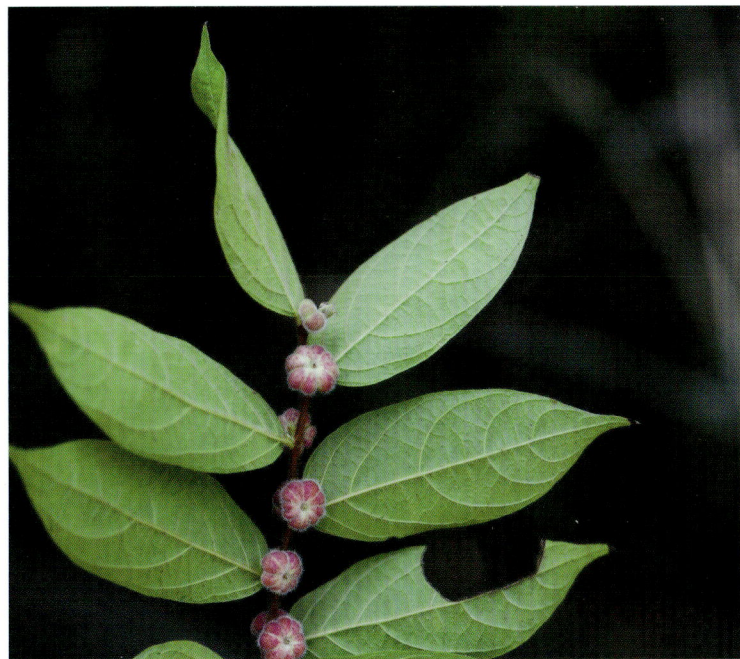

2. 算盘子（别名：算盘珠、馒头果）**Glochidion puberum** (Linn.) Hutch.

灌木。叶长圆形。花 2~5 朵簇生于叶腋内；雄花常生于小枝下部，雌花则上部。蒴果扁球状，边缘有 8~10 条纵沟，6~8 室。

生于山地及丘陵灌丛中。

根、叶药用，味微苦、涩，性凉。清热利湿，祛风活络。治感冒发热、咽喉痛、疟疾、急性胃肠炎、消化不良、痢疾、

风湿性关节炎、跌打损伤、白带、痛经。

3. 里白算盘子 Glochidion triandrum

灌木或小乔木；小枝、叶背、叶柄、花果各部被短柔毛。叶下面苍白色；中脉和侧脉在下面凸起。花5~6朵簇生于叶腋。蒴果扁球状，有8~10条纵沟。

3. 白背算盘子 Glochidion wrightii Benth.

灌木或乔木；高1~8m。叶长圆形或披针形，长2.5~5.5cm，常呈镰状弯斜，基部偏斜，背白。花簇生叶腋。蒴果扁球形，3室。

生于海拔50~300m的山坡疏林或灌丛中。

叶药用，味苦，性平。清热利湿，活血止痛。治湿热泻痢、咽喉肿痛、疮疖肿痛、蛇伤、跌打损伤。

7. 叶下珠属 Phyllanthus Linn.

1. 叶下珠 Phyllanthus urinaria Linn.

一年生草本。叶长圆形，长7~15mm，宽3~6mm。雄花2~4朵簇生叶腋；雌花单生，雌花梗长不及0.5mm。蒴果具小凸刺。

生于旷野草地、山坡、旱田、村旁等处。

全草药用，味甘、微苦，性凉。清热散结，健胃消积。治痢疾、肾炎水肿、泌尿系统感染、暑热、目赤肿痛、小儿疳积。

A214 使君子科 Combretaceae

1. 风车子属 Combretum Loefl.

1. 风车子（别名：华风车子、水番桃、清凉树）Combretum alfredii Hance

灌木。叶长12~20cm，宽4.8~7.3cm，先端渐尖，基部楔尖。小苞片线状，萼钟状，花瓣黄白色，花丝伸出萼外。果椭圆形，有4翅。

生于海拔200~800m的河边、谷地。

根、叶药用，味甘、淡、微苦，性平。根：清热利胆；治黄疸型肝炎。叶：驱虫；治蛔虫病、鞭虫病。

生于山地林中。

A215 千屈菜科 Lythraceae

1. 水苋菜属 Ammannia Linn.

1. 水苋菜（别名：细叶水苋、水田基黄）**Ammannia baccifera** Linn.

一年生草本。叶生于下部的对生，上部的或侧枝成互生，长椭圆形、长圆形或披针形，长 6~15mm，宽 3~5mm。花腋生的聚伞花序或花束。蒴果球形。

喜生于湿地或稻田中。

全草药用，味甘、淡，性凉。清热利湿，解毒。治肺热咳嗽、痢疾、黄疸型肝炎、尿道感染。

2. 萼距花属 Cuphea Adans ex P. Br.

1. 香膏萼距花 **Cuphea balsamona** Cham. et Schlecht.

一年生草本。叶对生，披针形，长 1~5cm，宽 5~20mm。花单生；花萼长不及 1cm；花瓣 6，倒卵状披针形，蓝紫色或紫色。蒴果。

生于路旁、村边。

3. 紫薇属 Lagerstroemia Linn.

1. 紫薇（别名：搔痒树、紫荆皮、紫金标）**Lagerstroemia indica** Merr.

落叶小乔木。树皮平滑，小枝具 4 棱，略成翅状。叶椭圆形，

长 2.5~7cm，宽 1.5~4cm。圆锥花序顶生；花瓣 6，皱缩。蒴果室背开裂。

生于低山林中。

树皮、花、根药用，味微苦、涩，性平。活血止血，解毒，消肿。治各种出血症、骨折、乳腺炎、湿疹、肝炎、肝硬化腹水。

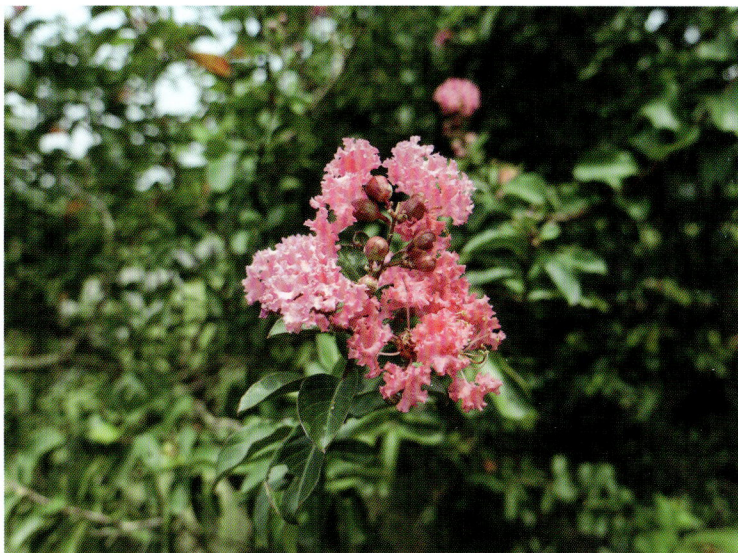

4. 节节菜属 Rotala Linn.

1. 圆叶节节菜（别名：水苋菜、水马桑）**Rotala rotundifolia** (Buch-Ham. ex Roxb.) Koehne

一年生草本。茎直立，丛生。叶对生，近圆形、阔倒卵形或阔椭圆形。花单生；花瓣淡紫红色；花萼无附属物。蒴果椭圆形。

生于水田中或湿地上。

全草药用，味甘、淡，性凉。清热利湿，解毒。治肺热咳嗽、痢疾、黄疸型肝炎、尿路感染。

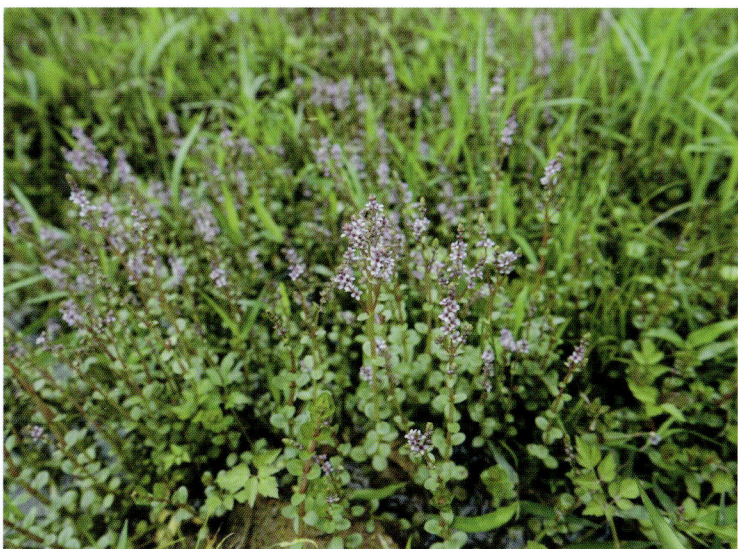

A216 柳叶菜科 Onagraceae

1. 丁香蓼属 Ludwigia Linn.

1. 水龙（别名：过塘蛇、过江龙、过沟龙、过江藤）**Ludwigia adscendens** (Linn.) Hara [*Jussiaea repens* Linn.]

多年生浮水或上升草本。叶倒卵形。花单生于上部叶腋；花瓣乳白色，基部淡黄色。蒴果淡褐色，圆柱状，具 10 条纵棱。

生于水田、浅水池塘或渠中。

全草药用，味淡，性凉。清热利湿，解毒消肿。治感冒发热、麻疹不透、肠炎、痢疾、小便不利。

2. 草龙（别名：化骨溶、假木瓜）Ludwigia hyssopifolia (G. Don) Exell [Jussiaea linifolia Vahl]

一年生直立草本。叶披针形至线形，侧脉在近边缘不明显环结。花腋生；萼片4；花瓣4，倒卵形，黄色；雄蕊8枚。蒴果近无梗。

生于空旷、潮湿处。

全草药用，味淡，性凉。清热解毒，去腐生肌。治感冒发热、咽喉肿痛、口腔炎、口腔溃疡、痈疮疖肿。

3. 毛草龙 Ludwigia octovalvis (Jacq.) Raven [Jussiaea suffruticosa Linn.]

多年生粗壮直立草本；植株常被黄褐色粗毛。叶披针形至线状披针形。花单生；花瓣倒卵状楔形。蒴果圆柱状，具8条棱。

生于水塘、水田、沟边及潮湿的旷地上。

全草药用，味淡，性凉。清热解毒，去腐生肌。治感冒发热、咽喉肿痛、口腔炎、口腔溃疡、痈疮疖肿。

A218 桃金娘科 Myrtaceae

1. 岗松属 Baeckea Linn.

1. 岗松（别名：扫把枝、铁扫把）Baeckea frutescens Linn.

灌木。多分枝。叶小，线形，先端尖。花小，白色，单生于叶腋内，萼管钟状，萼齿5，花瓣圆形，分离，子房下位，花柱宿存。蒴果小。

生于旷野、荒山、山坡、山岗上。

全草药用，味辛、苦、涩，性凉。祛风除湿，解毒利尿，止痛止痒。根：治感冒高热、黄疸型肝炎、胃痛、肠炎、风湿关节痛、脚气病、膀胱炎、小便不利。

2. 子楝树属 Decaspermum J. R. Forst. et G. Forst.

1. 子楝树（别名：华夏子楝树）Decaspermum gracilentum (Hance) Merr. et Perry

灌木至小乔木。嫩枝被灰褐色或灰色柔毛。叶对生，纸质或薄革质，椭圆形。聚伞花序腋生；花4数；花瓣白。浆果具柔毛。

生于山坡杂林中。

根、叶药用，味辛、苦，性平。理气化湿，解毒杀虫。治风湿痹痛、骨节疼痛、四肢麻木、筋脉拘挛等症。

3. 番石榴属 Psidium Linn.

1. 番石榴（别名：鸡矢果）Psidium guajava Linn.

乔木。树皮片状剥落。叶长圆形至椭圆形，侧脉常下陷。花单生或 2~3 朵排成聚伞花序；花瓣白。浆果，果大，直径达 8cm。

常见野生于荒地或低丘陵上。

叶、果药用，味甘、涩，性平。收敛止泻，消炎止血。治急、慢性肠胃炎，痢疾，小儿消化不良。

5. 蒲桃属 Syzygium Gaertn.

1. 华南蒲桃（别名：小山稔）Syzygium austrosinense (Merr. et Perry) H. T. Chang et R. H. Miau

灌木至小乔木。枝 4 棱。叶对生，椭圆形，长 4~7cm，宽 2~3cm，脉距 1~1.5mm。聚伞花序顶生。果球形，直径 6~7mm。

生于中海拔的常绿林中。

枝叶药用，味酸、涩，性平。涩肠止泻。治久泻不止。

4. 桃金娘属 Rhodomyrtus (DC.) Reich.

1. 桃金娘（别名：岗稔）Rhodomyrtus tomentosa (Ait.) Hassk.

常绿灌木。叶对生，椭圆形或倒卵形，叶背被灰色茸毛，离基三出脉，具边脉。花单生；花瓣 5，倒卵形，紫红色。浆果壶形。

多生于丘陵坡地。

根、叶、花、果药用，味甘、涩，性平。根：祛风活络、收敛止泻，治急、慢性胃肠炎、胃痛、消化不良、肝炎、痢疾、风湿性关节炎、腰肌劳损、功能性子宫出血、脱肛。叶：收敛止泻、止血，治急性胃肠炎、消化不良、痢疾。

2. 赤楠（别名：赤楠蒲桃）Syzygium buxifolium Hook. et Arn.

灌木或小乔木。叶片革质，阔椭圆形至椭圆形，阔倒卵形，长 1.5~3cm，宽 1~2cm。聚伞花序顶生，花瓣 4。果球形，直径 5~7mm。

生于丘陵灌丛中。

根、叶药用，味甘，性平。清热解毒，利尿平喘。根、根皮：治浮肿、哮喘。

3. 轮叶蒲桃（别名：三叶赤楠）Syzygium grijsii (Hance) Merr. et Perry

灌木。枝四棱形。叶披针形，长 1.5~3cm，宽 5~7mm，常 3 叶轮生。圆锥花序顶生，花瓣离生。果球形，直径 4~5mm。

生于灌丛中。

根药用，味辛，性微温。祛风散寒，活血破瘀，止痛。治跌打肿痛、风寒感冒、风湿头痛。

4. 红鳞蒲桃 Syzygium hancei Merr. et Perry

乔木，高达 20m。嫩枝圆形。叶革质，椭圆形，长 3~7cm，宽 1.5~4cm，侧脉脉距 2mm。圆锥花序腋生；花瓣 4。

果球形，直径 5~6mm。

常生于低海拔疏林中。

5. 红枝蒲桃 Syzygium rehderianum Merr. et Perry

灌木至小乔木。枝圆柱形，红色。叶椭圆形，长 4~7cm，宽 2.5~3.5cm，脉距 2~3.5mm。聚伞花序腋生。果椭圆状卵形，直径 1cm。

生于常绿林中。

A219 野牡丹科 Melastomataceae

1. 柏拉木属 Blastus Lour.

1. 柏拉木（别名：野锦香）Blastus cochinchinensis Lour.

灌木。叶披针形至椭圆状披针形。聚伞花序腋生，密被小腺点；花瓣卵形，白色至粉红色。蒴果椭圆形，4 裂，为宿存萼所包。

生于海拔 100~1000m 的山谷疏密林下、潮湿路旁或灌丛中。

根药用，味涩、微酸，性平。消肿解毒，收敛止血。治产后流血不止、月经过多、肠炎腹泻、跌打损伤。

2. 少花柏拉木 Blastus pauciflorus (Benth.) Guillaum

灌木；全株被腺点。叶卵状披针形至卵形。聚伞花序组成圆锥花序；萼齿长不及 1mm；花瓣长约 2.5mm；花蕊长约 3mm。蒴果椭圆形。

生于低海拔的山坡林下。

茎和叶药用，味涩、微苦，性平。拔毒生肌，杀虫。治疮疖肿毒、疥疮。

2. 野海棠属 Bredia Blume

1. 叶底红（别名：野海棠、叶下红）Bredia fordii (Hance) Diels [*Phyllagathis fordii* (Hance) C. Chen]

小灌木或近草本；植株密被毛。叶坚纸质，边缘具齿牙，基出脉 7~9。花萼钟状漏斗形，花瓣紫色或紫红色。蒴果杯形，被刺毛。

生于山谷林下潮湿处。

全株药用，味甘、微酸，性温。益肾调经，活血补血。治病后虚弱、贫血、脾胃虚弱带下、不孕症、月经不调。

3. 异药花属 Fordiophyton Stapf

1. 败蕊无距花 Fordiophyton degeneratum (C. Chen) Y. F. Deng & T. L. Wu

草本。具匍匐茎。叶广卵形，7~9 基出脉，边缘具锯齿，齿尖具刺状尖头，被毛。聚伞花序，花萼管状漏斗形，具 4 棱。蒴果广卵形。

生于低海拔地区阴湿的地方。

4. 野牡丹属 Melastoma Linn.

1. 多花野牡丹 Melastoma affine D. Don

灌木；高约 1m；各部被紧贴的糙伏毛。叶片 5 基出脉。伞房花序生于分枝顶端，有花 10 朵以上，基部具叶状总苞 2；花瓣粉红色至红色。蒴果坛状球形。

生于海拔 300~830m 的山坡、山谷林下或疏林下。

全草药用。消积滞，收敛止血，散瘀消肿。治消化不良、肠炎腹泻、痢疾。捣烂外敷或研粉撒布，治外伤出血、刀枪伤。又用根煮水内服，以胡椒作引子，可催生，故又名催生药。

2. 野牡丹（别名：罐罐草）Melastoma candidum D. Don

灌木。茎密被紧贴的鳞片状糙伏毛。叶片坚纸质，卵形或广卵形。伞房花序生于分枝顶端；花瓣玫瑰红色或粉红色。蒴果坛状球形。

常生于旷野酸性土壤上。

根、叶药用，味甘、酸、涩，性平。清热利湿，消肿止痛，散瘀止血。根：治消化不良、肠炎、痢疾、肝炎、衄血、便血、血栓闭塞性脉管炎。

2. 地菍（别名：铺地菍、地茄子）Melastoma dodecandrum Lour.

匍匐草本。叶卵形或椭圆形，3~5 基出脉，常仅边缘被糙伏毛。聚伞花序顶生；花瓣菱状倒卵形，被疏缘毛。果坛状球形。

常生于酸性土壤上。

全草药用，味甘、涩，性平。清热解毒，祛风利湿，补血止血。预防流行性脑脊髓膜炎，治肠炎、痢疾、肺脓疡、盆腔炎、子宫出血、贫血、白带、腰腿痛、风湿骨痛、外伤出血、蛇咬伤。

3. 细叶野牡丹（别名：铺地莲）Melastoma intermedium Dunn

亚灌木。叶狭披针形，宽不及 2cm，硬纸质。花序顶生，或近顶生，近头状的聚伞花序；花瓣粉红色。浆果近球形，直径约 6mm。

生于海拔约 1000m 以下的山坡或田边矮草丛中。

全草药用，味甘、涩，性平。消肿解毒。治痢疾、口疮、疖肿、毒蛇咬伤。

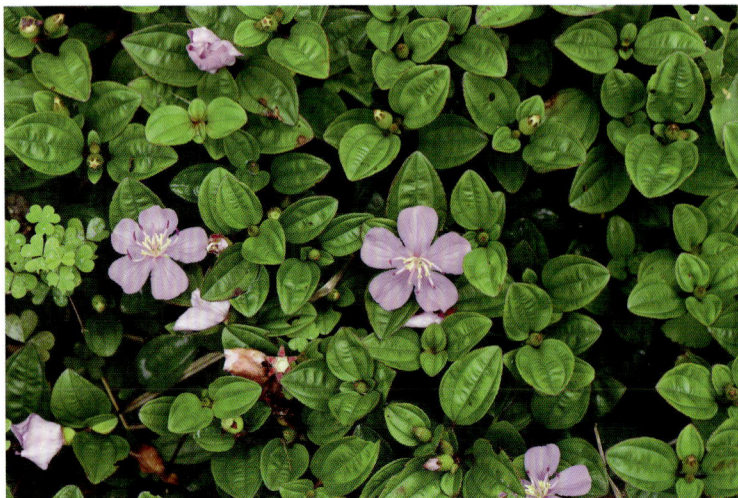

4. 毛菍（别名：红爆牙郎、红毛菍）Melastoma sanguineum Sims

大灌木；被基部膨大的毛。叶坚纸质，卵状披针形，基出脉 5，被毛。伞房花序，花瓣粉红色或紫红色。果杯状球形，为宿萼所包，被毛。

生于丘陵、山坡、荒野间。

根、叶药用，味涩，性平。收敛止血，止痢。治腹泻、月经过多、便血。

5. 金锦香属 Osbeckia Linn.

1. 金锦香（别名：仰天钟、金香炉）Osbeckia chinensis Linn.

直立草本或亚灌木。茎四棱形，具毛。叶坚纸质，线状披针形，被毛。头状花序，花瓣 4，倒卵形。蒴果紫红色，卵状球形，宿萼坛状。

生于空旷的山坡上。

全草药用，味淡，性平。清热利湿，消肿解毒，止咳化痰。治急性细菌性痢疾、阿米巴痢疾、阿米巴肝脓疡、肠炎、感冒咳嗽、咽喉肿痛、小儿支气管哮喘、肺结核咯血、阑尾炎、毒蛇咬伤、疔疮疖肿。

2. 朝天罐 Osbeckia opipara C. Y. Wu et C. Chen

灌木。茎被毛。叶坚纸质，卵形至卵状披针形，顶端渐尖，两面被毛，5 基出脉。花萼 4 裂，花瓣深红色至紫色，卵形。蒴果长卵形，被毛。

生于空旷的山坡上。

全草药用，味涩，性温。清热，收敛止血，止咳，抗癌。治菌痢、肠炎、虚咳、咳血、小便失禁、白带过多、肺结核咯血、鼻咽癌、乳腺癌、慢性气管炎。

6. 锦香草属 Phyllagathis Blume

1. 锦香草（别名：铁高杯）Phyllagathis cavaleriei (Lévl. et Van.) Guillaum

草本。叶基部心形，长 6~16cm，宽 4.5~14cm，7~9 基出脉。伞形花序，苞片常 4 枚，花萼漏斗形，花瓣广倒卵形。蒴果杯形，顶端冠 4 裂。

生于山地林下阴湿处。

全草药用，味辛、苦，性微寒。清热解毒，凉血，消肿利湿。治痢疾、痔疮出血、小儿阴囊肿大。

2. 红敷地发（别名：石发、石莲）Phyllagathis elattandra Diels

多年生草本，具地下走茎。叶片纸质，椭圆形，长 10~22cm，宽 7~15cm。花萼漏斗形，花瓣粉红色。蒴果杯形，宿萼四棱形，具狭翅。

生于海拔 200~900m 的山坡、山谷疏林下。

全草药用。止咳。治痨咳。

3. 毛柄锦香草 Phyllagathis oligotricha Merr. [P. anisophylla Diels]

小灌木。具匍匐茎。同 1 节上的每对叶中，有 1 枚较大，广卵形，5 基出脉；叶柄被毛。花萼钟状漏斗形，花瓣红色。蒴果杯状，钝四棱形。

生于海拔 500~900m 的山谷、山坡疏密林下或石缝间。

7. 肉穗草属 Sarcopyramis Wall.

1. 楮头红（别名：尼泊尔肉穗草）Sarcopyramis napalensis Wall.

直立草本。茎四棱形。叶广卵形，边具齿，叶面被毛，叶柄具狭翅。聚伞花序，基部具 2 枚叶状苞片，花瓣粉红色。蒴果杯形，具 4 棱。

生于山谷林下或溪边阴湿处。

全草药用，味酸，性凉。利湿解毒，清肝明目。治肺热咳嗽、头目眩晕、目赤羞明、肝炎、风湿痹痛、跌打伤肿、蛇头疔、无名肿毒、耳鸣、耳聋。

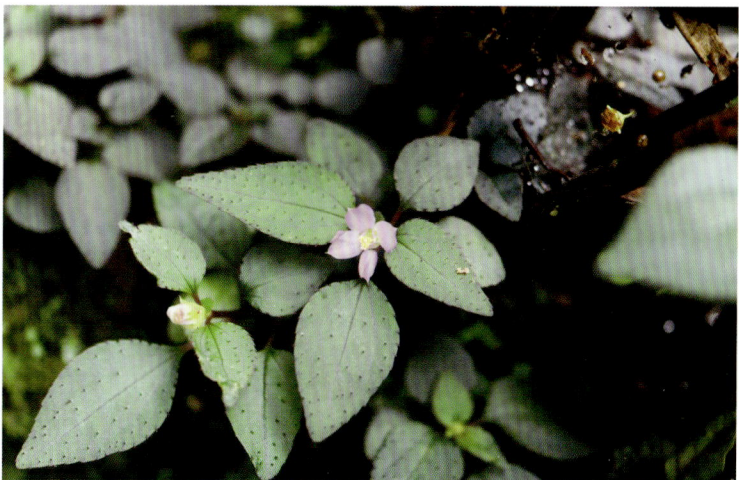

8. 蜂斗草属 Sonerila Roxb.

1. 蜂斗草（别名：桑勒草）Sonerila cantonensis Stapf

草本或亚灌木；株高 20~50cm。茎无翅，被粗毛。叶卵形或椭圆状卵形。聚伞花序顶生；花 3 基数，花瓣长 7mm。蒴果倒圆锥形。

生于山谷潮湿处。

全草药用。通经活络。治跌打肿痛、目生翳膜。

A226 省沽油科 Staphyleaceae

1. 山香圆属 Turpinia Vent.

1. 锐尖山香圆（别名：两指剑、千打捶、山香圆、七寸钉）**Turpinia arguta** (Lindl.) Seem.

落叶灌木。单叶对生，长圆形至椭圆状披针形，长 7~22cm，宽 2~6cm，边缘具疏锯齿，齿尖具硬腺体。圆锥花序。果近球形。

生于海拔 800m 以上的山坡、山谷疏林中。

根、叶药用，味苦，性寒。活血散瘀，消肿止痛。

2. 山香圆 Turpinia montana (Bl.) Kurz.

小乔木。叶对生，羽状复叶，对生，纸质，先端尾状渐尖，基部宽楔形，边缘具齿。圆锥花序顶生，花萼 5，花瓣 5。果球形，紫红色。

生于海拔 500~900m 的密林或山谷疏林中。

A238 橄榄科 Burseraceae

1. 橄榄属 Canarium Linn.

1. 橄榄（别名：白榄、黄榄）**Canarium album** (Lour.) Raeusch.

乔木。小叶 3~6 对，披针形或椭圆形，背面疣状突起。花腋生；雄花序为聚伞圆锥花序；雌花序为总状。果卵圆形至纺锤形。

生于低海拔的杂木林中。

果实药用，味甘、涩，性平。清热解毒，利咽喉。治咽喉肿痛、咳嗽、暑热烦渴、肠炎腹泻。鲜果汁：治河豚、鱼、鳖中毒。

A239 漆树科 Anacardiaceae

1. 南酸枣属 Choerospondias Burtt et Hill.

1. 南酸枣（五眼果、四眼果、酸枣树）**Choerospondias axillaris** Burtt et Hill.

落叶乔木。羽状复叶；7~15 小叶，卵形，基部偏斜。雄花聚伞圆锥花序；雌花单生；子房 5 室。核果椭圆形，顶端 5 个眼孔。

生于低海拔至中海拔山谷疏林中。

树皮、果实和果核药用，味酸、涩，性凉。解毒，收敛，止痛，止血。树皮：治烧、烫伤，外伤出血，牛皮癣。

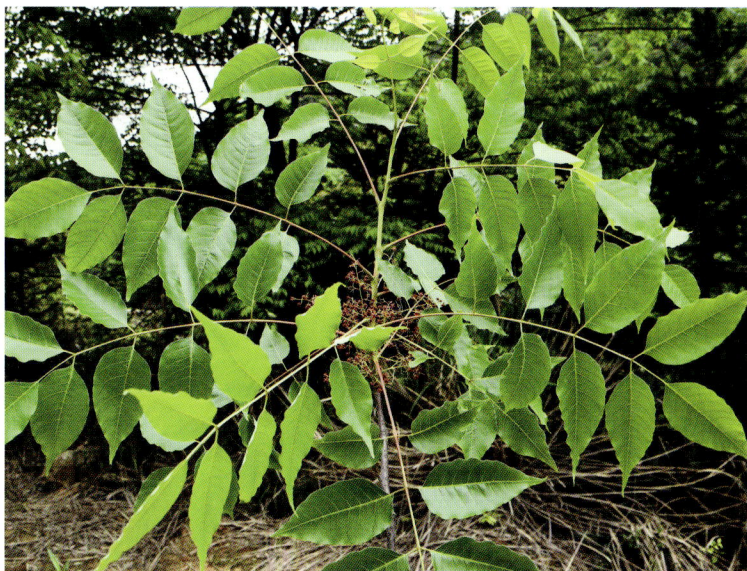

落叶小乔木或灌木。小枝具圆形小皮孔。奇数羽状复叶，叶轴无翅，小叶无柄。圆锥花序宽大，多分枝。核果球形，熟时红色。

生于山地疏林中。

3. 漆属 Toxicodendron(Tourn.) Mill.

1. 木蜡树（别名：漆木、痒漆树、野漆）Toxicodendron succedaneum (Linn.) O. Kuntze [*Rhus succedanea* Linn.]

落叶乔木或小乔木；高达 10m。奇数羽状复叶互生；小叶 3~6 对，长圆状椭圆形或卵状披针形，长 4~10cm。圆锥花序腋生。核果偏斜。

多生于海拔 1000m 以下的山坡、沟旁灌丛中。

根、叶、树皮、果药用，味苦、涩，性平，有小毒。平喘，解毒，散瘀消肿，止痛止血。治哮喘，急、慢性肝炎，胃痛、跌打损伤。

2. 漆树属 Rhus

1. 盐肤木（别名：盐霜柏、敷烟树、蒲连盐、老公担盐、五倍子树）Rhus chinensis Mill.

落叶小乔木或灌木。7~13 小叶，背面密被灰褐色绵毛；叶轴有翅。圆锥花序；花杂性，有花瓣；子房 1 室。核果小，有咸味。

生于山坡、林缘疏林中或荒坡、旷地的灌丛中。

根、叶药用，味酸、咸，性寒。清热解毒，散瘀止血。根：治感冒发热、支气管炎、咳嗽咯血、肠炎、痢疾、痔疮出血。

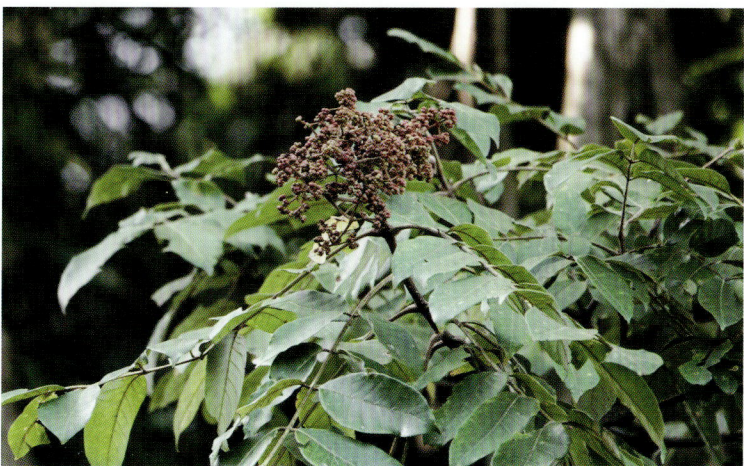

2. 滨盐麸木 Rhus chinensis Mill. var. **roxburghii** (DC.) Rehd.

2. 野漆树（别名：木蜡树、山漆树、野毛漆）Toxicodendron sylvestre (Sieb. et Zucc.) Kuntze [*Rhus sylvestris*(Sieb. et Zucc.) Tard.]

落叶乔木；高达 10m。奇数羽状复叶互生；小叶 3~6 对，稀 7 对，卵形或长圆形，长 4~10cm，宽 2~4cm。圆锥花序。核果极偏斜。

多生于海拔 1000m 以下的山坡、沟旁灌丛中。

根、叶、树皮、果药用，味苦、涩，性平，有小毒。平喘，解毒，散瘀消肿，止痛止血。治哮喘，急、慢性肝炎，胃痛，跌打损伤。

A240 无患子科 Sapindaceae

1. 槭树属 Acer Linn.

1. 青榨槭 Acer davidii Franch

落叶乔木。叶卵形，长 6~14cm，宽 4~9cm，边缘不整齐锯齿，侧脉 11~12 对。总状花序；花黄绿色。小坚果；果翅长 2.5~3cm。

生于山地疏林中。

根、树皮药用，味甘、苦，性平。祛风除湿，散瘀消肿，消食健脾。治风湿痹痛、肢体麻木、关节不利、跌打瘀痛、泄泻、痢疾、小儿消化不良。

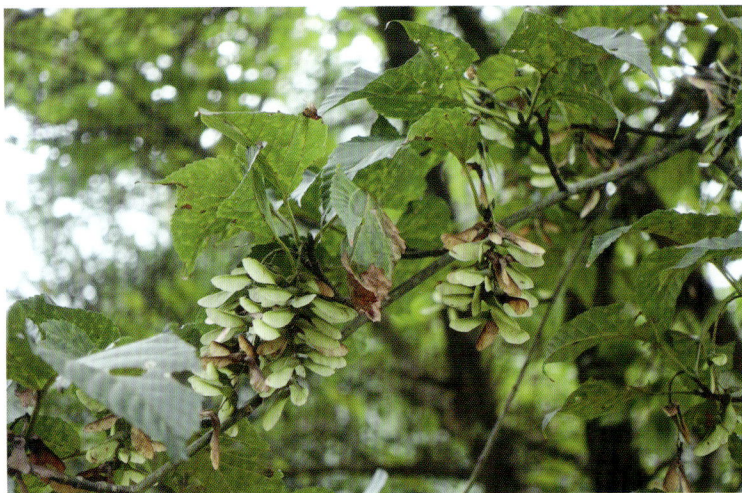

2. 罗浮槭（别名：蝴蝶果、红翅槭、红槭、费伯槭）Acer fabri Hance

常绿乔木。叶革质，披针形，长 7~11cm；叶柄长 1~1.5cm。紫色伞房花序；萼片 5，紫色；花瓣 5，白色。小坚果凸起，直径约 5mm。

生于山地林中。

果实药用，味微苦、涩，性凉。清热，利咽喉。治咽喉肿痛、声音嘶哑、咽喉炎、扁桃体炎。

3. 五裂槭 Acer oliverianum Pax

落叶小乔木。冬芽卵圆形。叶纸质，长 4~8cm，宽 5~9cm，5 裂。萼片 5，花瓣 5。翅果脉纹显著，翅嫩时淡紫色，镰刀形，张开近水平。

生于高海拔的疏林中。

枝、叶药用，味辛、苦，性凉。清热解毒，理气止痛。治痈疮、气滞腹痛。

4. 岭南槭 Acer tutcheri Duthie

乔木。叶阔卵形，长 6~7cm，宽 8~11cm，常 3 裂至近中部，裂片具锐锯齿，3 出基脉，两面无毛。圆锥花序。翅果长 2~2.5cm。

生于疏林中或溪边。

2. 龙眼属 Dimocarpus Lour.

1. 龙眼（别名：桂圆、贺眼、圆眼）Dimocarpus longan Lour. [Euphoria longan (Lour.) Steud.]

乔木。偶数羽状复叶；4~5 对小叶，长圆状椭圆形，两侧不对称，背面无毛，叶面常波状。聚伞圆锥花序大型；花瓣 5。核果。

根、树皮、叶、假果皮（果肉）、种子（龙眼核）药用。根：

味微苦，性平；利湿，通络；治乳糜尿、白带、风湿关节痛。叶：味微苦，性平；清热解毒，解表利湿；治预防流行性感冒、流行性脑脊髓膜炎、感冒、肠炎。假种皮（龙眼肉）：味甘，性平；补心脾，养血安神；治病后体虚、神经衰弱、健忘、心悸、失眠。龙眼枝：味微苦、涩，性平；止血，止痛。种子（龙眼核）：治胃痛，烧、烫伤，刀伤出血，疝气痛。

3. 柄果木属 Mischocarpus Bl.

1. 褐叶柄果木 Mischocarpus pentapetalus (Roxb.) Radlk. [*M. fuscescens* Bl.]

小乔木。偶数羽状复叶；2~4 对小叶，长圆形，两面无毛。聚伞圆锥花序；花瓣鳞片状；子房有柄。核果梨形，有明显的柄。

生于密林中。

A241 芸香科 Rutaceae

1. 山油柑属 Acronychia J. R. Forster et G. Forster

1. 山油柑（别名：降真香、山橘）Acronychia pedunculata (Linn.) Miq.

树皮剥开时有柑橘叶香气。叶长 7~18cm，宽 3.5~7cm。花黄白色，花瓣狭长椭圆形。果序下垂，果淡黄色，近圆球形而略有棱角。

生于海拔约 600m 以下的山坡或平地杂木林中。

根、心材、叶、果药用，味甘，性平。根、干木、叶：祛风活血，理气止痛；治风湿性腰腿痛、跌打肿痛、支气管炎、胃痛、疝气痛。果实：健脾消食；治食欲不振、消化不良。

2. 石椒草属 Boenninghausenia Reichenb. ex Meisn.

1. 臭节草（别名：松风草、白虎草、臭草、岩椒草、大叶石椒）Boenninghausenia albiflora (Hook.) Reichenb. ex Meisn.

常绿草本。2~3 回羽状复叶，羽片对生，小叶长 1~2cm，宽 5~18mm。花瓣白色，有时顶部桃红色，长圆形或倒卵状长圆形。蓇葖果。

生于山谷潮湿处。

全草药用，味辛、苦，性温。解表截疟，活血散瘀，解毒。治疟疾、感冒发热、支气管炎、跌打损伤。

3. 蜜茱萸属 Melicope J. R. Forst. & G. Forst.

1. 三桠苦（别名：三叉苦、小黄散、鸡骨树、三丫苦、三枝枪、三叉虎）Melicope pteleifolia (Champion ex Bentham) T. G. Hartley [*Evodia lepta* (Spreng.) Merr.]

乔木。指状 3 小叶对生；叶椭圆形，长 6~12cm，全缘，叶面密布油点。聚伞花序腋生；花多，花瓣有透明油点。种子蓝黑色。

生于丘陵、平原、溪边、林缘的疏林或灌丛中。

根、叶药用，味苦，性寒。清热解毒，散瘀止痛。防治流行性感冒、流行性脊髓膜炎、乙型脑炎、中暑，治感冒高热、扁桃体炎、咽喉炎、肺脓疡、肺炎、疟疾、风湿性关节炎、坐骨神经痛、腰腿痛、胃痛、黄疸型肝炎、断肠草（钩吻）中毒。

4. 吴茱萸属 Tetradium Sweet

1. 华南吴萸（别名：华南吴茱萸）**Tetradium austrosinense** (Handel-Mazzetti) T. G. Hartley [*Evodia austro-sinensis* Hand.-Mazz.]

乔木；高 6~20m。羽状复叶；7~11 小叶，狭椭圆形，长 7~12cm，宽 3.5~6cm，背被毡毛及细小腺点。花 5 数。蓇葖果。

生于海拔 500m 以下的山地杂木林中。

果实药用。温中散寒，行气止痛。治胃痛、头痛。

2. 棟叶吴萸（别名：野吴芋、野茶子、山辣子、臭油林、米辣子、辣树）**Tetradium glabrifolium** (Champion ex Bentham) T. G. Hartley [*Evodia glabrifolia* (Champ. ex Benth.) Huang; *E. meliaefolia* (Hance) Benth.]

乔木；高达 17m。叶有小叶 5~9 片，很少 11 片，小叶斜卵形至斜披针形，长 8~16cm。花序顶生；花瓣腹面被短柔毛。蓇葖果。

生于溪涧两岸树林中或村边、路旁的湿润处。

根、叶、果实药用。根、叶：味辛、微甘、涩、性凉，有小毒；清热化痰，止咳。果实：味辛、苦，性温；暖胃，止痛。

5. 飞龙掌血属 Toddalia A. Juss.

1. 飞龙掌血（别名：血见飞、大救驾、三百棒、箹钩、上山虎、下山虎）**Toddalia asiatica** (Linn.) Lam.

木质攀缘灌木；刺小而密。三出复叶互生，有透明油点。雌、雄花序均为圆锥状。核果橙红或朱红色，近球形；种子肾形。

生于山坡、山谷或沿溪河两岸疏林或灌丛中。

根、叶药用，味辛、微苦，性温。散瘀止血，祛风除湿，消肿解毒。根皮：治风湿痹痛、跌打损伤、风湿性关节炎、肋间神经痛、胃痛、月经不调、痛经、闭经。

6. 花椒属 Zanthoxylum Linn.

1. 椿叶花椒（别名：樗叶花椒）**Zanthoxylum ailanthoides** Sieb. et Zucc.

落叶乔木；高稀达 1m。小叶整齐对生，狭长披针形或位于叶轴基部的近卵形，长 7~18cm，宽 2~6cm。花序顶生，花瓣淡黄白色。

生于山谷较湿润的地方。

根皮药用；味甘、辛，性平，有小毒。祛风通络，活血散瘀，解蛇毒。治跌打肿痛、风湿骨痛、蛇伤肿痛、外伤出血。

2. 箹檔花椒（别名：箹党、狗花椒、鹰不泊、鸡胡党、土花椒）**Zanthoxylum avicennae** (Lam.) DC.

落叶乔木。羽状 13~18(25) 小叶，小叶斜方形、倒卵形，长 4~7cm，宽 1.5~2.5cm。花序顶生；花瓣黄白色。分果瓣淡紫红色。

生于山坡、丘陵、平地或路旁的疏林或灌丛中。

根、叶、果药用，味苦、微辛，性微温。祛风利湿，活血止痛。根：治黄疸型肝炎、肾炎水肿、风湿性关节炎。果：治胃痛、腹痛。叶：治跌打损伤、腰肌劳损、乳腺炎、疖肿。

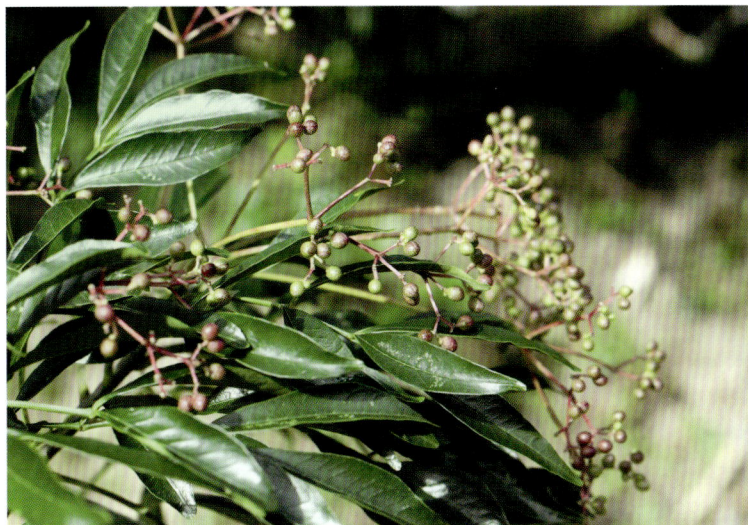

3. 大叶臭花椒 Zanthoxylum myriacanthum Wall. ex Hook. f. [*Z. rhetsoides* Drake]

小乔木；高稀达 15m。羽状 11~17 小叶，椭圆形，长 10~20cm，宽 4~9cm，多油点，无白粉。花序顶生；花被片 2。蓇葖果。

生于山坡疏林或石灰岩地的灌丛中。

茎、枝、叶药用，味辛、微苦，性温。祛风除湿，活血散瘀，消肿止痛。治风湿骨痛、感冒风寒。

4. 两面针（别名：光叶花椒、入地金牛）Zanthoxylum nitidum (Roxb.) DC. [*Z. nitidum* (Roxb.) DC. f. fastuosum How ex Huang]

攀缘灌木。羽状复叶；3~7 小叶，对生，椭圆形，长 5~12cm，宽 2.5~6cm，顶端急尾尖，叶缘缺口处有一腺体。花被片 2。蓇葖果。

生于较干燥的山坡、荒山、旷野的疏林灌丛中。

根、茎药用，味辛、苦，性平，有小毒。祛风活血，麻醉止痛，解毒消肿。治风湿关节痛、跌打肿痛、腰肌劳损、牙痛、胃痛、咽喉肿痛、毒蛇咬伤。

5. 花椒簕 Zanthoxylum scandens Bl.

攀缘灌木。羽状 7~23 小叶，卵形，长 3~8cm，宽 1.5~3cm，两侧不对称。伞形花序腋生或顶生；花瓣 4。分果瓣紫红色。

生于山坡灌丛中、疏林中或村边、路旁。

A243 楝科 Meliaceae

1. 山楝属 Aphanamixis Bl.

1. 山楝 Aphanamixis polystachya Bl.

乔木。奇数羽状复叶，小叶 9~15 片，对生，长椭圆形，先端渐尖，基部偏斜。花球形，花瓣 3，圆形。蒴果近卵形，熟后橙黄色。

生于低海拔杂木林中。

2. 鹧鸪花属 Heynea P. Br.

1. 鹧鸪花（别名：小果鹧鸪花）**Heynea trijuga** Roxb. [*Trichilia connaroides* (Wight et Arn.) Bentv. var. *microcarpa* (Pierre) Bentv.]

乔木。奇数羽状复叶，有小叶 3~4 对，对生，膜质，先端渐尖，基部偏斜。圆锥花序腋生，花小，花萼 5 裂，花瓣 5，长椭圆形。蒴果椭圆形。

生于低海拔至中海拔森林中。

3. 楝属 Melia Linn.

1. 楝（别名：苦楝、苦楝皮、楝树果、楝枣子）**Melia azedarach** Linn.

落叶乔木。二至三回奇数羽状复叶；小叶对生，卵形、椭圆形，长 3~7cm，宽 2~3cm，有齿缺。子房 4~5 室。果直径不及 2cm。

生于低海拔旷野、路旁或疏林中。

树皮、根皮药用，味苦，性寒，有小毒。杀虫，鲜叶可灭钉螺。治蛔虫病、钩虫病、蛲虫病、疥疮、头癣、水田皮炎。

4. 香椿属 Toona M. Roem.

1. 红椿（别名：红楝子、赤昨工、红楝子、双翅香椿）**Toona ciliata** M. Roem. [*T. sureni* (Bl.) Merr.]

大乔木。羽状复叶，小叶对生或近对生，先端尾状渐尖，基部一侧圆形，另一侧楔形。圆锥花序顶生，花萼 5 裂，花瓣 5。蒴果长椭圆形。

生于低海拔林缘。

根皮或果实药用，味辛、酸、微苦，性凉。除热、燥湿、涩肠止血。治久泻久痢、便血、崩漏、带下黄浊、遗精、小便白浊、小儿疳积、疮疥、蛔虫病。

2. 香椿（别名：红椿、椿芽树、椿花、香铃子）**Toona sinensis** (A. Juss.) Roem.

乔木。羽状复叶；14~28 小叶，两面无毛。雄蕊 10 枚；子房 5 室，每室有胚珠 6~12 颗。蒴果椭圆形，长 1.5~2cm，有 5 纵棱。

野生或栽培；生于村边、路旁及房前屋后。

根皮、叶及嫩枝、果药用，味苦、涩，性温。祛风利湿，止血止痛。根皮：治痢疾、肠炎、泌尿道感染、便血、血崩、白带、风湿腰腿痛。叶及嫩枝：治痢疾。果：治胃、十二指肠溃疡，慢性胃炎。

A247 锦葵科 Malvaceae

1. 黄葵属 Abelmoschus Medicus

1. 黄葵（别名：野芙蓉、假棉花）**Abelmoschus moschatus** (Linn.) Medicus

草本；高 1~2m。叶掌状 3~5 深裂，边缘具锯齿，两面被硬毛。花单生叶腋；小苞片 7~10 枚；花黄色。果椭圆形，长 5~6cm。

生于平原、园地、林缘、旷地、路旁等灌丛中。

全草药用，味微甘，性凉。清热利湿，拔毒排脓。根：治高热不退、肺热咳嗽、产后乳汁不能、大便秘结、阿米巴痢疾、尿路结石。

2. 黄麻属 Corchorus Linn.

1. 甜麻（别名：野黄麻、假黄麻、针筒草）Corchorus aestuans Linn. [*C. acutangulus* Lam.]

一年生草本。叶卵形或阔卵形，两面被毛。花瓣5；子房被毛。蒴果圆筒形，有6纵棱，其中3~4棱呈翅状突起，3~4瓣开裂。

生于荒地、旷野、村旁。

全草药用，味苦，性寒。清热解毒，消肿拔毒。治中暑发热、痢疾、咽喉疼痛。

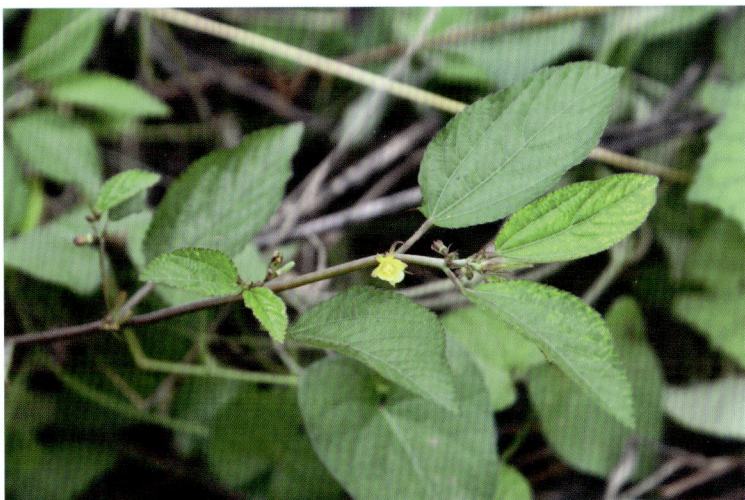

3. 山芝麻属 Helicteres Linn.

1. 山芝麻（别名：野芝麻）Helicteres angustifolia Linn.

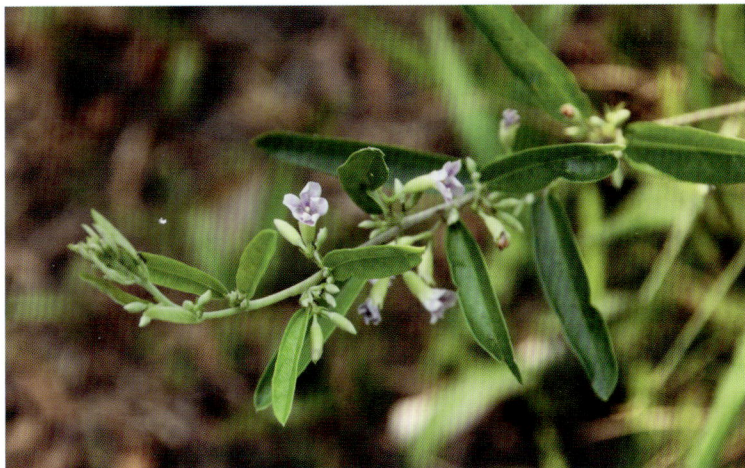

灌木。叶狭长圆形或条状披针形，长3.5~5cm，宽1.5~2.5cm。聚伞花序有2至数朵花。蒴果卵状长圆形，通直，密被星状茸毛。

生于干热的山地、丘陵灌丛或旷野、山坡草地上。

根或全株药用，味苦、微甘，性寒，有小毒。清热解毒，止咳。治感冒高热、扁桃体炎、咽喉炎、腮腺炎、麻疹、咳嗽、疟疾。

4. 木槿属 Hibiscus Linn.

1. 玫瑰茄（别名：山茄）Hibiscus sabdariffa Linn.

草本。下部叶卵形，上部叶掌状3深裂。小苞片红色，披针形，花萼杯状，淡紫色，裂片5，花黄色，内面基部深红色。蒴果卵球形，果爿5。

栽培。

叶药用，味酸、甘，性凉。

5. 马松子属 Melochia Linn.

1. 马松子（别名：过路黄）Melochia corchorifolia Linn.

半灌木状草本；高不及1m。叶卵形或披针形，边缘有锯齿，基生脉5条。花瓣5，白色后变为淡红；子房无柄；花柱5枚。蒴果5室。

生于田野间或低丘陵地。

茎、叶药用，味淡，性平。清热利湿。治黄疸型肝炎。

6. 破布叶属 Microcos Linn.

1. 破布叶 **Microcos paniculata** Linn. [*Grewia microcos* Linn.]

灌木或小乔木。叶纸质，卵形或卵状长圆形，长 8~18cm，边缘有小锯齿。圆锥花序顶生或生上部叶腋。核果近球形或倒卵形。

生于山谷、丘陵、平地或村边、路旁的灌丛中。

叶药用，味淡、微酸，性平。清暑，消食，化痰。治感冒、中暑、食滞、消化不良、腹泻。

7. 翅子树属 Pterospermum Schreber

1. 翻白叶树（别名：半枫荷、异叶翅子树） **Pterospermum heterophyllum** Hance

乔木。叶二型，下面被柔毛，幼树或萌蘖枝上的叶盾形，掌状 3~5 裂；成长树的叶长圆形。萼片 5，条形，花瓣 5，青白色。蒴果矩圆状卵形。

生于丘陵林中。

根或茎枝药用，味甘，性温，气香。祛风除湿，舒筋活血。治风湿性关节炎、类风湿性关节炎、腰肌劳损、慢性腰腿痛、半身不遂、跌打损伤、扭挫伤。

8. 梭罗树属 Reevesia Lindley

1. 两广梭罗 **Reevesia thyrsoidea** Lindley

常绿乔木。叶长圆形，长 5~7cm，宽 2.5~3cm，无毛，两侧对称。聚伞状伞房花序顶生；花瓣 5。蒴果矩圆状梨形；种子具翅。

生于海拔 500~1000m 的山坡上或山谷溪旁。

可作用材树种。

9. 黄花稔属 Sida Linn.

1. 白背黄花稔（别名：黄花母） **Sida rhombifolia** Linn.

直立亚灌木，分枝多，被毛。叶基部宽楔形，边缘具锯齿，下面被灰白色星状柔毛。花单生于叶腋，萼杯形，裂片 5；花黄色。果半球形。

生于丘陵荒郊、村边、路旁或旷野草地上。

全草药用，味甘、淡，性凉。清热利湿，排脓止痛。治感冒发热、扁桃体炎、细菌性痢疾、泌尿系结石、黄疸、疟疾、腹中疼痛。

10. 苹婆属 Sterculia Linn.

1. 假苹婆（别名：赛苹婆、鸡冠木） **Sterculia lanceolata** Cav.

乔木。叶椭圆形或披针形，长 9~20cm，宽 3.5~8cm。花萼分离；花淡红色。蓇葖果直径 1cm，红色；种子椭圆状卵形，黑褐色。

生于低山的次生林或村边、路旁的风水林中。

叶药用。消肿镇痛。治跌打。

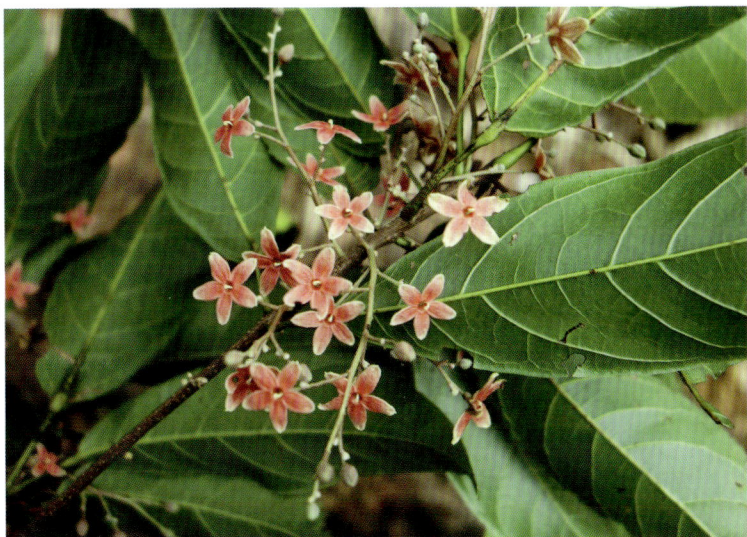

11. 刺蒴麻属 Triumfetta Linn.

1. 毛刺蒴麻 **Triumfetta cana** Bl. [*T. tomentosa* Bojer]

木质草本；高 1.5m。叶卵形，不裂，叶背密被星状短茸毛，基出脉 3~5 条。聚伞花序 1 至数枝腋生。果球形，刺长 5~8mm。

生于旷野、山坡、村落、路旁的灌丛或杂草中。

根、叶药用，味甘、淡，性凉。清热解毒。治痢疾、跌打损伤。

2. 长勾刺蒴麻（别名：黐头婆、虱麻头、密马专）**Triumfetta pilosa** Roth.

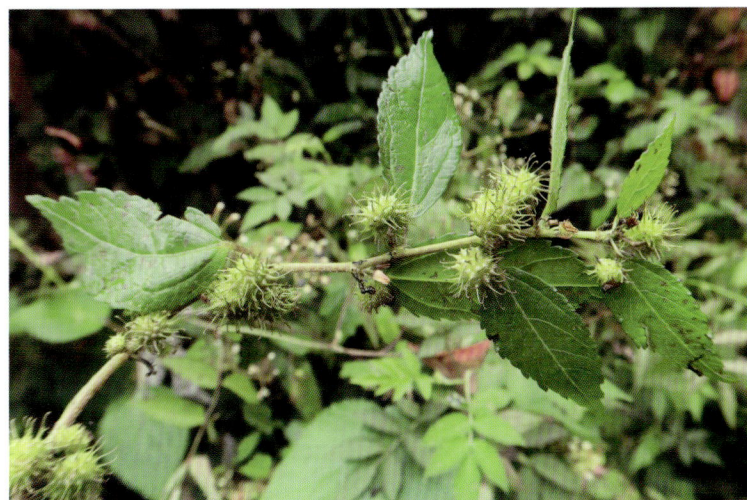

木质草本或亚灌木；嫩枝被毛。叶厚纸质，卵形，长 3~7cm，两面被毛，边缘有齿。聚伞花序腋生，花瓣黄色。蒴果有刺，先端有勾。

生于路旁、田野、旷野。

全草药用，味甘、微辛，性温。活血行气，散瘀消肿。治月经不调、瘀积疼痛、跌打损伤。

3. 刺蒴麻 **Triumfetta rhomboidea** Jacq. [*T. bartramia* Linn.]

亚灌木。叶纸质，3~5 裂，叶面被疏柔毛，背面被星状毛。聚伞花序数个腋生；花瓣比萼片略短。果球形，果刺长 2~3mm。

生于旷野、村边、路旁的灌丛中或草地上。

全草药用，味甘、淡，性凉。解表清热，利尿散结。治风热感冒、泌尿系结石。

12. 梵天花属 Urena Linn.

1. 地桃花（别名：肖梵天花、狗脚迹）**Urena lobata** Linn.

直立亚灌木状草本。小枝被星状绒毛。叶 3~5 浅裂，副萼裂片长三角。花腋生，单生或稍丛生，淡红色。果扁球形，直径约 1cm。

生于村庄或路旁旷地或草坡。

全草药用，味甘、淡，性凉。清热利湿，祛风活血，解毒消肿。根：治风湿关节痛、感冒、疟疾、肠炎、痢疾、小儿消化不良、白带。

2. 梵天花（别名：狗脚迹、地棉花）**Urena procumbens** Linn. [*U. lobata* Linn. var. *sinuata* (Linn.) Gagnip.]

小灌木；高 80cm。叶 3~5 深裂，具锯齿，两面均被星状短硬毛。副萼裂片线状披针形，果时开展；花冠淡红色。果球形，具刺和长硬毛。

生于村庄或路旁旷地或草坡。

全草药用，味甘、苦，性平。祛风利湿，清热解毒。治感冒、风湿性关节炎、肠炎、痢疾、肺热咳嗽。

A249 瑞香科 Thymelaeaceae

1. 瑞香属 Daphne Linn.

1. 长柱瑞香（别名：白花仔、吐狗药、珍珠串）**Daphne championii** Benth.

常绿灌木。叶互生，近纸质或近膜质，椭圆形，长 1.5~4.5cm；叶柄长 1~2mm。花白色，通常 3~7 朵组成头状花序，腋生或侧生。

生于山坡、林缘的阴湿处。

全草药用，味甘、淡、微涩，性凉。清热，凉血，利水。治风热感冒、高热、急性肝炎。

2. 荛花属 Wikstroemia Endl.

1. 了哥王（别名：山雁皮）**Wikstroemia indica** (Linn.) C. A. Mey.

灌木；高 0.5~2m。小枝红褐色。叶对生，倒卵形、长圆形

至披针形，长 2~5cm。总花梗粗壮直立；花盘鳞片 4 枚；子房倒卵形。核果椭圆形。

生于山坡丘陵、旷野、路旁的灌丛中。

根皮、根、叶药用，味微苦、辛，性寒，有大毒。消炎止痛、拔毒、止痒。治跌打损伤、风湿骨痛、恶疮、烂肉溃疡、淋巴结核、哮喘、腮腺炎、扁桃体炎、毒蛇、蜈蚣咬伤、疥癣等。

2. 北江荛花 Wikstroemia monnula Hance

灌木；高 0.5~0.8m。叶纸质或坚纸质，长 1~3.5cm，宽 0.5~1.5cm。总状花序顶生；花细瘦，黄带紫色或淡红色。果干燥，卵圆形。

生于海拔 400~800m 的山谷溪旁林下或山顶灌丛中。

根药用，味辛、苦，性平。通经活络，祛风除湿，收敛。治风湿痹痛。

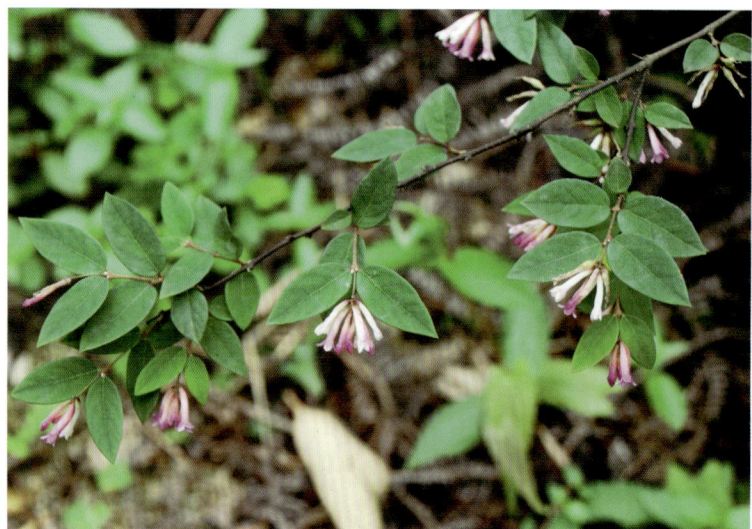

3. 细轴荛花（别名：垂穗荛花、金腰带）**Wikstroemia nutans** Champ. ex Benth.

灌木，高 1~2m 或过之。叶对生，膜质至纸质，卵形、卵状椭圆形至卵状披针形，长 3~8.5cm，宽 1.5~4cm。花黄绿色，总状花序。果椭圆形。

生于山地疏林、灌丛或密林中。

花、根、茎皮药用，味辛，性温，有毒。消坚破瘀、止血镇痛。

治疗瘰疬初起：用根内皮红糖共捣烂外敷。

全株药用。解毒。茎、叶：治疥癣。种子：治喉痛、心气痛。

A268 山柑科 Capparaceae

1. 山柑属 Capparis Linn.

1. 独行千里（别名：膜叶槌果藤）**Capparis acutifolia** Sweet [*C. membranacea* Gardn. et Champ.]

藤本或灌木。叶膜质，披针形，长 7~12cm，宽 1.8~3cm。花 1~4 朵沿叶腋稍上枝排成一纵列。浆果近球形或椭圆形，成熟后（鲜）红色。

生于低海拔林中。

根、叶药用，味苦、涩，性温，有毒。活血散瘀，解痉止痛。根：治风湿关节痛、筋骨不舒、咽喉肿痛、牙痛、腹痛（特别是痉挛性疼痛）、闭经。

2. 广州山柑（别名：屈头鸡、山柑子）**Capparis cantoniensis** Lour.

攀缘灌木；刺坚硬。叶近革质，长圆形，顶端有小凸尖头。圆锥花序，花有香味；萼片外轮舟形，内轮椭圆形，花瓣倒卵形。果球形。

生于低海拔林中。

A270 十字花科 Brassicaceae

1. 荠属 Capsella Medic.

1. 荠 **Capsella bursa-pastoris** (Linn.) Medic.

草本。基生叶丛生呈莲座状，大头羽状分裂，茎生叶窄披针形，基部箭形，抱茎。总状花序，萼片长圆形，花瓣卵形。短角果倒三角形。

生于山坡、田边和路旁。

全草药用，味甘、淡，性平。利尿止血，清热解毒。治肾结石尿血、产后子宫出血、月经过多、肺结核咯血、高血压病、感冒发热、肾炎水肿、泌尿系结石、乳糜尿、肠炎。

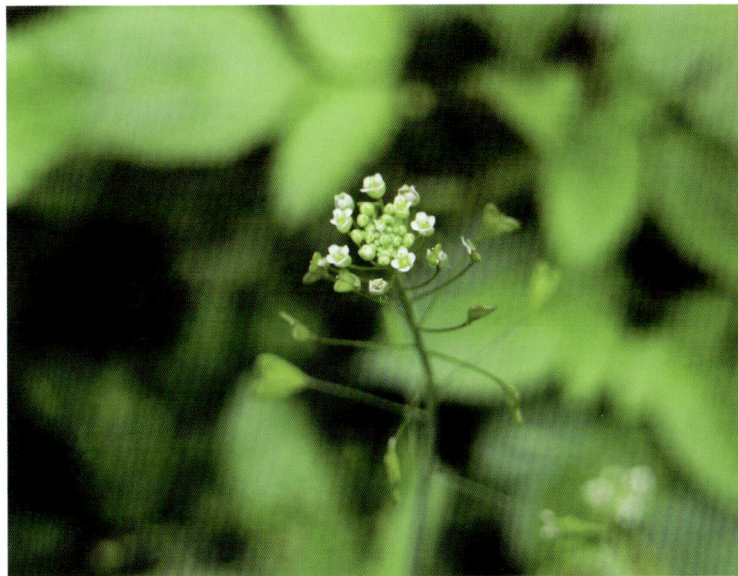

2. 碎米荠属 Cardamine Linn.

1. 碎米荠 **Cardamine hirsuta** Linn.

一年生小草本。茎生叶有小叶 3~6 对，全部小叶两面稍有毛。总状花序生于枝顶，花小，萼片长椭圆形，花瓣白色，倒卵形。长角果线形。

多生于海拔 1000m 以下的山坡、荒地、路旁等湿地。

全草药用，味甘，性凉。祛风，解热毒，清热利湿。治尿道炎、膀胱炎、痢疾、白带。

流行性感冒、跌打损伤。

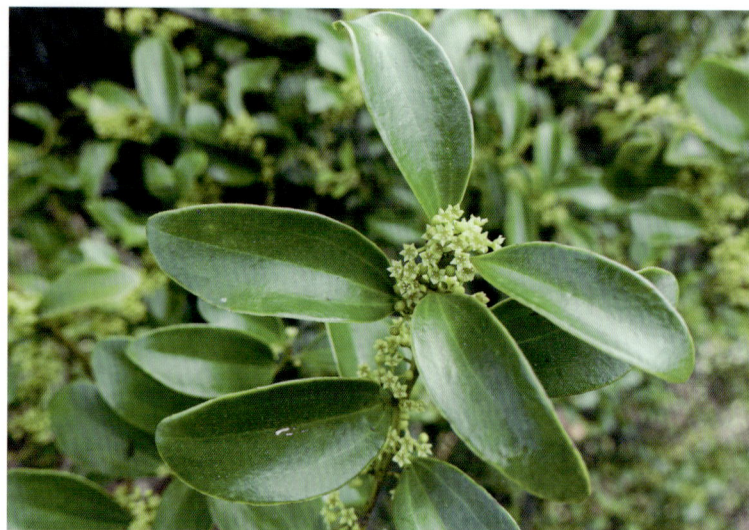

3. 蔊菜属 Rorippa Scop.

1. 蔊菜（别名：塘葛菜、印度蔊菜、辣豆菜、野油菜）**Rorippa indica** (Linn.) Hiern

直立草本，高 20~40cm。叶形通常大头羽状分裂，长 4~10cm，宽 1.5~2.5cm。总状花序无苞片；花有花瓣。角果圆柱形。

生于路旁、河边、田边等潮湿处。

全草药用，味甘淡，性凉。清热利尿，凉血解毒。治感冒发热、肺炎、肺热咳嗽、咳血、咽喉肿痛、失音、小便不利、急性风湿性关节炎、水肿、慢性气管炎、肝炎。

A278 青皮木科 Schoepfiaceae

1. 青皮木属 Schoepfia Schreb.

1. 华南青皮木 Schoepfia chinensis Gardn. et Champ.

落叶小乔木。叶长 5~9cm，宽 2~4.5cm，叶脉及叶柄红色。花冠管状，裂齿略外卷。果椭圆状，熟时为增大成壶状的花萼筒所包围，红色。

生于山脊或山谷疏林中。

根、树枝、叶草药用，味甘、淡，性凉。清热利湿，消肿止痛。治急性黄疸型肝炎、风湿关节炎、跌打损伤。

A276 檀香科 Santalaceae

1. 寄生藤属 Dendrotrophe Miq.

1. 寄生藤（别名：上树酸藤、大叶酸藤、黄藤、堂仙公、酸藤公）**Dendrotrophe varians** Miq.

攀缘灌木；茎、叶发达。有正常的绿色叶片，叶厚，倒卵形至阔椭圆形，长 3~7cm，宽 2~4.5cm。雌雄异株。核果卵状，带红色，长 1~1.2cm。

生于山地疏林或丘陵灌丛中。以根寄生，攀缘于其他树上。

全株药用，味微甘、苦、涩，性平。疏风解热，除湿。治

A279 桑寄生科 Loranthaceae

1. 离瓣寄生属 Helixanthera Lour.

1. 离瓣寄生 Helixanthera parasitica Lour. [*H. pentapetalus* Roxb.]

灌木；高 1~1.5m。叶卵状披针形，长 5~12cm，宽 3~4.5cm。总状花序有 20 朵以上；花 5 数，红色或黄色。浆果被乳头状毛。

常绿林或村旁杂木林常见，寄生于樟树、荷树及壳斗科等植物。

全株药用，味苦、甘，性平。祛痰，止痢，祛风，消肿，

补血气。治痢疾、肺结核、眼角炎。

2. 油茶离瓣寄生（别名：油茶桑寄生）**Helixanthera sampsoni** (Hance) Danser

灌木；高约 0.7m。叶卵形、椭圆形，长 2~4cm，宽 1~1.5cm，顶端渐尖。总状花序有 2~5 朵；花 4 数，红色，被短星状毛。浆果卵球形。

寄生于山茶科、大戟科、柿科或樟科等植物上。

全株药用。祛痰，消炎。治肺病、咳嗽、伤积。

2. 鞘花属 Macrosolen (Blume) Reichb.

1. 双花鞘花 **Macrosolen bibracteolatus** Danser

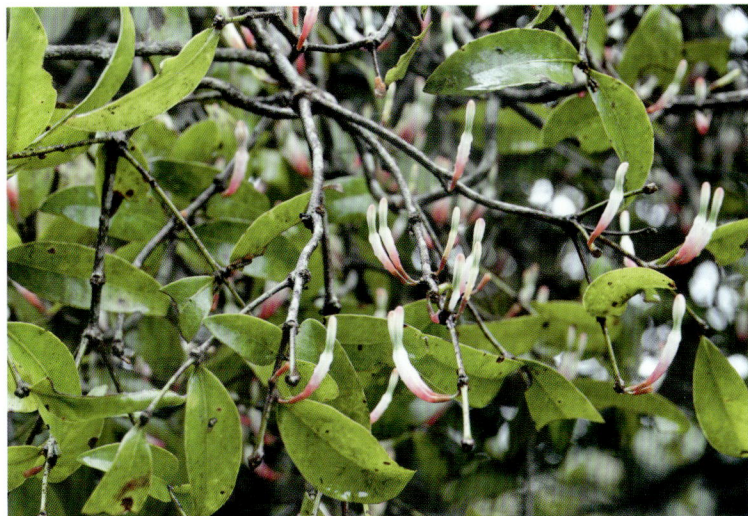

灌木；高 0.3~1m；全株无毛。叶革质，披针形，长 8~12cm。伞形花序，1~4 个腋生，具花 2 朵。果长椭圆状，红色，果皮平滑。

寄生于各种常绿阔叶林树上。

3. 梨果寄生属 Scurrula Linn.

1. 红花寄生（别名：桑寄生、寄生茶、寄生泡）**Scurrula parasitica** Linn. [*Loranthus parasiticus* (Linn.) Merr.]

灌木。嫩枝被毛。叶长 5~8cm，宽 2~4cm。总状花序，被毛，花红色，密集；花冠顶部 4 裂，反折。果梨形，红黄色，果皮平滑。

寄生于各种常绿阔叶林树上。

全株药用，味苦，性平。补肝肾，祛风湿，降血压，养血安胎。治腰膝酸痛、风湿性关节炎、坐骨神经痛、高血压病、四肢麻木、胎动不安、先兆流产。

A283 蓼科 Polygonaceae

1. 蓼属 Persicaria (Linn.) Mill.

1. 火炭母（别名：赤地利、火炭星）**Persicaria chinensis** (Linn.) H. Gross [*Polygonum chinense* Linn.]

多年生草本。叶卵形或长卵形，全缘。头状花序再排成圆锥状，顶生或腋生。瘦果包藏于含汁液、白色透明或微带蓝色的宿存花被内。

生于山谷水边湿地。

全草药用，味微酸、涩，性凉。清热解毒，利湿消滞，凉血止痒，明目退翳。治痢疾、肠炎、肝炎、消化不良、感冒、扁桃体炎、百日咳、咽喉炎、白喉、角膜云翳、霉菌性阴道炎、白带、乳腺炎、疖肿、小儿脓疱疮、湿疹、毒蛇咬伤。

2. 长箭叶蓼（别名：箭叶蓼）Persicaria hastatosagittata (Makino) Nakai ex T. Mori [*Polygonum hastato-sagittatum* Makino]

一年生草本。叶披针形或椭圆形，长 3~7（10）cm，宽 1~2（3）cm。总状花序呈短穗状，顶生或腋生，花被片宽椭圆形。瘦果卵形。

生于河旁、水沟边、田边等湿润处。

全草药用。清湿热，润大肠。治热泻，毒蛇咬伤，烧、烫伤。

3. 伏毛蓼（别名：鱼腥蓼、软水蓼）Persicaria pubescens (Makino) Nakai ex T. Mori [*Polygonum pubescens* Blume.;*P. hydropiper* Linn. var. *flaccidum* (Meissn.) Steward]

草本。节膨大，茎有明显的腺点。叶长 4~8cm，宽 0.5~2.5cm，被毛。花序长，花疏；花瓣有腺点，5 深裂，稀 4 裂。瘦果三棱形。

生于水边肥沃的草地上。

全草药用。除湿化痰，消肿止痛，杀虫止痒。治痢疾、胃肠炎、腹泻、跌打肿痛、毒蛇咬伤、皮肤湿疹。

4. 愉悦蓼（别名：山蓼、香蓼）Persicaria jucunda (Meisn.) Migo [*Polygonum jucundum* Meissn.]

一年生草本。叶椭圆状披针形，长 6~10cm，宽 1.5~2.5cm；托叶鞘被粗伏毛。总状花序呈穗状，花序较壮，花较密。瘦果卵形，

黑色。

生于山地、山谷、水旁潮湿处。

全草药用，味酸，性凉。消肿止痛。治风湿肿痛、跌打、扭挫伤肿痛。

5. 尼泊尔蓼（别名：山谷蓼、猫儿眼睛）Persicaria nepalensis (Meisn.) H. Gross [*Polygonum nepalense* Meissn.]

一年生草本。叶两面无毛，叶面或背叶具腺点，叶三角状卵形。花序头状；花被通常 4 裂，淡紫红色或白色。瘦果宽卵形，黑色。

生于水边、田边、路旁的湿地上。

全草药用，味酸、涩，性平。收敛固肠。治痢疾、大便失常、关节疼痛。

6. 掌叶蓼 Persicaria palmata (Dunn.) Yonekura et H. Ohashi [*Polygonum palmatum* Dunn]

多年生草本。茎被毛，上部多分枝。叶掌状深裂，长 7~15cm，托叶鞘膜质，被毛。花序头状，花被 5 深裂。瘦果卵形，具 3 棱。

生于山谷、沟边、路旁草丛中。

全草药用，味苦、酸，性凉。止血，清热。治吐血、衄血、

崩漏、赤痢、外伤出血。

7. 杠板归（别名：蛇倒退、犁头刺）**Persicaria perfoliata** (Linn.) H. Gross [*Polygonum perfoliatum* Linn.]

一年生草本；有刺植物。茎具棱。叶三角形，长 3~7cm，宽 2~5cm；托叶叶状。短总状花序；每苞片内具花 2~4 朵；花被 5 裂。瘦果球形。

生于山谷灌丛、荒芜草地、村边篱笆或水沟旁边。

全草药用，味酸，性凉。清热解毒，利尿消肿。治上呼吸道感染、气管炎、百日咳、急性扁桃体炎、肠炎、痢疾、肾炎水肿。

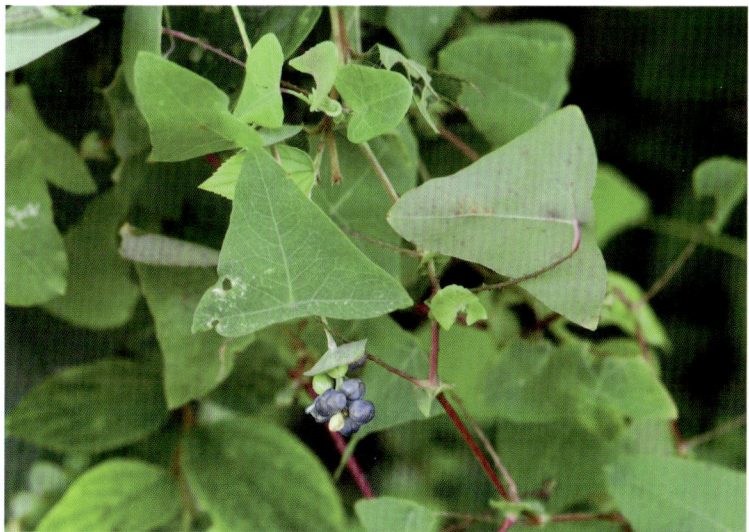

8. 丛枝蓼（别名：红辣蓼、簇蓼）**Persicaria posumbu** (Buch.-Ham. ex D. Don) H. Gross [*Polygonum posumbu* Buch.-Ham. ex D. Don；*P. caespitosum* Bl.]

一年生草本。叶卵状披针形或卵形，长 3~6（8）cm，纸质；托叶鞘筒状。总状花序呈穗状；花被片椭圆形。瘦果卵形，黑褐色。

生于水边或阴湿处。

全草药用，味辛，性温。祛风利湿，散瘀止痛，消肿解毒。治痢疾、胃肠炎、腹泻、风湿关节痛、跌打肿痛、功能性子宫出血。

2. 何首乌属 Pleuropterus Turcz.

1. 何首乌（别名：夜交藤、马肝石、赤葛）**Pleuropterus multiflorus** (Thunb.) Nakai [*Fallopia multiflora* (Thunb.) Harald. ;*P. multiflorum* Thunb.]

多年生缠绕藤本。块根肥厚。茎木质化，无卷须。叶卵形或长卵形，长 3~7cm，基部心形。圆锥状花序；花被 5 深裂。瘦果卵形，具 3 棱。

生于旷野、田边或水旁。

块根、全草药用。块根：味苦、甘、涩，性温；补肝肾，益精血，养心安神；生用润肠，解毒散结；治神经衰弱、贫血、须发早白、头晕、失眠、盗汗、血胆固醇过高、腰膝酸痛、遗精、白带；生用主治阴血不足之便秘、淋巴结结核、痈疖。藤茎：味甘，性平，养心安神，祛风湿；治神经衰弱、失眠、多梦、全身酸痛。

3. 虎杖属 Reynoutria Houtt.

1. 虎杖（别名：花斑杖、大叶蛇总管）**Reynoutria japonica** Houtt. [*Polygonum cuspidatum* Sieb. et Zucc.]

多年生草本。茎高 1~2m，具明显的纵棱，散生红色或紫红斑点。叶片大，心形。雌雄异株；花序圆锥状，腋生。瘦果卵形，具 3 棱。

生于山谷溪边。

根状茎或茎、叶药用，味苦、酸，性凉。清热利湿，通便解毒，散瘀活血。治肝炎、肠炎、痢疾、扁桃体炎、咽喉炎、支气管炎、肺炎、风湿性关节炎、急性肾炎、尿路感染、闭经、便秘。

A295 石竹科 Caryophyllaceae

1. 荷莲豆草属 Drymaria Willd. ex Roem et Schlecht.

1. 荷莲豆草（别名：串钱草、水蓝草）Drymaria cordata Blume. [*D. cordata* auct. non (Linn.) Willd. ex Roem. et Schult.]

一年生草本。叶片卵状心形，长 1~1.5cm，宽 1~1.5cm；托叶数片，白色。聚伞花序顶生；花瓣白色，倒卵状楔形。蒴果卵形，3 瓣裂。

常生于山谷、溪边或潮湿的荒地、田沟旁等。

全草药用，味淡、微酸，性凉。清热解毒，利尿通便，活血消肿，退翳。治急性肝炎、慢性肾炎、胃痛、疟疾、翼状胬肉、腹水、便秘。

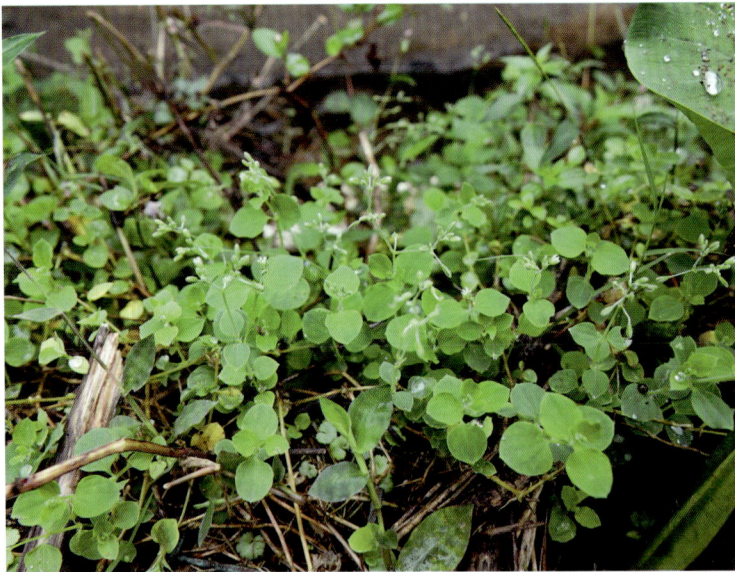

2. 鹅肠菜属 Stellaria Linn.

1. 鹅肠菜（别名：鹅儿肠、大鹅儿肠、石灰菜、鹅肠草、牛繁缕）Stellaria aquatic (Linn.) Scop. [*Myosoton aquaticum* (Linn.) Moench]

二年生或多年生草本。叶卵状心形或卵状披针形，长 2.5~5.5cm，宽 1~3cm。顶生二歧聚伞花序；花 5 基数，花瓣 2 深裂。蒴果卵圆形。

生于山谷、旷野、田间草地。

全草药用，味甘、酸，性平。消肿止痛，清热凉血，消积通乳。治小儿疳积、牙痛、痢疾、痔疮肿痛、乳腺炎、乳汁不通。

3. 繁缕属 Stellaria Linn.

1. 雀舌草（别名：滨繁缕、石灰草）Stellaria alsine Grimm.

二年生草本；高 15~25（35）cm。叶片披针形至长圆状披针形，长 5~20mm，宽 2~4mm。聚伞花序通常具 3~5 花，顶生或花单生叶腋。蒴果卵圆形。

生于田间、河溪两岸或潮湿地上。

全草药用，味辛，性平。祛风散寒，续筋接骨，活血止痛，解毒。治伤风感冒、风湿骨痛、疮痈肿毒、跌打损伤、骨折、蛇咬伤。

A297 苋科 Amaranthaceae

1. 牛膝属 Achyranthes Linn.

1. 土牛膝（别名：倒叶草、倒刺草、倒钩草）Achyranthes aspera Linn.

多年生草本；高 20~120cm。叶纸质，宽卵状倒卵形，长 1.5~7cm，宽 0.4~4cm。穗状花序顶生；总花梗具棱角。胞果卵形，长 2.5~3mm。

生于山坡疏林、村边路旁、园地及空旷草地上。

全草药用，味微苦，性凉。通经利尿，清热解毒。治感冒发热、扁桃体炎、白喉、流行性腮腺炎、疟疾、风湿性关节炎、泌尿系结石、肾炎水肿。

2. 牛膝（别名：怀牛膝、牛髁膝）Achyranthes bidentata Bl.

多年生草本。叶片椭圆形，少数倒披针形，长 4.5~12cm，宽 2~7.5cm。穗状花序顶生及腋生；小苞片刺状。胞果长圆形，黄褐色。

生于山地或溪边较湿润、荫蔽的肥沃土壤上。

根药用，味苦、酸，性平。鲜用散瘀血，消痈肿；酒制补肝肾、强筋骨。鲜用治咽喉肿痛、高血压病、闭经、胞衣不下、痈肿、跌打损伤；酒制主治肝肾不足、腰膝酸痛、四肢不利、风湿痹痛。制剂不宜作静脉注射，以防溶血。

3. 柳叶牛膝（别名：长叶牛膝、杜牛膝）Achyranthes longifolia (Makino) Makino

草本。叶披针形；长 10~20cm，宽 2~5cm，顶端尾尖。小苞片针状，长 3.5mm，基部有 2 耳状薄片。胞果黄棕色，长圆形，平滑。

生于村旁、山谷。

根药用，味苦，性平。鲜用破血行瘀；治经闭、尿血、淋病、痈肿、难产。熟用补肝肾，强腰膝；治肝肾亏虚、腰膝酸痛。

2. 莲子草属 Alternanthera Forsk.

1. 锦绣苋（别名：红草、红绿草）Alternanthera bettzickiana (Regel) G. Nicholson [A. vericolor Regel]

多年生草本。茎多分枝，叶长 1~6cm，宽 0.5~2cm，有凸尖，基部渐狭，边缘皱波状。头状花序，花被片卵状长圆形，白色。

公园、花圃有栽培。生于村庄附近的水沟、田间潮湿沙地上。

全草药用。清肝明目，凉血止血。治结膜炎、便血、痢疾。

2. 喜旱莲子草（别名：空心莲子草、空心菜、水花生）Alternanthera philoxeroides (Mart.) Griseb.

多年生草本。茎直立，中空。叶长圆形至倒卵形，下面有颗粒状突起。头状花序；花白色，光亮；能育雄蕊 5 枚。果实未见。

生于塘边水沟边或沼泽地上。

全草药用，味苦、甘，性寒。清热利尿，凉血解毒。治乙型脑炎、流感初期、肺结核咯血。

3. 莲子草（别名：小白花草、虾钳菜）Alternanthera sessilis (Linn.) R. Brown ex DC.

多年生草本。叶对生，条状倒披针形至倒卵状长圆形，常无毛。头状花序腋生；苞片、小苞片和花被均白色；能育雄蕊3枚。胞果倒心形。

生于村庄附近的水沟、田间、园地或海边潮湿沙地上。

全草药用，味微甘、淡，性凉。清热凉血，利水消肿。

2. 苋属 Amaranthus Linn.

1. 刺苋（别名：筋苋菜、刺苋菜）**Amaranthus spinosus** Linn.

一年生草本；植株具刺。叶互生，菱状卵形或卵状披针形，顶端圆钝，全缘，无毛。圆锥花序腋生及顶生；花被具突尖。胞果长圆形。

生于村边、路旁、田间、园地等荒地上。

全草药用，味淡、甘，性凉。清热利湿，解毒消肿，凉血止血。治痢疾，肠炎，胃、十二指肠溃疡出血，痔疮便血。

2. 苋（别名：苋菜）**Amaranthus tricolor** Linn.

一年生草本。茎常分枝。叶长4-10cm，宽2-7cm，顶端具突尖，基部楔形。花簇腋生，球形，雄花和雌花混生。胞果卵状长圆形。

栽培。

全草药用，味甘，性微寒。解毒，祛寒湿，利大小便。治红白痢、痔疮、疔疮肿毒。

3. 皱果苋（别名：绿苋、野苋）**Amaranthus viridis** Linn.

一年生草本。叶片卵形，顶端有一芒尖。穗状花序组成圆锥花序顶生；花被片背部有一绿色隆起中脉。果扁球形，极皱缩。

生于村边、路旁、田间、园地等荒地上。

全草药用，味甘、淡，性微寒。清热利湿。治细菌性痢疾、肠炎、乳腺炎、痔疮肿痛。

3. 青葙属 Celosia Linn.

1. 青葙 **Celosia argentea** Linn.

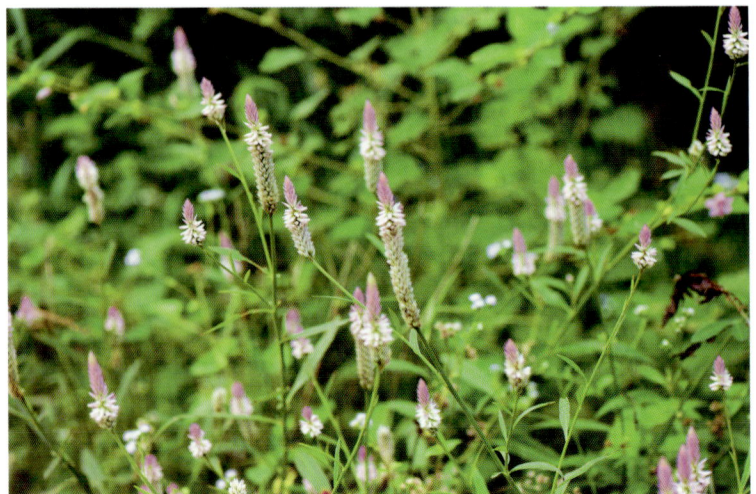

一年生草本；全体无毛。叶互生，矩圆披针形、披针形或披针状条形。花在茎端或枝端成无分枝的塔状或圆柱状穗状花序。胞果卵形。

生于旷野、田边、村旁。

种子、茎、叶药用。种子：味苦，性微寒；祛风明目，清肝火；治目赤肿痛、视物不清、气管哮喘、胃肠炎。茎、叶：味淡，性凉；收敛，消炎；治胃肠炎等。

A305 商陆科 Phytolaccaceae

1. 商陆属 Phytolacca Linn.

1. 垂序商陆（别名：美洲商陆）**Phytolacca americana** Linn.

多年生草本。叶片椭圆状卵形，长 9~18cm，宽 5~10cm。总状花序顶生或侧生；花白色，微带红晕。浆果扁球形，熟时紫黑色。

生于林下、村边、路旁的阴湿处。

根药用，味苦，性寒，有毒。泻水，利尿，消肿。治水肿、腹水、小便不利、子宫颈糜烂、白带过多。

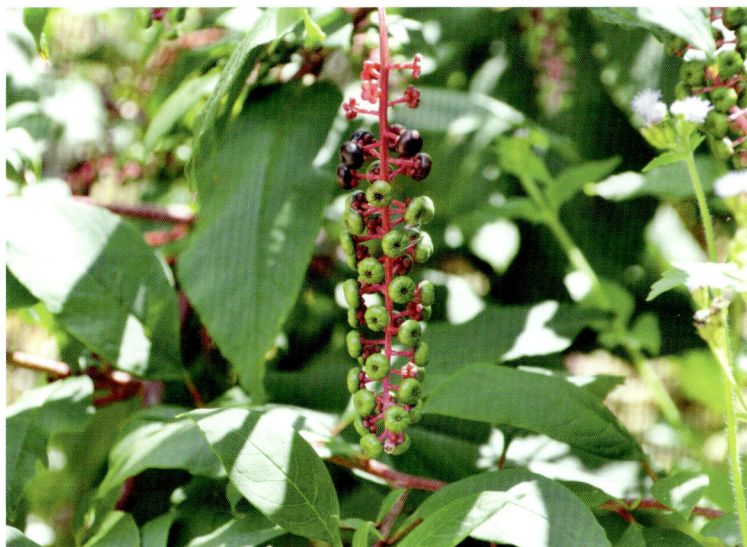

A309 粟米草科 Molluginaceae

1. 粟米草属 Mollugo Linn.

1. 粟米草（别名：四月飞、瓜仔草、瓜疮草）**Mollugo stricta** Linn. [*M. pentaphylla* Linn.]

一年生草本；高 10~30cm。叶基生和茎生，叶片披针形，中脉明显。二歧聚伞花序，无毛；花被片 5。蒴果近球形，与

宿存花被等长，3 瓣裂。

多生于旷地或海岸沙地上。

全草药用，味淡、涩，性平。抗菌消炎、清热止泻。治腹痛泻泄、感冒咳嗽、皮肤风疹。

A312 落葵科 Basellaceae

1. 落葵薯属 Anredera Juss.

1. 落葵薯（别名：藤三七、心叶落葵薯、洋落葵）**Anredera cordifolia** (Tenore) Steen. [*Boussingaultia cordifolia* Tenore]

多年生草本。叶片椭圆状卵形，叶长 9~18cm，顶端急尖，基部楔形。总状花序顶生或侧生；花白色，微带红晕。浆果扁球形，熟时紫黑色。

逸为野生的。多生于村边、路旁、园地篱笆上。

全草药用，味甘、淡，性凉。消肿止痛。民间用治跌打损伤、风湿关节炎。

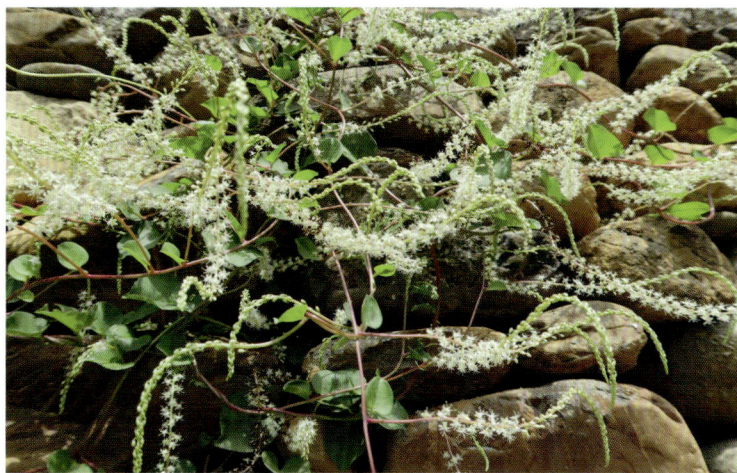

2. 落葵属 Basella Linn.

1. 落葵（别名：潺菜）**Basella alba** Linn.

一年生缠绕草本。茎肉质，绿色或略带紫红色。叶卵形或近圆形，背面叶脉微凸。穗状花序腋生；小苞片 2；花无梗。果实球形。

间有逸为野生的。多生于村边、路旁、园地篱笆上。

全草药用，味甘、淡，性凉。清热解毒，接骨止痛。治阑尾炎、痢疾、大便秘结、膀胱炎。

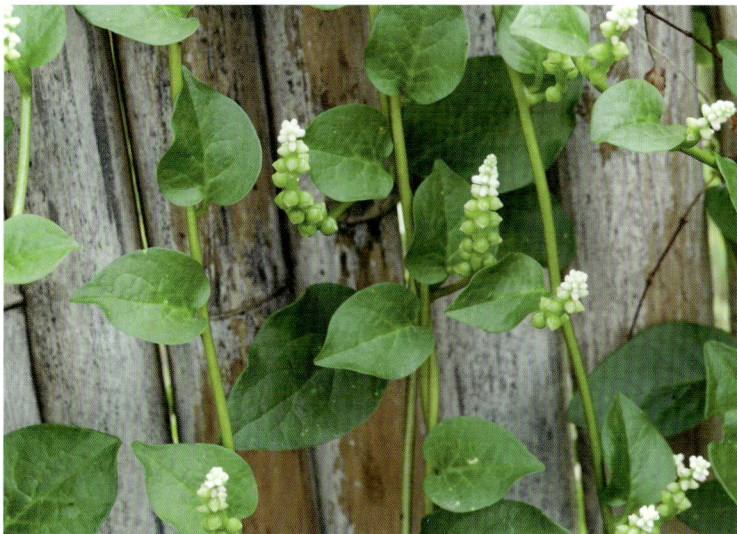

A314 土人参科 Talinaceae

1. 土人参属 Talinum Adens.

1. 土人参（别名：栌兰）**Talinum paniculatum** (Jacq.) Gaertn.

一年生或多年生草本。叶互生或近对生，倒卵形或倒卵状长椭圆形，长 5~10cm，宽 2.5~5cm。圆锥花序顶生或腋生。蒴果近球形，直径约 4mm。

栽培或野生。多生于村边、路旁、园地上。

根和叶药用，味甘，性平。补中益气，润肺生津。治气虚乏力、体虚自汗、脾虚泄泻、肺燥咳嗽、乳汁稀少。

A318 蓝果树科 Nyssaceae

1. 喜树属 Camptotheca Decne

1. 喜树（别名：旱莲木、千张树、水桐树）**Camptotheca acuminata** Decne

落叶乔木。叶互生，矩圆状卵形，下面淡绿色，疏生短柔毛。头状花序近球形，常由 2~9 个头状花序组成圆锥花序。翅果长圆形。

生于海拔 1000m 以下的山谷、溪边、村旁疏林或杂木林中。

根、树枝、根皮、叶及果实药用，味苦、涩，性凉。抗癌，清热，杀虫。治胃癌、结肠癌、直肠癌、膀胱癌、慢性粒细胞性白血病、急性淋巴性白血病。

A320 绣球花科 Hydrangeaceae

1. 常山属 Dichroa Lour.

1. 常山（别名：土常山、白常山）**Dichroa febrifuga** Lour.

落叶灌木；植株无毛。单叶对生，叶形大小变异大，边缘具齿。伞房状圆锥花序顶生，无不孕花；花柱 5~6 枚；子房下位。浆果蓝色。

生于山野阴湿地方，现已有栽培。

叶、根药用，味苦，性寒，有小毒。截疟，解热。治间日疟、三日疟、恶性疟疾。

2. 绣球属 Hydrangea Linn.

1. 粤西绣球 **Hydrangea kwangsiensis** Hu

灌木。叶披针形，长 9~20cm，宽 1.5~5.5cm，基部楔形，两侧不对称。伞房状聚伞花序；花瓣长椭圆形，花后外反，蓝色。蒴果长陀螺状。

生于山谷林缘和灌丛中。

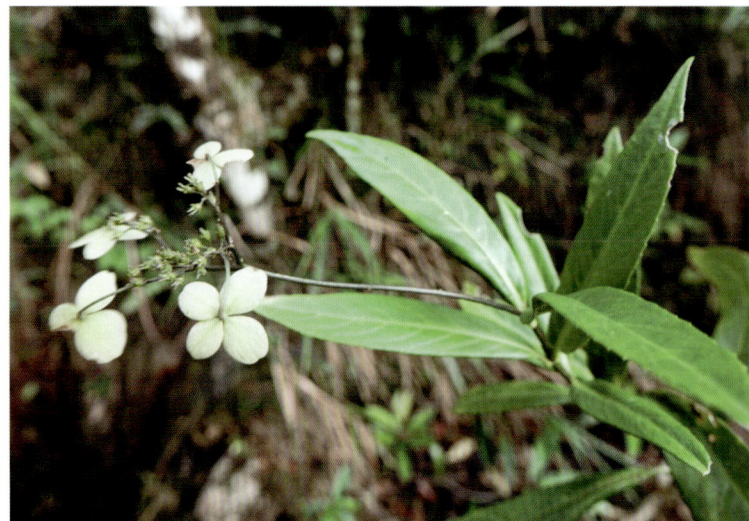

3. 冠盖藤属 Pileostegia Hook. f. et Thoms.

1. 星毛冠盖藤 **Pileostegia tomentella** Hand.-Mazz.

常绿攀缘藤本；长达 16m。小枝、花序和叶背密被锈色星状毛。叶基部多少心形。伞房状圆锥花序顶生；花白色。蒴果陀螺状，平顶。

生于山地阔叶林内和河边，攀缘于树上或石上。

根药用，味辛、苦，性温。祛风除湿，散瘀止痛。治风湿痹痛、腰腿酸痛、跌打损伤、骨折、外伤出血、痈肿疮毒。

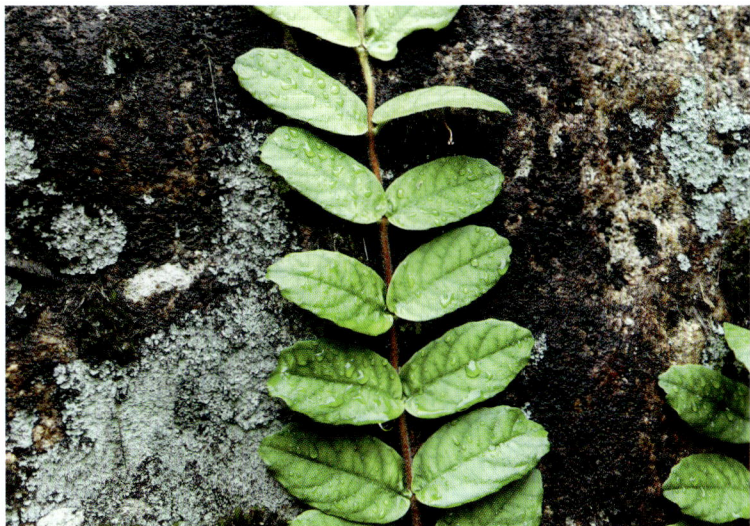

2. 冠盖藤（别名：青棉花藤）Pileostegia viburnoides Hook. f. et Thoms.

攀缘状灌木；长达 15m；无毛，或少量疏被星毛。叶对生，薄革质，椭圆形，基部楔形。圆锥花序顶生。蒴果圆锥形；种子具翅。

生于山谷树林中，常攀缘于乔木或石壁上。

根、藤、叶药用，味苦，性温。祛风除湿，散瘀止痛，接骨。治腰腿酸痛、风湿麻木。

A324 山茱萸科 Cornaceae

1. 八角枫属 Alangium Lam.

1. 八角枫（别名：大枫树、八角王）Alangium chinense (Lour.) Harms [Stylidium chinense Lour.]

乔木或灌木。叶近圆形或椭圆形、卵形，长 13~19cm，宽 3~7cm，不裂或 3~9 裂。聚伞花序腋生；花长 1~1.5cm；雄蕊 6~8 枚。核果卵圆形。

生于较阴湿的山谷、山坡的杂木林中。

全草药用，味辛，性微温，有毒。祛风除湿，舒筋活络。治风湿关节痛、跌打损伤、精神分裂症。

2. 小花八角枫（别名：细叶八角枫、西南八角枫）Alangium faberi Oliv.

灌木。叶披针形、卵形或椭圆状卵形，长 7~12cm，幼时两面密被硬毛，后渐变无毛。聚伞花序短而纤细。核果近卵圆形，成熟时淡紫色。

生于低海拔山谷疏林或灌木林中。

叶、根药用，味辛、苦，性微温。祛风除湿。治跌打损伤、风湿痹痛、胃脘痛。

3. 毛八角枫（别名：毛木瓜）Alangium kurzii Craib.

乔木或灌木。叶互生，长 12~14cm，宽 7~9cm，背面被丝质绒毛。聚伞花序有 5~7 花；花长 2~2.5cm；雄蕊 6~8 枚；药隔有毛。核果。

常见于低海拔的疏林中或路旁。

根、叶药用，味苦、辛，性温，有小毒。散瘀止痛。治风湿关节痛、跌打损伤、精神分裂症。

2. 山茱萸属 Cornus Linn.

1. 香港四照花 Cornus hongkongensis Hemsley [*Dendrobenthamia hongkongensis* (Hemsl.) Hutch.]

常绿乔木或灌木。叶对生，革质，椭圆形，长 6.2~13cm；叶柄细圆柱形。头状花序球形，由 50~70 朵花聚集而成。核果。

生于湿润山谷和密林或混交林中。

叶药用，味涩、苦，性凉。收敛止血。治外伤出血。

A325 凤仙花科 Balsaminaceae

1. 凤仙花属 Impatiens Linn.

1. 华凤仙（别名：水凤仙、入冬雪）Impatiens chinensis Linn.

一年生草本。叶对生，叶片线形或线状披针形，有托叶状腺体，边缘疏生刺状锯齿。花单生或 2~3 朵簇生叶腋。蒴果椭圆形。

生于田边、水沟旁和沼泽地上。

全草药用，味苦、辛，性平。清热解毒，活血散瘀，消肿拔脓。治肺结核、颜面及咽喉肿痛、热痢。

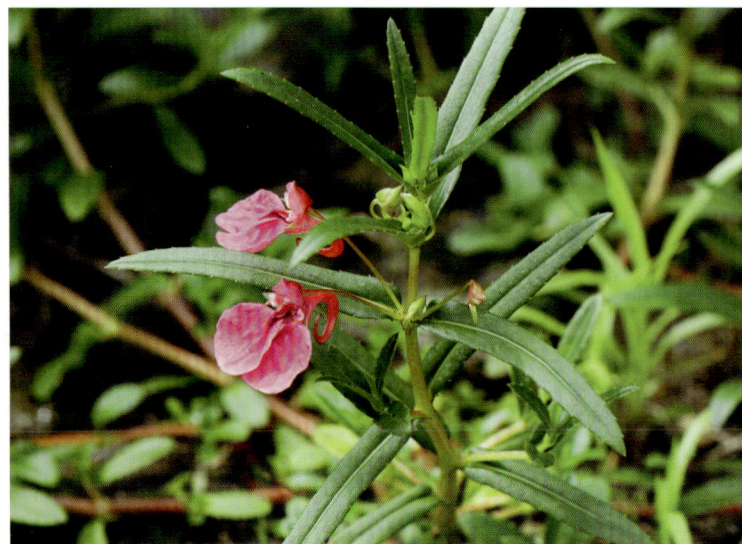

2. 绿萼凤仙花 Impatiens chlorosepala Hand.-Mazz.

一年生草本；高 30~40cm。叶互生。花 1~2 朵腋生；花梗有苞片；花橙黄，有紫色斑纹；花蕊顶端圆钝，距长 3.5~4cm。蒴果披针形。

生于海拔 300~900m 的山谷、水旁潮湿处。

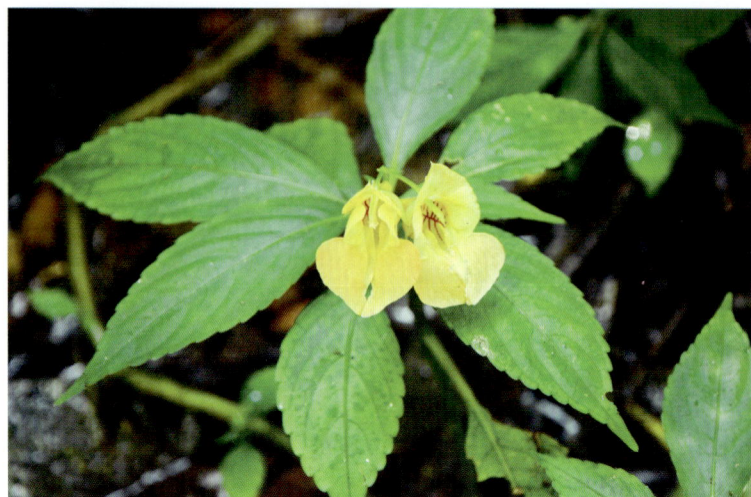

3. 湖南凤仙花 Impatiens hunanensis Y. L. Chen

一年生草本。叶近互生，卵状披针形，边缘具齿。苞片三角状卵形，花黄色，侧生萼片 2，唇瓣囊状，钩状或内卷的距。蒴果棒状。

生于海拔 450~800m 的山谷溪旁。

4. 瑶山凤仙花 Impatiens macrovexilla Y.L.Chen var. yaoshanensis S.X.Yu, Y.L.Chen & H.N.Qin

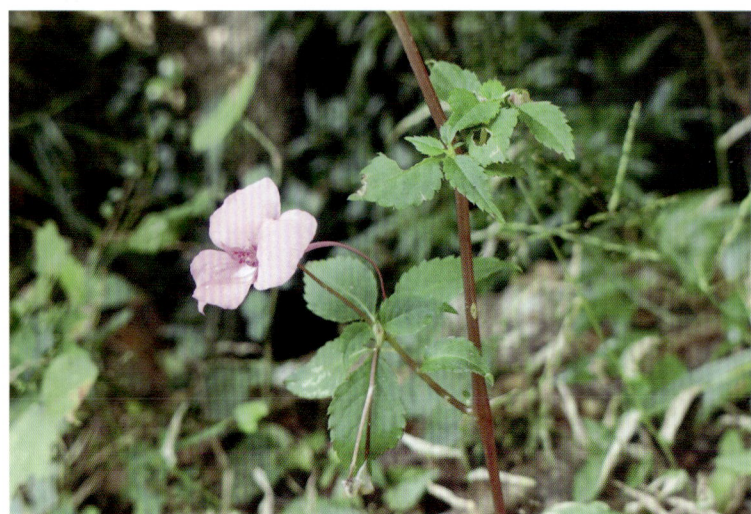

一年生草本；高 20~30cm；全株无毛。叶片膜质，卵圆形。花梗细；花紫色，侧生萼片全缘；翼瓣的上部裂片全缘，翼瓣背部的小耳明显。

生于林下水沟边潮湿处。

A332 五列木科 Pentaphylacaceae

1. 杨桐属 Adinandra Jack

1. 尖叶川杨桐（别名：尖叶杨桐）**Adinandra bockiana** E. Pritzel ex Diels var. **acutifolia** (Hand.-Mazz.) Kobuski [*A. acutifolia* Hand.-Mazz.]

乔木或灌木。叶革质，披针形，长 5~12cm，宽 2~3.5cm，叶背及边缘无毛，全缘。花梗较短，长 1~1.3cm；花丝短。浆果。

多生于海拔 250~500m 的山地灌丛或密林阴湿处。

全株药用，味辛，性微温。疏风散寒，理气止痛。治风寒感冒、头痛、胃脘痛。

2. 两广杨桐 **Adinandra glischroloma** Hand.-Mazz. [*A. jubata* Li]

小乔木，高 3~8m。叶互生，革质，长圆状椭圆形，长 8~13cm，宽 2.5~4.5cm，边全缘。稀单朵生于叶腋，花梗粗短。果圆球形，熟时黑色。

生于海拔 650~1000m 的林中阴湿地或近山顶疏林中。

2. 红淡比属 Cleyera Thunb.

1. 红淡比 **Cleyera japonica** Thunb.

灌木或小乔木。嫩枝有棱。叶长圆形，长 6~9cm，宽

2~3cm，全缘。花常 2~4 朵腋生；花瓣 5，白色；萼片圆形。果球形，熟时紫黑色。

多生于海拔 200~1000m 的山地、山谷林中或灌丛。

叶药用，味微苦、涩，性平。收敛，止血，消肿。治外伤出血。

3. 柃木属 Eurya Thunb.

1. 尖叶毛柃 **Eurya acuminatissima** Merr. et Chun

灌木或小乔木。叶卵状椭圆形，长 5~9cm，宽 1.2~2.5cm，顶端尾状渐尖。花 1~3 朵腋生；萼片圆形；雄花花瓣白色。果圆球形，疏被柔毛。

多生于海拔 250m 以上的山地沟谷密林、疏林。

2. 翅柃 **Eurya alata** Kobuski

灌木；全株无毛。嫩枝具显著 4 棱。叶长圆形，顶端窄缩呈短尖，基部楔形，边缘有齿。花瓣 5，白色。果圆球形，熟时蓝黑色。

多生于海拔 300~1000m 的山谷或林下阴湿处。

根皮药用，味咸，性平。理气活血，散瘀消肿。治跌打损伤、肿痛。

3. 耳叶柃 Eurya auriformis H. T. Chang

灌木。叶革质，卵状披针形，长 1.5~2.5cm，宽 6~10mm，基部耳形抱茎，中脉在上面凹下，下面凸起。花 1~2 朵生于叶腋。果圆球形。

多生于海拔 650~700m 的沟谷林中或林缘。

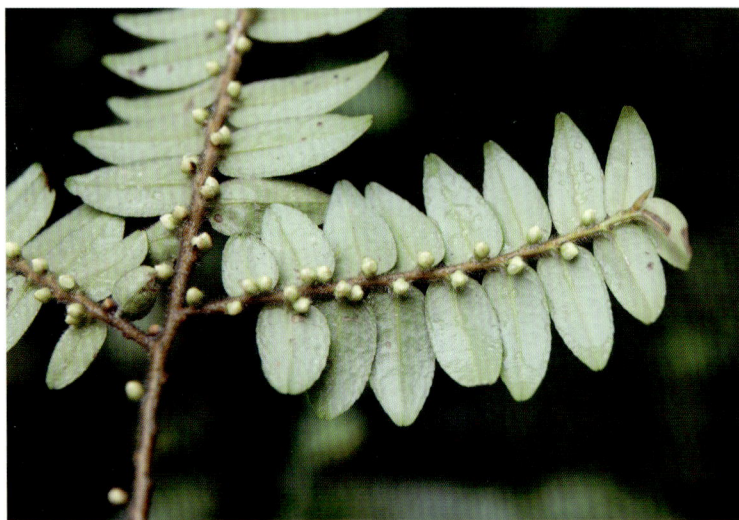

4. 短柱柃 Eurya brevistyla Kobuski

灌木或小乔木；全株除萼片外均无毛。叶长 5~9cm，宽 2~3.5cm，边缘有齿。花 1~3 朵腋生，雌花花柱极短。果圆球形，成熟时蓝黑色。

多生于海拔 500~1000m 的山谷林中及灌丛。

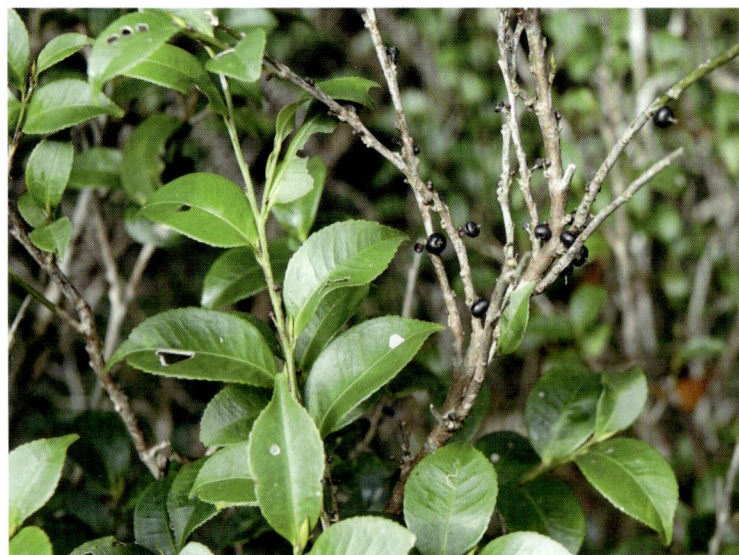

5. 长毛柃 Eurya patentipila Chun

灌木。叶披针形，长 6~10cm，宽 2~2.5cm，叶面有金色腺点，背面被长毛。花 1~3 朵腋生，花梗被柔毛；花瓣 5。果圆球形，密被长柔毛。

多生于海拔 500~1000m 的山谷或山顶疏密林中。

6. 米碎花（别名：岗茶、华柃）Eurya chinensis R. Br.

常绿灌木。嫩枝有棱，被毛。叶倒卵形，长 3~4.5cm，宽 1~1.8cm，基部楔形，边缘有锯齿。花 1~4 朵簇生于叶腋；花瓣白色。浆果。

生于海拔 30~800m 的荒山、草坡、村旁、河边灌丛中。

全株药用，味甘、淡、微涩，性凉。清热解毒，除湿敛疮。预防流行性感冒。

7. 华南毛柃 Eurya ciliata Merr.

小乔木；高 3~10m。叶长圆状披针形，长 5~12cm，宽 1.5~3cm，基部两侧稍偏斜。花 1~3 朵簇生于叶腋；子房被毛，花柱 4~5 裂。果被柔毛。

生于海拔 100~1300m 的山坡林下或沟谷溪旁密林中。

叶药用，微苦，性凉。清热解毒；消肿止痛。

8. 二列叶柃 **Eurya distichophylla** Hemsl.

灌木或小乔木；高 1.5~7m。叶披针形，长 3~6cm，宽 8~15mm，基部圆形。花 1~3 朵簇生于叶腋；子房被毛；花柱 3 裂。果被柔毛。

生于海拔 200~1000m 的山谷疏林、密林和灌丛中。

全株药用，味甘、微涩，性凉。清热解毒，消炎止痛。治急性扁桃腺炎、咽炎、口腔炎、支气管炎、水火烫伤。

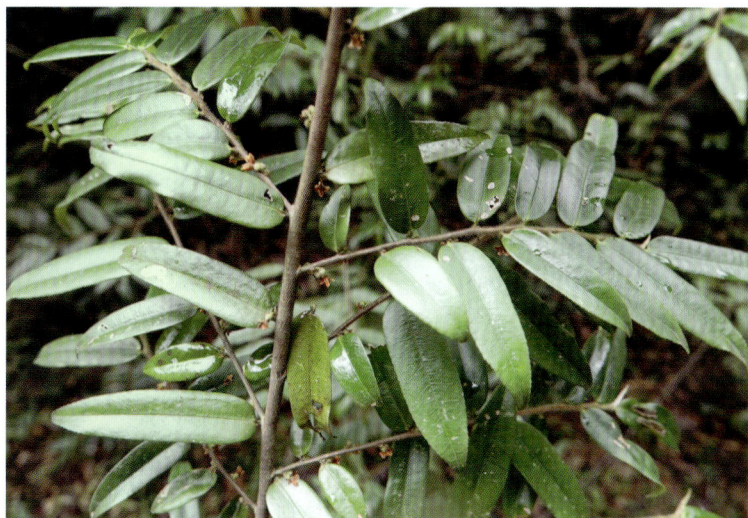

9. 岗柃（别名：米碎木、蚂蚁木）**Eurya groffii** Merr.

常绿灌木。叶披针形或披针状长圆形，长 5~10cm，宽 1.2~2.2cm，背面被长毛，边缘有细齿。花 1~9 朵簇生叶腋，白色。浆果圆球形。

常生于阳光充足的丘陵及山地灌丛中。

叶药用，味微苦，性平。消肿止痛。治肺结核、咳嗽、跌打肿痛；鲜叶捣烂酒炒外敷。

10. 细枝柃 **Eurya loquaiana** Dunn

灌木或小乔木。叶卵状披针形，长 4~9cm，宽 1.5~2.5cm，下面中脉被毛，边缘细齿。花 1~4 朵簇生；子房无毛；花柱 3 裂。果无毛。

多生于海拔 400~1000m 的山林中阴湿处或灌丛中。

枝、叶药用，味微辛、微苦，性平。祛风通络，活血止痛。治跌打肿痛。

11. 黑柃 **Eurya macartneyi** Champ.

常绿小乔或灌木。叶长圆形，长 6~14cm，宽 2~4.5cm，基部圆钝，边缘上部有齿。子房无毛；花柱 3 裂。浆果球形，直径约 5mm。

生于海拔 240~1000m 山地或山坡沟谷疏密林中。

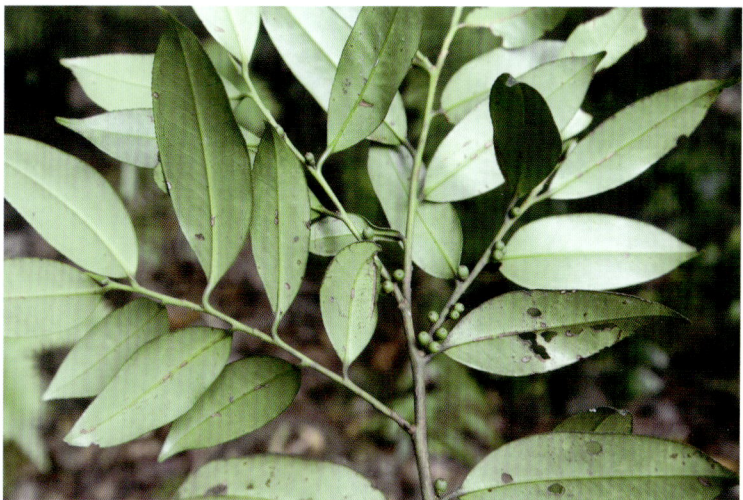

12. 细齿叶柃 **Eurya nitida** Korthals [*E. japonica* Thunb. var. *nitida* (Korth.) Th-Dyer]

常绿灌木或小乔木；全株无毛。叶长圆形或倒卵状长圆形，长 4~7cm，宽 1.5~2.5cm，边缘有锯齿。花 1~4 朵簇生于叶腋。浆果圆球形。

常见于常绿阔叶林或灌木、草丛中。

茎、叶、花药用，味苦、涩，性平。杀虫，解毒。治疮口溃烂、泄泻、上唇疮烂。

4. 五列木属 Pentaphylax Gardn. et Champ.

1. 五列木 **Pentaphylax euryoides** Gardn. et Champ.

常绿乔木或灌木。单叶互生，革质，卵形至长圆状披针形。总状花序腋生或顶生；花辐射对称，花萼、花瓣5枚，子房5室。蒴果椭圆状。

生于海拔 1000m 以下的常绿阔叶林中。

5. 厚皮香属 Ternstroemia Mutis ex Linn. f.

1. 小叶厚皮香 **Ternstroemia microphylla** Merr. [*T. oblancilimba* H. T. Chang]

灌木。叶倒卵形，长 2~6.5cm，宽 0.6~3cm，顶端圆，基部窄楔形，边缘上半部有齿。花较小，花梗纤细，花瓣白色。果实椭圆形。

生于近海山地灌丛或岩隙间。

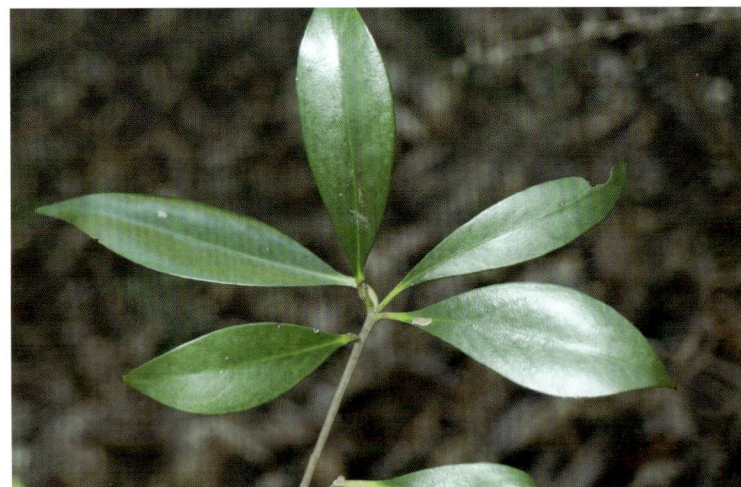

2. 厚皮香（别名：秤杆红、红果树、白花果）**Ternstroemia gymnanthera** (Wight. et Arn.) Bedd.

灌木或小乔木；高 1.5~10m。叶革质，倒卵状长圆形，长 6~10cm，宽 3~4.5cm。花瓣5，淡黄白色。果球形，直径 10~15mm。

多生于海拔 200~1000m 的山地林中。

果实、叶药用，味苦，性凉。果有小毒。清热解毒，消痈肿。

治疮疡痈肿、乳腺炎。

A333 山榄科 Sapotaceae

1. 肉实属 Sarcosperma Hook. f.

1. 肉实树（别名：水石梓）**Sarcosperma laurinum** (Benth.) Hook. f.

常绿乔木。叶匙形，上部最宽，常倒卵形或倒披针形，叶背脉上有明显纵棱纹。总状花序或圆锥花序腋生。核果长圆形或椭圆形。

生于山地林中。

A334 柿科 Ebenaceae

1. 柿树属 Diospyros Linn.

1. 乌材（别名：乌材子、乌蛇）**Diospyros eriantha** Champ. ex Benth.

乔木。叶长圆状披针形，长 5~15cm，宽 2~4cm，叶面光亮、无毛，背面被锈色硬毛。聚伞花序腋生；花冠高脚碟状。果长圆形，直径 1cm。

生于山坡杂木林中或灌丛中。

根皮及果药用。治风湿、疝气痛、心气痛。

2. 柿（别名：柿子、朱果）Diospyros kaki Thunb.

落叶乔木。叶卵状椭圆形，长 7~17cm，宽 5~10cm，两面幼时被毛，背面被柔毛。果卵形或扁球形，直径 3~8cm；果梗长 1cm。

栽培。

果、柿蒂、柿霜（柿饼的白霜）、根、叶药用。果：味甘，性寒；润肺生津、降压止血；治肺燥咳嗽、咽喉干痛、胃肠出血、高血压病。柿蒂（缩荐萼）：味苦，性平；治呃逆、噫气、夜尿症。柿霜：味甘，性凉；生津利咽、润肺止咳；治口疮、咽喉痛、咽干咳嗽。根：味苦、涩，性凉；清热凉血；治吐血、痔疮出血、血痢。叶：味苦、酸，性凉；治高血压病。

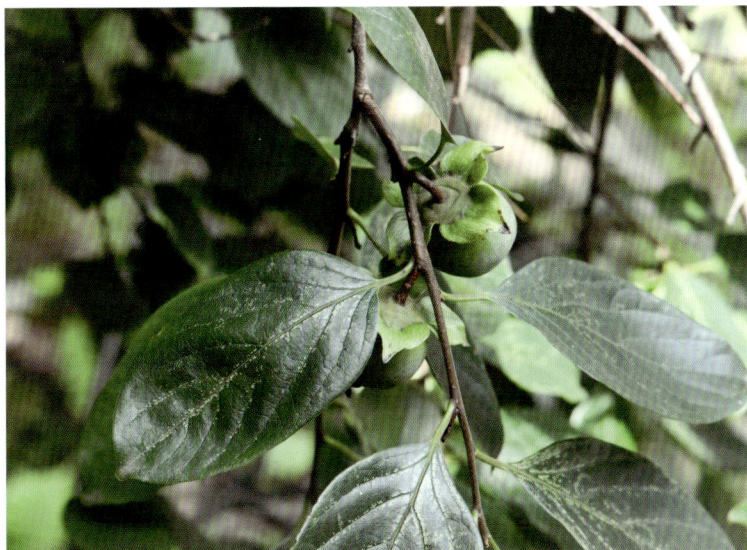

3. 野柿（别名：野柿树、油柿）Diospyros kaki Thunb. var. silvestris Makino

落叶乔木。与柿的主要区别：小枝及叶柄常密被黄褐色柔毛。叶较栽培柿树的叶小，叶下面被毛较多。花较小。果直径 2~5cm。

生于山地林中。

根药用，味涩、酸，性凉。收敛清热。治风湿关节痛、其他效用参阅柿。

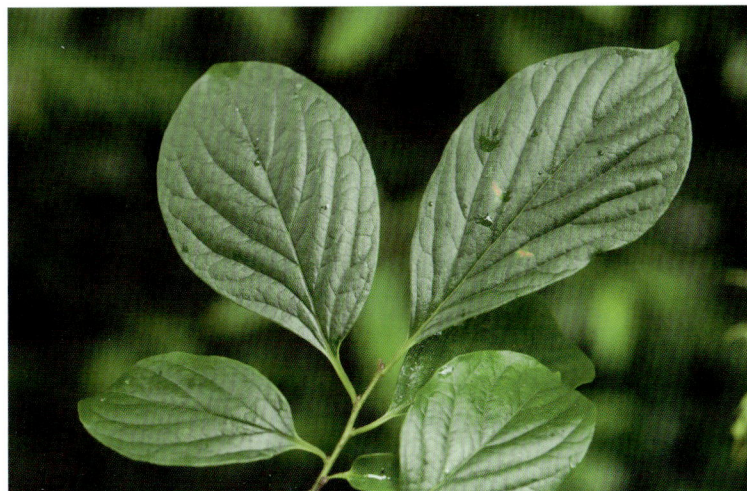

4. 罗浮柿（别名：山柿）Diospyros morrisiana Hance

落叶乔木或小乔木。叶革质，长椭圆形或卵形，长 5~10cm，宽 2.5~4cm。雄花序聚伞花序式；雌花单生叶腋。果球形，直径 1.6~2cm。

生于山坡、林缘或低丘陵灌丛中。

茎皮、叶、果药用，味苦、涩，性凉。消炎解毒，收敛。治食物中毒、腹泻、赤白痢疾。

5. 岭南柿 Diospyros tutcheri Dunn

小乔木。叶椭圆形，叶脉在两面均明显。雄花花萼 4 深裂，裂片三角形；雌花单生，花萼裂片卵形，花冠宽壶状，4 裂。果球形，宿存萼。

生于山谷林中。

A335 报春花科 Primulaceae

1. 紫金牛属 Ardisia Swartz

1. 朱砂根（别名：圆齿紫金牛、大罗伞）Ardisia crenata Sims.

常绿灌木。叶椭圆形或椭圆状披针形，长 7~10cm，宽 2~4cm，边缘皱波状或波状齿，齿尖有腺点。伞形花序；萼片具腺点。果鲜红色。

生于丘陵山地常绿阔叶林、杉木林下，或溪边荫蔽潮湿灌木林中。

根、叶药用，味苦、辛，性平。行血祛风，解毒消肿。治上呼吸道感染、咽喉肿痛、扁桃体炎、白喉、支气管炎、风湿性关节炎、腰腿痛、跌打损伤、丹毒、淋巴结炎。

2. 小紫金牛（别名：紫金牛）Ardisia chinensis Benth.

灌木。叶倒卵形或椭圆形，长 3~7.5cm，宽 1.5~3cm；叶柄长 3~10mm。亚伞形花序单生，有花 3（5）朵；雄蕊为花瓣长的 2/3。果球形。

生于山沟、山谷林下。

全株药用，味苦，性平。止血，止痛。治肺结核、咯血、呕血、跌打损伤、痛经等。

3. 百两金（别名：小罗伞、八爪金龙、八爪龙、铁雨伞、八爪根、开喉箭）Ardisia crispa (Thunb.) A. DC.

灌木。叶基部楔形，具明显的边缘腺点，无毛。亚伞形花序生于花枝顶端，花萼具腺点，无毛；花瓣卵形，具腺点。果球形，鲜红色，具腺点。

生于山坡或山谷林下。

根、叶药用，味苦，性平。清利咽喉，散瘀消肿。治咽喉肿痛、跌打损伤、风湿骨痛。

4. 灰色紫金牛（别名：细罗伞、两广紫金牛）Ardisia fordii Hemsl.

小灌木，具匍匐状根茎。叶坚纸质，全缘，无毛。伞形花序，萼片卵形，具腺点和缘毛，花瓣广卵形，具腺点。果球形，深红色，具腺点。

生于山坡或山谷林下。

全株药用，味苦，性平。活血消肿。治风湿痛。

5. 走马胎（别名：大叶紫金牛、马胎、山猪药、走马风）Ardisia gigantifolia Stapf

大灌木或亚灌木。叶簇生于茎顶端，基部楔形，下延至叶柄成狭翅，边缘具齿。花萼具腺点，花瓣卵形，具疏腺点。果球形，红色，具腺点。

生于林下的潮湿处。

根或全株药用，味苦、微辛，性温。行血祛风，消肿止痛，活血。治风湿、跌打、疮疖溃烂、闭经、风湿性腰腿痛、产后风瘫半身不遂、不孕症、崩漏、小儿麻痹后遗症。

6. 大罗伞树（别名：珍珠盖罗伞、罗伞树）Ardisia hanceana Mez [*A. elegans* Andr.]

灌木。叶椭圆状披针形，长 9~12cm，宽 2.5~4cm，有圆齿，齿间有腺点，侧脉于边缘连结，叶背、萼片无腺点。复伞房状伞形花序。果球形。

生于山沟林下。

根、叶药用。散瘀止痛。治跌打损伤、内伤、弹伤。

7. 山血丹（别名：斑叶朱砂根、血党、腺点紫金牛、出血丹、细罗伞）Ardisia lindleyana D. Dietr. [*A. punctata* Lindl.]

常绿灌木或小灌木。叶革质，长圆形至椭圆状披针形，近全缘或具微波状齿，齿尖具明显边缘腺点。亚伞形花序。果深红色。

生于山地林中。

根、叶药用，味辛、苦，性温。活血调经，散瘀消肿，祛风止痛。根：治咽喉肿痛、口腔炎、月经不调、经闭、风湿性关节炎。根、叶：治跌打损伤。

8. 心叶紫金牛（别名：红云草、假地榕、红毛藤）Ardisia maclurei Merr.

近草质亚灌木或小灌木。具匍匐茎。叶互生，基部心形，长 4~6cm，宽 2.5~4cm，两面被毛。花萼被毛，花瓣卵形。果球形，暗红色。

生于山坡密林下及山谷中的阴湿环境中。

全草药用，味苦，性凉。止血，清热解毒。治吐血、便血、疮疖等。

9. 虎舌红（别名：红毛紫金牛、毛青杠、红毛毡、老虎脷、毛凉伞、红胆）Ardisia mamillata Hance

灌木。枝密被红色卷曲长硬毛。叶互生或簇生茎顶，倒卵形至长圆状倒披针形，常紫红色，两面密被糙伏毛。伞形花序。果球形，鲜红色。

生于山坡密林下和水旁，耐阴喜湿。

全草药用，味苦、微辛，性凉。散瘀止血，清热利湿。治风湿关节痛、跌打损伤、肺结核咯血、月经过多、痛经、肝炎、痢疾、小儿疳积。

10. 光萼紫金牛 Ardisia omissa C. M. Hu

小乔木或灌木。叶螺旋状着生，近莲座状，叶片长圆状椭圆形，纸质，有腺点。复亚伞形花序腋生，花两性。浆果核果状，球形。

生于山地林下。

11. 莲座紫金牛（别名：毛虫药、毛虫药公、老虎脷、老虎毛虫药、落地紫金牛）Ardisia primulifolia Gardn. et Champ.

小灌木或近草本。基生叶呈莲座状，长6~17cm，具边缘腺点，被锈色卷曲长柔毛，具长缘毛。萼片长圆状披针形。果鲜红色，具疏腺点。

生于密林下阴湿的地方。

全草药用，味辛、苦，性凉。祛风通络，散瘀止血，解毒消痈。治风湿关节痛、咳血、吐血、肠风下血、闭经、恶露不尽、跌打损伤、乳痈、疔疮。

12. 罗伞树（别名：高脚罗伞树、高脚罗伞、五角紫金牛）Ardisia quinquegona Bl.

常绿灌木至小乔木。枝、叶背被鳞片。叶长圆状披针形，长8~16cm，宽2~4cm，全缘，边缘腺点不明显或无。伞形花序。果扁球形。

生于山坡、山谷杂木林中。

根、叶药用，味苦、辛，性平。清咽消肿，散瘀止痛。治咽喉肿痛、风湿关节痛、跌打损伤、疔肿。

2. 酸藤子属 Embelia Burm. f.

1. 酸藤子（别名：酸果藤、酸藤果、山盐酸鸡、酸醋藤、信筒子、入地龙）Embelia laeta (Linn.) Mez.

常绿攀缘灌木或藤本。枝无毛。叶坚纸质，倒卵状椭圆形，长5~8cm，宽2.5~3.5cm，边全缘，无腺点。总状花序。果球形。

多生于丘陵山坡灌丛及山地疏林中向阳处。

根、叶、果药用，根、叶：味酸，性平；祛瘀止痛，消炎止泻。根：治痢疾、肠炎、消化不良、咽喉肿痛、跌打损伤。

2. 当归藤（别名：小花酸藤子、虎尾草、筛箕木强）Embelia parviflora Wall. ex A. DC.

攀缘灌木。叶2列，叶片坚纸质，卵形，顶端钝或圆形，长1~2cm，宽0.6~1cm，全缘。花瓣白色或粉红色。果球形，暗红色。

多生于山坡密林中及水旁荫处。

根、藤茎药用，味涩、苦，性平。补血调经，强腰膝。治贫血、闭经、月经不调、白带、腰腿痛。

3. 白花酸藤果（别名：牛尾藤、小种楠藤、羊公板仔、碎米果）Embelia ribes Burm. f.

攀缘灌木或藤本。枝无毛。叶坚纸质，倒卵状椭圆形，长5~8cm，宽2.5~3.5cm，边全缘。圆锥花序顶生。果球形或卵形。

红或深紫色。

常见于海拔 1000m 以下的疏林内及灌丛中。

根、果实药用，味辛、酸，性平。活血调经，清热利湿，消肿解毒。治闭经、痢疾、腹泻、小儿头疮、皮肤瘙痒、跌打损伤、外伤出血、毒蛇咬伤。

4. 厚叶白花酸藤果（别名：早禾酸）Embelia ribes Burm. f. var. **pachyphylla** Chun ex C. Y. Wu et C. Chen

攀缘灌木或藤本。很少具皮孔；小枝密被柔毛。叶片厚，革质或几肉质，叶面光滑，具皱纹，中脉下陷，背面被白粉。果直径 2~3mm。

生于阳光充足的山坡林缘或丘陵灌丛中。

根药用。清热除湿，消炎止痛。治痢疾、急性肠胃炎、腹泻、外伤出血、蛇伤。

5. 平叶酸藤子（别名：长叶酸藤子、大叶酸藤、酸盘子、长叶酸藤果、马桂花、吊罗果）Embelia undulata (Wall.) Mez [*E. longifolia* (Benth.) Hemsl.]

攀缘灌木、藤本或小乔木。叶倒披针形，长 6~12cm，宽 2~4cm。总状花序，侧生或腋生，基部具覆瓦状排列的苞片。果有明显的纵肋及腺点。

生于疏林及灌丛中。

全株药用，味酸、涩，性平。祛风利湿，消肿散瘀。治肾

炎水肿、肠炎腹泻、跌打瘀肿。

6. 密齿酸藤子（别名：多脉酸藤子、矩叶酸藤果、多脉信筒子、长圆叶酸藤子、断骨藤）Embelia vestita Roxb. [*E. oblongifolia* Hemsl.]

攀缘灌木或小乔木。叶长圆状卵形，长 6~9cm，宽 2~2.5cm，边缘上部有锯齿。总状花序，腋生；花瓣白色或粉红色。果球形或略扁，红色。

生于山谷林下。

果实药用，味甘、酸，性平。驱虫，止泻。驱蛔虫、绦虫，治腹泻。

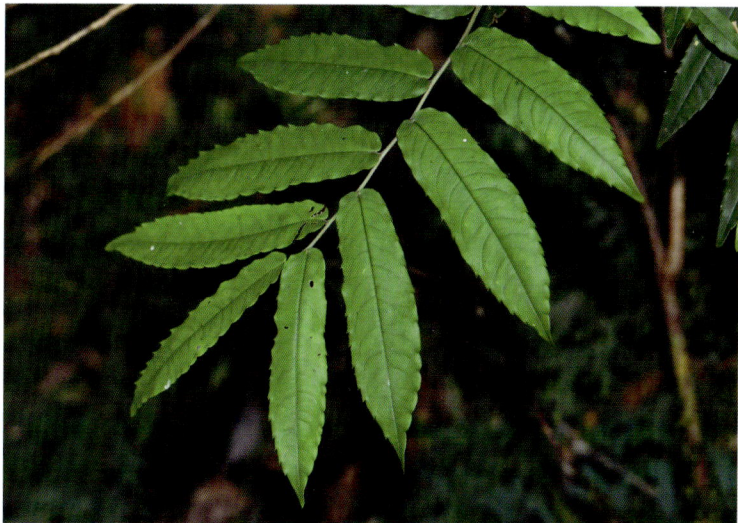

3. 珍珠菜属 Lysimachia Linn.

1. 广西过路黄（别名：过路黄）Lysimachia alfredii Hance

茎簇生。叶对生，上部茎叶较大，长 3.5~11cm，宽 1~5.5cm。苞片阔椭圆形；花萼裂片狭披针形，花冠黄色。蒴果近球形。

生于海拔 200~600m 的山谷、溪边及林下。

全草药用，味苦、辛，性凉。清热利湿，排石利胆。治黄疸肝炎、尿路感染、尿路结石等。

2. 过路黄（别名：金钱草、对座草、路边黄、遍地黄、四川金钱草）Lysimachia christiniae Hance

茎平卧延伸。叶对生，长 1.5~8cm，宽 1~6cm，透光可见密布的透明腺条。花单生叶腋；花萼分裂近达基部，花冠黄色。蒴果球形。

生于荒地、路旁、沟边湿润处。

全草药用，味苦、酸，性凉。清热解毒，利尿排石，活血散瘀。治肝、胆结石，胆囊炎，黄疸型肝炎，泌尿系结石，水肿，跌打损伤，毒蛇咬伤，毒蕈及药物中毒。

3. 大叶过路黄（别名：大叶排草）Lysimachia fordiana Oliv.

茎簇生，直立。叶对生，叶长 6~18cm，宽 3~12.5cm，基部阔楔形，两面密布黑色腺点。花冠黄色，基部合生。蒴果近球形。

生于山谷、溪边或林阴下。

全草药用，味淡，性平。清热利湿，消肿解毒。治跌打损伤、瘰疬、喉痛、痈毒、蛇伤、黄疸。

4. 星宿菜（别名：大田基黄、赤脚草、红根划、黄脚鸡）Lysimachia fortunei Maxim.

草本。叶互生，长椭圆状披针形至椭圆形，长 5~11cm，宽 1~2.5cm，顶端渐尖，基部楔形，两面有褐色腺点。花较长，较疏生。蒴果纵裂。

生于路旁、田埂及溪边草丛中。

全草药用，味微苦、涩，性平。清热利湿，活血调经。治感冒、咳嗽咯血、肠炎、痢疾、肝炎、疳积、疟疾、风湿关节痛、痛经、闭经、白带、乳腺炎、结膜炎、蛇咬伤、跌打损伤。

5. 阔叶假排草 Lysimachia petelotii Merr. [L. sikokiana Miq. subsp. petelotii (Merr.) C. M. Hu]

叶椭圆形，长 4~18cm，宽 1.3~7cm，先端尖，基部渐狭，侧脉 6~7 对，网脉极密。花萼分裂近达基部，花冠黄色，分裂近达基部，裂片线形。

生于林下及溪边。

4. 杜茎山属 Maesa Forsk

1. 杜茎山（别名：野胡椒、鱼子花、踏天桥、山茄子）Maesa japonica (Thunb.) Moritzi ex Zoll.

灌木。叶片革质，叶形多变，几全缘或中部以上具疏齿，两面无毛。总状花序或圆锥花序腋生；有 1 对小苞片，具腺点。果球形。

生于灌丛中或荒坡地上。

全株药用，味苦，性寒。祛风利尿，止血，消肿。根：治头痛、腰痛、水肿、腹水。

2. 鲫鱼胆（别名：空心花、嫩肉木、丁药）Maesa perlarius (Lour.) Merr.

常绿灌木；植株被毛。叶纸质或近坚纸质，椭圆状卵形或椭圆形。总状花序或圆锥花序腋生；有 1 对小苞片，无腺点。果球形。

生于村边空旷的灌丛中及疏林中。

全株药用，味苦，性平。接骨消肿，生肌祛腐。治跌打刀伤、疔疮。

3. 柳叶杜茎山 Maesa salicifolia Walker

直立灌木。叶片革质，狭长圆状披针形，顶端渐尖，基部钝，全缘，边缘强烈反卷。苞片卵形，小苞片宽卵形，花冠裂片广卵形。果球形。

生于山地林中。

5. 铁仔属 Myrsine Linn.

1. 密花树（别名：打铁树、鹅骨梢）Myrsine seguinii (Sieb. & Zucc.) Mez

常绿小乔木。叶长圆状倒披针形至倒披针形，长 7~17cm，宽 1.5~5cm，全缘，顶端渐尖。伞形花序或花簇生。果球形或近卵形。

生于较密的次生林中。

叶、根皮药用，味淡，性寒。清热解毒，凉血，祛湿。治乳腺炎初起。

A336 山茶科 Theaceae

1. 山茶属 Camellia Linn.

1. 长尾毛蕊茶（别名：膜叶连蕊茶、香港毛蕊茶）Camellia caudata Wall.

灌木至乔木。枝被短微毛。叶长圆形，长 5~9cm，宽 1~2cm，顶端尾状渐尖。苞片 3~5 枚；花瓣背面被毛；子房仅 1 室发育，花丝管长 6~8mm。

生于山地林中。

茎、叶药用，活血止血，祛腐生新。

2. 尖连蕊茶（别名：尖叶山茶、细尖连蕊茶）Camellia cuspidata (Kochs) Wright ex Gard.

灌木。叶革质，卵状披针形，长 5~8cm，宽 1.5~2.5cm。花单独顶生；花萼杯状，花冠白色；花瓣6~7片。蒴果圆球形，直径1.5cm。

生于山地林下。

根药用。健脾消食，补虚。

3. 糙果茶 **Camellia furfuracea** (Merr.) Coh. Stuart [*C. furfuracea* (Merr.) Coh. Staurt var. *lutea* Hu]

灌木至小乔木。叶革质，长圆形至披针形，边缘有细锯齿。花无柄，白色，苞片及萼片7~8片，花瓣7~8片。蒴果球形，3室，3片裂开。

生于山地林中。

4. 石果毛蕊山茶 **Camellia mairei** (Lévl.) Melch. var. **lepidea** (Wu) Sealy

灌木或小乔木。叶革质，长圆形，长8~10cm，宽2.5~3.5cm。花红色，苞片及萼片8~9片，花瓣6~7片，倒卵形。蒴果球形，3片裂开。

生于山地林中。

5. 油茶（别名：油茶树、茶子树）**Camellia oleifera** Abel [*C. oleosa* (Lour.) Rehd.]

灌木至乔木。叶革质；叶柄长4~8mm，有粗毛。苞被片未分化，厚革质；花白色，直径3~6cm；花丝分离，花柱合生。果直径3~5cm。

生于山地林中或栽培。

根和茶子饼药用，味苦，性平，有小毒。清热解毒，活血散瘀，止痛。根：治急性咽喉炎、胃痛、扭挫伤。

6. 柳叶毛蕊茶（别名：柳叶山茶）**Camellia salicifolia** Champ. ex Benth.

灌木至小乔木。叶薄纸质，披针形，先端尾状渐尖，基部圆形，边缘密生细锯齿。苞片4~5片，萼片5，花瓣5~6片。蒴果圆球形。

生于山地常绿阔叶林中。

根、花药用。收敛，凉血，止血。治外伤出血。

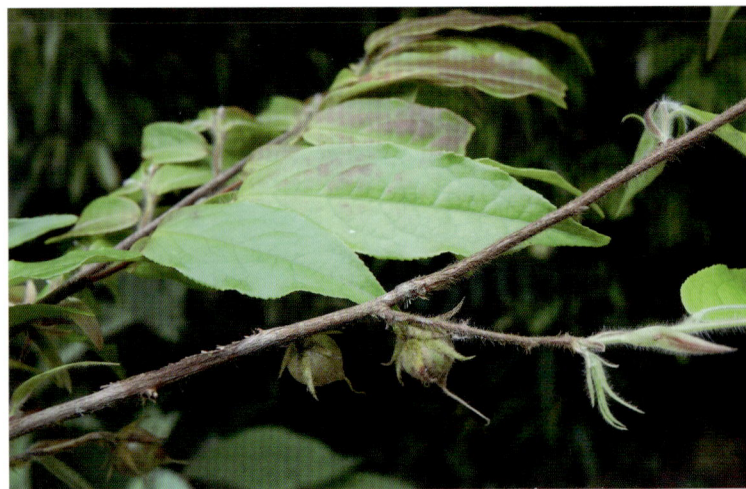

2. 木荷属 Schima Reinw. ex Bl.

1. 木荷 **Schima superba** Gardn. et Champ. [*S. confertiflora* Merr.]

常绿大乔木。叶革质，椭圆形，长7~12cm，宽4~6.5cm，边缘有钝锯齿，背无毛。花生于枝顶叶腋；萼片半圆形。蒴果球形。

生于山地次生林中。

根皮药用，味辛，性温，有毒。解毒，消肿。治疗疮、无名肿毒。

2. 西南木荷 Schima wallichii (DC.) Korthals

乔木；高 15m。叶全缘，被缘毛，叶背灰白色，有柔毛；叶柄长 1~2cm。花数朵生于枝顶叶腋。蒴果直径 1.5~2cm，果柄有皮孔。

生于山地林中。

树皮药用，味涩，性平，有小毒。涩肠止泻，驱虫，截疟。治泄泻、痢疾、蛔虫病、疟疾、子宫脱垂、鼻出血。

3. 紫茎属 Stewartia Linn.

1. 柔毛紫茎 Stewartia villosa Merr. [*Hartia villosa* (Merr.) Merr.]

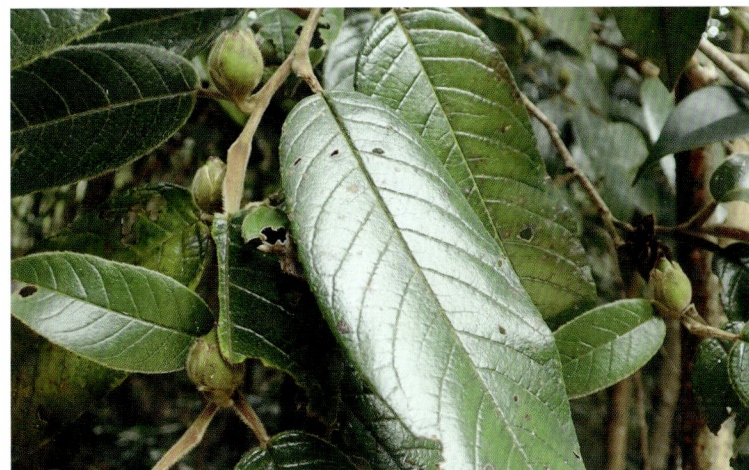

乔木。嫩枝、叶均有披散柔毛，老叶变秃净。叶革质，长圆形，边缘有锯齿。花单生；直径大于 2cm，黄白色。蒴果长 1.8cm。

生于山地林中。

A337 山矾科 Symplocaceae

1. 山矾属 Symplocos Jacq.

1. 腺叶山矾 Symplocos adenophylla Wall.

乔木；被毛。叶长 6~11cm，宽 1.8~3cm，边缘具齿，齿缝间有椭圆形半透明的腺点。总状花序，花萼 5 裂，花冠白色，5 深裂。核果椭圆形。

生于海拔 200~800m 的路边、水旁、山谷或疏林中。

2. 腺柄山矾 Symplocos adenopus Hance

灌木或小乔木；芽、嫩枝、叶背被褐色柔毛。叶椭圆状卵形，长 8~16cm，叶缘有腺点和柔毛；叶柄有腺齿。团伞花序腋生。核果圆柱形。

生于海拔 460~1000m 的山地、路旁、水旁、山谷或疏林中。

3. 华山矾（别名：土常山、狗屎木、华灰木） **Symplocos chinensis** (Lour.) Druce

灌木；嫩枝、叶柄、叶背被毛。叶纸质，椭圆形或倒卵形，边缘有细尖锯齿。圆锥花序；花冠白色，芳香。核果卵状圆球形，熟时蓝色。

生于 800m 以下的丘陵荒坡灌丛中。

根、叶药用。根：味甘、微苦，性凉；解表退热，解毒除烦。叶：止血。

4. 越南山矾 Symplocos cochinchinensis (Lour.) S. Moore

乔木；幼枝、叶柄、叶背中脉被红褐绒毛。叶椭圆形，长 9~20cm，宽 3~6cm，边全缘或具腺尖齿，叶背被柔毛。穗状花序。果球形。

生于海拔 1000m 以下的溪边、路旁及阔叶林中。

5. 密花山矾 Symplocos congesta Benth.

常绿乔木或灌木。叶椭圆形或倒卵形，长 8~10cm，宽 2~6cm，全缘或有腺质疏细齿。花冠白色，5 深裂几达基部。核果熟时蓝紫色。

生于海拔 200~1000m 的密林中。

根药用，味酸、微苦，性平。消肿镇痛。治跌打损伤。

6. 长毛山矾 Symplocos dolichotricha Merr.

乔木；高 12m；嫩枝、叶两面及叶柄被开展长毛。叶椭圆形，长 6~13cm，宽 2~5cm，全缘或有疏细齿。团伞花序。果近球形。

生于低海拔的路旁、山谷密林中。

7. 光叶山矾（别名：刀灰树、滑叶常山）Symplocos lancifolia Sieb. et Zucc.

小乔木；幼枝、嫩叶背面、花序被黄色柔毛。叶卵形或阔披针形，长 3~6cm，宽 1.5~2.5cm，边缘具浅齿。穗状花序。果近球形。

多生于中海拔至高海拔的疏林中。

全株药用，味甘，性平。和肝健脾胃，止血生肌。治外伤出血、吐血、咯血、疳积、眼结合膜炎。

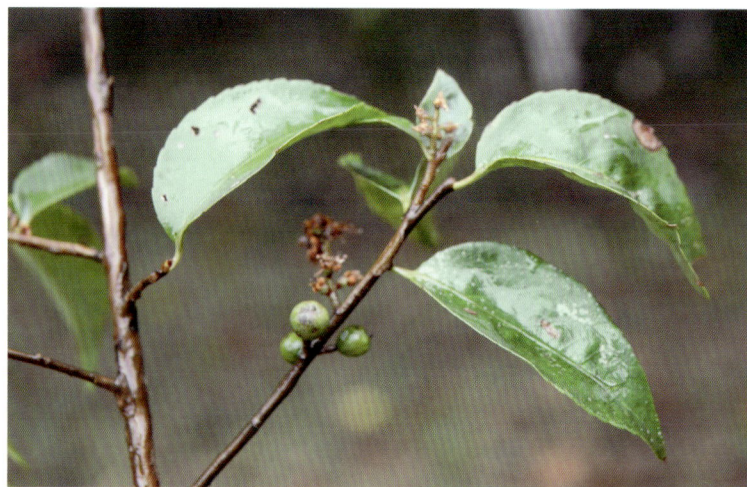

8. 铁山矾 Symplocos pseudobarberina Gontsch.

乔木。叶长 5~10cm，宽 2~4cm，先端尖，基部楔形。小苞片三角状卵形，萼裂片卵形，花冠白色，5 深裂。核果长圆状卵形，宿萼裂片。

生于海拔 1000m 的密林中。

9. 山矾（别名：十里香、山桂花、田螺柴）Symplocos sumuntia Buch.–Ham. ex D. Don [*S. caudata* Wall.]

乔木。叶长 3.5~8cm，宽 1.5~3cm，先端尾状渐尖，边缘具齿，中脉在叶面凹下。萼筒倒圆锥形，花冠白色，5 深裂。核果卵状坛形。

生于低海拔至中海拔的山林中。

根、花、叶药用，味苦、辛，性平。清热利湿，理气化痰。治黄疸、咳嗽、关节炎。

10. 黄牛奶树（别名：散风木、泡花子、苦山矾、花香木）Symplocos theophrastifolia Sieb. et Zucc. Fl. Jap. Fam. Nat. 2: 134. 1846. [*S. laurina* (Retz.) Wall. ; *Myrtus laurina* Retz. Obs. 4: 26. 1786.]

常绿乔木。枝无毛。叶卵形、倒卵状椭圆形，长 5.5~11cm，宽 2~5cm，边缘具细锯齿，叶两面无毛。穗状花序。核果球形。

生于山地林中。

树皮药用，味苦、涩，性凉。散寒清热。治伤风头痛、热邪口燥及感冒身热等症。

A339 安息香科 Styracaceae

1. 赤杨叶属 Alniphyllum Matsum.

1. 赤杨叶 Alniphyllum fortunei (Hemsl.) Makino

乔木。叶倒卵状椭圆形，长 8~15（20）cm，宽 4~7（11）cm。总状花序或圆锥花序，花白色或粉红色。蒴果长圆形，外果皮肉质。

生于海拔 600~1000m 的林中。

根、叶药用，味辛，性微温。祛风除湿，利尿消肿。治风湿痹痛、身目浮肿、小便不利。也是用材树种。

2. 山茉莉属 Huodendron Rehd.

1. 岭南山茉莉 Huodendron biaristatum (W. W. Smith) Rehd. subsp. parviflorum (Merr.) C. Y. Tsang

灌木至小乔木。小枝和叶柄无毛。叶较小，长 5~10cm，宽 2.5~4.5cm，侧脉每边 4~6 条，中脉和侧脉干时上面隆起，无毛。蒴果卵形。

3. 陀螺果属 Melliodendron Hand.-Mazz.

1. 陀螺果 Melliodendron xylocarpum Hand.-Mazz.

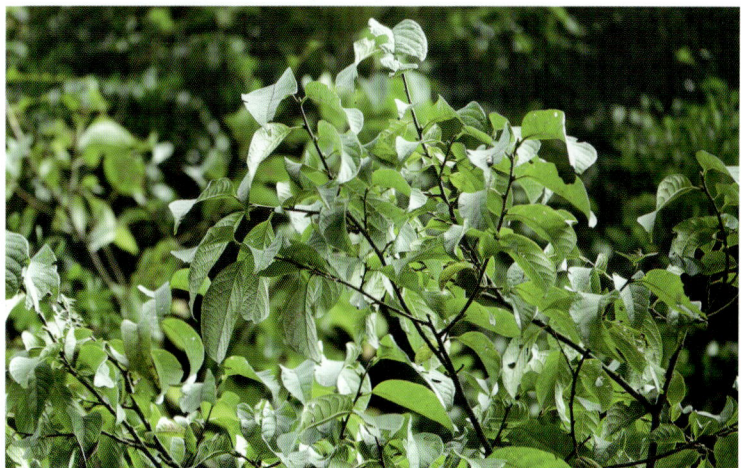

乔木；高 6~20m。叶卵状披针形，纸质，长 9.5~21cm，叶柄长 3~10mm。花白色；花冠裂片长圆形，两面被茸毛。果实有 5~10 棱或脊。

生于海拔 700~1000m 的林中。

是用材树种。

4. 安息香属 Styrax Linn.

1. 白花龙（别名：白龙条、扫酒树、棉子树、扣子柴、梦童子）**Styrax faberi** Perk.

灌木；嫩枝、叶柄、花轴、小苞片、花梗、花萼被星状毛。叶卵状椭圆形，长 4~11cm，宽 3~5.5cm，边缘有细锯齿。果顶端圆形。

生于海拔 100~600m 灌丛中。

果实药用，味苦，性寒。清热解毒，消痈散结。治风热感冒、痈肿疮疖。

2. 栓叶安息香（别名：红皮树、栓皮树、粘高树、赤血仔）**Styrax suberifolius** Hook. et Arn.

落叶乔木；高 4~20m。叶椭圆形，全缘，背面密被灰色或锈色星状绒毛。总状花序或圆锥花序；花冠 4（5）裂。果实卵状球形。

生于密林中。

根、叶药用，味辛，微温。祛风除湿，理气止痛。治风湿痹痛、胃脘痛。也是用材树种。

3. 越南安息香（别名：滇桂野茉莉、白背安息香）**Styrax tonkinensis** (Pierre) Craib ex Hartwichk [*S. subniveus* Merr. et Chun]

乔木；枝、叶背、花轴、花梗、花萼密被星状绒毛。叶椭圆形，长 5~18cm，宽 4~10cm，边近全缘或上部有疏齿。花白色。果被毛。

生于山地林中。

叶、树脂药用。叶：味苦、甘、性平，润肺止咳；治肺热咳嗽。树脂：通窍镇静、祛腐生肌；治中风昏厥、产后血晕、心腹诸痛、外伤出血。也是用材树种。

A342 猕猴桃科 Actinidiaceae

1. 猕猴桃属 Actinidia Lindl.

1. 阔叶猕猴桃（别名：多花猕猴桃）**Actinidia latifolia** (Gardn. et Champ.) Merr.

藤本。枝近无毛。叶阔卵形，长 8~13cm，宽 5~8.5cm，基部圆形或微心形，叶面无毛，背面被星状短茸毛。花多，白色。果圆柱形。

生于海拔 50~1000m 的山地灌丛或疏林中。

茎、叶药用，味淡、涩，性平。清热除湿，解毒，消肿止痛。治咽喉肿痛、泄泻。

2. 水东哥属 Saurauia Willd.

1. 水东哥（别名：米花树、山枇杷）**Saurauia tristyla** DC.

小乔木；高 3~6m。枝有鳞片状刺毛。叶倒卵状椭圆形，长

10~28cm，宽4~11cm，叶缘具刺状锯齿。花瓣基部合生。浆果球形。

生于低山、丘陵、山谷林下或沟边阴湿处。

根、叶药用，味微苦，性凉。清热解毒，止咳，止痛。治风热咳嗽、风火牙痛。

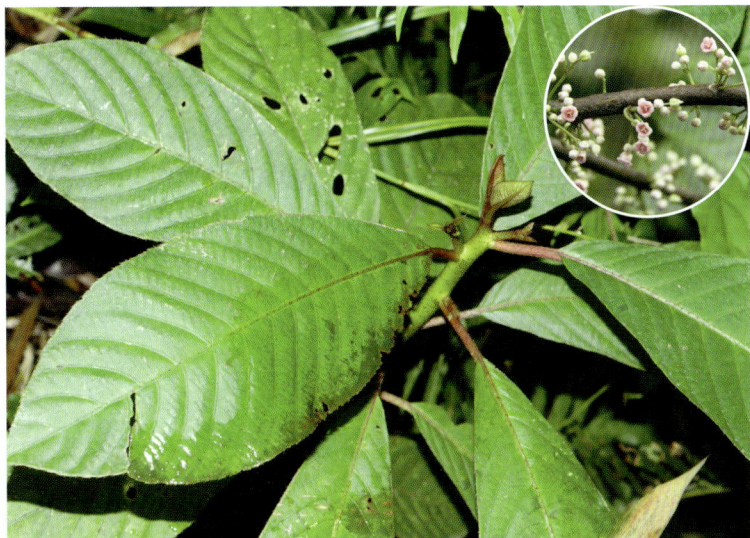

A345 杜鹃花科 Ericaceae

1. 假木荷属 Craibiodendron W. W. Smith

1. 广东假木荷 Craibiodendron scleranthum (Dop) W. S. Judd var. kwangtungense (S. Y. Hu) Judd

常绿乔木。叶互生，革质，长 6~8cm，宽 1.8~3cm，全缘。总状花序，苞片披针形，花萼杯状，花冠短钟形。蒴果扁球形，顶部凹陷。

生于海拔 600m 以上的山脊灌丛中。

2. 杜鹃花属 Rhododendron Linn.

1. 广东杜鹃 Rhododendron kwangtungense Merr. et Chun [*R. fongkaiense* C. N. Wu et P. C. Tam]

落叶灌木。叶寄生枝顶，叶披针形，长 2~8cm，宽 1~2.5cm，革质。花萼极小；花冠狭漏斗形，紫红色或白色。蒴果长圆状卵形，具刚毛。

生于海拔 450m 以上的山谷、灌丛中。

枝、叶药用，味辛、苦，性微温。化痰止咳。治老年支气管炎。

2. 鹿角杜鹃（别名：岩杜鹃、绿杜鹃、高脚铜盘）
Rhododendron latoucheae Finet et Franch.

灌木。叶长 5~13cm，宽 2.5~5.5cm，先端尖，边缘反卷，下面淡灰白色，中脉和侧脉凹陷。花冠白色或带粉红色。蒴果圆柱形，具纵肋。

生于山坡、丘陵或低山杂木林或灌丛中。

根、花蕾药用，味甘、酸，性温。根：祛风止痛，清热解毒；治风湿骨痛、肺痈。花蕾：消炎解毒，除湿，活血；治血崩、湿疹、痈疖疮毒。

3. 岭南杜鹃 Rhododendron mariae Hance

落叶灌木。分枝多，幼枝密被红棕色糙伏毛。叶革质，集生枝端，下面散生红棕色糙伏毛。伞形花序顶生，具花 7~16 朵。蒴果长卵球形，密被红棕色糙伏毛。

生于低山坡、丘陵灌丛中。

根皮药用，味苦，性平。镇咳平喘，祛痰。治咳嗽痰喘。

4. 杜鹃（别名：映山红、满山红、杜鹃花、艳山红、艳山花、清明花）**Rhododendron simsii** Planch.

灌木；幼枝、叶柄、花梗、花萼、子房和果密被红褐色糙伏毛。叶椭圆形，长 3.5~7cm，宽 1~2.5cm。花猩红色；雄蕊 10 枚，花柱无毛。

野生或栽培；生于山坡、丘陵的疏林或灌丛中。

根、叶、花药用。根：味酸、涩，性温，有毒；祛风湿，活血去瘀，止血；治风湿性关节炎、跌打损伤、闭经。

3. 越橘属 Vaccinium Linn.

1. **南烛**（别名：乌饭树、乌饭叶、谷粒木、南烛子、牛筋、乌草、乌饭草、泪木）**Vaccinium bracteatum** Thunb.

常绿灌木或小乔木；除花序、花外全株无毛。叶较短而厚革质，卵状椭圆形，长 2.5~6cm，宽约 2cm，边缘有细锯齿。花白色。浆果。

常生于海拔 500m 以上的丛林中或林谷沿溪边。

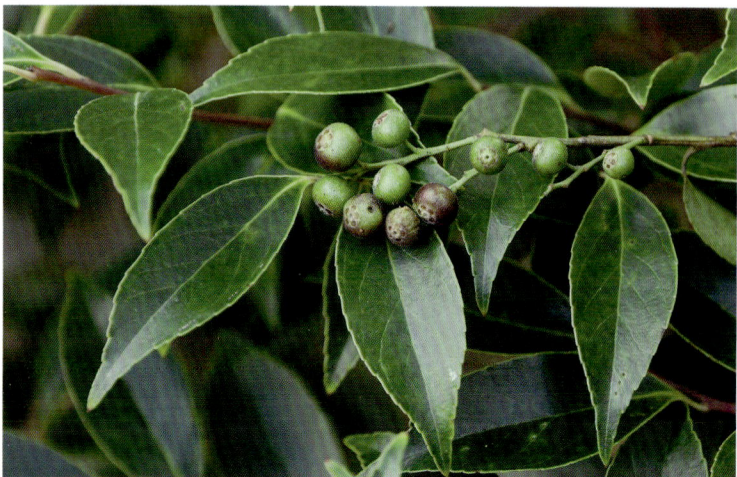

叶、根、果药用。叶（南烛叶）：味酸、涩，性平，益精气，强筋骨，止泻；民间有以枝叶渍汁浸米煮乌饭的习惯，滋补强壮。根（南烛根）：味甘、酸，性温；散瘀，消肿，止痛；治跌打损伤、肿痛。果实（南烛子）：味酸、甘，性平；益肾固精，强筋明目；治梦遗、久痢久泻、赤白带下。

A348 茶茱萸科 Icacinaceae

1. 定心藤属 Mappianthus Hand.-Mazz.

1. **定心藤**（别名：马比花、铜钻、藤蛇总管、黄狗骨）**Mappianthus iodoides** Hand.-Mazz.

木质大藤本。叶对生，长椭圆形至长圆形，叶脉在背面凸起明显。花序交替腋生。核果大，椭圆形，长 2~3.5cm，宽 1~1.5cm，肉甜味。

生于海拔 500~1000m 的疏林和灌丛中。

根、藤茎药用，味苦、涩，性平。祛风除湿，调经活血，止痛。治风湿性关节炎、类风湿性关节炎、黄疸、跌打损伤、月经不调、痛经、闭经。

A351 丝缨花科 Garryaceae

1. 桃叶珊瑚属 Aucuba Thunb.

1. **桃叶珊瑚 Aucuba chinensis** Benth.

常绿小乔木。叶长 10~20cm，宽 3.5~8cm，先端尖，边缘具齿，中脉下面突出。圆锥花序顶生，萼齿 4，花瓣 4。果圆柱状，熟时鲜红色。

生于中海拔的山地、山谷、水旁阴处的疏林。

叶药用，味苦，性凉。清热解毒，消肿镇痛。治风湿痹痛、痔疮、烧伤、烫伤、跌打损伤。

2. 茜树 **Aidia cochinchinensis** Lour. [*Randia cochinchinensis* (Lour.) Merr.]

常绿灌木或小乔木。嫩枝无毛。叶对生，椭圆形，长 5~22cm，宽 2~8cm。聚伞花序与叶对生；花梗长常不及 5mm。浆果球形。

生于海拔 50~1000m 的丘陵、山坡、山谷溪边的灌丛或林中。

A352 茜草科 Rubiaceae

1. 水团花属 Adina Salisb.

1. 水团花（别名：大叶水杨梅）**Adina pilulifera** (Lam.) Franch. ex Drade

小乔木。叶对生，椭圆形至椭圆状披针形，长 4~12cm，宽 1.5~3cm；叶柄长 2~6cm。头状花序明显腋生。果序径 8~10mm。

生于山谷疏林下或旷野路旁、溪涧水畔。

全株药用，味苦、涩，性凉。清热解毒，散瘀止痛。根：治感冒发热、腮腺炎、咽喉肿痛、风湿疼痛。花、果：治细菌性痢疾、急性肠胃炎、阴道滴虫。叶、茎皮：治跌打损伤、骨折、疖肿、皮肤湿疹。

2. 茜树属 Aidia Lour.

1. 香楠 **Aidia canthioides** (Champ. ex Benth.) Masamune. [*Randia canthioides* Champ. ex Benth.]

常绿灌木或乔木。叶长圆状披针形，长 4~9cm，宽 1.5~7cm。聚伞花序腋生；花梗长 5~16mm；花萼外面被毛。浆果球形。

生于海拔 50~1000m 的山坡、山谷、溪边、丘陵的灌丛中或林中。

3. 多毛茜草树 **Aidia pycnantha** (Drake) Tirveng.[*Randia pycnantha* Drake]

常绿灌木或乔木。嫩枝密被锈色柔毛。叶革质或纸质，对生，长圆状椭圆形，长 10~20cm，宽 3~8cm。聚伞花序与叶对生。浆果球形。

生于海拔 20~1000m 的旷野、丘陵、山坡、山谷溪边林中或灌丛中。

3. 鱼骨木属 Canthium Lam

1. 猪肚木（别名：猪肚勒、刺鱼骨木）**Canthium horridum** Bl.

　　灌木；有刺植物。小枝被毛。叶卵状椭圆形，长 2~4cm，宽 1~2cm，侧脉 2~3 对。花小，单生或数朵簇生叶腋。核果卵形，单生或孪生。

　　生于低海拔的灌丛中。

　　树皮或叶药用。树皮：治赤痢。叶：治手指生疮、肺痨。

4. 山石榴属 Catunaregam Wolf

1. 山石榴（别名：猪肚勒、假石榴、刺子、山蒲桃）
Catunaregam spinosa (Thunb.) Tirveng [*Gardenia spinosa* Thunb.]

　　有刺灌木或小乔木；刺腋生。叶基部楔形或下延，托叶卵形。萼管顶端 5 裂，花冠钟状，裂片 5。浆果球形，顶冠以宿存萼裂片。

　　生于海拔 30~1000m 的旷野、丘陵、山坡、山谷沟边的林中或灌丛中。

　　根、叶、果药用，味苦、涩，性凉，有毒。散瘀消肿。治跌打瘀肿：鲜根捣烂酒炒外敷。

5. 风箱树属 Cephalanthus

1. 风箱树（别名：假杨梅、珠花树、水壳木、马烟树）
Cephalanthus tetrandrus (Roxb.) Ridsd et Bakh. f. [*Nauclea tetrandra* Roxb.]

　　落叶小乔木。叶卵状披针形，长 10~15cm，宽 3~5cm，顶端短尖，托叶阔卵形。头状花序，花冠白色，有黑腺体；柱头棒形，伸出花冠外。

　　生于略荫蔽的水沟旁或溪畔和湿地上。

　　根、叶和花序药用，味苦，性凉。根：清热解毒，散瘀止痛，止血生肌，祛痰止咳；治流行性感冒、上呼吸道感染、咽喉肿痛、肺炎、咳嗽、睾丸炎、腮腺炎、乳腺炎。叶：清热解毒。花序：清热利湿；治肠炎、细菌性痢疾。

6. 弯管花属 Chassalia Comm. ex Poir.

1. 弯管花（别名：柴沙利、假九节木）**Chassalia curviflora** Thwaites

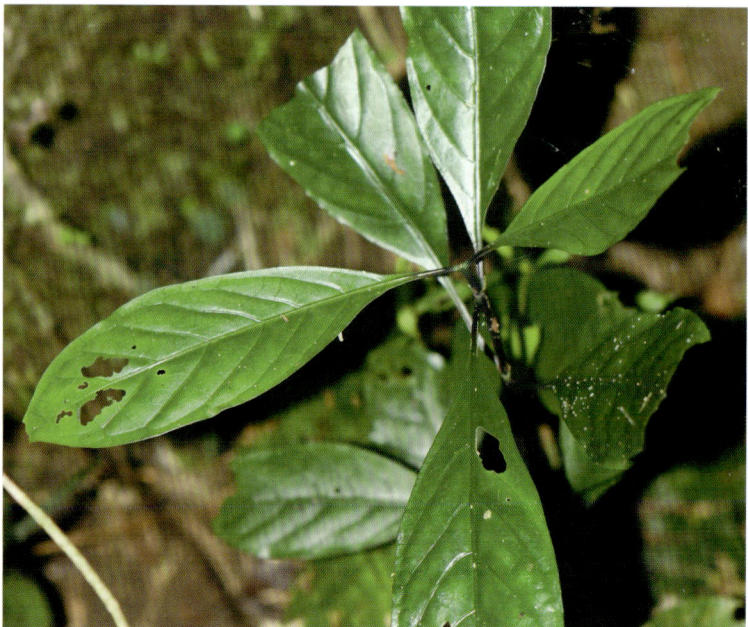

灌木；全株被毛。叶对生或3片轮生，长圆状椭圆形或倒披针形，长10~20cm，宽2.5~7cm。花冠管常弯曲，裂片4~5。核果扁球形。

生于海拔250~400m的林中。

根药用，味辛、苦，性寒。清热解毒，祛风湿。治风湿、肺炎咳嗽、耳疾、眼疾、咽喉肿痛。

7. 流苏子属 Coptosapelta Korth.

1. 流苏子（别名：牛老药、牛老药藤、凉藤、棉陂藤、臭沙藤）**Coptosapelta diffusa** (Champ. ex Benth.) Van Steenis

藤本。叶坚纸质至革质，长2~9.5cm，宽0.8~3.5cm。花单生于叶腋，常对生；花冠裂片覆瓦状排列。蒴果稍扁球形；种子边缘有流苏状翅。

生于海拔100~1000m的山地或丘陵的林中或灌丛中。

根药用，味辛、苦，性凉。祛风除湿，止痒。治湿疹瘙痒、皮炎、荨麻疹、风湿痹痛、疮疥。

8. 狗骨柴属 Diplospora DC.

1. 狗骨柴 Diplospora dubia (Lindl.) Masam

灌木或乔木。叶交互对生，革质，卵状长圆形、长圆形、椭圆形或披针形，两面无毛，叶背网脉不明显。花腋生。浆果近球形。

生于山坡、山谷沟边丘陵、旷野的林中或灌丛中。

根药用，味苦，性凉。清热解毒，消肿散经。治瘰疬、背痛、头疖、跌打损伤。

2. 毛狗骨柴 Diplospora fruticosa Hemsl.

乔木。嫩枝有毛。叶长5.5~22cm，宽2.5~8cm，顶端尖，叶脉及叶柄有毛。萼管陀螺形，花冠裂片外反；雄蕊伸出。果近球形，熟时红色。

生于山坡、山谷沟边、丘陵、旷野的林中或灌丛。

根药用，味苦，性平。顺气化痰。治咳嗽气喘。

9. 栀子属 Gardenia Ellis

1. 栀子（别名：黄栀子、黄枝子、黄果树、水黄枝、山栀子、红枝子）**Gardenia jasminoides** Ellis

常绿灌木。叶对生，革质，叶形多样，通常为长圆状披针形，长3~25cm，宽1.5~8cm。花单朵生于枝顶，单瓣。浆果常卵形。

生于山野间或水沟边，也有庭园栽培。

果实、根药用，味苦，性寒。泻火解毒，清热利湿，凉血散瘀。果实：治热病高烧、心烦不眠、实火牙痛、口舌生疮、鼻衄、吐血、眼结膜炎、疮疡肿痛、黄疸型传染性肝炎、尿血、蚕豆病。

10. 耳草属 Hedyotis Linn.

1. 金草（别名：锐棱耳草）**Hedyotis acutangula** Champ. ex Benth.[*Oldenlandia acutangula* (Champ. ex Benth.) Kuntze]

直立粗壮草本。茎方，具翅。叶卵状披针形，长5~12cm，宽1.5~2.5cm，干后边缘反卷。聚伞花序，顶生；花白色。蒴果倒卵形。

生于山坡、灌丛中。

全草药用。清热解毒，凉血，利尿。治肝胆实大、喉痛、咳嗽、小便不利、淋沥赤浊。

2. 耳草（别名：鲫鱼胆草、节节花）Hedyotis auricularia Linn. [Oldenlandia auricularia (Linn.) F. Muell.]

多年生粗壮草本；高30~100cm。小枝被粗毛。叶披针形，长3~8cm，宽1~2.5cm；托叶呈鞘状。花超过10朵腋生。果不开裂。

生于林缘和灌丛中。

全草药用，味苦，性凉。凉血消肿，清热解毒。治感冒发热、肺热咳嗽、喉痛、急性结膜炎、肠炎、痢疾、蛇咬伤、跌打损伤、疮疖痈肿、乳腺炎、湿疹。

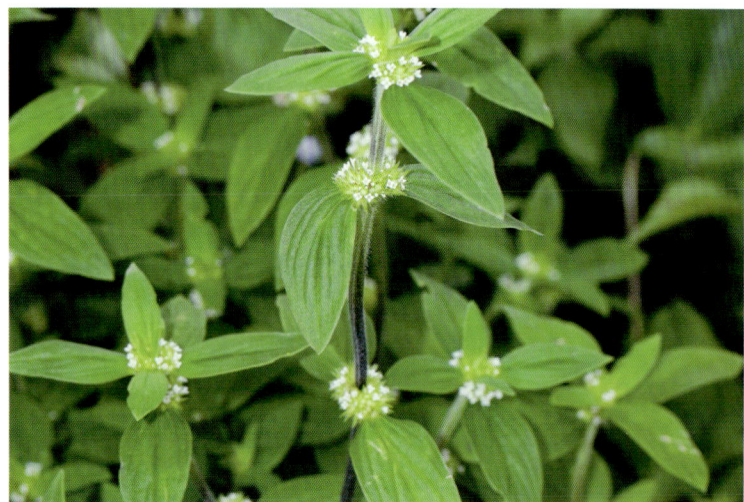

3. 剑叶耳草（别名：披针形耳草、少年红、长尾耳草、千年茶、铁扫把）Hedyotis caudatifolia Merr. et Metcalf. [H. lancea Thunb.]

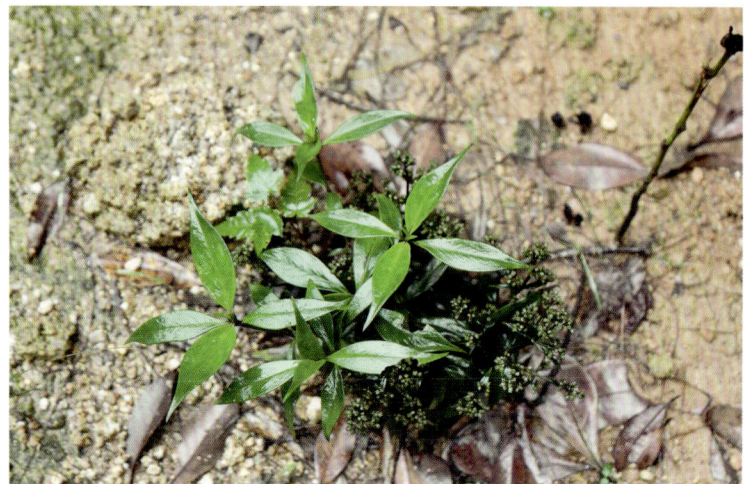

直立粗壮草本。嫩枝方形。叶披针形，长6~13cm，宽1.5~2.5cm，尾状尖，基部楔形。圆锥花序式，花冠管内面被毛。蒴果开裂。

生于丛林下较干旱的草地上。

全草药用，味甘，性平。润肺止咳，消积，止血。治支气管炎、咳血。

4. 牛白藤（别名：广花耳草、土五加皮、涂藤头、亚婆巢、牛奶草、土加藤）Hedyotis hedyotidea (DC.) Merr. [Oldenlandia hedyotidea (DC.) Hand.-Mazz.]

草质藤本。老茎无毛，小枝老时圆形。叶对生，膜质，长卵形或卵形，基部楔形或钝。伞形花序较小。蒴果室间开裂为2，顶部隆起。

生于沟谷、灌丛或丘陵坡地。

根、藤、叶药用，味甘、淡，性凉。根、藤：祛风活络，消肿止血；治风湿关节痛、痔疮出血、疮疖痈肿、跌打损伤。叶：清热祛风；治感冒、肺热咳嗽、肠炎。

11. 粗叶木属 Lasianthus Jack

1. 斜基粗叶木（别名：小叶鸡屎树）Lasianthus attenuatus Jack. [L. wallichii Wight.]

灌木；高1~2（3）m。叶常卵形基部偏斜，两边不对称，浅心形，侧脉每边6~8条。花数朵簇生叶腋；花冠裂片5。核果近球形。

生于密林下或山谷灌丛中。

根药用。舒筋活血。治风湿痹症、筋脉拘挛、跌打损伤。

2. 罗浮粗叶木 Lasianthus fordii Hance

灌木；高 1~2m。枝无毛。叶长圆状披针形，长 5~12cm，宽 2~4cm，尾尖，无毛或背面脉上被硬毛，侧脉 4~6 对。花簇生叶腋。果无毛。

生于海拔 150~1000m 的林下。

3. 西南粗叶木 Lasianthus henryi Hutch.

灌木。枝密被贴伏茸毛。叶长圆形，长 8~15cm，宽 2.5~5.5cm，背面脉被毛，侧脉 6~8 对。花 2~4 朵簇生叶腋，近无梗。核果近球形。

生于山地林中或林缘。

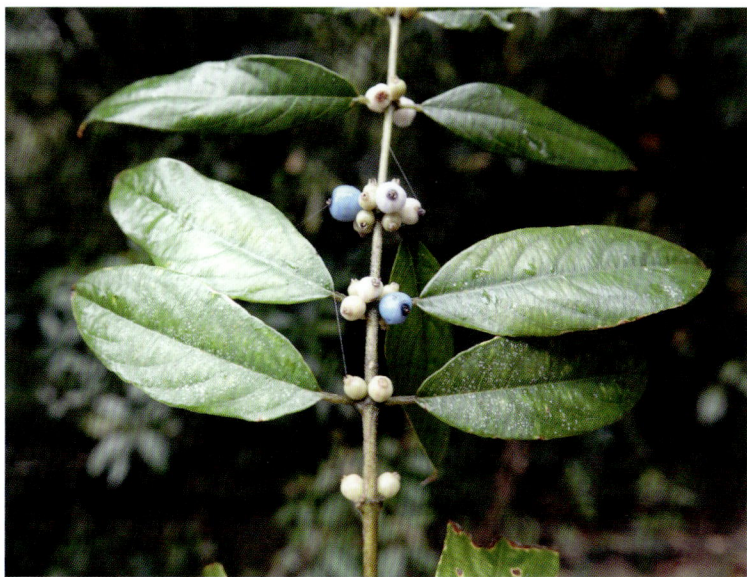

4. 日本粗叶木（别名：福建粗叶木）Lasianthus japonicus Miq. [*L. japonicus* Miq var. *satsumensis* (Matsum.) Makino; L. hartii Franch.]

灌木。叶长圆形或披针状长圆形，长 9~15cm，宽 2~3.5cm，下面脉上被贴伏的硬毛。花常 2~3 朵簇生。核果球形，直径约 5mm。

生于低海拔至中海拔的山地林中。

叶药用。消炎止血。治刀伤出血。

12. 黄棉木属 Metadina Bakh. f.

1. 黄棉木 **Metadina trichotoma** (Zoll. ex Mor.) Bakh. f. [*Adina polycephala* Benth.]

乔木。顶芽圆锥形。叶对生，长 6~15cm，宽 2~4cm，顶端尾状渐尖，基部渐尖；托叶三角状。头状花序，花冠高脚碟状，雄蕊伸出。

生于海拔 50~600m 的山谷林中。

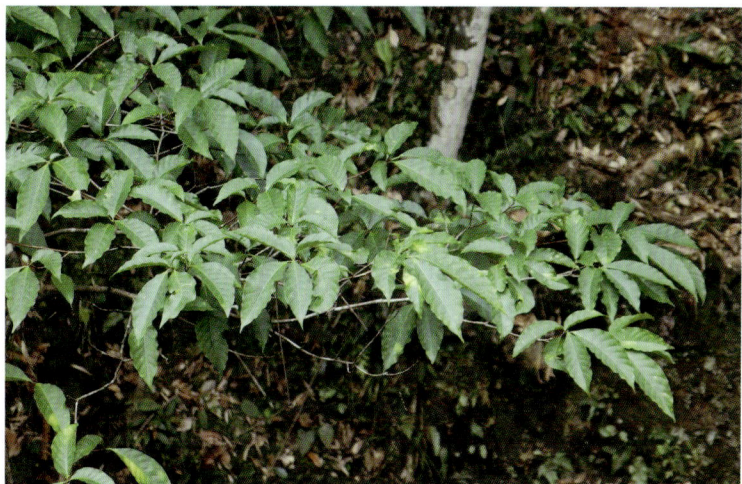

13. 盖裂果属 Mitracarpus Zucc.

1. 盖裂果 **Mitracarpus hirtus** (L.) DC.

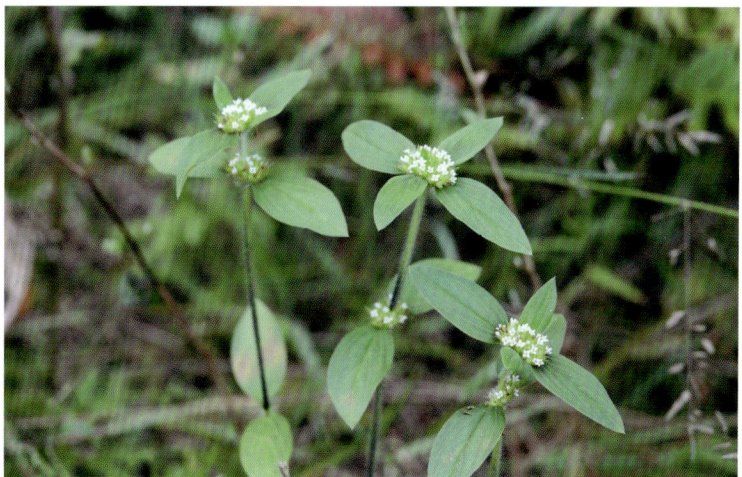

直立被毛草本，高 40~80cm。叶无柄，长圆形或披针形，长 3~4.5cm，宽 0.7~1.5cm。花细小，簇生于叶腋内；花冠裂片 4。

果近球形。

生于路旁和杂草地。

叶药用。治疗皮肤病、创伤、湿疹。

14. 巴戟天属 Morinda Linn.

1. 巴戟天（别名：鸡肠风、鸡眼藤、黑藤钻、兔仔肠、三角藤、糠藤）**Morinda officinalis** How

藤本。肉质根。叶长 6~13cm，宽 3~6cm。花序 3~7 伞形排列于枝顶，花萼倒圆锥状，花冠白色，近钟状。聚花核果，熟时红色。

野生或栽培，生于林缘或疏林下。

根药用，味辛、甘，性微温。补肾壮阳，强筋骨。治肾虚阳萎、小腹冷痛、风寒湿痹、腰膝酸软、神经衰弱、宫寒不孕、早泄遗精、子宫寒凉、月经不调。

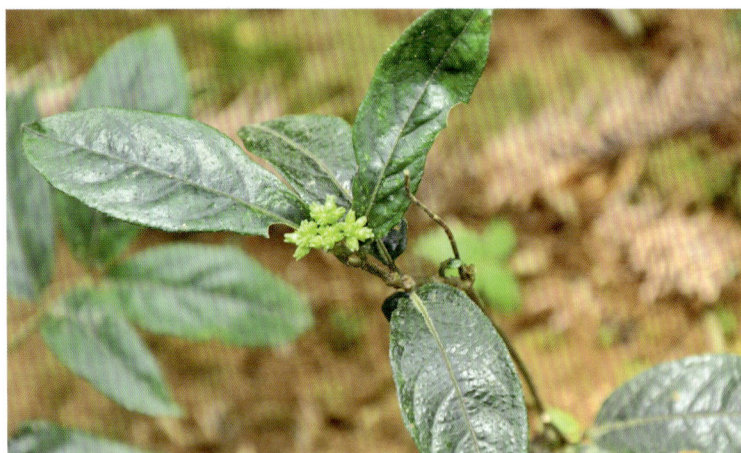

2. 鸡眼藤（别名：百眼藤、小叶巴戟天、五眼子）**Morinda parvifolia** Benth. ex DC.

藤本。叶对生，倒卵形至倒卵状长圆形，长 2~5cm，宽 0.3~3cm，侧脉 3~4 对。花序 2~9 伞状排列。聚花果近球形，直径 6~15mm。

生于丘陵地带。

全株药用，味甘，性凉。清热利湿，化痰止咳，散瘀止痛。治感冒咳嗽、支气管炎、百日咳、腹泻、跌打损伤、腰肌劳损、湿疹。

3. 羊角藤（别名：乌苑藤、假巴戟天、印度羊角藤）**Morinda umbellata** Linn. subsp. obovata Y. Z. Ruan

藤本。叶倒卵形、倒卵状披针形，长 6~9cm，宽 2~3.5cm，

侧脉 4~5 对，上面常具蜡质。花序 3~11 伞状排列。聚花果直径 7~12mm。

生于丘陵地带。

全草药用，味甘，性凉。祛风除湿，止痛，止血。治胃痛、风湿关节痛。

15. 玉叶金花属 Mussaenda Linn.

1. 楠藤（别名：大叶白纸扇、啮状玉叶金花）**Mussaenda erosa** Champ.

攀缘灌木。叶对生，长圆形，长 6~12cm，宽 3.5~5cm；托叶三角形。伞房状多歧聚伞花序顶生；"花叶"阔椭圆形，长 4~6cm。浆果。

生于疏林中，常攀缘于树冠上。

茎、叶药用，味微甘，性凉。清热解毒、消炎。治烧伤、疮疥。

2. 玉叶金花（别名：白纸扇、山甘草、凉口茶、仙甘藤、蝴蝶藤、凉藤子）**Mussaenda pubescens** Ait.

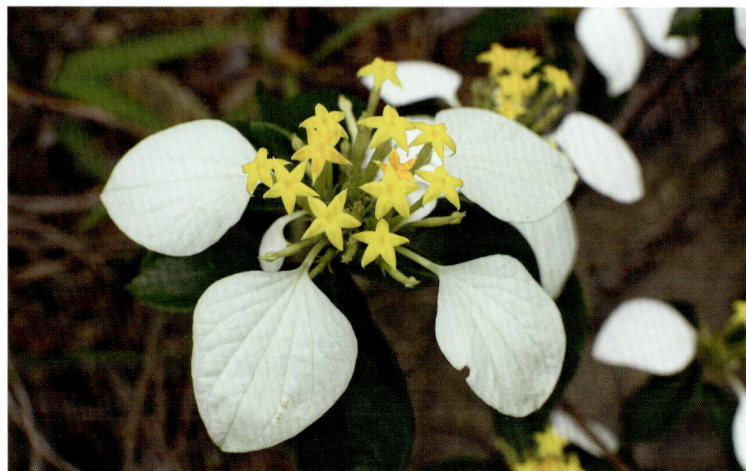

攀缘灌木。小枝密被短柔毛。叶卵状披针形，长 5~8cm，宽 2.5cm，上面近无毛，下面密被短柔毛。"花叶"阔椭圆形，长 2.5~5cm。

生于灌丛、沟谷或村旁。

藤、根药用，味甘、淡，性凉。清热解暑，凉血解毒。治中暑、感冒、支气管炎、扁桃体炎、咽喉炎、肾炎水肿、肠炎、子宫出血、毒蛇咬伤。民间有作抗生育药用。

3. 黐花（别名：大叶白纸扇、贵州玉叶金花）Mussaenda shikokiana Makino [M. esquirolii Lévl.]

攀缘灌木。叶对生，幼嫩时两面有毛。聚伞花序，苞片托叶状，小苞片线状披针形，花叶倒卵形，花冠黄色，花冠裂片卵形。浆果近球形。

生于低山林下。

枝、叶药用，味苦、微甘，性凉。清热解毒，利湿。治疮疖、咽喉炎、痢疾、小便不利、无名肿毒。

16. 腺萼木属 Mycetia Reinw

1. 华腺萼木（别名：狭萼腺萼木）Mycetia sinensis (Hemsl.) Craib.

灌木。叶长圆状披针形，长 8~20cm，宽 3~5cm。聚伞花序顶生，单生或 2~3 个簇生；花萼外面被毛；花冠外面无毛。果近球形，直径 4~4.5mm。

生于密林中。

根药用。除湿利水。治小便不利。

17. 新耳草属 Neanotis W. H. Lewis

1. 薄叶新耳草 Neanotis hirsuta (Linn. f.) W. H. Lewis

匍匐草本。叶卵形或椭圆形，长 2~4cm，宽 1~1.5cm，顶端短尖，基部下延至叶柄。花序有花 1 至数朵，常聚集成头状。蒴果扁球形。

生于林下或溪旁湿地上。

全草药用，味辛、苦，性寒。清热明目，祛痰利尿。治目赤肿痛、尿频尿痛。

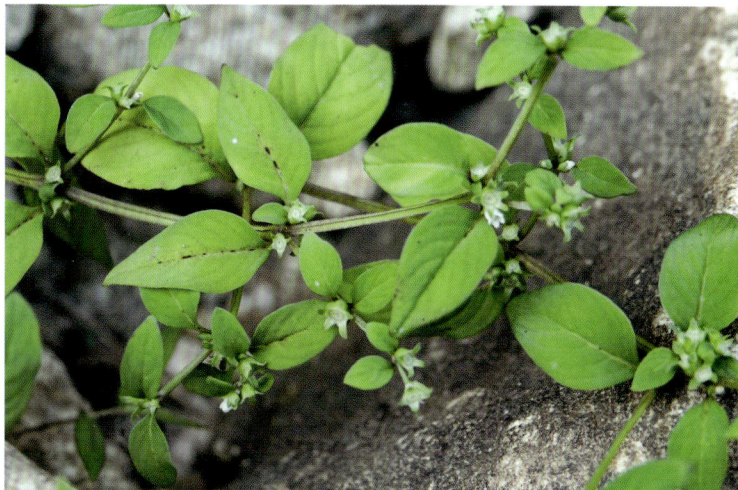

18. 薄柱草属 Nertera Banks et Soland ex Gaertn

1. 薄柱草（别名：珊瑚珍珠、珊瑚念珠草、红珍珠）Nertera sinensis Hemsl.

簇生草本。叶小，长圆状披针形，顶端尖，基部楔形，托叶三角形。花小，花冠浅绿色，辐形，顶部 4 裂。核果深蓝色，球形。

生于林下或溪旁湿地上。

全草药用，味苦，性凉。清热解毒。治烧、烫伤，感冒咳嗽。

19. 水线草属 Oldenlandia Linn.

1. 水线草（别名：伞房花耳草）Oldenlandia corymbosa Linn. [Hedyotis corymbosa (Linn.) Lam.]

披散草本。叶对生，膜质，狭披针形，长 1~2cm，宽 1~3mm，两面略粗糙。伞房花序；有明显总花梗；花冠白或粉红。蒴果膜质。

生于海拔100~400m的水田、湿润地。

全草药用，味甘，淡，微凉。清热解毒，利尿消肿，活血止痛。治阑尾炎、肝炎、泌尿系感染、支气管炎、扁桃体炎、喉炎、跌打损伤。

20. 蛇根草属 Ophiorrhiza Linn.

1. 广州蛇根草 Ophiorrhiza cantonensis Hance

匍匐草本或亚灌木；高约1.2m。叶纸质，常长圆状椭圆形，全缘，叶长12~16cm。花序顶生；小苞片果时宿存。蒴果僧帽状。

生于海拔350~1100m的密林下沟谷边。

根、茎药用，味苦，性寒。清肺止咳，镇静安神，消肿止痛。治劳伤咳嗽、霍乱吐泻、神志不安、月经不调、跌打损伤。

2. 日本蛇根草（别名：血和散、雪里梅、四季花、日本蛇根草）Ophiorrhiza japonica Bl.

草本。叶片纸质，卵形，有时狭披针形，长4~8（10）cm，宽1~3cm。花序顶生，有花多朵；花冠白色或粉红色。蒴果长3~4mm。

生于密林下或溪畔、沟旁岩石上。

全草药用，味淡，性平。止咳祛咳，活血调经。治肺结核咯血、气管炎、月经不调。

3. 短小蛇根草 Ophiorrhiza pumila Champ. ex Benth.

矮小直立草本。茎和分枝稍肉质，节上生根。叶对生，膜质或纸质，卵形或椭圆形。聚伞花序顶生，多花。蒴果菱形，被硬毛。

生于海拔150~800m的山谷溪边林中、草丛岩石上。

全草药用，味苦，微涩，性凉。消炎，清热，润肠通便，和血平肝。治肺结核咯血、气管炎、百日咳、溺血、痔疮出血、痢疾、热滞腹痛、咽喉肿痛、扁桃体炎、疳积、牙龈肿痛、赤眼、风湿痛、水火伤、疔疮。

21. 鸡矢藤属 Paederia Linn.

1. 鸡矢藤（别名：臭鸡屎藤、牛皮冻、解暑藤、狗屁藤、臭藤）Paederia foetida Linn.

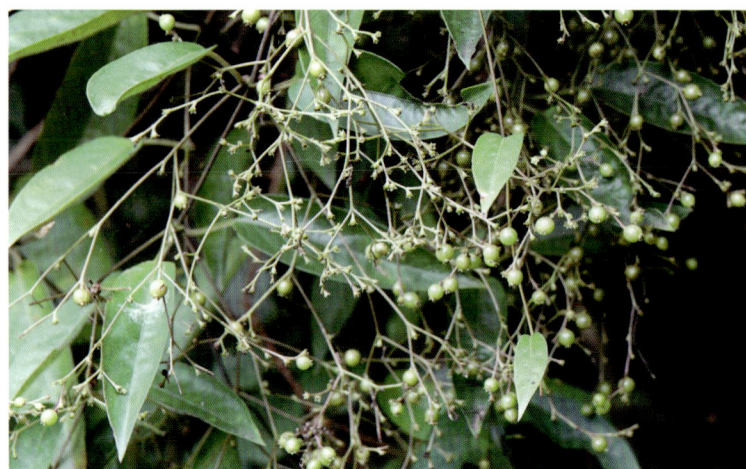

藤状灌木。叶对生，膜质，卵形或披针形，长5~10cm，宽2~4cm。圆锥花序腋生或顶生；花萼钟形；花冠蓝紫色。小坚果浅黑色。

生于山地林中或林缘。

根或全草药用，味甘、微苦，性平。祛风利湿，消食化积，止咳，止痛。治风湿筋骨痛、跌打损伤、外伤性疼痛、肝胆、胃肠绞痛、黄疸型肝炎、肠炎、痢疾、消化不良、小儿疳积、肺结核咯血、支气管炎、放射反应引起的白血球减少症、农药中毒。

22. 大沙叶属 Pavetta Linn.

1. 香港大沙叶（别名：茜木、广东大沙叶、大叶满天星）Pavetta hongkongensis Bremek.

灌木或小乔木。叶对生，膜质，长圆形，侧脉在下面凸起，托叶阔卵状三角形。花序生于侧枝顶部，萼管钟形，花冠白色。果球形。

生于山谷灌丛中。

根、叶或全株药用，味苦，性寒。清热解暑，活血去瘀。治中暑、感冒发热、肝炎、跌打损伤。

23. 九节属 Psychotria Linn.

1. 九节（别名：山大颜、九节木、山大刀）Psychotria asiatica Linn. [P. rubra (Lour.) Poir.]

常绿灌木或小乔木。叶对生，革质，长圆形、椭圆状长圆形等，全缘，叶背仅脉腋内被毛。聚伞花序通常顶生。核果红色。

常生于山地林中。

根、叶药用，味苦，性寒。清热解毒，消肿拔毒。治白喉、扁桃体炎、咽喉炎、痢疾、肠伤寒、胃痛、风湿骨痛。

2. 溪边九节 Psychotria fluviatilis Chun ex W. C. Chen

小灌木。叶倒披针形，长 5~11cm，宽 1~4cm，无毛，干时

橄绿色。聚伞花序顶生或腋生，少花；花萼倒圆锥形，4~5 裂。果长圆形。

生于海拔 550~1000m 的山谷溪边林中。

3. 蔓九节（别名：葡萄九节、穿根藤）Psychotria serpens Linn.

常绿攀缘或匍匐藤本。叶对生，纸质或革质，叶形变化很大，常呈卵形或倒卵形，长 0.7~9cm。聚伞花序顶生。浆果状核果常白色。

常以气根攀附于树上或石上。

全草药用，味涩、微甘，性微温。祛风止痛，舒筋活络。治风湿性关节炎、腰骨痛、四肢腹痛、腰肌劳损、跌打损伤后功能障碍。

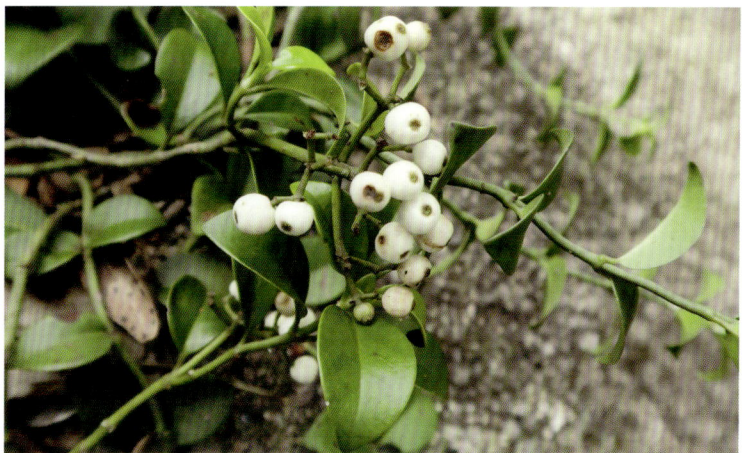

4. 假九节 Psychotria tutcheri Dunn

直立灌木。叶对生，长 5.5~22cm，宽 2~6cm。花萼倒圆锥形，花冠管状，裂片 5，长圆状披针形，开放时反折。核果球形，

成熟时红色。

生于海拔 280~1000m 的山坡、山谷溪边灌丛或林中。

24. 茜草属 Rubia Linn.

1. 东南茜草 **Rubia argyi** (Lévl.et Vant) Hara ex Lauener [*Galium argyi* Lévl. et Vant]

草质藤本。叶 4~6 片轮生，心形，长不及宽的 3 倍，长 2~5cm，宽 1~4.5cm。聚伞花序；花冠白色；小苞片卵形。浆果近球形，熟时黑色。

生于海拔 300~800m 的林缘、灌丛等。

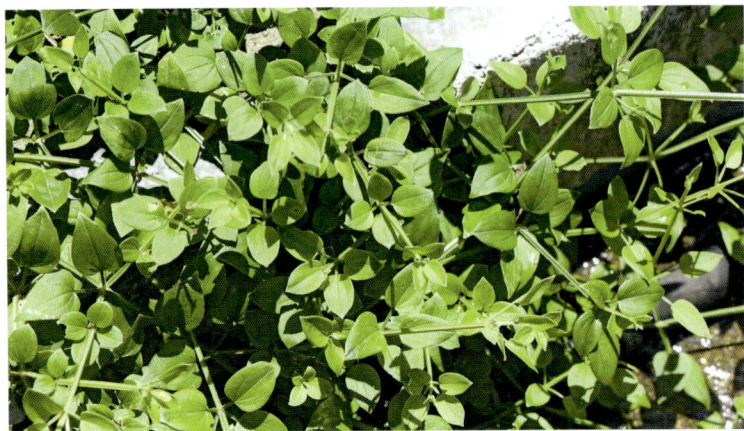

25. 蛇舌草属 Scleromitrion (Wight & Arn.) Meisn.

1. 白花蛇舌草（别名：蛇舌草、蛇舌癀、蛇针草、蛇总管、二叶律、蛇脷草）**Scleromitrion diffusum** (Willd.) R. J. Wang [*Hedyotis diffusa* Willd.；*Oldenlandia diffusa* (Willd.) Roxb.]

一年生披散草本；植株纤细，无毛。叶对生，膜质，线形，长 1~3cm，宽 1~3mm。花常单生，稀有双生，无总花梗。蒴果膜质，扁球形。

生于田埂和潮湿的旷地上。

全草药用，味甘、淡，性凉。清热解毒，利尿消肿，活血止痛。治肺热喘咳、扁桃腺炎、咽喉炎、阑尾炎、痢疾、盆腔炎、恶性肿瘤、阑尾炎、肝炎、泌尿系感染、支气管炎、扁桃体炎、喉炎、跌打损伤。

2. 粗叶耳草（别名：节节花）**Scleromitrion verticillatum** (Linn.) R. J. Wang [*Hedyotis verticillata* (Linn.) Lam.；*H. hispida* Retz.]

披散草本。叶披针形，长 2.5~5cm，宽 0.6~2cm，仅中脉，两面被角质短硬毛，触之刺手。团伞花序腋生。果无毛，迟裂

或仅顶端开裂。

生于低海拔至中海拔丘陵地带的草丛或路旁、疏林下。

全草药用，味苦，性凉。清热解毒，消肿止痛。治小儿麻痹症（瘫痪）、感冒发热咽喉痛、胃肠炎。

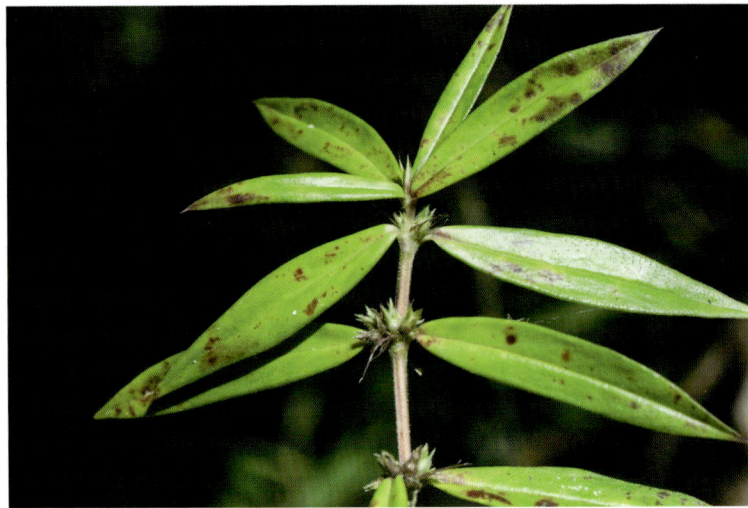

26. 丰花草属 Spermacoce Linn.

1. 阔叶丰花草 **Spermacoce alata** Aublet [*Borreria latifolia* (Aubl.) K. Schum.；*S. latifolia* Aubl.]

草本。茎和枝均为四棱柱形，棱上具狭翅。叶椭圆形或卵状长圆形，长 2~7.5cm，宽 1~4cm。花数朵丛生于托叶鞘内。蒴果椭圆形。

生于路旁、村边和废墟荒地上。

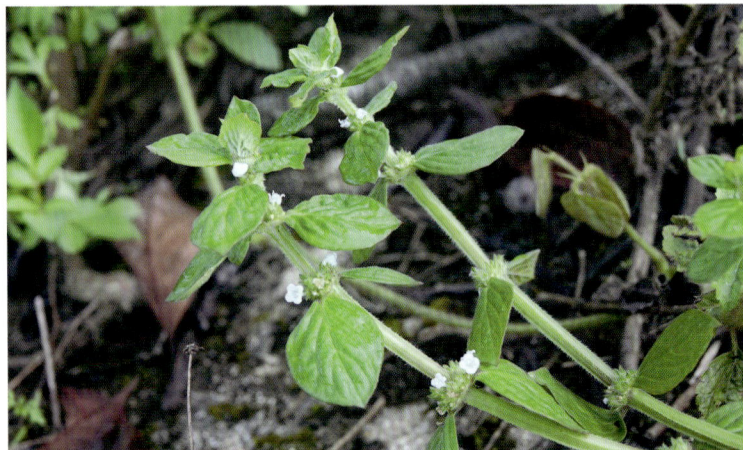

27. 乌口树属 Tarenna Gaertn

1. 白花苦灯笼（别名：密毛乌口树、毛达仑木）**Tarenna mollissima** (Hook. et Arn.) Rob.[*Cupia mollissima* Hook. et Arn.]

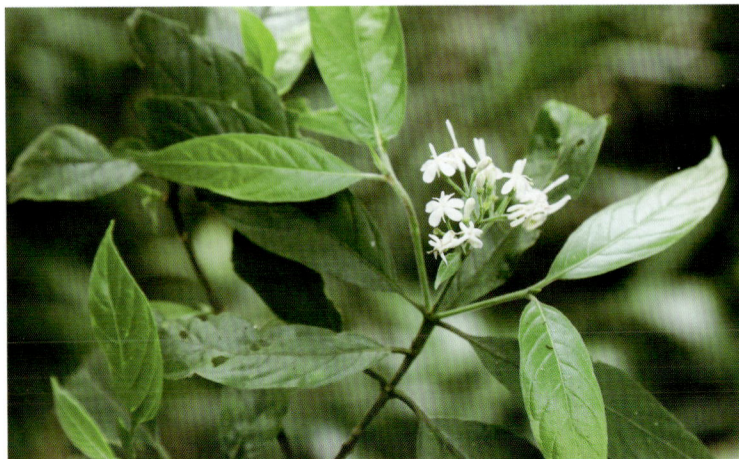

灌木；全株密被灰褐色柔毛。叶披针形，长 4.5~25cm，宽 1~10cm，侧脉 8~12 对。伞房状的聚伞花序顶生。果近球形。

生于山谷林下、溪边或灌丛中。

根、叶药用，味甘、苦，性凉。清热解毒，滋阴降火。治肺结核咯血、潮热、急性扁桃体炎、感冒发热、咳嗽、热性胃痛、疝气痛、坐骨神经痛、枪伤、疮疖肿痛。

28. 钩藤属 Uncaria Schreber

1. 毛钩藤 Uncaria hirsuta Havil.

藤本。嫩枝被毛。叶革质，长 8~12cm，宽 5~7cm，被毛，托叶阔卵形。头状花序单生叶腋，花冠裂片长圆形。小蒴果纺锤形。

生于山谷林下、溪畔或灌丛中。

钩或带钩的茎枝和根药用，味甘、苦，微寒。清热平肝，熄风定惊，镇静，镇痉。治小儿高热抽搐、成年人高血压、神经性头痛。根：治风湿关节炎。

2. 大叶钩藤 Uncaria macrophylla Wall.

大藤本。叶对生，近革质，卵形，长 10~16cm，宽 6~12cm；托叶卵形，深 2 裂达全长 1/2 或 2/3。头状花序单生。蒴果被苍白短柔毛。

生于次生林中，常攀缘于林冠上。

茎钩、根药用。茎钩：味甘、苦，微寒；清热，平肝，熄风，止痉；治小儿高热、惊厥、抽搐、小儿夜啼、风热头痛、头晕目眩、高血压病、神经性头痛。根：味甘、苦，性平；祛风湿，通络；治风湿关节痛、跌打损伤。

3. 钩藤（别名：双钩藤、鹰爪风、吊风根、金钩草、倒挂刺）Uncaria rhynchophylla (Miq.) Miq. ex Havil.

木质藤本。叶无毛，纸质，椭圆形，长 5~12cm，宽 3~7cm，背面有白粉；托叶明显 2 裂，裂片狭三角形。花无梗。果序直径 1~1.2cm。

生于山谷、溪边或湿润灌丛中。

带钩茎枝、根药用。茎钩：味甘、苦，微寒；清热，平肝，熄风，止痉；治小儿高热、惊厥、抽搐、小儿夜啼、风热头痛、头晕目眩、高血压病、神经性头痛。根：味甘、苦，性平；祛风湿，通络；治风湿关节痛、跌打损伤。

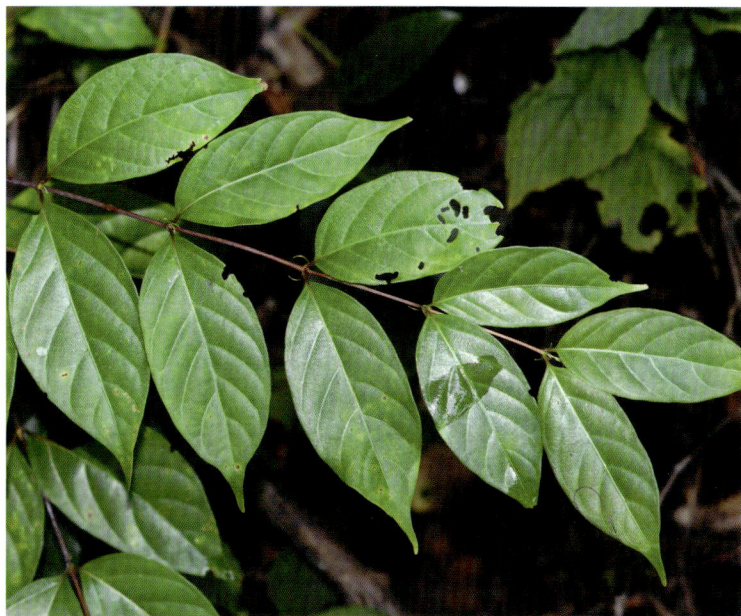

29. 水锦树属 Wendlandia Bartl. ex DC.

1. 水锦树（别名：猪血木、饭汤木）Wendlandia uvariifolia Hance [W. dunniana Lévl.]

灌木或乔木。小枝被锈色硬毛。叶阔椭圆形，长 7~26cm，宽 4~14cm；托叶反折的裂片是小枝的 2 倍。圆锥状聚伞花序顶生。蒴果球形。

生于林下或溪边。

根、叶药用，味微苦，性凉。祛风除湿，散瘀消肿，止血生肌。根：治风湿性关节炎、跌打损伤。

A353 龙胆科 Gentianaceae

1. 穿心草属 Canscora Lam.

1. 罗星草（别名：糖果草）Canscora andrographioides Hand.-Mazz.

一年生小草本。茎四棱形。叶卵状披针形，长 1~5cm，宽 0.5~2.5cm，3~5 脉。雄蕊 1~2 枚发育。蒴果内藏，长圆形；种子圆形。

生于山坡草地。

全草药用。清热消肿，散瘀止痛。治急性胆囊炎、急性肠炎、急性扁桃体炎。

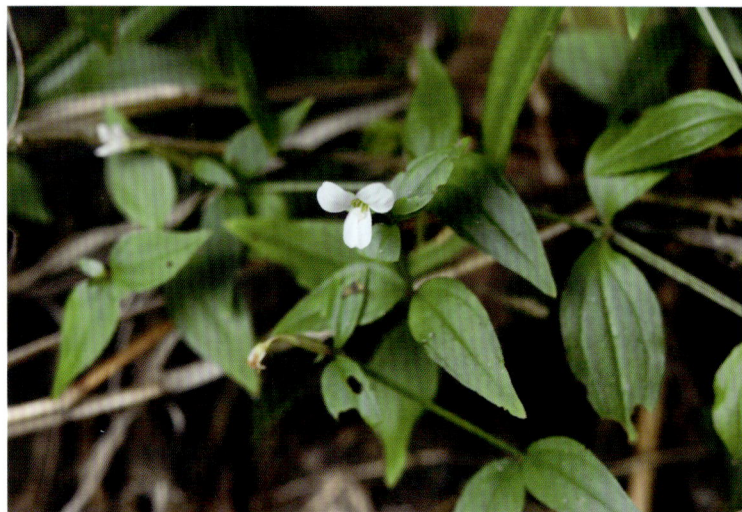

2. 双蝴蝶属 Tripterospermum Blume

1. 香港双蝴蝶 Tripterospermum nienkui (Marq.) C. J. Wu

缠绕草本。基生叶丛生；茎生叶卵形至卵状披针形，长 3~9cm，宽 1.5~4cm。花单生叶腋；子房柄长不及 2mm。浆果；种子紫黑色。

生于海拔 500~1000m 的山谷密林中或山坡路旁疏林中。

全草药用，味辛、苦，性平。祛风湿，活血。治风湿痹痛、跌打损伤。

A354 马钱科 Loganiaceae

1. 蓬莱葛属 Gardneria Wall.

1. 蓬莱葛 Gardneria multiflora Makino

木质藤本，长达 8m。叶片椭圆形、长椭圆形或卵形，少数披针形，长 5~15cm，宽 2~6cm。二至三歧聚伞花序；花冠辐状，黄色或黄白色。果成熟时红色。

生于疏林中。

全草药用，味辛、苦，性温。祛风通络，止血。治关节炎、创伤出血。

2. 马钱属 Strychnos Linn.

1. 华马钱（别名：三脉马钱）Strychnos cathayensis Merr.

木质藤本。小枝常变态成为成对的螺旋状曲钩。叶近革质，长 6~10cm，宽 2~4cm。聚伞花序，花 5 数，花冠白色。浆果圆球状。

生于密林中。

根、种子药用。解热，止痛。治头痛、心气痛、刀伤、疟疾。

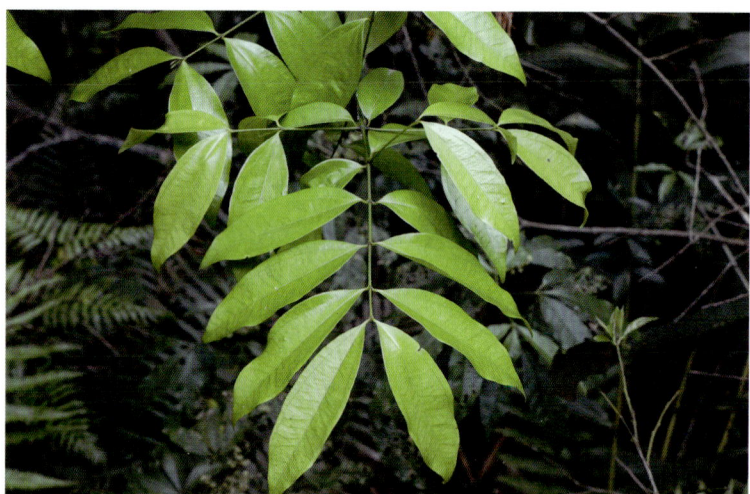

A355 钩吻科 Gelsemiaceae

1. 断肠草属 Gelsemium Juss.

1. 钩吻（别名：大茶药、胡蔓藤、断肠草、大炮叶、黄猛菜、黄花苦蔓）Gelsemium elegans (Gardn. et Champ.) Benth.

常绿木质藤本，长 3~12m。叶长 5~12cm，宽 2~6cm，组成顶生和腋生的三歧聚伞花序；花冠黄色，漏斗状。蒴果卵形或椭圆形。

生于丘陵、疏林或灌丛。

全草药用，味苦、辛，性温，有剧毒。攻毒拔脓，散瘀止痛，杀虫止痒。

A356 夹竹桃科 Apocynaceae

1. 链珠藤属 Alyxia Banks ex R. Br.

1. 链珠藤（别名：瓜子藤、念珠藤、阿利藤、过山香、满山香、春根藤）**Alyxia sinensis** Champ. ex Benth.

藤状灌木。叶革质，对生或 3 片轮生，圆形至倒卵形，长 1.5~3.5cm，边缘反卷。聚伞花序腋生或近顶生。核果 2~3 颗组成念珠状。

生于灌丛中。

全株药用，味辛、微苦，性温。祛风活血，通经活络。治风湿关节炎、腰痛、跌打损伤、闭经。

2. 白叶藤属 Cryptolepis R. Br.

1. 白叶藤（别名：红藤仔、飞扬藤）**Cryptolepis sinensis** R. Br.

柔弱木质藤本；具乳汁。叶小，长圆形，长 1.5~6cm，宽 0.8~2.5cm。聚伞花序顶生或腋生，较叶长。蓇葖果长披针形或圆柱状，长达 12.5cm。

生于丘陵山地灌丛中。

全草药用，味甘、淡，性凉，有小毒。清热解毒，散瘀止痛，止血。治肺结核咯血、肺热咯血、胃出血、毒蛇咬伤、疮毒溃疡、疔疮、跌打刀伤。

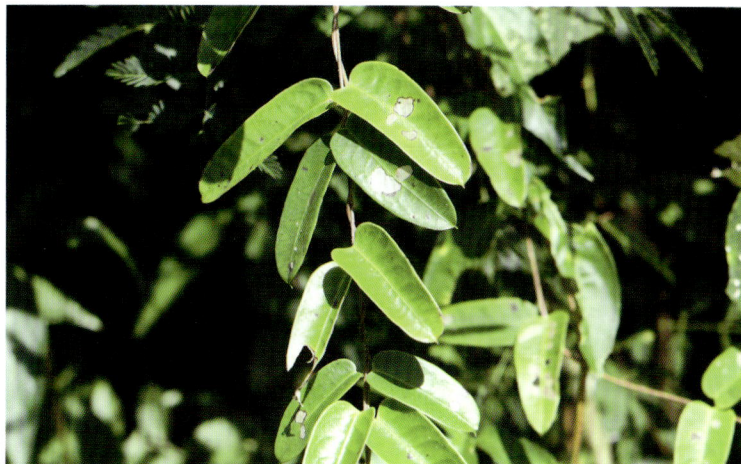

3. 鹅绒藤属 Cynanchum Linn.

1. 刺瓜（别名：乳蚕、小刺瓜、野苦瓜、刺果牛皮消）**Cynanchum corymbosum** Wight

多年生草质藤本。叶卵形。聚伞花序腋外生，着花约 20 朵；副花冠顶端具 10 齿，5 个圆形齿和 5 个锐尖齿互生。蓇葖果纺锤状，具弯刺。

生于低海拔的溪边、河边灌丛及疏林中。

全草药用，味甘、淡，性平。益气，催乳，解毒。治乳汁不足、神经衰弱、慢性肾炎、睾丸炎、血尿、闭经、肺结核、肝炎。

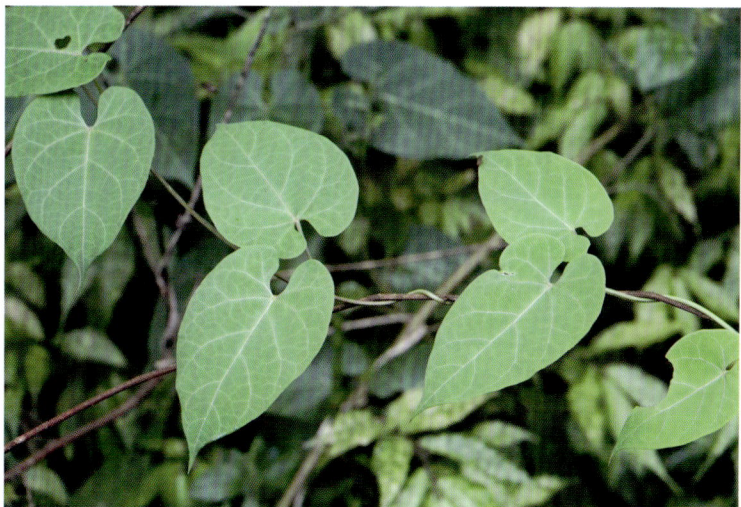

4. 天星藤属 Graphistemma Champ. ex Benth. et Hook. f.

1. 天星藤（别名：骨碗藤、鸡脚果、大奶藤）**Graphistemma pictum** (Benth.) B. D. Jacks.

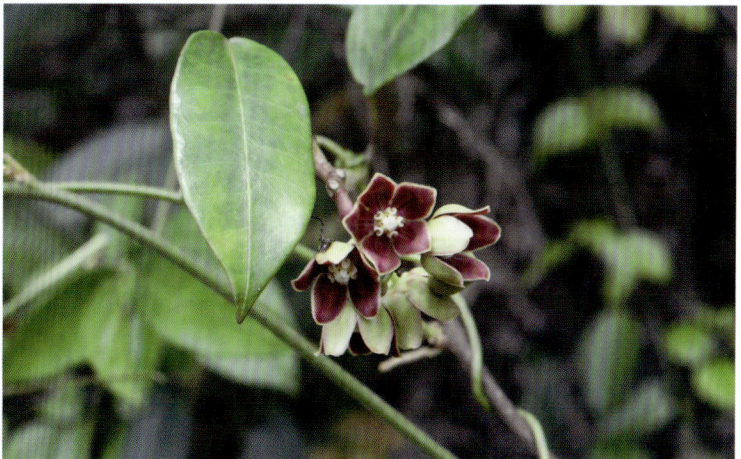

木质藤本。叶长圆形，基部近心形或圆形，侧脉每边约 10 条。花萼裂片卵圆形；花冠有黄色的边。果披针状圆柱形，直径 3~4cm。

生于中海拔的山地林中。

全草药用。驳骨，催乳。治跌打损伤、骨折、乳汁不下。

5. 醉魂藤属 Heterostemma Wight et Arn.

1. 醉魂藤 Heterostemma alatum Wight]

木质藤本。茎节间长。叶长 8~15cm，宽 5~8cm，叶柄顶端具腺体。聚伞花序伞形状，花蕾卵圆形；花冠近钟状。

生于山地疏林中。

根、全株药用，味辛，性平。除湿，解毒，截疟。治风湿、脚气、疟疾、胎毒。

6. 牛奶菜属 Marsdenia R. Br.

1. 蓝叶藤（别名：肖牛耳菜、肖牛耳藤、羊角豆）Marsdenia tinctoria R. Br.

攀缘灌木。叶长 5~12cm，宽 2~5cm，先端渐尖，基部近心形，蓝色。花黄白色，花冠圆筒状钟形。蓇葖果圆筒状披针形，具茸毛。

生于中海拔山地的山谷林中。

果药用。治心胃气痛。

7. 帘子藤属 Pottsia Hook. et Arn.

1. 帘子藤（别名：薄楸藤、花拐藤）Pottsia laxiflora (Bl.) O. Ktze.

常绿攀缘灌木；长达 9m。叶薄纸质，卵圆形，长

6~12cm，宽 3~7cm。总状式聚伞花序。蓇葖果双生，线状长圆形，下垂。

生于村中、山坡、路旁、灌丛中的向阳处。

根茎药用，味苦、微辛，性微温。祛风除湿，活血通络。治风湿痹痛、跌打损伤、妇女闭经。

8. 羊角拗属 Strophanthus DC.

1. 羊角拗（别名：羊角藤、羊角扭、黄葛扭、羊角树、牛角藤）Strophanthus divaricatus (Lour.) Hook. et Arn.

灌木。叶椭圆状长圆形，长 3~10cm。聚伞花序顶生，花黄色，花冠漏斗状，裂片顶端延长成一长尾。蓇葖果叉生，木质，种子有喙。

生于丘陵山地的疏林或灌丛中。

茎叶、果实药用，味苦，性寒，有大毒。强心消肿，止痛，止痒，杀虫。治风湿关节肿痛、小儿麻痹后遗症、皮癣、多发性疖肿、腱鞘炎、骨折（应先复位，夹板固定）。

9. 弓果藤属 Toxocarpus Wight et Arn.

1. 锈毛弓果藤 Toxocarpus fuscus Tsiang.

攀缘灌木。叶纸质，宽卵状长圆形，长 9~15cm，宽 5~5.8cm，顶端急尖或短渐尖。聚伞花序腋生，着花 12~20 朵。

生于低丘陵山地或平原灌丛中。

10. 络石属 Trachelospermum Lem.

1. 紫花络石 Trachelospermum axillare Hook. f.

木质藤本。叶长 8~15cm，宽 3~4.5cm，先端尖尾状，基部楔形。花紫色，萼裂片紧贴花冠筒上，花冠高脚碟状。蓇葖果圆柱状长圆形，黏生。

生于山地疏林中或山谷水沟边。

茎药用，味辛、微苦，性温，有毒。祛风解表，活络止痛，强筋骨，降血压。治感冒头痛、咳嗽、支气管炎、肺痨、风湿痹痛、跌打损伤。

2. 贵州络石（别名：乳儿藤）Trachelospermum bodinieri (Lévl.) Woodson [T. cathayanum Schneid.]

攀缘灌木。叶长圆形，长 5.5~6cm，宽 1.7~2cm，叶腋内外具腺体。聚伞花序圆锥状，花冠白色，花盘环状 5 裂，围绕子房基部。

生于山地路旁、山谷沟旁或林下岩石上。

3. 络石（别名：石龙藤、感冒藤、爬墙虎）Trachelospermum jasminoides (Lindl.) Lem.

常绿木质藤本。叶椭圆形至宽倒卵形，长 2~10cm，宽 1~4.5cm。雄蕊着生于膨大的花冠筒中部；花蕾顶端圆钝。蓇葖果双生，叉开。

攀附生于树干、岩石或墙上。

藤茎药用，味苦，微寒。归心、肝、肾经；祛风止痛，活血通络。治风湿性关节炎、腰腿痛、跌打损伤、痈疖肿毒。

11. 娃儿藤属 Tylophora R. Br.

1. 通天连（别名：乳汁藤、双飞蝴蝶、信宜娃儿藤）Tylophora koi Merr.

攀缘灌木；全株无毛。叶薄纸质，大小不一。聚伞花序近伞房状，花黄绿色，花萼 5 深裂，花冠近辐状，副花冠裂片卵形。蓇葖果线状披针形。

生于林下或灌丛中。

全株药用。解毒，消肿。治感冒、跌打、毒蛇咬伤、疮疥。

2. 娃儿藤 Tylophora ovata (Lindl.) Hook. ex Steud.

攀缘灌木；全株被锈柔毛。叶卵形，长 2.5~6cm，宽 2~5.5cm，基部浅心形。聚伞花序丛生于叶腋。蓇葖果双生，无毛。

生于海拔 900m 以下的山地灌丛中或杂木林中。

根药用，味辛，性温，有毒。祛风除湿，散瘀止痛，止咳定喘，解蛇毒。治风湿筋骨痛、跌打肿痛、咳嗽、哮喘、毒蛇咬伤。

12. 水壶藤属 Urceola Roxb.

1.杜仲藤（别名：花皮胶藤）Urceola micrantha (Wall. ex G. Don) D. J. Middleton [*Parabarium micranthum* (A. DC.) Pierre; *Ecdysanthera utilis* Hayata & Kawakami]

攀缘灌木。叶长 5~8cm，宽 1.5~3cm，顶端渐尖，基部锐尖。花小，花萼 5 深裂，花冠坛状，近钟形。蓇葖果基部膨大，向顶端渐狭尖。

生于山地林中。

茎皮和根药用，味苦，性平。祛风活血，强筋骨，健腰膝。治风湿痹痛、腰膝痿软、四肢无力。

2.酸叶胶藤（别名：石酸藤、细叶榕藤）Urceola rosea (Hook. et Arn.) D. J. Middleton [*Ecdysanthera rosea* Hook. et Arn.]

木质大藤本。叶有酸味，对生，阔椭圆形，两面无毛，背被白粉。聚伞花序圆锥状；花冠近坛状，对称。蓇葖果 2 枚义开近直线。

生于山地杂木林中。

根、叶药用。味酸、微涩，性凉。利尿消肿，止痛。治咽喉肿痛、慢性肾炎、肠炎、风湿骨痛、跌打瘀肿。

A357 紫草科 Boraginaceae

1. 斑种草属 Bothriospermum Bge.

1. 柔弱斑种草 Bothriospermum zeylanicum (J. Jacquin) Druce [*B. tenellum* (Hornem.) Fisch. et Mey.]

一年生草本。叶椭圆形，长 1~2.5cm，宽 0.5~1cm。花序细长 10~20cm；花冠蓝色或淡蓝色。小坚果肾形，长 1~1.2mm。

生于山坡路边、田间草丛、山坡草地及溪边阴湿处。

全草药用，味涩、微苦，性平。止咳，止血。治咳嗽、吐血。

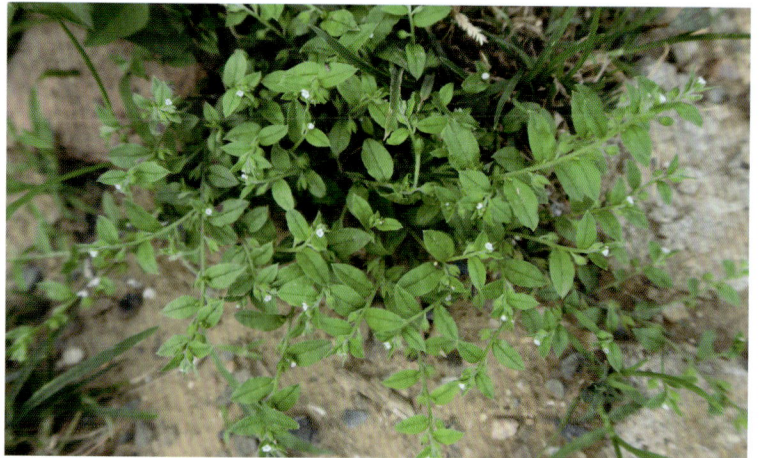

2. 厚壳树属 Ehretia Linn.

1. 长花厚壳树 Ehretia longiflora Champ. ex Benth.

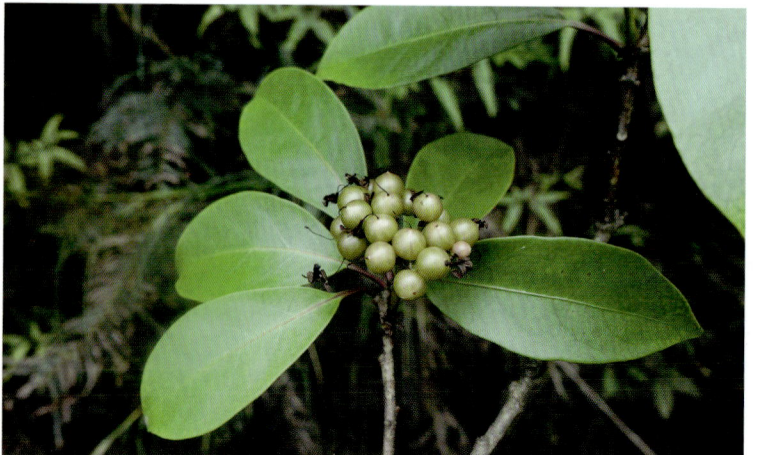

乔木。叶椭圆形、长圆形或长圆状倒披针形,顶端急尖,全缘,无毛。聚伞花序生侧枝顶端;花冠裂片比管长。核果淡黄色或红色。

生于300~900m的山地路边、山坡疏林及湿润的山谷密林。

A359 旋花科 Convolvulaceae

1. 飞蛾藤属 Dinetus Buch. - Ham. ex D. Don

1. 飞蛾藤 Dinetus racemosus (Wallich) Sweet [*Porana racemosa* Wall.]

攀缘或缠绕藤本。叶卵形,长 6~11cm,基部深心形;掌状脉基出,7~9 条。圆锥花序腋生;苞片叶状;花冠白色。果棕褐色。

生于山谷、溪边、林缘。

全草药用,味辛,性温。解表,解毒,行气活血。治感冒风寒、食滞腹胀、无名肿毒。

2. 番薯属 Ipomoea Linn.

1. 五爪金龙(别名:五叶藤、五叶薯)Ipomoea cairica (Linn.) Sweet

多年生缠绕草本;全株无毛。叶掌状 5 深裂或全裂,长 4~5cm,宽 2~2.5cm。聚伞花序腋生,花冠漏斗状。蒴果近球形,4 瓣裂。

逸生于平地、山地村边、路边灌丛、林缘。

叶、块根药用,味甘,性寒。清热解毒,止咳,通淋利水。治骨蒸劳热、咳嗽咳血、淋病水肿、小便不利、痈肿疮疖。

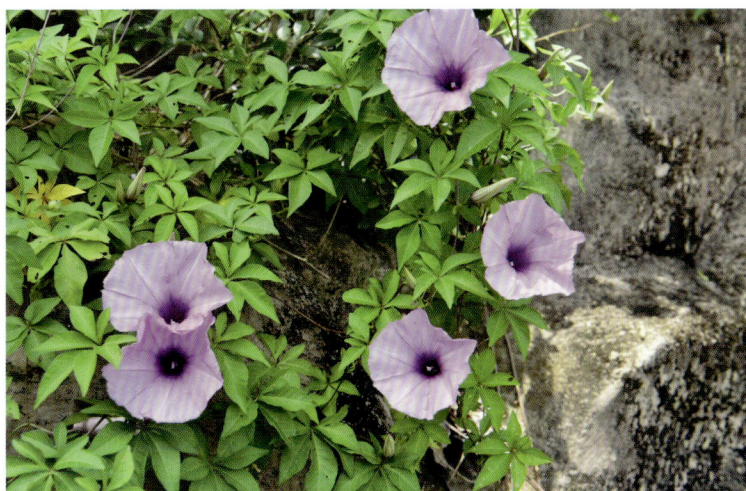

3. 鱼黄草属 Merremia Dennst. ex Lindl.

1. 篱栏网(别名:鱼黄草、小花山猪菜、茉栾藤)Merremia hederacea (Burm. f.) Hall. f.

草质藤本。叶全缘,卵形,无毛。总花梗长达 7cm;花小,花冠黄色。蒴果扁球形或宽圆锥形,4 瓣裂,果瓣有绉纹;种子 4。

生于平原、丘陵的灌丛或草地及空旷地上。

全草药用,味甘、淡,性凉。清热解毒,利咽喉。治感冒、急性扁桃体炎、咽喉炎、急性眼结膜炎。

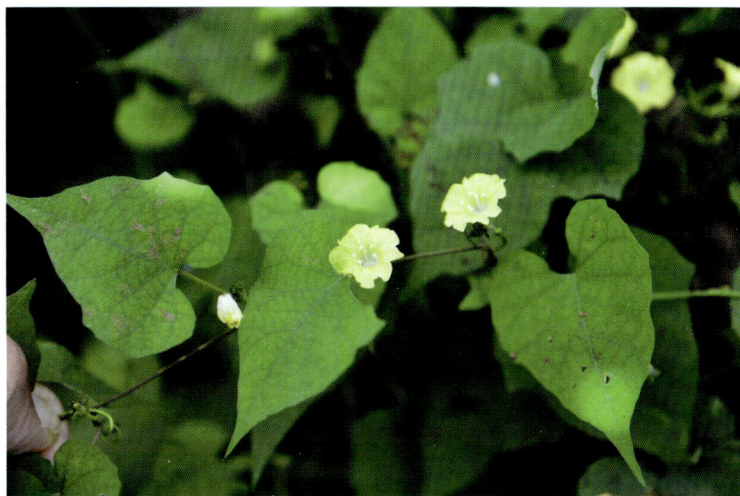

2. 山猪菜 Merremia umbellata (L.) Hall. f. subsp. orientalis (Hall. f.) van Ooststr.

草质藤本。叶全缘,被浅灰色短毛。聚伞花序腋生。花冠白、黄或淡红色;纵带被毛。蒴果圆锥状球形,4 瓣裂;种子被长硬毛。

生于平原或低山地区的林缘或灌丛中或杂木林中。

全草、根药用。全草:催乳。根:消痈解毒。

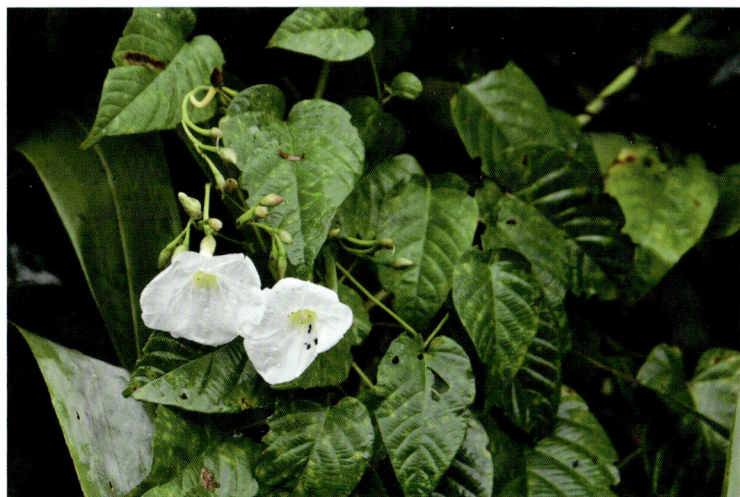

A360 茄科 Solanaceae

1. 辣椒属 Capsicum Linn.

1. 朝天椒(别名:指天椒、小辣椒)Capsicum annuum Linn var. conoides (Mill.) Bailey [*C. frutescens* Linn. var. *conoides* Bailey]

草本。叶卵形,长 4~7cm。花常单生于二分叉间;花冠白色或带紫色。果梗及果实均直立,果实圆锥状,长 1.5(3)cm。

栽培。

果实、根、茎枝药用。果实:味辛、辣,性温。温中散寒,健胃消食；果：治胃寒疼痛、胃肠胀气、消化不良。根：活血消肿。

利尿排石，抗癌。治感冒发热、头痛、喉痛、咳嗽、慢性支气管炎、小便不利、膀胱炎、白带、痢疾、跌打、高血压、狂犬咬伤、肝癌、食道癌。

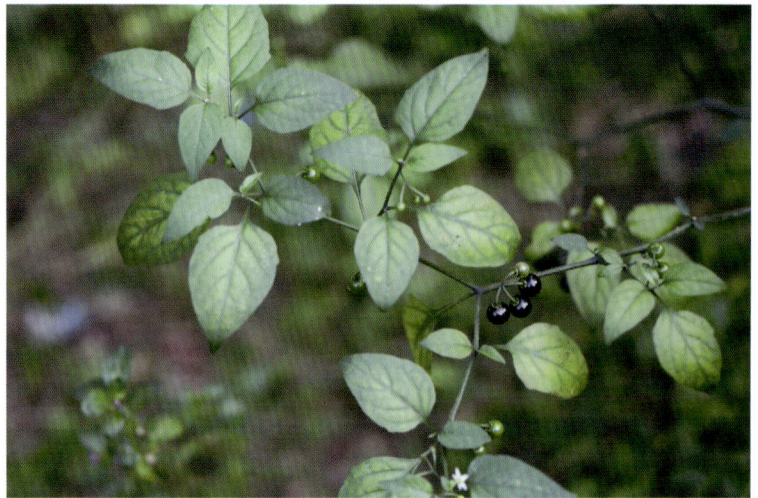

2. 红丝线属 Lycianthes (Dunal) Hassl.

1. 红丝线（别名：十萼茄、钮扣子）**Lycianthes biflora** (Lour.) Bitter[*Solanum biflorum* Lour.]

亚灌木；高 0.5~1.5m。叶阔卵形或椭圆状卵形，长 5~10cm，宽 2~7cm。花序无柄，通常 2~3 朵着生于叶腋内；花萼 10 枚。浆果球形。

生于山谷林边、林旁、沟边或荒野向阳地上。

全草药用，味涩，性凉。祛痰止咳，清热解毒。叶：治咳嗽气喘。全株：治狂犬病。

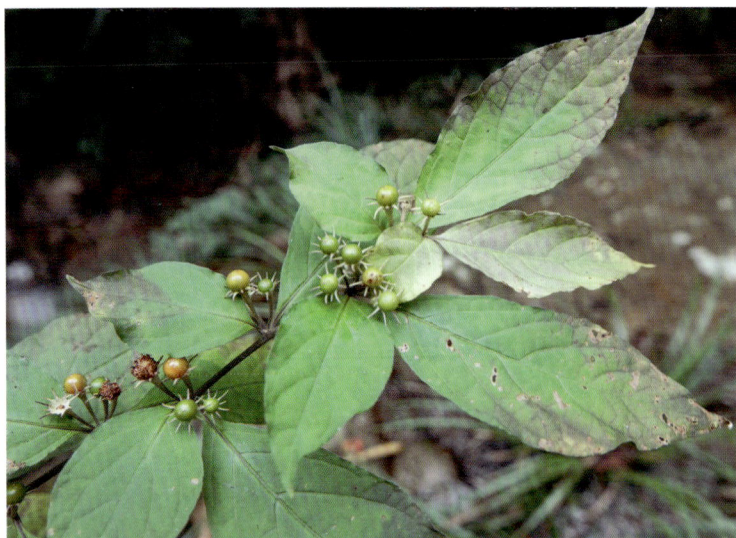

2. 牛茄子（别名：丁茄、癫茄、刺茄、番鬼茄）**Solanum capsicoides** Allioni [*S. surattense* Burm. f.]

直立草本至亚灌木；茎及小枝具刺。叶阔卵形，脉上均具刺。聚伞花序短而少花，萼杯状，花冠白色。浆果扁球状，熟时橙红色。

生于村边、路旁、荒地上。

根药用，味苦、辛，性温，有毒。活血散瘀，镇痛麻醉。治跌打损伤、风湿腰腿痛、痈疮肿毒、冻疮。

3. 海桐叶白英 Solanum pittosporifolium Hemsl.

3. 茄属 Solanum

1. 少花龙葵（别名：衣钮扣）**Solanum americanum** Miller [*S. photeinocarpum* Nakamura et Odashima]

草本。茎披散具棱，无刺。叶卵状椭圆形或卵状披针形，长 6~13cm，宽 2~4cm，被毛。伞形花序，有花 4~6 朵；花冠白色。果球形。

生于田野、荒地及村庄附近旷地上。

全草药用，味甘、苦，性微寒，有小毒。清热解毒，平肝、蔓生灌木。叶互生，长 3.5~10.5cm，宽 1.6~3.5cm，先端渐尖。萼浅杯状，花冠白色，少数为紫色。浆果球状，熟时红色。

生于海拔 400~1000m 的山谷、溪旁灌丛中或林下。

4. 水茄（别名：金钮扣、山颠茄）**Solanum torvum** Sw.

灌木。小枝具皮刺。叶长 6~19cm，宽 4~13cm。伞房花序 2~3 歧，花白色；萼杯状，5 裂，花冠辐形。浆果黄色，圆球形。

生于村边、路旁或山坡、荒地。

根药用，味辛，性微凉，有小毒。散瘀，通经，消肿，止痛，止咳。根：治跌打瘀痛、腰肌劳损、胃痛、牙痛、闭经、久咳；水煎服或浸酒服。鲜叶：捣烂外敷可治无名肿毒；青光眼病人忌内服，以免增加眼压而使病情恶化。

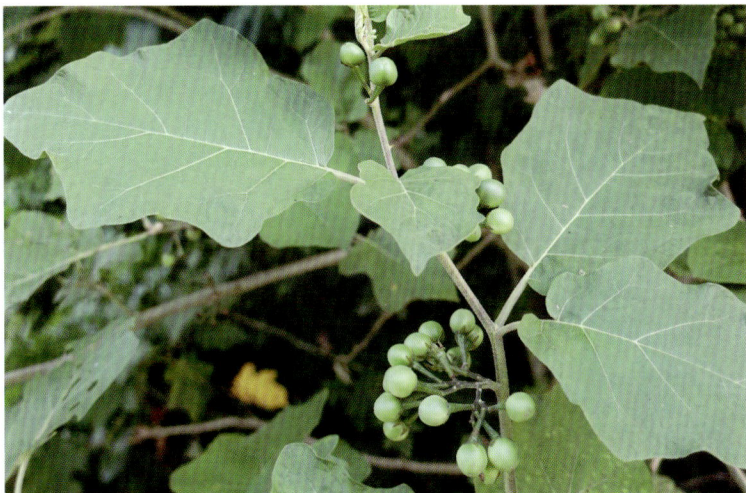

A366 木樨科 Oleaceae

1. 流苏树属 Chionanthus Linn.

1. 枝花流苏树（别名：枝花李榄）**Chionanthus ramiflorus** Roxburgh [*Linociera ramiflora* (Roxb.) Wall. ex G. Don]

乔木，高 3~25m。叶片厚纸质，椭圆形、长圆状椭圆形或卵状椭圆形，稀披针形。花序腋生；花冠白色、淡黄色或黄色。果椭圆形。

生于海拔 1000m 以下的林中、灌丛和山坡、谷地。

2. 梣属 Fraxinus Linn.

1. 苦枥木 **Fraxinus insularis** Hemsl.

落叶大乔木，高 20~30m。长圆形或椭圆状披针形，长

6~13cm，宽 2~4.5cm，花序梗扁平而短；花冠白色。翅果红色至褐色，长匙形。

生于各种海拔高度的河谷等处。

3. 茉莉属 Jasminum Linn.

1. 扭肚藤（别名：白花茶、青藤、毛毛茶）**Jasminum elongatum** (Bergius) Willd. [*J. amplexicaule* Buch. –Ham.]

攀缘状灌木。单叶，对生，纸质，长 2.5~7cm。聚伞花序常生于侧枝之顶；花微香；花冠白。果卵状长圆形，熟时黑色。

生于海拔 850m 以下的灌丛、混交林及沙地。

茎、叶药用，味微苦，性凉。清热解毒，利湿消滞。治急性胃肠炎、痢疾、消化不良、急性结膜炎、急性扁桃体炎。

2. 清香藤（别名：破骨风、破膝风、川滇茉莉）**Jasminum lanceolarium** Roxb.

大型攀缘灌木。叶对生或近对生，三出复叶；叶柄具沟，沟内常被微柔毛。复聚伞花序，顶生或腋生。果球形或椭圆形，黑色。

生于山地、河边杂木林或灌丛中。

根、茎药用，味苦，性温。祛风除湿，活血散瘀。治风湿筋骨痛、腰痛、无名肿毒、跌打损伤。

3. 厚叶素馨（别名：鲫鱼胆）Jasminum pentaneurum Hand.-Mazz. [*J. subtripnerve* Rehd.]

攀缘灌木。叶对生，长 4~10cm，宽 1.5~6.5cm，叶缘反卷。聚伞花序密集似头状，花序基部有 1~2 对小叶状苞片，花芳香，花冠白色。

生于疏林或灌丛中。

全株药用。清热行气，去瘀生新。治跌打刀伤、蛇伤、烂疮。

4. 女贞属 Ligustrum Linn.

1. 华女贞 Ligustrum lianum Hsu

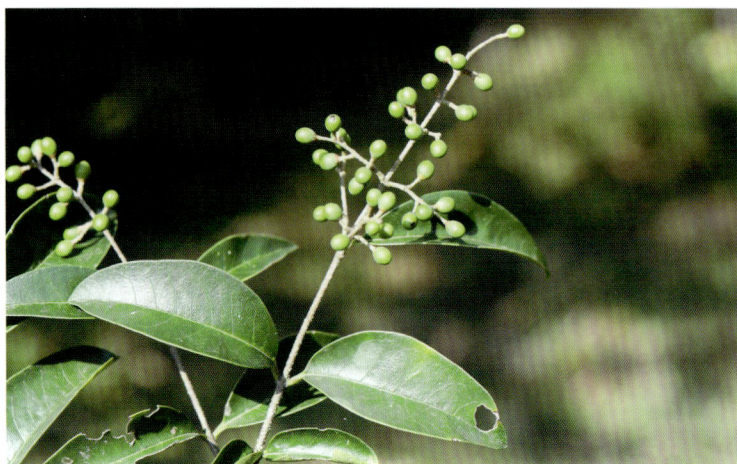

灌木或小乔木；高 0.6~7（15）m。叶片革质，常绿，椭圆形，叶缘反卷。圆锥花序顶生，花序梗四棱形。果椭圆形，长 0.6~1.2cm。

生于海拔 400~1000m 的山谷疏、密林中或灌丛中。

2. 小蜡（别名：山指甲、板子茶、蚊仔树）Ligustrum sinense Lour.

灌木或小乔木。叶片纸质或薄革质，卵形，长 2~7（9）cm。圆锥花序顶生或腋生，塔形，长 4~11cm。果球形，直径 5~8mm。

生于山地疏林下或路旁、沟边。

叶药用，味苦，性寒。清热解毒，抑菌杀菌，消肿止痛，去腐生肌。治急性黄疸型传染性肝炎、痢疾、肺热咳嗽。

5. 木樨榄属 Olea Linn.

1. 云南木樨榄（别名：异株木樨榄）Olea tsoongii (Merr.) P. S. Green

小乔木。叶革质，长 5~10cm，宽 1.5~3.7cm，基部楔形，下面浅绿色，侧脉 4~9 对。苞片线形，花冠管裂片卵圆形。果椭圆形。

生于海拔 1600m 以下的林中、山谷、海边丛林等。

6. 木樨属 Osmanthus Lour.

1. 木樨（别名：桂花、金桂、银桂、丹桂）Osmanthus fragrans (Thunb.) Lour.

常绿乔木或灌木。叶对生，革质，椭圆形、长椭圆形或椭圆状披针形，常上半部具细齿。聚伞花序簇生于叶腋。核果歪斜，长 1~1.5cm。

生于山地、村旁林中或栽培。

花、根、果药用。花：芳香，味辛，性温；散寒破结，化痰止咳；治牙痛、咳喘痰多、经闭腹痛。果：味辛、甘，性温；暖胃，平肝，散寒；治虚寒胃痛。根：味甘、微涩，性平；祛风温、散寒，治风湿筋骨疼痛、腰痛、肾虚牙痛。提取芳香油，商品为桂花浸膏或桂花净油。

A369 苦苣苔科 Gesneriaceae

1. 芒毛苣苔属 Aeschynanthus Jack

1. 芒毛苣苔（别名：大叶榕藤、石榕）**Aeschynanthus acuminatus** Wall. ex A. DC. [*A. chinensis* Garden. & Champ.]

附生小灌木。叶对生，长圆形至狭倒披针形，长 4.5~9cm。花序生茎顶叶腋，有花 1~3 朵。蒴果线形；种子两端各有 1 条长毛。

生于山谷林中或岩石上。

全株药用，味甘、淡，性平。养阴宁神。治神经衰弱、慢性肝炎。

2. 汉克苣苔属 Henckelia Spreng.

1. 光萼汉克苣苔（别名：光萼唇柱苣苔）**Henckelia anachoreta** (Hance) D. J. Middleton & Mich. Möller [*Chirita anachoreta* Hance]

一年生草本。叶对生，长 3~13cm，边缘有齿。花序腋生，苞片宽卵形或窄卵形，花萼 5 裂至近中部，花冠白或淡紫色。蒴果狭线形。

生于山谷林中石上和溪边石上。

全草药用，味辛、微苦，性凉。清热解毒，祛风止痒。治

风疹瘙痒、蛇伤。

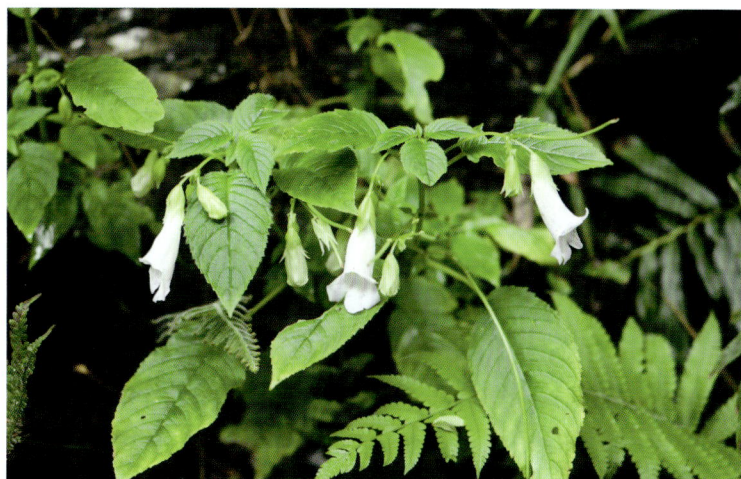

3. 报春苣苔属 Primulina Hance

1. 蚂蟥七（别名：睫萼长蒴苣苔、石螃蟹）**Primulina fimbrisepala** (Hand.-Mazz.) Yin Z. Wang [*Chirita fimbrisepala* Hand.-Mazz.]

草本。叶均基生；叶片草质，长 4~10cm，宽 3.5~11cm，两侧不对称。聚伞花序 1~4（7）条；花冠淡紫色或紫色。蒴果长 6~8cm。

生于海拔 400~1000m 的山地林中石上或石崖上或山谷溪边。

根茎药用，味苦，性凉。健脾消食，清热除湿，消肿止痛，凉血。治胃痛、痢疾、疳积、跌打、肝炎、肺结核络血、刀伤出血、无名肿毒。

2. 羽裂报春苣苔（别名：羽裂唇柱苣苔）**Primulina pinnatifida** (Hand.-Mazz.) Yin Z. Wang [*Chirita pinnatifida* (Hand.-Mazz.) Burtt]

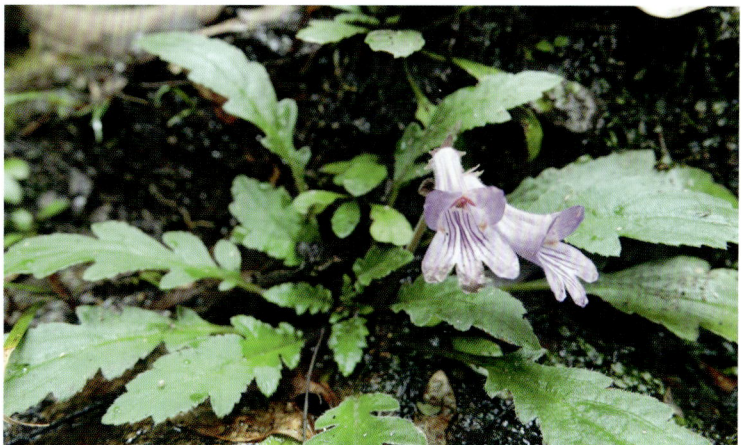

多年生草本。叶均基生；叶片草质，长圆形，长 3~18cm，宽 1.5~7.8cm。花序有花 1~4 朵；花冠紫色。蒴果长 3~4cm，被短柔毛。

生于海拔 600~1000m 的山谷林中石上或溪边。

3. 腺毛半蒴苣苔 Hemiboea strigosa Chun ex W. T. Wang

多年生草本；茎、叶两面及花各部被短柔毛。叶对生，柄常合生成船形；叶片长 6~17cm，宽 3~9cm。聚伞花序疏被腺状短柔毛；花冠白色。蒴果线形，无毛。

生于海拔 360~900m 的山谷林下。

全草药用。消食，生津，补血，壮骨。治小儿软骨病。

4. 半蒴苣苔属 Hemiboea Clarke

1. 降龙草（别名：半蒴苣苔、马拐、牛耳朵、水泡菜、散血毒莲）Hemiboea subcapitata Clarke [H. henryi Clarke]

多年生草本。叶对生；叶片稍肉质，椭圆形，长 3~22cm，宽 1.4~8cm。聚伞花序；花冠白色，具紫斑。蒴果线状披针形。

生于海拔 100~1000m 的山谷林下石上或沟边阴湿处。

全草药用，味甘，性寒。消暑利湿，解毒。治外感暑湿、痈肿疮疖、蛇伤。

5. 马铃苣苔属 Oreocharis Benth.

1. 大叶石上莲（别名：马铃苣苔）Oreocharis benthamii Clarke

多年生草本。叶丛生，长 6~12cm，宽 3~8cm，两面密被毛。苞片 2，线状钻形，花萼 5 裂至基部；花冠细筒状，淡紫色。

蒴果线形。

生于海拔 200~400m 的岩石上。

全草药用。清热解毒，消炎。治跌打、刀伤出血、烂脚。

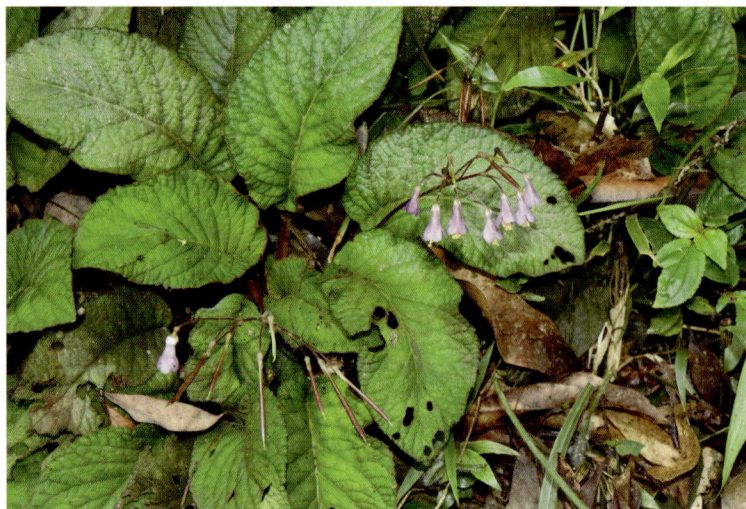

6. 线柱苣苔属 Rhynchotechum Bl.

1. 线柱苣苔（别名：横脉线柱苣苔）Rhynchotechum ellipticum (Wall. ex D. Dietr.) A. de Candolle [R. obovatum (Griff.) Burtt]

亚灌木。叶对生，倒披针形或椭圆形，长 9.5~20cm，宽 3~9.5cm，被锈色长毛。聚伞花序 2 至数个生叶腋。浆果球形，白色。

生于山谷、沟边阴湿处。

全草药用。清肝，解毒。治疮疖。

A370 车前科 Plantaginaceae

1. 毛麝香属 Adenosma R. Br.

1. 毛麝香（别名：麝香草、蓝花毛麝香）Adenosma glutinosum (Linn.) Druce

直立草本。叶对生，披针状卵形至宽卵形，边缘具齿或重齿，两面被毛，下面多腺点；有柄。顶生花排成疏散的总状花序。蒴果卵形。

生于荒山、草坡或疏林下。

全草药用，味辛、苦，性温。祛风止痛，散瘀消肿，解毒止痒。治小儿麻痹症初期、受凉腹痛、风湿骨痛。

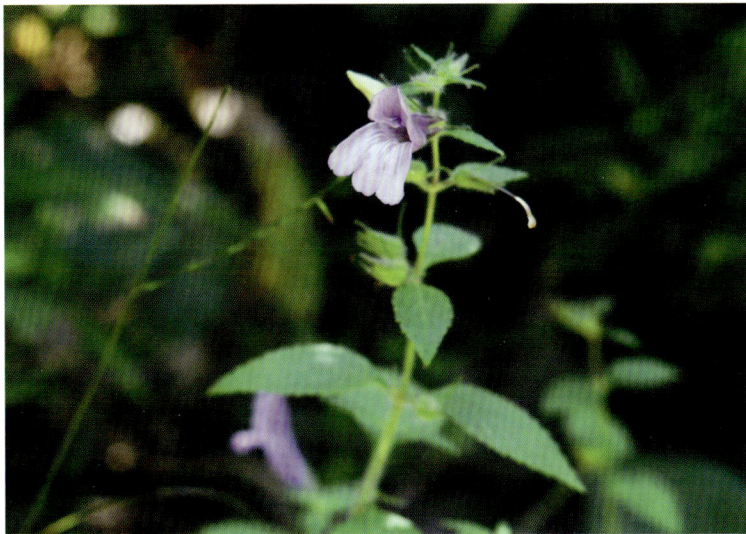

2. 虻眼属 Dopatrium Buch. - Ham. ex Benth.

1. 虻眼 Dopatrium junceum (Roxburgh) Buchanan-Hamilton ex Bentham

一年生草本。茎自基部多分枝而纤细。叶无柄而抱茎。花单生叶腋，花萼钟状，萼齿 5，上唇短而直立，2 裂，下唇开展，3 裂。蒴果球形。

生于稻田和潮湿处。

3. 石龙尾属 Limnophila R. Br.

1. 紫苏草（别名：香石龙尾、水芙蓉、麻雀草、水薄荷、通关草） Limnophila aromatica (Lam.) Merr.

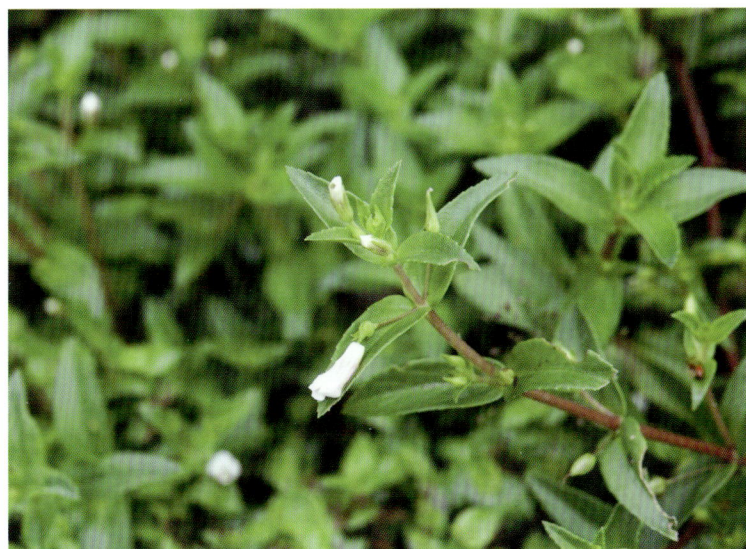

一年生或多年生草本。茎无毛。叶 1 型，卵状披针形，长 1~5cm，具细齿，基部多少抱茎。总状花序；花梗长 5~20mm。蒴果卵珠形。

生于沟边、旷野、塘边潮湿处。

全草药用，味辛、微涩，性凉。清肺止咳，解表消肿。治感冒、咳嗽、百日咳、毒蛇咬伤、痈疮肿毒。

2. 中华石龙尾（别名：肖紫草、过塘蛇）Limnophila chinensis (Osb.) Merr.

草本。茎下部匍匐而节上生根。叶无柄，长 5~53mm，宽 2~15mm，边缘具锯齿。花冠紫红色、蓝色、稀为白色。蒴果宽椭圆形，两侧扁。

生于沟边、山坑、沼泽等潮湿地。

全草药用，味微甘、苦，性凉。清热利尿，凉血解毒。治水肿、结膜炎、天疱疮、蛇虫咬伤。

4. 伏胁花属 Mecardonia Ruiz & Pav.

1. 伏胁花（别名：黄花过长沙舅） Mecardonia procumbens Small

直立或铺散草本。多分枝，茎有棱。叶对生，叶小，边缘具锯齿，具腺点；无柄。总状花序顶生或腋生；小苞片 2；花冠黄色。

生于旷野、路旁的草地上。

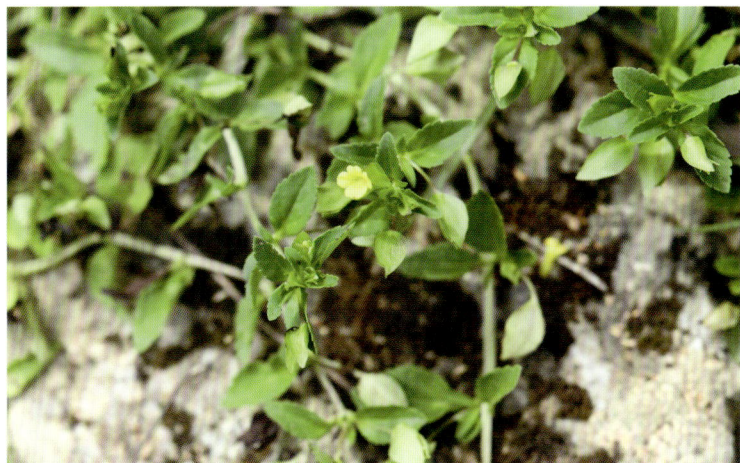

5. 车前属 Plantago Linn.

1. 车前（别名：牛舌草、猪耳朵草）Plantago asiatica Linn.

草本；植株较小，高小于 30cm。叶长 4~12cm，宽 2.5~6.5cm，

两面疏生短柔毛，脉 5~7 条。花序 3~10 个。蒴果纺锤状卵形，周裂。

生于村边路旁、沟边、田埂等处。

全草和种子药用，味甘，性寒。清热利尿，祛痰止咳，明目。治泌尿系感染、结石、肾炎水肿、小便不利、肠炎、细菌性痢疾、急性黄疸型肝炎、支气管炎、急性眼结膜炎。

6. 野甘草属 Scoparia Linn.

1. 野甘草（别名：冰糖草、土甘草）Scoparia dulcis Linn.

多年生直立草本。枝具棱。叶对生或 3 片轮生，菱状卵形或菱状披针形，具紫色腺点。花 1~5 朵腋生；雄蕊 4 枚。蒴果卵形或球形。

生于村边、路旁或旷野、荒地上。

全草药用，味甘，性凉。清热利湿，疏风止痒。治感冒发热、肺热咳嗽、肠炎、细菌性痢疾、小便不利。

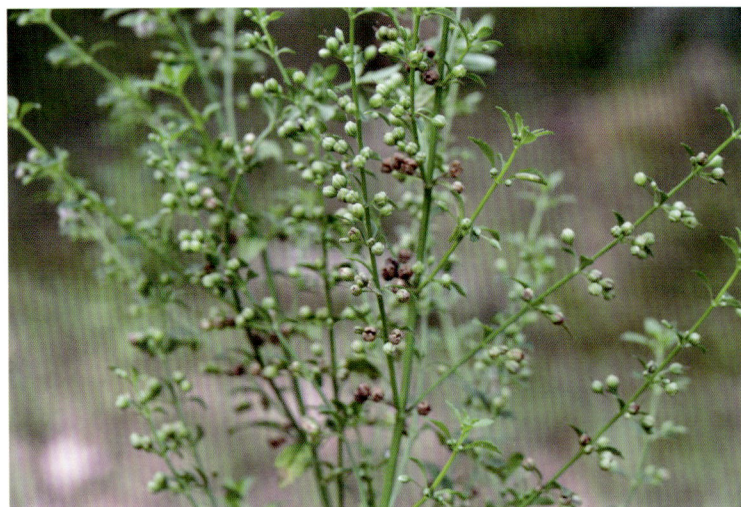

A371 玄参科 Scrophulariaceae

1. 醉鱼草属 Buddleja Linn.

1. 白背枫（别名：驳骨丹、白花洋泡）Buddleja asiatica Lour.

直立灌木或小乔木，高 1~8m。叶对生，叶片膜质至纸质，狭椭圆形。圆锥花序；花冠白色或浅绿色。蒴果椭圆状，长 3~5mm。

生于河岸沙石地、向阳山坡。

全株药用，味辛、苦，性温，有小毒。祛风利湿，行气活血。治妇女产后头风痛、胃寒作痛、风湿关节痛、跌打损伤、骨折。

A373 母草科 Linderniaceae

1. 母草属 Lindernia All.

1. 泥花草（别名：鸭脷草）Lindernia antipoda (Linn.) Alston

一年生草本。根须状成丛。枝基部匍匐，下部节上生根。叶长 0.3~4cm，宽 0.6~1.2cm，基部下延有宽短叶柄，而近于抱茎。蒴果圆柱形。

生于潮湿低洼地。

全草药用，味甘、微苦，性寒。清热解毒，利尿通淋，活血消肿。治肺热咳嗽、泄泻、目赤肿痛、痈肿疔毒、跌打损伤、蛇伤、热疮等。

2. 母草（别名：四方拳草、四方草、蛇通管）Lindernia crustacea (Linn.) F. Muell

草本。茎无毛。叶卵形，长 1~2cm，宽 5~11mm。花常单生兼有顶生总状花序；花萼 5 中裂。果椭圆形或倒卵形，与宿萼近等长。

生于水稻田中、溪旁、沟边等湿润处。

全草药用，味微苦，性凉。清热利尿，解毒。治细菌性痢疾、肠炎、消化不良、肝炎、肾炎水肿、白带。

3. 红骨母草（别名：粘毛母草）Lindernia mollis (Bentham) Wettstein [L. montana (Bl.) Koord.]

一年生匍匐草本；全株除花冠外均被白色闪光的细刺毛。叶片大小和形状多变，边缘有齿。花冠上唇2浅裂，下唇3裂。蒴果长卵圆形。

生于田边、沟边、溪旁或山坡旷地上。

全草药用。清热解毒。治毒疮、乳腺炎。

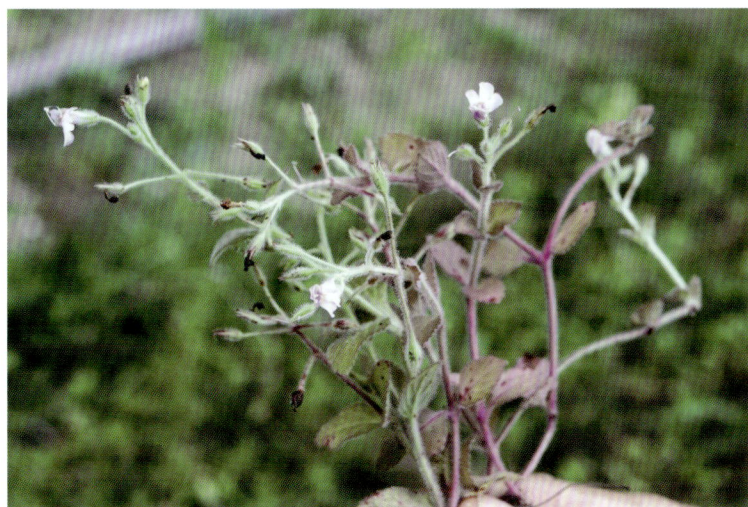

4. 细茎母草 Lindernia pusilla (Willd.) Boldingh

一年生细弱草本。叶下部者有短柄，上部者无柄，卵形至心形，边缘向背面反卷。花对生叶腋，花冠紫色，下唇甚长于上唇。蒴果卵球形。

生于水流旁潮湿处、田中和林下。

5. 旱田草（别名：定经草、剪席草）Lindernia ruellioides (Colsm.) Pennell

草本；全株无毛。叶椭圆形，长1~4cm，宽0.6~2cm，边缘有锐锯齿。总状花序顶生；花萼5深裂；2枚雄蕊不育，后方2枚能育。果柱形。

生于山坡林下或草地、路旁、溪边等处。

全草药用，味甘、淡，性平。理气活血，消肿止痛。治闭经、痛经、胃痛、乳腺炎、颈淋巴结核。

6. 黏毛母草 Lindernia viscosa (Hornem.) Merr.

一年生草本。茎枝均有条纹，被伸展的粗毛。下部叶长可达5cm，基部下延，上部叶渐宽短，较基叶小而无柄，半抱茎。蒴果球形。

生于海拔250~500m的林中及岩石旁。

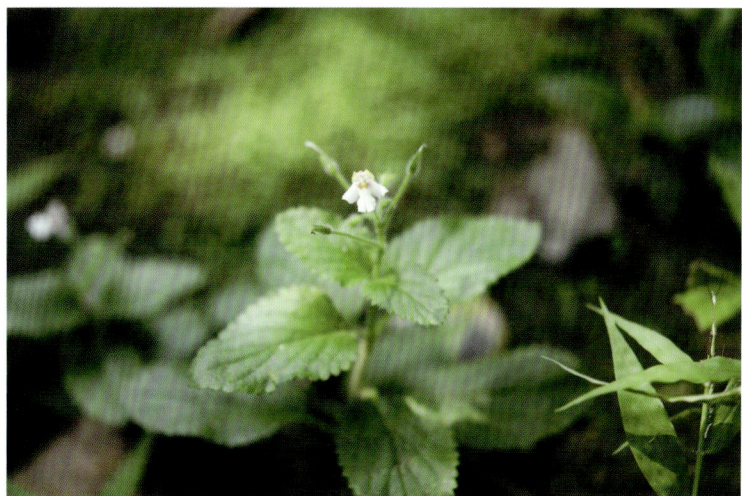

2. 蝴蝶草属 Torenia Linn.

1. 单色蝴蝶草（别名：蓝猪耳、单色翼萼、蝴蝶草）Torenia concolor Lindl.

匍匐草本。叶三角状卵形，长1~4cm，宽0.8~2.5cm，光滑无毛。花单朵腋生或顶生；花冠蓝色或蓝紫色。果成熟时裂成5枚小齿。

生于山谷、溪旁、沟边或旷野荒地上。

全草药用，味苦，性凉。清热解毒，利湿，止咳，和胃止呕，化瘀。治黄疸、血淋、呕吐、腹泻、风热咳嗽、跌打损伤、蛇伤、疗毒。

2. 紫萼蝴蝶草 Torenia violacea (Azaola) Pennell

直立草本。叶片卵形，长 2~4cm，宽 1~2cm，两面疏被柔毛。伞形花序或单生叶腋；花白色，带紫色斑；花冠长约 16mm。蒴果。

生于海拔 200~850m 的山坡草地、林下、田边及路旁潮湿处。

全草药用，味微苦，性凉。消食化积，解暑，清肝。治小儿疳积、中暑呕吐、腹泻、目赤肿痛。

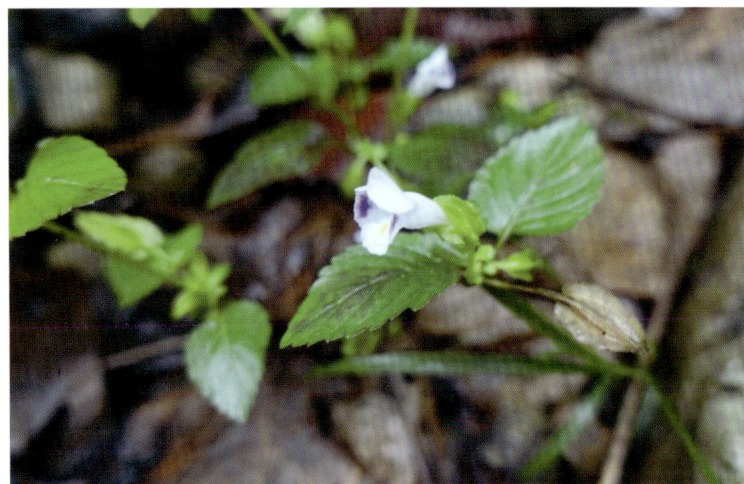

A377 爵床科 Acanthaceae

1. 狗肝菜属 Dicliptera Juss.

1. 狗肝菜（别名：路边青、青蛇仔）Dicliptera chinensis (Linn.) Juss.

二年生草本。茎具 6 条钝棱，节膨大。叶卵状椭圆形，长

2~7cm，宽 1.5~3.5cm。聚伞花序；苞片大，阔卵形或近圆形；花粉色。

生于疏林、溪边、村边、路旁较阴处。

全草药用，味甘、淡，性凉。清热解毒，凉血利尿。治感冒高热、斑疹发热、流行性乙型脑炎、风湿性关节炎、眼结膜炎、小便不利。

2. 水蓑衣属 Hygrophila R. Br.

1. 水蓑衣（别名：窜心蛇、鱼骨草、九节花）Hygrophila ringens (Linn.) R. Brown ex Sprengel [H. salicifolia (Vahl) Nees；H. lancea (Thunb.) Miq.]

草本。茎四棱形。叶纸质，狭披针形，两面无毛或近无毛；近无柄。花簇生叶腋，无梗；花萼 5 深裂至中部；花小，长约 12mm。

生于沟边、溪旁、田边或洼地上。

全草药用，味甘、微苦，性凉。清热解毒，化瘀止痛。治咽喉炎、乳腺炎、吐血、衄血、百日咳。

3. 叉序草属 Isoglossa Oerst.

1. 叉序草 Isoglossa collina (T. Anders.) B. Hansen [Chingiacanthus patulus Hand.-Mazz.]

草本。茎高达 1m。叶片卵形至卵状椭圆形，长 3.5~11cm，宽 2~4.8cm。花序顶生或腋生上部叶腋；花萼裂屏 5。蒴果长 12~14mm。

生于海拔 300~850m 的山坡阔叶林中。

4. 爵床属 Justicia Linn.

1. 华南爵床（别名：华南野靛棵）**Justicia austrosinensis** H. S. Lo [*Mananthes austrosinensis* (H. S. Lo) C. Y. Wu et C. C. Hu]

草本。叶卵形，长 5~10（15）cm，背面中脉被硬毛。穗状花序几无总花梗；苞片扇形或倒卵形，顶端有 1~3 枚尖头。蒴果。

生于山地沟边。

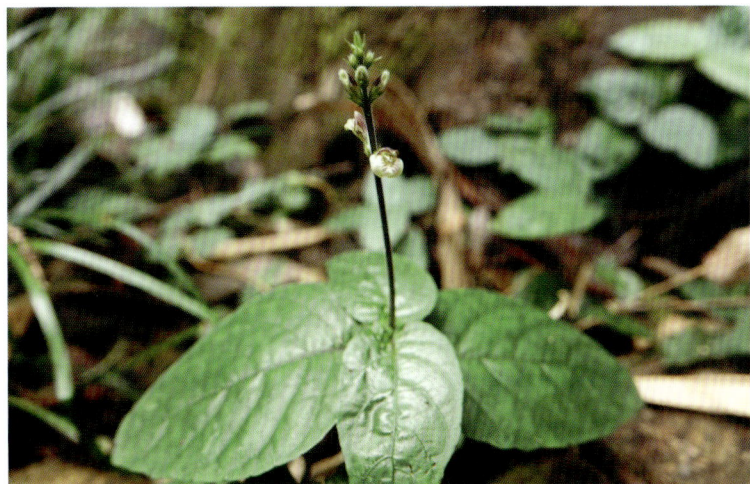

2. 爵床（别名：小青草、六角英）**Justicia procumbens** Linn.

草本；高 20~50cm。节间膨大。叶小，长 1.5~3.5cm，宽 1.2~2cm。密集的穗状花序顶生。蒴果长约 5mm，上部具 4 颗种子。

生于旷野、疏林或灌丛中。

全草药用，味微苦，性寒。清热解毒，利尿消肿。治感冒发热、疟疾、咽喉肿痛、小儿疳积、痢疾、肠炎、肝炎、肾炎水肿、泌尿系感染、乳糜尿。

5. 山蓝属 Peristrophe Nees

1. 九头狮子草（别名：九节篱、辣叶青药）**Peristrophe japonica** (Thunb.) Bremek.

多年生草本。叶卵形，两面无毛，长 3~5(7.5)cm。聚伞花序腋生或顶生；苞片 2 枚，阔卵形；花二唇形。蒴果，长约 1.5cm。

生于路旁、草地或林下阴处。

全草药用，味辛、微苦，性凉。解表发汗，解毒消肿，镇痉。治感冒发热、咽喉肿痛、白喉、小儿消化不良、小儿高热惊风。

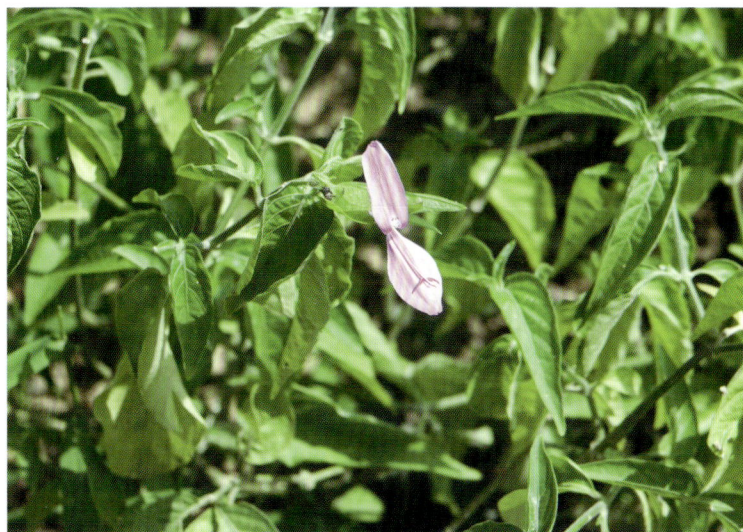

6. 叉柱花属 Staurogyne Wall.

1. 弯花叉柱花 **Staurogyne chapaensis** Benoist

草本。叶莲座状，长 2.5~14.5cm，宽 2~6cm，先端圆钝，基部心形，上面绿色被柔毛，背面苍白色，羽状脉。花冠淡蓝紫色。

生于山谷林下、石上。

7. 马蓝属 Strobilanthes Bl.

1. 板蓝 **Strobilanthes cusia** (Nees) O. Kuntze〔*Baphicacanthus cusia* (Nees) Bremek.〕

草本；多年生一次性结实；高约 1m；幼嫩部分和花序均被锈色、鳞片状毛。叶纸质，椭圆形或卵形，两面无毛。穗状花序直立。蒴果长 2~2.2cm，无毛。

生于林下或溪旁潮湿处。

叶含蓝靛染料，在合成染料发明以前，我国中部、南部和西南部都栽培利用。根、叶入药。清热解毒、凉血消肿。可预防流脑、流感，治中暑、腮腺炎、肿毒、毒蛇咬伤、菌痢、急性肠炎、咽喉炎、口腔炎、扁桃体炎、肝炎、丹毒。

2. 曲枝假蓝 **Strobilanthes dalzielii** (W. W. Smith) R. Ben. [*Pteroptychia dalziellii* (W. W. Sm.) H. S. Lo]

亚灌木或多年生草本。茎之字形。叶卵形到卵状披针形，边缘有锯齿。穗状花序，花冠略带紫色的蓝色或白色。蒴果线形长圆形。

生于山地、山谷、路旁密林下。

2. 球花马蓝（别名：圆苞金足草）**Strobilanthes dimorphotricha** Hance [*Goldfussia pentstemenoides* Nees]

草本。叶不等大，先端长渐尖，边缘有齿。花序头状，近球形，苞片近圆形，萼裂片5，条状披针形；花冠紫红色。蒴果长圆状棒形。

生于山谷、路旁疏林中。

3. 少花马蓝 **Strobilanthes oligantha** Miq.

草本。叶宽卵形，顶端渐尖，基部宽楔形，边具齿。苞片叶状，小苞片条状匙形，花萼5裂，花冠管向上扩大成钟形，冠檐5裂。蒴果。

生于山地、山谷疏、密林下。

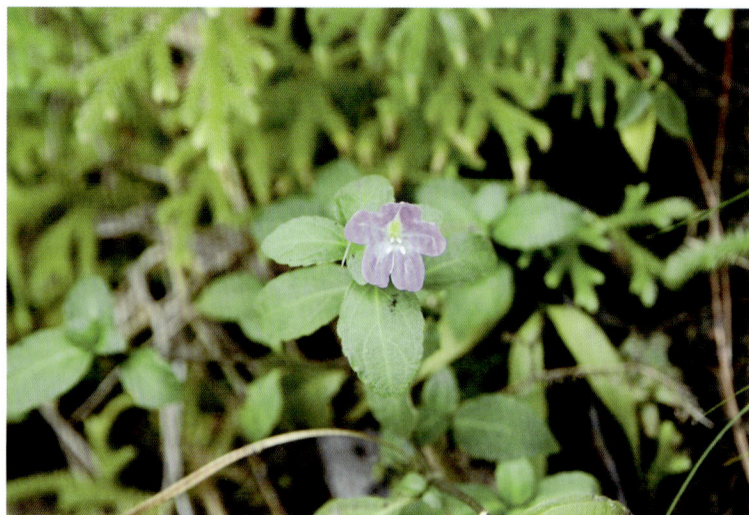

4. 四子马蓝 **Strobilanthes tetrasperma** (Champ. ex Benth.) Druce

直立或匍匐草本。叶纸质，椭圆形，两面无毛。穗状花序密集；苞片叶状；花冠淡紫色。蒴果长约10mm，顶部被柔毛。

生于山地、山谷疏、密林下。

A379 狸藻科 Lentibulariaceae

1. 狸藻属 Utricularia Linn.

1. 挖耳草 **Utricularia bifida** Linn.

陆生小草本；高4~10cm。叶线形或线状倒披针形，全缘。花序直立；花茎鳞片和苞片狭椭圆形，基部着生；花黄色。果梗弯垂。

生于海拔 40~1350m 的沼泽地、稻田或沟边湿地。

全草药用。清热解毒，消肿止痛。治感冒发热、咽喉肿痛、牙痛、急性肠炎、痢疾、尿路感染、淋巴结结核。

A382 马鞭草科 Verbenaceae

1. 假连翘属 Duranta Linn.

1. 假连翘（别名：篱笆树）Duranta erecta Linn. [D. repens Linn.]

灌木。叶对生，长 2~6.5cm，宽 1.5~3.5cm，纸质。总状花序常排成圆锥状；花萼管状；花冠通常蓝紫色。核果球形，熟时红黄色。

栽培。

果、叶药用，味甘、微辛，性温，有小毒。散热透邪，行血祛瘀，止痛杀虫，消肿排毒。

2. 马鞭草属 Verbena Linn.

1. 马鞭草（别名：铁马鞭）Verbena officinalis Linn.

多年生草本。叶片卵圆形至倒卵形或长圆状披针形，基生叶边缘常有齿，茎生叶多数 3 深裂。穗状花序顶生和腋生。果长圆形。

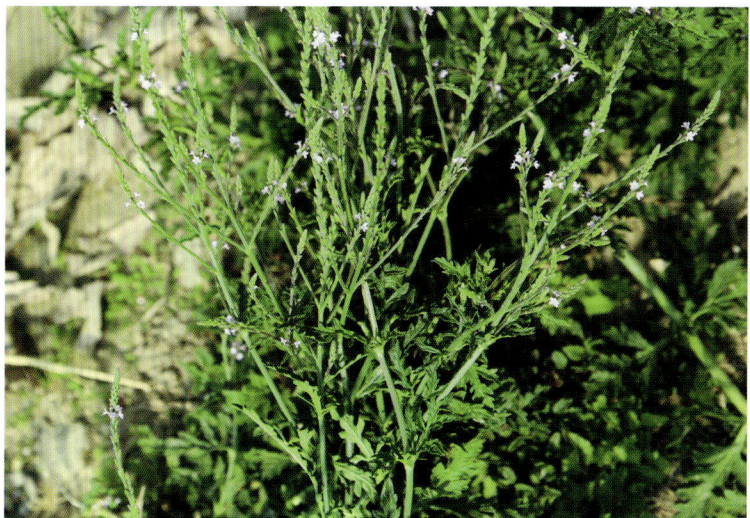

生于山脚、路旁及村边荒地上。

全草药用，味苦，性微寒。清热解毒，截疟杀虫，利尿消肿，通经散瘀。治疟疾、血吸虫病、丝虫病、感冒发烧、急性胃肠炎、细菌性痢疾、肝炎、肝硬化腹水、肾炎水肿、尿路感染、阴囊肿痛、月经不调、血瘀经闭、牙周炎、白喉、咽喉肿痛。

A383 唇形科 Lamiaceae

1. 筋骨草属 Ajuga Linn.

1. 金疮小草（别名：筋骨草、苦地胆、散血草）Ajuga decumbens Thunb.

一或二年生草本。叶匙形、倒卵状披针形，长达 14cm，宽达 5cm。轮伞花序多花；花冠长 8~10mm，淡蓝色或淡紫红色。小坚果。

生于山坡、草地、旷野、荒地或山谷、溪边。

全草药用，味苦，性寒。清热解毒，消肿止痛，凉血平肝。治上呼吸道感染、扁桃体炎、咽喉炎、支气管炎、肺炎、肺脓疡、胃肠炎、肝炎、阑尾炎、乳腺炎、急性结膜炎、高血压。

2. 广防风属 Anisomeles R. Br.

1. 广防风（别名：落马衣、土藿草、排风草、马衣叶、鸡公麻油）Anisomeles indica (Linn.) Kuntze [Epimeredi indica (Linn.) Rothm.]

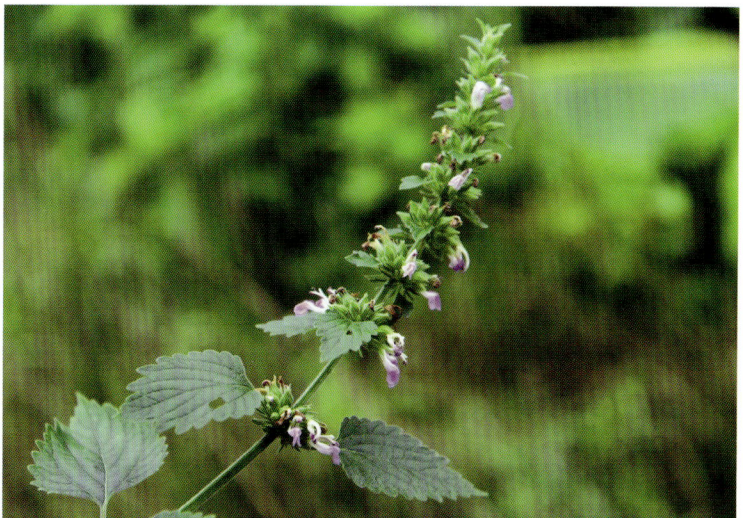

草本；植株有特殊气味。茎4棱。叶阔卵形，长4~9cm，宽3~6.5cm，顶端急尖，基部心形。轮伞花序排成长穗状花序。小坚果黑色。

生于海拔100~800m的旷野、村边、路旁、荒地和林缘。

全草药用，味苦、辛，性微温。祛风解表，理气止痛。治感冒发热、风湿关节痛、胃痛、胃肠炎。

3. 紫珠属 Callicarpa Linn.

1. 枇杷叶紫珠（别名：长叶紫珠、裂萼紫珠、野枇杷）Callicarpa kochiana Makino [*C. loureiri* Hook. et Arn.]

灌木。叶椭圆形、卵状椭圆形，长12~22cm，宽4~8cm，背面密被星状毛和分枝茸毛。花萼管状，檐部深4裂，宿萼几全包果实。

生于山谷溪边和旷野灌丛中，亦见于疏林下。

叶药用，味苦、辛，性平。祛风除湿，收敛止血。治风湿痹痛、风寒咳嗽、头痛、胃出血、刀伤出血。

2. 杜虹花（别名：紫珠草、鸦鹊饭）Callicarpa pedunculata R. Br. [*Callicarpa formosana* Rolfe]

灌木。叶片卵状椭圆形，长6~14cm，宽3~5cm，边缘有锯齿，下面密生黄褐色星状毛和透明腺点。聚伞花序。果实光滑。

生于山坡林边或溪边灌丛中。

茎、根、叶药用，味苦、涩，性平。止血，散瘀，消炎。治衄血、咯血、胃肠出血、子宫出血、上呼吸道感染、扁桃体炎、肺炎、支气管炎。

3. 红紫珠（别名：小红米果）Callicarpa rubella Lindl.

灌木。叶倒卵形或倒卵状椭圆形，长10~15cm，宽4~8cm，顶端尖，背面密被星状毛和黄色腺点。聚伞花序；花萼具黄色腺点。

生于山谷、林边、溪边或山脚路旁。

全株药用，味微苦，性凉。驱蛔虫，消肿止痛，止血，接骨。治跌打瘀肿、咳血、骨折、外伤出血、疔疮、蛔虫病；民间用根炖肉服，可通经和治妇女红、白带；嫩芽揉烂擦癣。

4. 秃红紫珠 Callicarpa rubella var. **Subglabra**

灌木；高约2m；全株无毛。叶片倒卵形，长7~13cm，宽2.5~6cm，基部心形，边缘具锯齿；叶柄极短。聚伞花序宽2~4cm。果实紫红色，直径约2mm。

生于100~1200m的山坡、溪旁林中和灌丛中。

4. 马缨丹属

1. 马缨丹 Lantana camara L.

直立或蔓性的灌木。茎枝有短倒钩刺。单叶对生，揉烂后有强烈的气味。花序头状；花冠颜色多为黄色至红色，花冠管细长。果圆球形，熟时紫黑色。全年开花。

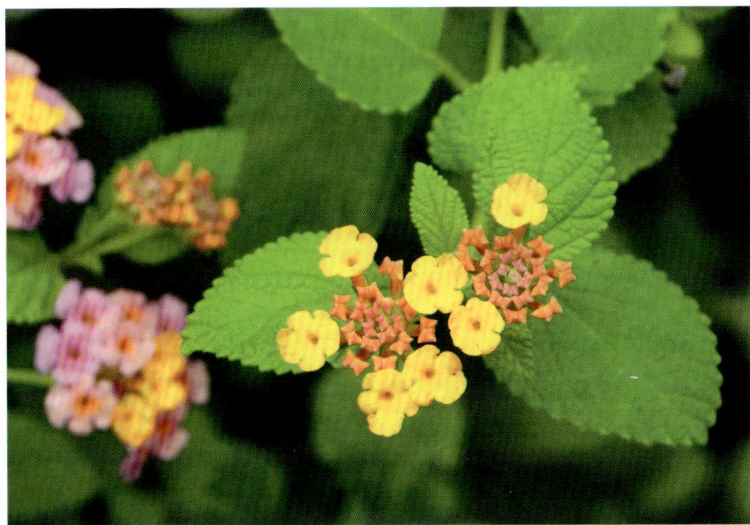

逸生于村边林缘。

根或全株药用。清热解毒，散结止痛。治感冒高热、久热不退、瘰疬、风湿骨痛、胃痛、跌打损伤。

4. 大青属 Clerodendrum Linn.

1. 大青（别名：大青木、大青叶、猪尿青、白花鬼灯笼）**Clerodendrum cyrtophyllum** Turcz.

灌木或小乔木，高 1~10m。叶长 6~20cm，宽 3~9cm，顶端尖，基部圆形，背面常有腺点。花冠白色。果实球形，熟时蓝紫色，宿萼红色。

生于丘陵或平地、村边、路旁、旷野等处。

根、叶药用，味苦，性寒。清热利湿，瘀血解毒。治流行性脑脊髓膜炎、流行性乙型脑炎、感冒头痛、麻疹并发肺炎、流行性腮腺炎、扁桃体炎、传染性肝炎、痢疾、尿路感染。

2. 白花灯笼（别名：鬼灯笼）**Clerodendrum fortunatum** Linn.

灌木。叶长圆形、卵状椭圆形，长 5~17cm，宽达 5cm，边缘浅波状齿。花萼紫红色；冠白色或淡红色，萼管与冠管等长。果近球形。

生于海拔 1000m 以下的村边、路旁、旷野、荒地或灌丛中。

根、茎、叶药用，味苦、性凉。清热解毒，消肿散瘀。治风热感冒、支气管炎、咽喉炎、胃痛、腹痛、风湿、痈疖疮疡、

偏头痛、黄疸、蛇伤。

3. 赪桐 Clerodendrum japonicum (Thunb.) Sweet

灌木。小枝四棱形，枝干后不中空。叶片圆心形，两面被短柔毛，背面密具锈黄色盾形腺体。二歧聚伞花序组成顶生的大而开展的圆锥花序；花红色。果椭圆状球形。

生于平原、山谷、溪边或疏林中或栽培于庭园。

全株药用。祛风利湿、消肿散瘀。云南作跌打损伤、催生药，又治心慌心跳，用根、叶作皮肤止痒药；湖南用花治外伤止血。

4. 尖齿臭茉莉（别名：臭茉莉）**Clerodendrum lindleyi** Decne. ex Planch. [*C. fragrans* Vent.]

灌木。叶基部脉腋有数个盘状腺体,叶缘有齿。伞房状聚伞花序密集,顶生,苞片多,花冠紫红色或淡红色,雄蕊与花柱伸出花冠外。

生于山坡林边或村边、路旁、旷地上。

全株药用,味苦,性平。祛风利湿,化痰止咳,活血消肿。根:治风湿性关节炎、脚气水肿、白带、支气管炎。

4. 海通(别名:白灯笼、满大青)Clerodendrum mandarinorum Diels

乔木。叶卵状椭圆形、卵形或心形,长 10~27cm,宽 6~20cm。花序顶生;冠白色或淡紫色,冠管比萼管倍长。核果近球形。

生于海拔 300~1400m 的溪边、路旁或林缘。

枝、叶药用,味苦、辛,性平。祛风通络。治半身不遂、小儿麻痹后遗症。

5. 风轮菜属 Clinopodium Linn.

1. 风轮菜(别名:断血流、九层塔、熊胆草)Clinopodium chinense (Benth.) O. Kuntze

多年生草本。叶卵圆形,长 2~4cm,宽 1.3~2.6cm,两面疏被毛。轮伞花序腋生;苞叶大,叶状。小坚果倒卵形,黄褐色。

生于山坡、荒山、路旁草丛中。

全草药用,味辛、苦,性凉。止血,疏风清热,解毒止痢。治子宫肌瘤出血、鼻衄、牙龈出血、尿血、创伤出血、感冒、中暑、急性胆囊炎、肝炎、肠炎、痢疾、腮腺炎、乳腺炎、疔疮毒、过敏性皮炎、急性结膜炎。

2. 细风轮菜(别名:细风轮菜、宝塔菜、剪刀草)Clinopodium gracile (Benth.) Matsum.

草本。叶卵形或披针形,长 1.2~3.4cm,宽 1~2.4cm,叶面近无毛。轮伞花序顶生组成总状花序式;花冠白至紫红色。小坚果卵球形,褐色。

生于旷野、路旁或草地上。

全草药用,味辛、苦,性微寒。散瘀解毒,祛风散热,止血。治痢疾、肠炎、乳痈、血崩、感冒头痛、中暑腹痛、跌打损伤、过敏性皮炎。

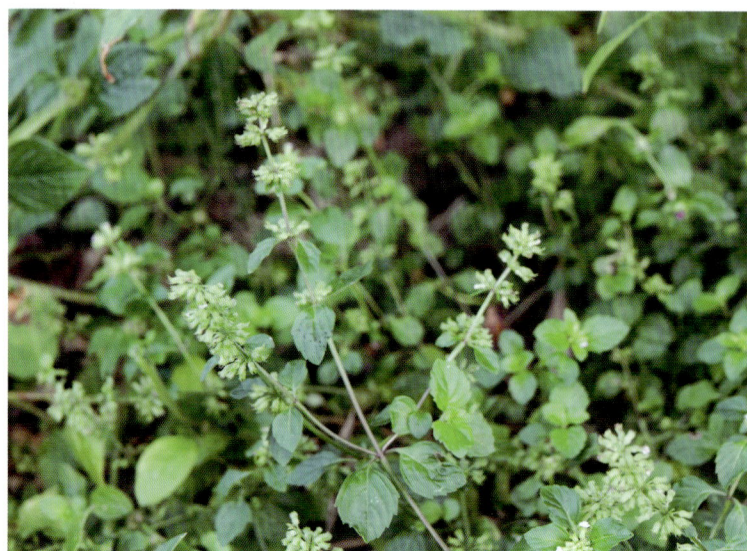

6. 香薷属 Elsholtzia Willd.

1. 紫花香薷 Elsholtzia argyi Lévl.

草本。叶长 2~6cm,宽 1~3cm,边缘在基部以上具齿,叶柄具狭翅。轮伞花序组成穗状花序,花冠玫瑰红紫色,被毛。小坚果长圆形。

生于海拔 300~1000m 的林下、灌丛中和河边草地上。

2. 水香薷 Elsholtzia kachinensis Prain

草本。叶长 1~3.5cm,宽 0.5~2cm,基部宽楔形,边缘具齿。

穗状花序，苞片阔卵形，花萼管状，冠檐二唇形；雄蕊伸出。小坚果长圆形。

生于海拔 300~800m 的河边、林下和山谷湿地上。

7. 活血丹属 Glechoma Linn.

1. 活血丹（别名：连钱草、金钱草、透骨消、金钱薄荷）Glechoma longituba (Nakai) Kupr

多年生草本；具匍匐茎。上部叶较大，叶片心形，长 1.8~2.6cm，宽 2~3cm，基部心形，边缘具圆齿。轮伞花序常 2 花。花萼管状。

生于林缘、疏林、草地、溪边等阴湿处。

全草药用，味苦、辛，性凉。清热解毒，利尿排石，散瘀消肿。治尿路感染，尿路结石，胃、十二指肠溃疡，黄疸型肝炎，肝胆结石，感冒，咳嗽，风湿关节痛，月经不调，雷公藤中毒，跌打损伤，骨折，疮汤肿毒。

8. 锥花属 Gomphostemma Wall. ex Benth.

1. 中华锥花（别名：棒红花）Gomphostemma chinense Oliv.

草本。叶椭圆形或卵状椭圆形，长 4~13cm，宽 2~7cm，叶面被星状毛，背面密被星状茸毛。花序生于茎基部；花柱基生。果脐小。

生于山谷密林下。

全株药用，味苦，性平。散瘀消肿，止血。治口舌生疮、

咽喉肿痛、外伤出血。

9. 香茶菜属 Isodon(Schrad. ex Benth.) Spach

1. 大萼香茶菜 Isodon macrocalyx (Dunn) Kudo

叶卵形，长 5~15cm，宽 2~8.5cm，背面被黄色腺点。花萼花时宽钟形，长 2.7mm，宽达 3mm，外被微柔毛，内面无毛，萼齿 5，明显呈 3/2 式二唇形苞片线形，雄蕊外露。

生于林下、灌丛中、山坡或路旁等处，海拔 600~1700m。

全草、茎叶药用。清热解毒、抗菌消炎。

2. 线纹香茶菜（别名：溪黄草、熊胆草）Isodon lophanthoides (Ham. ex D. Don) H. Hara [Rabdosia lophanthoides (Buch-Ham. ex D. Don)H. Hara]

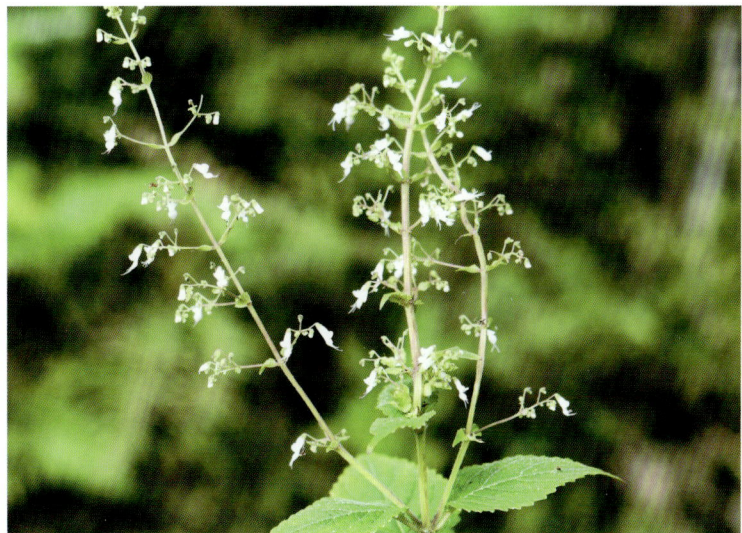

草本；茎、叶柄、叶背、花序、花萼等密被黄色腺点。叶卵形，长 1.5~8.5cm，宽 0.5~5.3cm。苞片叶状；萼二唇形；雄蕊外伸。坚果。

生于溪边、沼泽地或林下。

全草药用，味苦、性凉。清热利湿，凉血散瘀。治急性黄疸型肝炎、急性胆囊炎、肠炎、痢疾、跌打肿痛。

3. 细花线纹香茶菜（别名：纤花香茶菜、溪黄草）Isodon lophanthoides (Ham. ex D. Don) H. Hara var. graciliflora (Benth.) H. Hara [Rabdosia lophanthoides Buch.-Ham.ex D. Don var. graciliflora (Benth.) H. Hara]

这一变种与原变种不同在于茎高 40~100cm；叶卵状披针形至披针形，长 5~8.5cm，宽 1.5~3.5cm，先端渐尖，基部楔形。

生于溪边、沼泽地或林下。

全草药用，味甘、性凉。清热利湿，退黄，凉血散瘀。治急性黄疸型肝炎、急性胆囊炎、肠炎、痢疾、跌打肿痛。

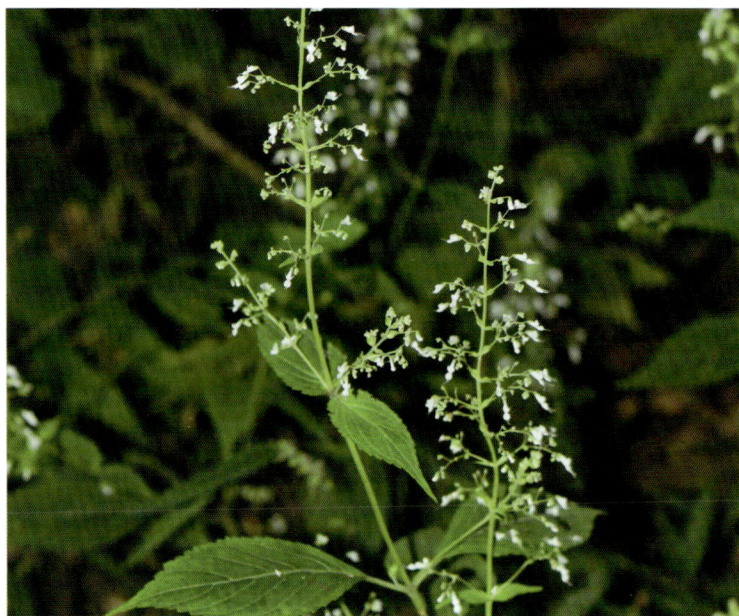

4. 溪黄草 Isodon serra Kudô [Rabdosia serra (Maxim.)H. Hara]

草本。叶卵圆形或卵状披针形，长 3.5~10cm，宽 1.5~4.5cm，顶端渐尖，基部楔形。萼直立；雄蕊内藏。小坚果具腺点及白色髯毛。

生于灌丛、林缘和溪边等处。

全草药用，味苦、性寒。清热利湿，凉血散瘀。治急性黄疸型肝炎、急性胆囊炎、肠炎、痢疾、跌打肿痛。

5. 长叶香茶菜（别名：溪黄草）Isodon walkeri (Arnott) H. Hara [I. stracheyi Kudo; Rabdosia stracheyi (Benth. ex Hook. f.) H. Hara]

多年生草本。茎丛生。茎叶对生，线状长圆形，长 2.2~9.5cm，宽 1~2.4cm。聚伞花序组成顶生圆锥花序。花冠蓝色，花盘厚环状。小坚果近圆形。

生于溪边、沼泽地或林下。

全草药用，味甘、性凉。清热利湿，退黄，凉血散瘀。治急性黄疸型肝炎、急性胆囊炎、肠炎、痢疾、跌打肿痛。

10. 益母草属 Leonurus Linn.

1. 益母草（别名：益母艾、茺蔚）Leonurus japonicus Houttuyn [L. artemisia (Lour.) S. Y. Hu]

草本。叶轮廓变化很大，裂片呈长圆状菱形至卵圆形，长 2.5~6cm，宽 1.5~4cm。轮伞花序腋生。花冠粉红至淡紫红色。小坚果长圆状三棱形。

生于村边、路旁、旷野或荒地上。

全草药用，味苦、辛，性微寒。活血调经，祛瘀生新，利尿消肿。治月经不调、闭经、产后瘀血腹痛、肾炎浮肿、小便不利、尿血。

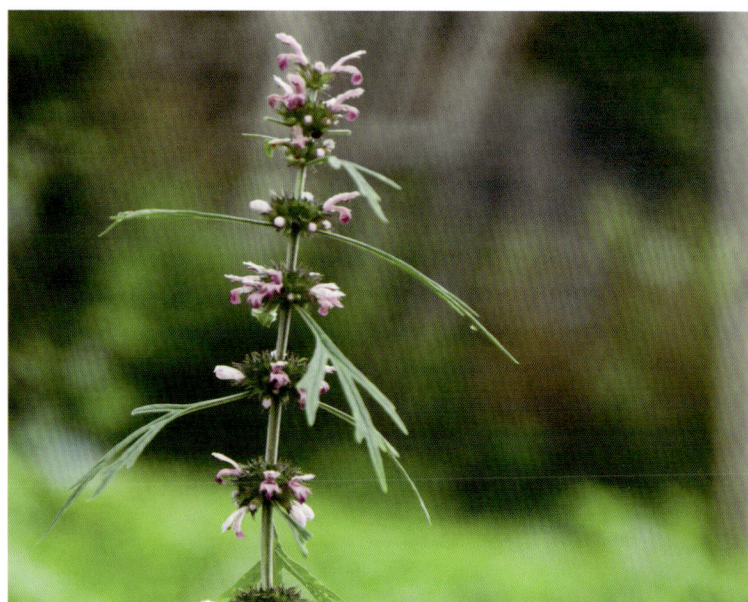

11. 石荠苎属 Mosla Buch-Ham. ex Maxim.

1. 小花荠苎（别名：野香薷、细叶七星剑、小叶荠苎）**Mosla cavaleriei** Lévl.

草本。叶卵形或卵状披针形，长 2~5cm，宽 1~2.5cm，两面被柔毛，背面有腺点。总状花序；花冠上唇 2 圆裂。小坚果具疏网纹。

生于沟边、路旁、山坡草地上。

全草药用，味辛，性微温。发汗解暑，健脾利湿，止痒。治感冒、中暑、急性肠胃炎、消化不良、水肿。

2. 小鱼仙草（别名：痱子草、热痱草、假鱼香）**Mosla dianthera** (Buch.-Ham.) Maxim.

草本；茎、枝被短柔。叶卵状披针形，长 1.2~3.5cm，宽 0.5~1.8cm。总状花序；花冠为不明显二唇形。小坚果近球形，具网脉。

生于丘陵山坡、村边、路旁、旷地水边湿润处。

全草药用，味辛，性温。祛风发表，利湿止痒。治感冒头痛、扁桃体炎、中暑、溃疡病、痢疾。

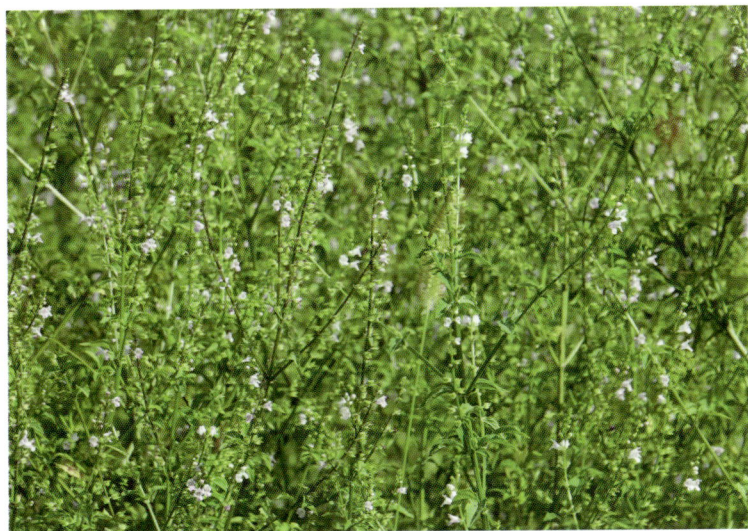

3. 石荠苎（别名：粗糙荠苎、土荆芥、沙虫药）**Mosla scabra** (Thunb.) C. Y. Wu et H. W. Lu

一年生草本；茎、枝均 4 棱。叶卵形或卵状披针形，长

1.5~3.5cm，宽 0.9~1.7cm。总状花序；花萼被柔毛。小坚果球形，具深雕纹。

生于丘陵山坡、村边、路旁或旷地上。

全草药用，味辛，性微温。疏风清暑，行气理血，利湿止痒。治感冒头痛、咽喉肿痛、中暑、急性胃肠炎、痢疾、小便不利、肾炎水肿、白带；炒炭用治便血、子宫出血。

12. 假糙苏属 Paraphlomis Prain

1. 白毛假糙苏 Paraphlomis albida Hand.-Mazz.

草本。叶卵圆形，长 4~9cm，宽 2.5~4.5cm；叶柄具狭翅。轮伞花序具 2~8 朵花；萼管倒圆锥状，萼齿明显。小坚果无棱。

生于林下溪边。

茎、叶药用，味辛，性温。散寒止咳。治风寒咳嗽。

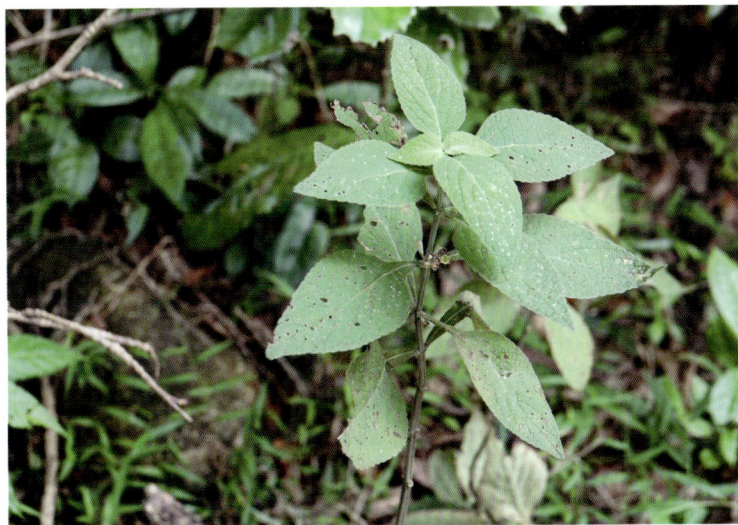

2. 狭叶假糙苏 Paraphlomis javanica Hand.-Mazz. var. **brevidens** Hand.-Mazz.

草本。叶卵圆状披针形直至狭长披针形，长 7~15cm，宽 3~8.5cm，具极不显著的细圆齿。萼齿尖明显针状，具细刚毛。小坚果。

生于常绿阔叶林或灌丛中。

根药用，味辛、苦，性平。祛风湿，清热解毒。治风湿痹痛、感冒发热、细菌性痢疾。

3．长叶假糙苏 Paraphlomis lanceolata

草本。叶近披针形，长 5~13cm，宽 1.3~3.3cm，基部渐狭下延至叶柄，边缘具锯齿。轮伞花序 8~10 花；花冠淡黄白色，长约 1.5cm。小坚果长圆状三棱形。

生于亚热带阔叶林中。

13．紫苏属 Perilla

1．野生紫苏（别名：白苏）Perilla frutescens (Linn.) Britt. var. purpurascens (Hayata) H. W. Li

草本。叶较小，卵形，长 4.5~7.5cm，宽 2.8~5cm，两面被疏柔毛，边缘粗锯齿。轮伞花序结成顶生穗状花序。小坚果较小，土黄色。

生于溪边湿润处及村边荒地上。

全草药用，味辛，性温。清湿热，散风邪，消痈肿，理气化痰。治风寒感冒、咳嗽、头痛、胸闷腹胀、皮肤瘙痒、创伤出血。

14．刺蕊草属 Pogostemon Desf.

1．水珍珠菜（别名：毛射草、蛇尾草）Pogostemon auricularius (Linn.) Hassk.

草本。叶长圆形或卵状长圆形，长 2.5~7cm，宽 1.5~2.5cm，两面被长硬毛。穗状花序披针形，长 6~18cm，直径 1cm。小坚果近球形。

生于溪旁、沟边潮湿地上。

全草药用，味淡，性平。祛风清热，化湿。治老人及小儿盗汗、感冒发热、烂皮疮、湿疹。

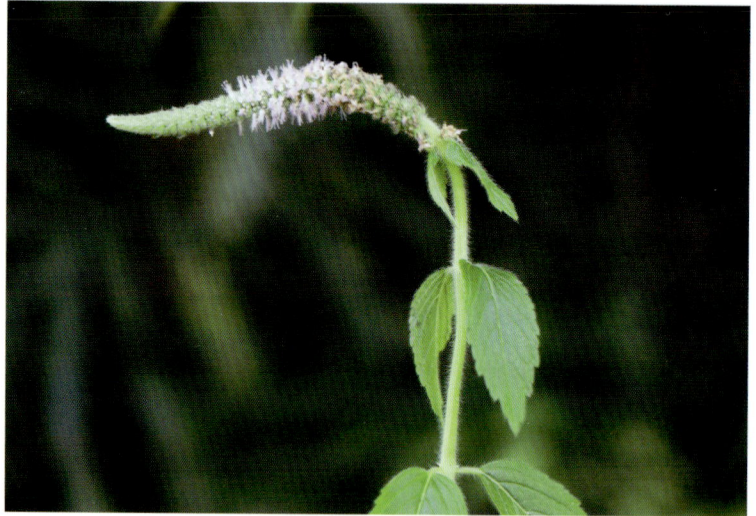

2．长苞刺蕊草 Pogostemon chinensis C. Y. Wu et Y. C. Huang

草本。叶卵圆形，长 5~13cm，宽 2~7cm，边缘具锯齿。轮伞花序排列成穗状花序，花萼近筒状，齿锐三角形；花冠淡红色；花盘杯状。

生于山谷坡地上。

15．豆腐柴属 Premna Linn.

1．豆腐柴（别名：豆腐木、腐婢）Premna microphylla Turcz.

直立灌木。叶揉之有臭味，长 3~13cm，宽 1.5~6cm，顶端尖，基部渐狭窄下延至叶柄两侧。花冠淡黄色。核果紫色，球形。

生于山谷、山坡或林下。

根、叶药用，味苦、涩，性寒。清热解毒，消肿止痛，收

236

敛止血。治疟疾、痢疾、阑尾炎、雷公藤中毒。

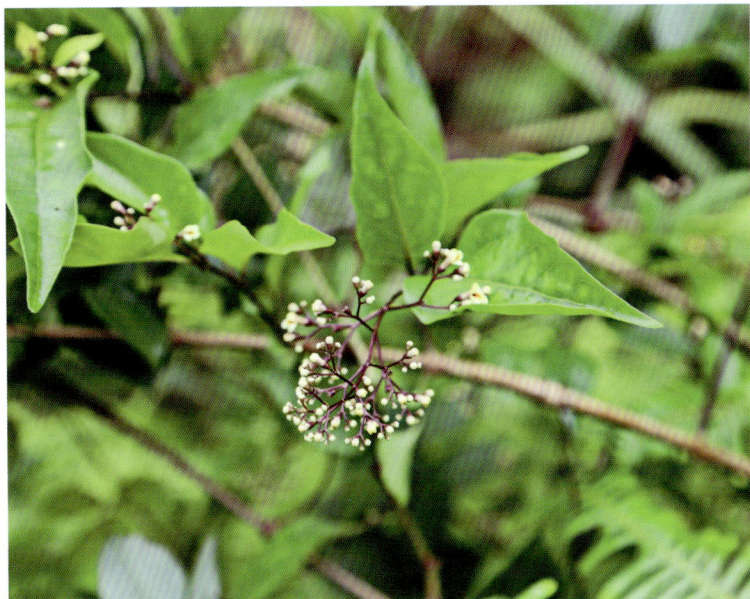

16. 鼠尾草属 Salvia Linn.

1. 蕨叶鼠尾草 Salvia filicifolia Merr.

多年生草本。叶片轮廓呈阔卵圆形，长和宽均约为7cm，裂片极多，呈狭椭圆形至线状披针形或倒披针形。轮伞花序，小坚果椭圆形。

生于石边或沙地。

2. 鼠尾草（别名：紫参、秋丹参）Salvia japonica Thunb.

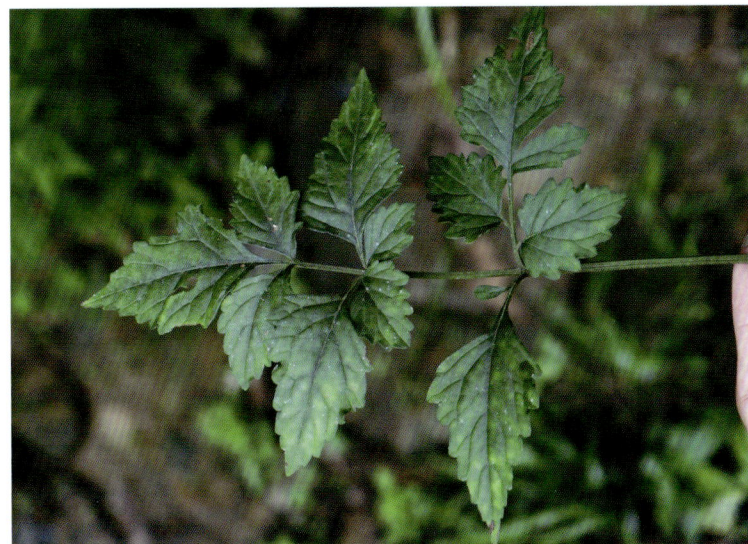

草本。茎下叶二回羽状，顶生小叶披针形或菱形，长达10cm，宽3.5cm。2~6轮伞状花序组成总状花序。小坚果椭圆形，褐色。

生于山坡、草丛或林下。

根药用，味苦，性寒。治风湿痛、神经痛、产后流血过多。

3. 荔枝草（别名：雪见草、雪里青、癞子草）Salvia plebeia R. Br.

一年生草本。叶互生，倒卵形、倒披针形，长3.5~7.5cm，宽1.5~2.5cm，琴状羽状半裂或大头羽状深裂。花序常单生枝顶。瘦果扁。

生于海拔400~750m的山坡、路旁、沟边、田野潮湿的土壤上。

全草药用，味苦、辛，性凉。清热解毒，利尿消肿，凉血止血。治扁桃体炎、肺结核咯血、支气管炎、腹水肿胀、肾炎水肿、崩漏、便血、血小板减少性紫癜。

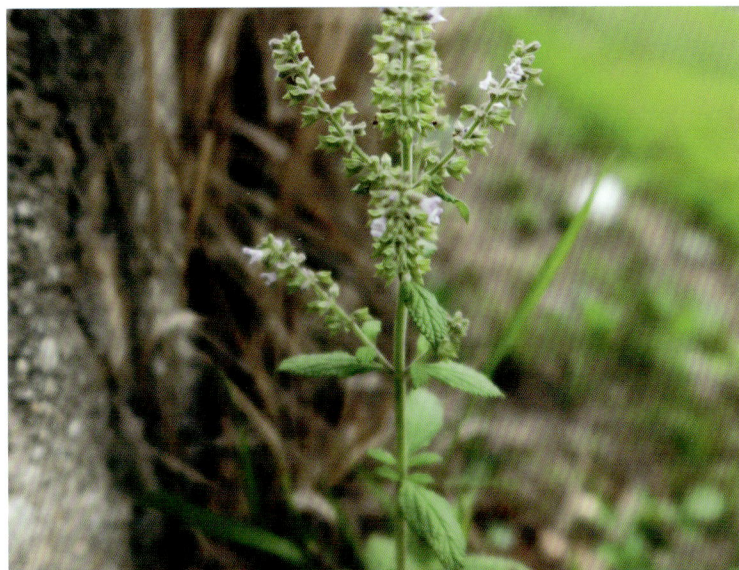

17. 黄芩属 Scutellaria Linn.

1. 韩信草（别名：耳挖草、向天盏）Scutellaria indica Linn.

草本。叶心状卵形，长1.5~2.6cm，宽1.2~2.3cm，顶端圆，基部心形，两面被柔毛。花蓝紫色，长1.4~1.8cm。小坚果；种子横生。

生于山坡、草地或路旁、山谷等处。

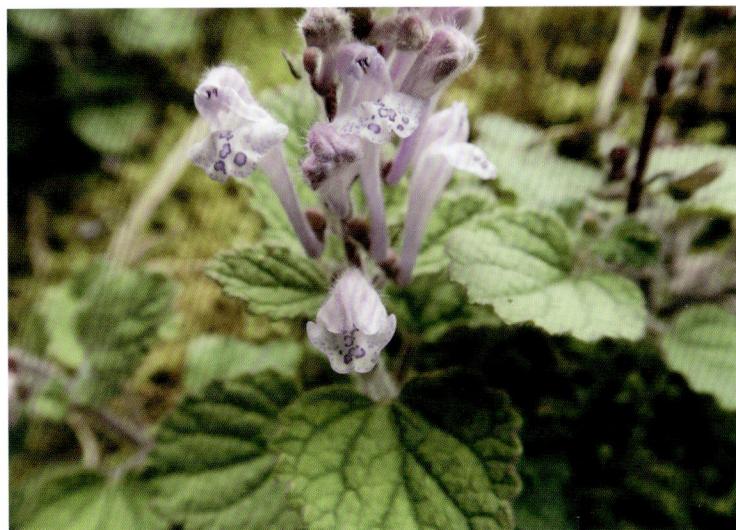

全草药用，味辛、微苦，性平。清热解毒，活血散瘀。治胸肋闷痛、肺脓疡、痢疾、肠炎。

2. 蓝花黄芩 Scutellaria formosana N. E. Brown

叶卵形至卵状披针形，长 3~8cm，宽 1.5~3.3cm，顶端钝或渐尖，两面无毛，有腺点。花蓝色，长 2.5cm。

生于海拔约 500m 的草地上。

18. 香科科属 Teucrium Linn.

1. 血见愁（别名：山藿香）Teucrium viscidum Bl.

草本。叶卵形或卵状长圆形，长 3~10cm，宽 2~4cm，基部圆形或楔形。轮伞花序；花冠白色，淡红色或淡紫色。小坚果扁球形。

生于海拔 300~800m 的山地林下湿润处。

全草药用，味苦、微辛，性凉。凉血止血，散瘀消肿，解毒止痛。治吐血、衄血、便血、痛经、产后瘀血腹痛。

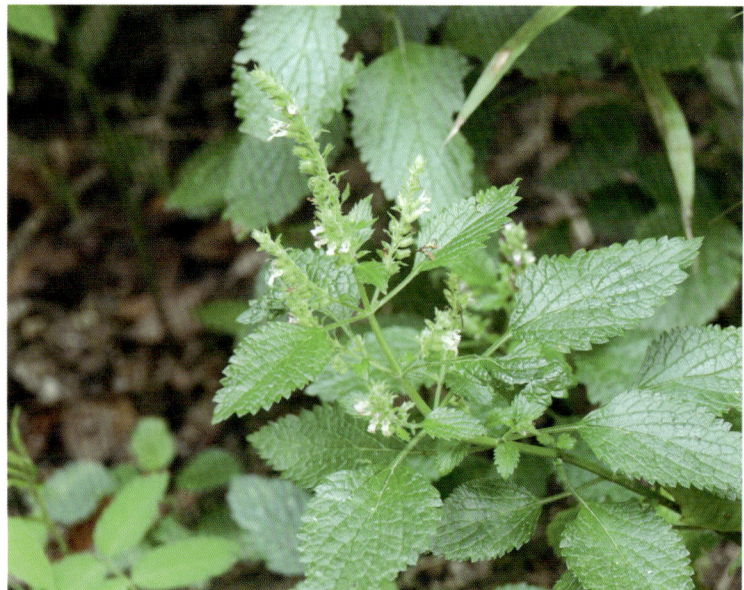

19. 牡荆属 Vitex Linn.

1. 黄荆（别名：五指柑、布荆）Vitex negundo Linn.

灌木。枝 4 棱。掌状复叶有小叶 5 枚，叶边缘常全缘，稀有齿。聚伞花序；花序梗被毛；花冠顶端 5 裂。核果上宿萼接近果的

长度。

生于山地、丘陵、平原、山坡、林缘或灌丛中。

全株药用。根、茎：味苦、微辛，性平；清热止咳，化痰截疟；治支气管炎、疟疾、肝炎。叶：味苦，性凉；清热解表，化湿截疟；治感冒、肠炎、痢疾、疟疾、泌尿系感染。果实：味苦、辛，性温；止咳平喘，理气止痛。

2. 牡荆（别名：黄荆、布荆、小荆）Vitex negundo Linn. var. cannabifolia (Sieb. et Zucc.) Hand.-Mazz. [V. cannabifolia Sieb. et Zucc.]

灌木。掌状复叶有 5 小叶，长圆状披针形至披针形，边缘有粗齿，叶背密生灰白色绒毛。圆锥花序式顶生；花序梗被毛。核果近球形。

生于山坡、路旁灌丛中。

全株药用。根、茎：味苦、微辛，性平；清热止咳，化痰截疟；治支气管炎、疟疾、肝炎。叶：味苦，性凉；清热解表，化湿截疟；治感冒、肠炎、痢疾、疟疾、泌尿系感染。果实：味苦、辛，性温；止咳平喘，理气止痛。

3. 山牡荆 （别名：布荆、山紫荆）**Vitex quinata** Linn.

常绿乔木。掌状复叶有 3~5 小叶，倒卵形至倒卵状椭圆形，两面仅中脉被毛。聚伞花序排成顶生圆锥花序式。核果熟时黑色。

生于山谷、山坡或溪边疏林中。

枝叶、根茎、种子药用，味淡，性平。止咳定喘，镇静退热。治风湿、跌打损伤、支气管炎、小儿咳喘、哮喘、疳积。

A384 通泉草科 Mazaceae

1. 通泉草属 Mazus Lour.

1. 通泉草 （别名：脓泡药、汤湿草、猪胡椒）**Mazus pumilus** (N. L. Burm.) Steenis [*M. japonicus* (Thunb.) O. Kuntze]

一年生草本；高 3~30cm。茎生叶倒卵状匙形，长超过 2cm，边缘波状疏齿。总状花序通常有花 3~20 朵。蒴果球形；种子多数。

生于田中、路旁或湿润的荒地上。

全草药用，味苦，性平。健胃，止痛，解毒。治偏头痛、消化不良、疔疮、脓疱疮、烫伤。

生于河岸沙石地、向阳山坡。

A386 泡桐科 Paulowniaceae

1. 泡桐属 Paulownia Sieb. et Zucc.

1. 白花泡桐 （别名：泡桐）**Paulownia fortunei** (Seem.) Hemsl.

乔木；高达 30m。叶片长卵状心脏形，长达 20cm。小聚

伞花序有花 3~8 朵；花序不分枝，花白色或浅紫色。蒴果长 6~10cm，果皮木质。

生于山地、山谷或疏林中。

根、果药用，味苦，性寒。根：祛风解毒，消肿止痛；治筋骨疼痛、疮疡肿毒、红崩白带。果：化痰止咳；治气管炎。

A392 冬青科 Aquifoliaceae

1. 冬青属 Ilex Linn.

1. 秤星树 （别名：梅叶冬青、岗梅、点称星、土甘草、山梅根、假青梅）**Ilex asprella** (Hook. et Arn.) Champ. ex Benth.

落叶灌木。有短枝，有明显皮孔。叶倒卵形，长 2~5cm，宽 1~3.5cm，顶端急尖，边有锯齿。花冠白色。果黑色，球形，直径 7mm。

生于山地疏林、丘陵灌丛、村边路旁或旷地上。

根、茎药用，味苦，甘，性凉。清热解毒，生津止渴。治感冒高热烦渴、扁桃体炎、咽喉炎、气管炎、百日咳、肠炎、痢疾、传染性肝炎、野蕈、砒霜中毒。为凉茶主要原料。

2. 冬青 （别名：四季红、红冬青、油叶树）**Ilex chinensis** Sims

常绿乔木。叶长 5~11cm，宽 2~4cm，先端渐尖，边缘具圆齿。花萼浅杯状，花冠辐状，花瓣卵形，反折。果长球形，熟时红色。

生于海拔 500~1000m 的山坡常绿阔叶林中。

根、叶药用，味苦，性寒。抗菌消炎。治上呼吸道感染、

慢性气管炎、肾盂炎、细菌性痢疾。

4. 密花冬青 Ilex confertiflora Merr.

小乔木。叶厚革质,长6~9cm,宽3~4.3cm,先端尖,基部圆形,具齿。花淡黄色,4基数,簇生叶腋;花萼盘状,4深裂。果球形。

生于海拔700~1200m的山地林中或林缘。

5. 榕叶冬青 Ilex ficoidea Hemsl.

乔木;高8~12m。叶长圆状椭圆形,长4.5~10cm,宽1.5~3.5cm,无毛,边有圆齿。聚伞花序;花白色或淡黄绿色。果球形。

生于海拔1500m以下的常绿阔叶林中或林缘。

根药用,味甘、苦,性凉。清热解毒,活血止痛。治湿热黄疸、胁痛、跌打肿痛。

6. 广东冬青 Ilex kwangtungensis Merr.

小乔木;高达9m。叶卵状椭圆形,长7~16cm,宽3~7cm,反卷。花序单生;花瓣长圆形,花淡紫色或淡红色。果椭圆形,熟时红色。

生于海拔300~1000m的常绿阔叶林中或灌木林中。

7. 大果冬青(别名:见水蓝、狗沾子、臭樟树、青刺香)Ilex macrocarpa Oliv.

落叶乔木。叶长4~15cm,宽3~6cm,先端尖,边缘具齿,网状脉明显。花白色,花萼盘状,花冠辐状。果球形,直径10~14mm,熟时黑色。

生于山地林中。

全株药用,味辛、苦,性平。清热解毒,润肺止咳,祛风止痛。治风湿骨痛、肺热咳嗽、喉头肿痛、咳血、眼翳。

生于海拔300~1000m的常绿阔叶林中或灌木林中。

8. 谷木叶冬青 Ilex memecylifolia Champ. ex Benth.

常绿乔木。叶长4~8.5cm,宽1.2~3.3cm。花白色、芳香,花萼盘状,花冠辐状,花瓣长圆形。果球形,直径5~6mm,熟时红色。

生于海拔 300~600m 的山坡林中。

9. 小果冬青（别名：细果冬青、球果冬青）Ilex micrococca Maxim.

落叶乔木。叶卵形、卵状椭圆形，长 7~13cm，宽 3~5cm，顶端长尖，无毛，边有芒状齿。聚伞花序；花瓣长圆形，基部合生。果球形。

生于海拔 500~1300m 的山地常绿阔叶林中。

根、树皮、叶药用，味苦，性凉。清热解毒，疗疮消肿。治痈疮疖肿。

10. 毛冬青（别名：乌尾丁、酸味木、毛披树、细叶冬青、山熊胆）Ilex pubescens Hook. et Arn.

灌木。枝密被硬毛。叶椭圆形，长 2~6cm，宽 1.5~3cm，两面密被硬毛，有锯齿。花序簇生。果扁球形，直径 4mm，6 分核。

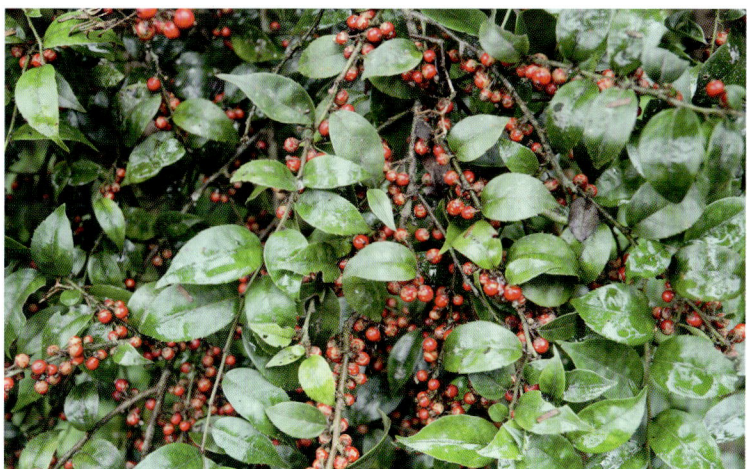

生于山坡、丘陵、林边、疏林或灌丛中。

全草药用，味甘，性平。活血通脉，消肿止痛，清热解毒。治心绞痛、心肌梗死、血栓闭塞性脉管炎、中心性视网膜炎、扁桃体炎、咽喉炎、小儿肺炎、冻疮。

11. 铁冬青（别名：救必应、熊胆木、白银香、白银树皮、九层皮、白兰香）Ilex rotunda Thunb.

乔木。枝具棱。叶椭圆形，长 4~9cm，宽 2~4cm，无毛，全缘，反卷。花序单生；花 4 基数。果椭圆形，直径 4~6mm，5~7 分核。

生于山谷、溪边的疏林中或丘陵、村边旷地上。

全草药用，味苦，性凉。凉血散血，清热利湿，消炎解毒，消肿镇痛。治感冒、扁桃体炎、咽喉肿痛、急性胃肠炎、风湿骨痛。

12. 三花冬青 Ilex triflora Bl.

灌木。枝具棱。叶椭圆形，长 2.5~10cm，宽 1~4.5cm，背面有腺点，边有圆齿。雄花序 1~3 朵。果球形，直径 6~7mm，4 分核。

生于海拔 1500m 以下的山地林中。

全草药用，味苦，性凉。清热解毒。治疮疡肿毒。

A394 桔梗科 Campanulaceae

1. 金钱豹属 Campanumoea Bl.

1. 金钱豹（别名：土党参、大花金钱豹）Campanumoea javanica Bl. [*Codonopsis javanica* (Blume) Hook. f.]

草质缠绕藤本；具乳汁。叶对生，心形或心状卵形，长 3~11cm，宽 2~9cm，具长柄。花冠较小，长 1~1.3cm。浆果直径 1~1.2cm。

生于山地、山谷、疏林下或沟边灌丛中。

全草药用，味甘，性平。补中益气，润肺生津。治气虚乏力、脾虚泄泻、肺虚咳嗽、小儿疳积、乳汁稀少。

2. 党参属 Codonopsis Wall.

1. 羊乳（别名：四叶参、奶参、山海螺、乳头薯）Codonopsis lanceolata (Sieb. et Zucc.) Trautv.

草质藤本。有肉质根。叶着生于枝上的常 2~4 片对生或轮生。花单生或对生于小枝顶端；花冠阔钟状。蒴果下部半球状，上部有喙。

生于山野、草地、灌丛、疏林中或沟边湿润处。

根药用，味甘，性平。补肾通乳，排脓解毒。治病后体虚、乳汁不足、乳腺炎、肺脓疡、痈疖疮疡。

3. 半边莲属 Lobelia Linn.

1. 半边莲（别名：细米草、急解索、紫花莲）Lobelia chinensis Lour.

小草本；高 6~15cm；全株无毛。叶互生，线形或披针形，长 8~25mm，宽 2~6mm。花冠裂片平展于下方，二侧对称。蒴果开裂。

生于溪河旁、水沟边、水稻田埂或潮湿的草地上。

全草药用，味辛、微苦，性平。清热解毒，利尿消肿。治毒蛇咬伤、肝硬化腹水、晚期血吸虫病腹水、肾炎水肿、扁桃体炎、阑尾炎。

2. 线萼山梗菜 Lobelia melliana E. Wimm.

多年生草本。叶螺旋状排列，先端长尾状渐尖，边缘具齿。花萼筒半椭圆状，裂片窄条形，花冠淡红色，檐部近二唇形。蒴果近球形。

生于 1000m 以下的沟谷、水边或林中湿地。

全草药用，味辛，性平。宣肺化痰，清热解毒，利尿消肿。治咳嗽痰多、水肿、乳痈、痈肿疔疮、毒蛇咬伤、蜂蜇。

3. 铜锤玉带草（别名：地钮子、地茄子、扣子草）Lobelia nummularia Lam. [*Pratia nummularia* (Lam.) A. Br et Aschers.]

匍匐草本；植株具白色乳汁。叶互生，卵形或卵圆形，长 0.8~1.6cm，宽 0.6~1.8cm，顶端急尖，基部心形。花单生叶腋。

浆果。

生于山谷、草地路旁、林下、水坑、石隙等荫蔽处。

全草药用，味辛，苦，性平。祛风利湿，活血散瘀。治风湿疼痛、月经不调、白带、遗精。

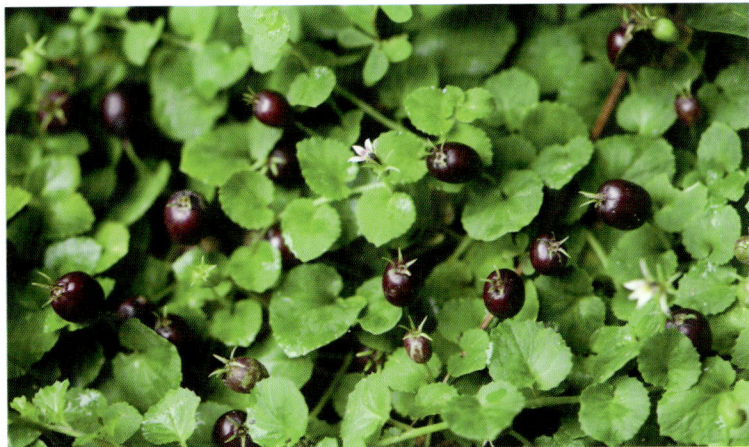

4. 卵叶半边莲 Lobelia zeylanica Linn.

小草本；植株被毛。叶螺旋状排列，卵形、阔卵形，长1.5~4cm，宽1~3cm。花冠二唇形，一侧开裂。果为蒴果，室背2瓣裂。

生于海拔100~750m的水田、山沟边等阴湿地。

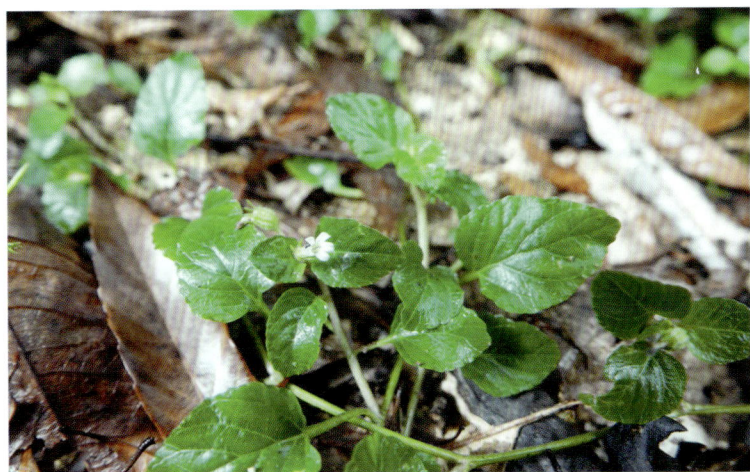

A403 菊科 Asteraceae

1. 金纽扣属 Acmella Pers.

1. 金钮扣 Acmella paniculata (Wallich ex Candolle) R. K. Jansen [Spilanthes paniculata Wall. ex DC.]

一年生草本。茎多分枝。叶卵形或椭圆形，长3~5cm，宽0.6~2（2.5）cm。头状花序单生，或圆锥状排列。瘦果长圆形，稍扁压。

生于山地、路旁、田边、沟边、溪旁潮湿地、荒地及林缘。

全草药用，味辛，性温，有小毒。解毒散结，消肿止痛，止喘定喘。治腹泻、疟疾、龋齿痛、蛇伤、狗咬伤、痈疮肿毒、感冒风寒、气管炎、肺结核、咳嗽、哮喘、牙痛、瘰疬等。

2. 下田菊属 Adenostemma J. R. Forst. et G. Forst.

1. 下田菊（白龙须、水胡椒、见肿消、风气草、汗苏麻）Adenostemma lavenia (Linn.) O. Kuntze [Verbesina lavenia Linn.]

一年生草本。叶对生，椭圆状披针形，长4~12cm，宽2~5cm，具锯齿。总苞片2层。瘦果倒披针形，长约4mm，宽约1mm，被腺点。

生于林下及潮湿处。

全草药用，味苦，性寒。清热利湿，解毒消肿。治感冒高热、支气管炎、咽喉炎、扁桃体炎、黄疸型肝炎。

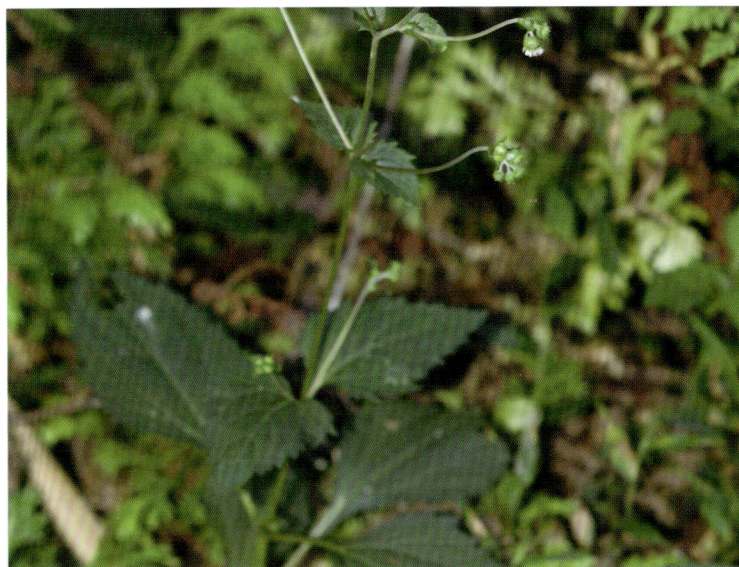

3. 藿香蓟属 Ageratum

1. 藿香蓟（别名：胜红蓟、咸虾花、白花香草、白花臭草、白花草、藿香草、七星菊）Ageratum conyzoides Linn.

一年生草本。叶互生，有时上部对生，卵形，长3~8cm，宽2~5cm，基部阔楔形。伞房状花序；花冠淡紫色。瘦果黑褐色。

生于低山、丘陵及平原。

全草药用，味辛、微苦，性凉。祛风清热，止痛，止血，排石。治上呼吸道感染、扁桃体炎、咽喉炎、急性胃肠炎、胃痛、腹痛、崩漏、肾结石、膀胱结石、湿疹、鹅口疮、痈疮肿毒、蜂窝组织炎、下肢溃疡、中耳炎、外伤出血。

4. 兔儿风属 Ainsliaea DC.

1. 杏香兔儿风（别名：白走马胎、金边兔耳草）**Ainsliaea fragrans** Champ.

多年生草本。茎花莛状，被毛。叶聚生于茎的基部，莲座状或呈假轮生，厚纸质，基部深心形；基出5脉。花两性，白色，开放时具杏仁香气。

生于海拔30~1000m的山坡、灌木林下、路旁沟边草丛中。

全草药用，味苦、辛，性平。清热解毒，消积散结，止咳，止血。治上呼吸道感染、肺脓疡、肺结核咯血、黄疸、小儿疳积、消化不良、乳腺炎。

5. 蒿属 Artemisia Linn.

1. 五月艾（别名：小野艾、大艾）**Artemisia indica** Willd.

多年生草本；有浓烈的挥发气味。叶卵形或长卵形，长5~8cm，宽3~5cm，一至二回大头羽状分裂。花序直径2~2.5mm。瘦果长圆形。

生于山地、路旁的旷地。

全草药用，味苦，性微寒。祛风消肿、止痛止痒，调经止血。治偏头痛、崩漏下血、风湿痹痛、疟疾、痈肿、功能性子宫出血、先兆流产、痛经、月经不调。

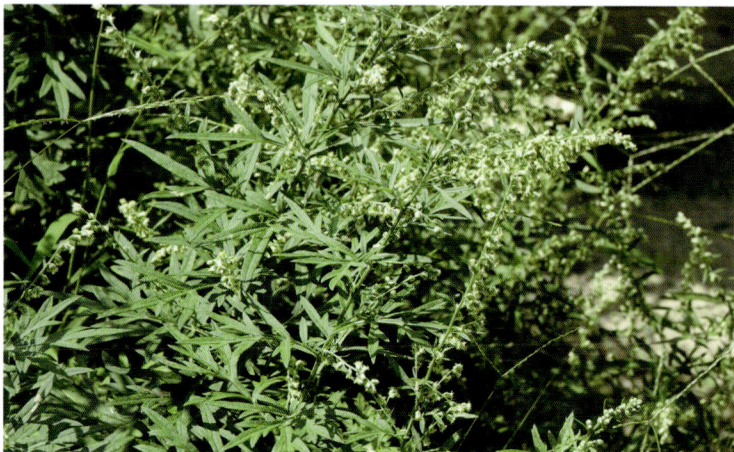

2. 白苞蒿（别名：鸭脚艾、四季菜、甜菜子、刘寄奴、白花蒿）**Artemisia lactiflora** Wall. ex DC.

多年生草本，叶卵形或长卵形，长5.5~12.5cm，宽4.5~8.5cm，一至二回羽状分裂。头状花序长圆形，无梗，基部无小苞叶。瘦果倒卵形。

生于林缘、草坡及荒野地。

全草药用，味甘、微苦，性平。理气，活血，调经，利湿，解毒，消肿。治月经不调、闭经、慢性肝炎、肝硬化、肾炎水肿、白带、荨麻疹、腹胀、疝气。

6. 紫菀属 Aster Linn.

1. 三脉紫菀（别名：三褶脉紫菀）**Aster ageratoides** Turcz.

多年生草本。叶椭圆形，长5~10cm，宽1~3.5cm，基部楔形。头状花序径1.5~2cm；舌状花10余个，紫色。瘦果灰褐色，有边肋。

生于山地、山谷、疏林阳处。

全草药用。清热解毒，止咳去痰。治感冒。

2. 马兰（别名：鱼鳅串、泥鳅串、田边菊、路边菊、鸡儿肠）**Aster indicus** Linn. [*Kalimeris indica* (Linn.) Sch.-Bip.]

草本。中部叶倒披针形或倒卵状长圆形，长3~6cm，宽0.8~2cm，2~4对浅裂或裂齿。头状花序；舌状花1~2层，浅蓝色。瘦果极扁。

生于山坡、田边路旁或荒地上。

全草药用，味苦、辛，性寒。清热解毒，散瘀止血，消积。治感冒发热，咳嗽，急性咽炎，扁桃体炎，流行性腮腺炎，传染性肝炎，胃、十二指肠溃疡，小儿疳积，肠炎，痢疾，吐血，衄血，崩漏，月经不调。

3. 短冠东风菜（别名：穿山狗、天狗胆）Aster marchandii Lévl. [Doellingeria marchandii (Lévl.) Ling]

下部叶在花期枯萎，叶心形，具长柄；中部叶稍小，宽卵形；全部叶质厚，离基3或5出脉及3~4对侧脉在两面稍凸起，网脉明显。瘦果倒卵形。

生于山地路旁、山坡灌丛中。

全草药用。消肿止痛。治跌打肿痛、胃痛、咽喉肿痛。

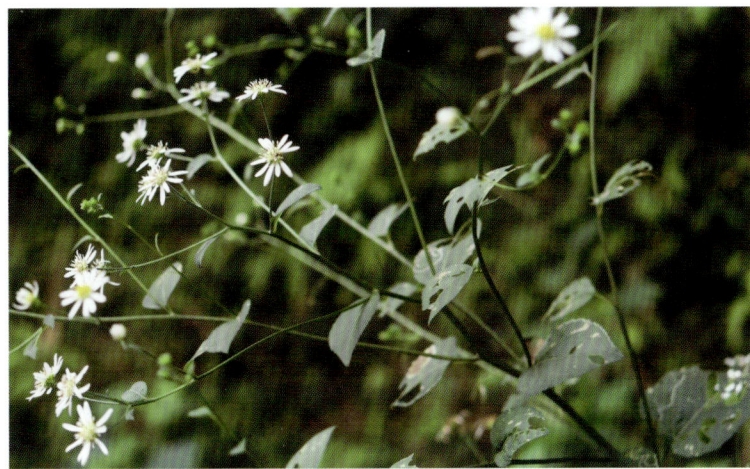

4. 东风菜（别名：盘龙草、山蛤芦、土苍术、白云草）Aster scaber Thunb.

中部叶较小，卵状三角形；上部叶小，矩圆披针形；全部

叶两面被糙毛，下面浅色。总苞半球形，总苞片覆瓦状排，舌片白色，条状长圆形。

生于山谷、山坡、林缘的潮湿草丛中。

全草药用，味辛、甘，性寒。清热解毒，祛风止痛。治毒蛇咬伤、风湿性关节炎、跌打损伤、感冒头痛、目赤肿痛、咽喉肿痛。

5. 钻叶紫菀 Aster subulatus Michx.

基生叶倒披针形，花后凋落，中部叶线状披针形，无柄，上部叶渐狭窄，全缘。总苞钟状，舌状花淡红色。瘦果长圆形，5纵棱。

生于路旁、田野、旷野。

全草药用，味酸、苦，性凉。清热解毒。治痈肿、湿疹。

7. 鬼针草属 Bidens Linn.

1. 鬼针草（别名：刺针草、盲肠草、一包针、粘身草、婆婆针、钢叉草）Bidens pilosa Linn.

一年生草本；高30~10cm。中部为3出复叶，小叶椭圆形，长2~4.5cm，宽1.5~2.5cm。头状花序；无舌状花，盘花筒状。瘦果黑色。

生于村旁、路边、荒地中。

全草药用，味苦，性平。清热解毒，祛风活血。治流行性感冒、乙脑、上呼吸道感染、咽喉肿痛、肺炎、小儿疳积、急性阑尾炎、急性黄疸型传染性肝炎、消化不良、风湿关节疼痛、疟疾。

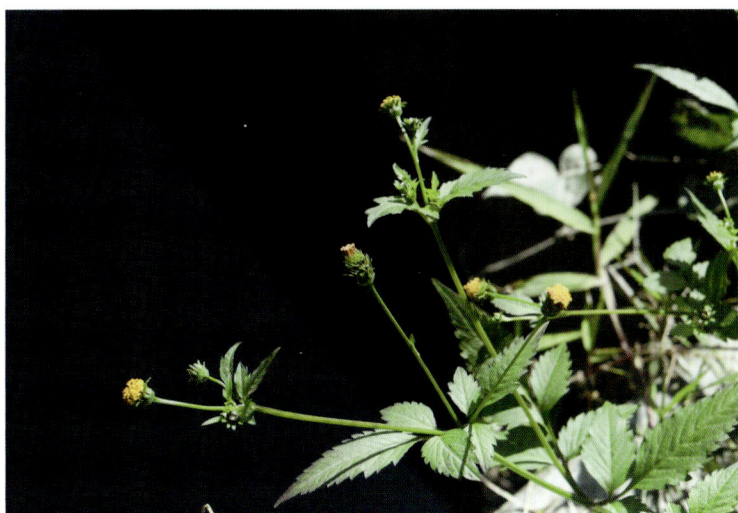

2．三叶鬼针草（别名：鬼针草）**Bidens pilosa** Linn. var. **radiata** Sch.-Bip.

一年生草本。茎直立，高 30~100cm，4 棱。茎下部叶 3 裂或不分裂；中部为 3 出复叶；顶生小叶较大，具长 1~2cm 的柄。瘦果具棱。

生于村旁、路边、荒地中。

全草药用，味苦，性平。清热解毒，祛风活血。治上呼吸道感染、咽喉肿痛、急性阑尾炎、急性黄疸型传染性肝炎、消化不良、风湿关节疼痛、疟疾。

8．艾纳香属 Blumea DC.

1．馥芳艾纳香（别名：山风、香艾纳、香艾、香六耳铃）**Blumea aromatica** DC.

草本。中部叶长椭圆形，长 12~18cm，宽 4~5cm，基部下延；上部叶较小，披针形。头状花序，花黄色。瘦果圆柱形，有棱。

生于山坡路旁、林缘。

全草药用，味辛、微苦，性温。祛风消肿，活血止痒。治风湿关节痛。

2．东风草（别名：白花九里明、华艾纳香、大头艾纳香）**Blumea megacephala** (Randeria) Chang et Tseng

攀缘植物。叶卵形、卵状长圆形或长椭圆形，长 7~10cm，宽 2.5~4cm。花序少数，直径 15~20mm，排成总状式。瘦果圆柱形，有 10 条棱。

生于山谷灌丛中或林缘。

全草药用，味微苦、淡，性微温。祛风除湿，活血调经。治风湿骨痛、跌打肿痛、产后血崩、月经不调。

9．天名精属 Carpesium Linn.

1．金挖耳 Carpesium divaricatum Sieb.& Zucc. [*C. atkinsonianum* Hemsl.]

多年生草本。下部叶卵形，长 5~12cm，宽 3~7cm。头状花序单生茎端及枝端；总苞卵状球形，苞片 4 层，覆瓦状排列。瘦果长 3~3.5mm。

生于中、低海拔地区路旁及山坡灌丛中。

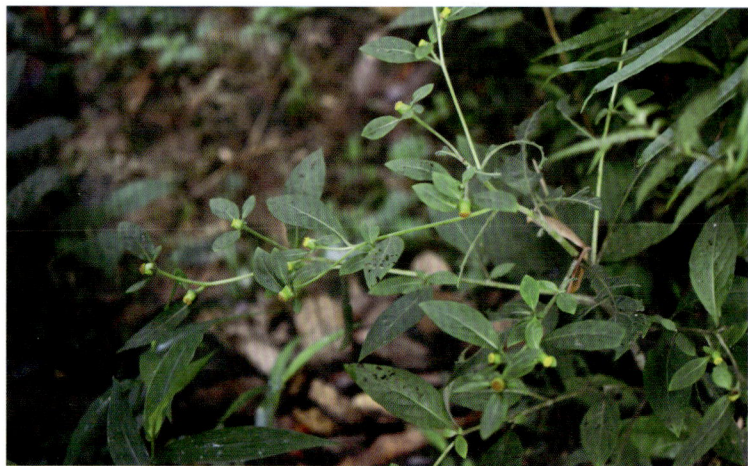

10．菊属 Chrysanthemum Linn.

1．野菊（别名：野菊花、路边菊、野黄菊、苦薏）**Chrysanthemum indicum** Linn. [*Dendranthema indicum* (Linn.) Des Moul.]

多年生草本；高 0.25~1m。叶一回羽状分裂，叶顶端及裂片顶端尖；叶柄长 1~2cm。总苞片约 5 层；舌状花黄色。瘦果。

生于荒野、路旁、沟边等地。

全草或花序药用，味苦、辛，性凉。清热解毒，降压。防治流行性脑脊髓膜炎、预防流行性感冒、治高血压病、肝炎、痢疾、痈疖疔疮、毒蛇咬伤。

11. 藤菊属 Cissampelopsis (DC.) Miq.

1. 藤菊 Cissampelopsis volubilis (Bl.) Miq. [*Senecio hoi* Dunn]

大藤状草本。叶长达 15cm，宽达 12cm，边缘具齿，基生 5~7 掌状脉；上部及花序枝上叶较小。头状花序盘状，总苞圆柱形，瘦果圆柱状。

生于海拔 500~1000m 的林中，攀缘于乔木及灌木上。

12. 野茼蒿属 Crassocephalum Moench.

1. 野茼蒿（别名：革命菜、满天飞、飞机菜、假茼蒿）Crassocephalum crepidioides (Benth.) S. Moore [*Gynura crepidioides* Benth.]

一年生草本。叶肉质，卵形或长圆状椭圆形，长 5~15cm，宽 2~6cm，基部楔形下延成翅，羽状浅裂。头状花序。瘦果狭圆柱形。

常生于湿润土壤，为新荒地上极常见的先锋草类。

全草药用，味苦、辛，性平。健脾消肿。治消化不良、脾虚浮肿。

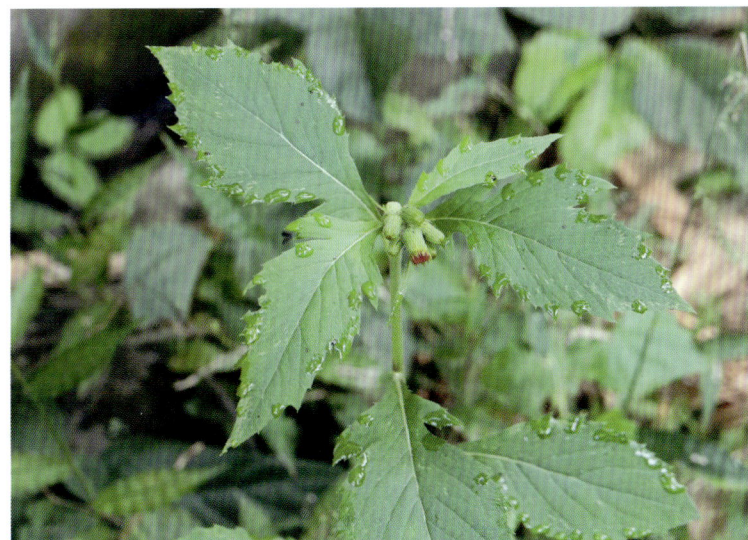

13. 鱼眼菊属 Dichrocephala DC.

1. 鱼眼草（别名：鱼眼菊、胡椒草、山胡椒菊、茯苓菜、蚯蚓草、泥鳅菜）Dichrocephala integrifolia (Linn. f.) Kuntze[*D. bicolor* (Roth.) Schlecht]

一年生草本。叶卵形，中部茎叶长 3~12cm，宽 2~4.5cm。头状花序小，球形；雌花紫色，花冠极细。瘦果，边缘脉状加厚。

生于山坡及平川旷野的湿润沃土上。

全草药用，味苦、辛，性平。活血调经，解毒消肿。治月经不调、扭伤肿痛、毒蛇咬伤、疔毒。

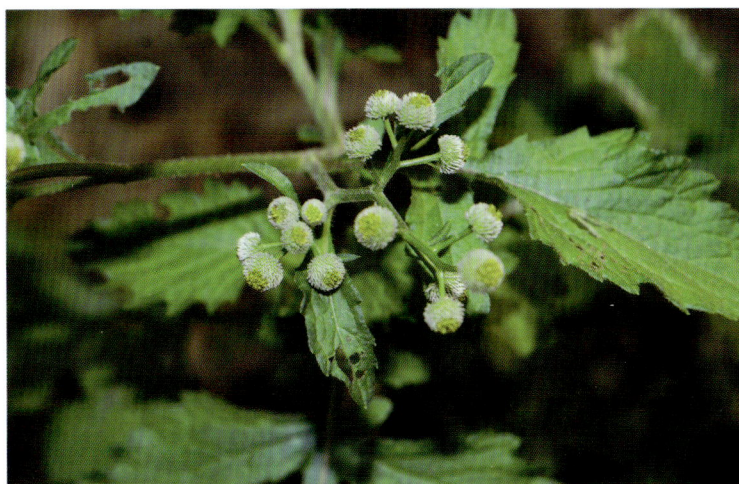

14. 羊耳菊属 Duhaldea DC.

1. 羊耳菊（别名：牛白胆、山白芷、白面风）Duhaldea cappa (Buch.-Ham. ex D. Don) Pruski & Anderberg [*Inula cappa* (Buch.-Ham.) DC.]

亚灌木；密被茸毛。叶互生，长圆形，长 10~16cm，宽 4~7cm，叶面被疣状糙毛，背面被绢质绒毛。舌状花极短小。瘦果；冠毛毛状。

生于荒山草坡及旷野地。

全株药用，味微苦、辛，性温。散寒解表，祛风消肿，行气止痛。治风寒感冒、咳嗽、神经性头痛、胃痛、风湿腰腿痛、跌打肿痛、月经不调、白带、血吸虫病。

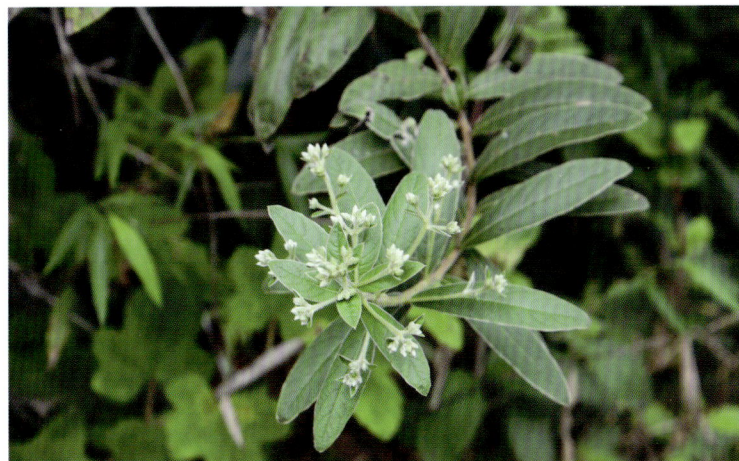

15. 鳢肠属 Eclipta Linn.

1. 鳢肠（别名：旱莲草、墨旱莲、水旱莲、白花蟛蜞草）Eclipta prostrata (Linn.) Linn. [*E. alba* (Linn.) Haask.]

一年生草本。叶对生，长圆状披针形，长 3~10cm，宽

0.5~2.5cm，两面被粗糙毛。头状花序。瘦果三棱形或扁四棱形。

生于路旁、耕地、田边湿润处。

全草药用，味甘、酸，性凉。凉血止血，滋补肝肾，清热解毒。治吐血、衄血、尿血、便血、血崩、慢性肝炎、肠炎、痢疾、小儿疳积、肾虚耳鸣、须发早白、神经衰弱。

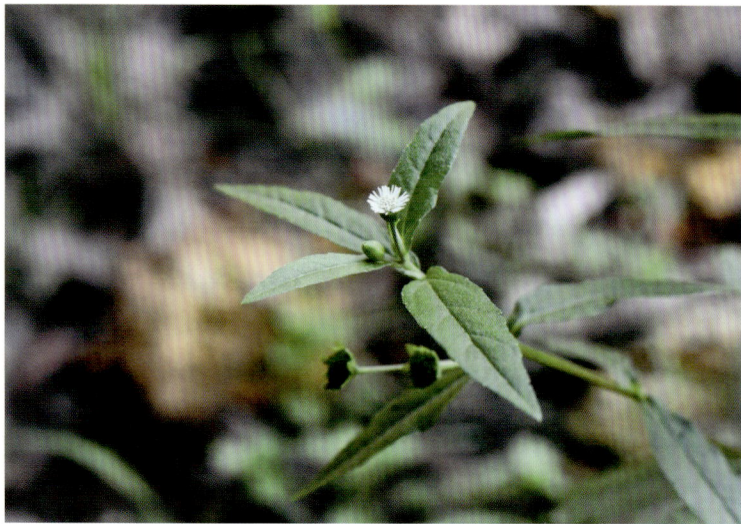

16. 地胆草属 Elephantopus Linn.

1. 地胆草（别名：草鞋根、草鞋底、地胆头、磨地胆、苦地胆、理肺散） Elephantopus scaber Linn.

多年生草本；植株较小。叶基生莲座状，被长硬毛；茎叶少数而小，倒披针形或长圆状披针形。头状花序多数；花紫红色。瘦果小。

生于山坡、路旁或旷地。

全草药用，味苦，性凉。清热解毒，利尿消肿。治感冒，急性扁桃体炎，咽喉炎，眼结膜炎，流行性乙型脑炎，百日咳，急性黄疸型肝炎，肝硬化，急、慢性肾炎，疖肿，湿疹。

2. 白花地胆草（别名：毛地胆草、高地胆草、羊耳草、白花蛤仔头） Elephantopus tomentosus Linn.

多年生草本；植株较高大。叶散生于茎上，非莲座状，被长柔毛。头状花序 12~20 个排成球状，基部有 3 个叶状苞片。瘦果长圆状线形。

生于村边路旁或旷地上。

全草药用，味苦、辛，性平。清热解毒，利尿消肿，抗癌。

治产后头痛、月经痛、喉痛、麻疹。

17. 一点红属 Emilia Cass.

1. 一点红（别名：红背叶、叶下红、羊蹄草） Emilia sonchifolia (Linn.) DC. [Cacalia sonchifolia Linn.]

一年生草本。叶倒卵形、阔卵形或肾形，长 5~10cm，宽 2.5~6.5cm，边缘琴状分裂或不裂。小花粉红色或紫色。瘦果具 5 棱。

生于山坡、荒地、田埂、路旁。

全草药用，味苦，性凉。清热利尿，散瘀消肿。治上呼吸道感染、咽喉肿痛、口腔溃疡、肺炎、急性肠炎、细菌性痢疾、泌尿系感染、睾丸炎、乳腺炎、疖肿疮疡、皮肤湿疹、跌打损伤。

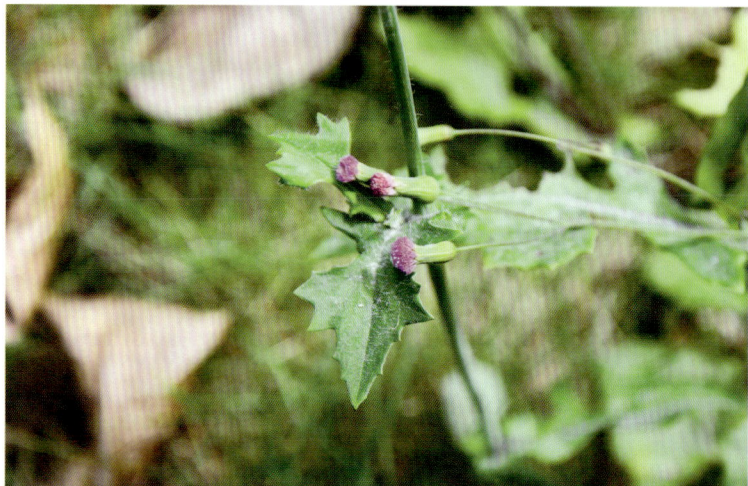

18. 菊芹属 Erechtites Raf.

1. 败酱叶菊芹（别名：菊芹） Erechtites valerianifolius (Wolf.) DC.

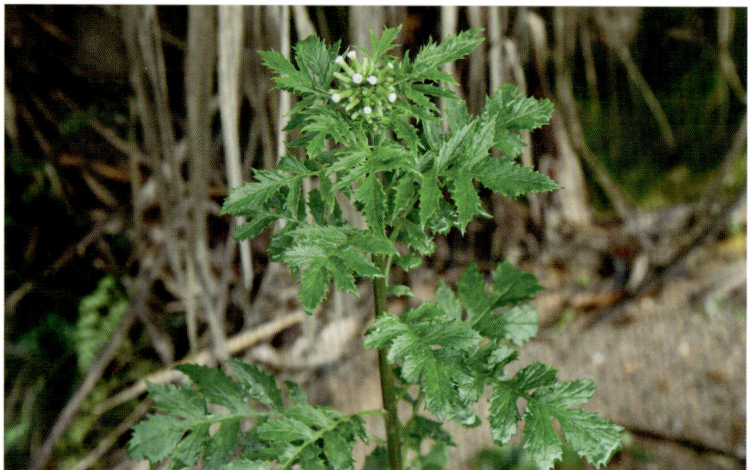

一年生草本。叶长圆形至椭圆形，顶端尖，基部斜楔形，边缘有不规则重锯齿或羽状深裂。总苞圆柱状钟形。瘦果圆柱形。

生于山谷、田野、荒地中。

19. 白酒草属 Eschenbachia Moench

1. 小蓬草（别名：加拿大蓬、小飞蓬、小白酒草）Erigeron canadensis Linn. [Conyza canadensis (Linn.) Cronq.]

草本。叶密集，下部叶倒披针形，长 6~10cm，宽 1~1.5cm。头状花序多数，小，直径 3~4mm，排成大圆锥花序。瘦果线形；冠毛 1 层。

生于田野、路旁。

全草药用，味苦、辛，性凉。清热利湿，散瘀消肿。治肠炎、痢疾、传染性肝炎、胆囊炎。

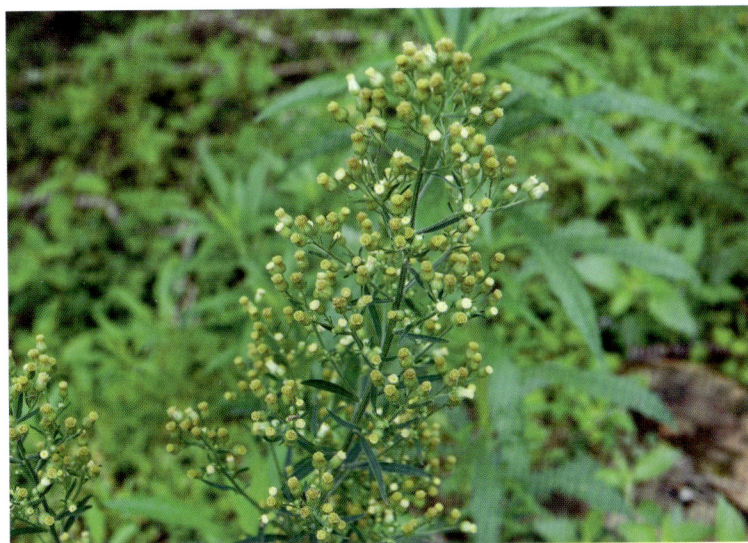

20. 泽兰属 Eupatorium Linn.

1. 多须公（别名：华泽兰、广东土牛膝、大泽兰、六月雪）Eupatorium chinense Linn.

多年生草本，高 70~100cm。叶对生，中部茎叶卵形、宽卵形，长 4.5~10cm，宽 3~5cm。排成大型疏散的复伞房花序。瘦果淡黑褐色，椭圆状。

生于山坡灌丛中或草地上。

根、叶药用，味苦，性凉。清热解毒，利咽化痰。治白喉、扁桃体炎、咽喉炎、感冒高热、麻疹、肺炎、支气管炎、风湿性关节炎、痈疽肿毒、毒蛇咬伤。

21. 三七草属 Gynura Cass

1. 红凤菜（别名：紫背三七、紫背菜、红番苋）Gynura bicolor (Roxb. ex Willd.) DC.[Cacalia bicolor Roxb. ex Willd.]

多年生草本；全株无毛。叶长 5~10cm，宽 2.5~4cm，顶端尖，边缘有齿；上部和分枝上的叶小，披针形。小花橙黄色至红色。瘦果圆柱形。

生于海拔 600~1000m 的山坡林下、岩石上河边湿处。

全草药用，味甘、辛，性凉。凉血止血，清热消肿。治咳血、血崩、痛经、血气痛、支气管炎、盆腔炎、中暑、阿米巴痢疾。

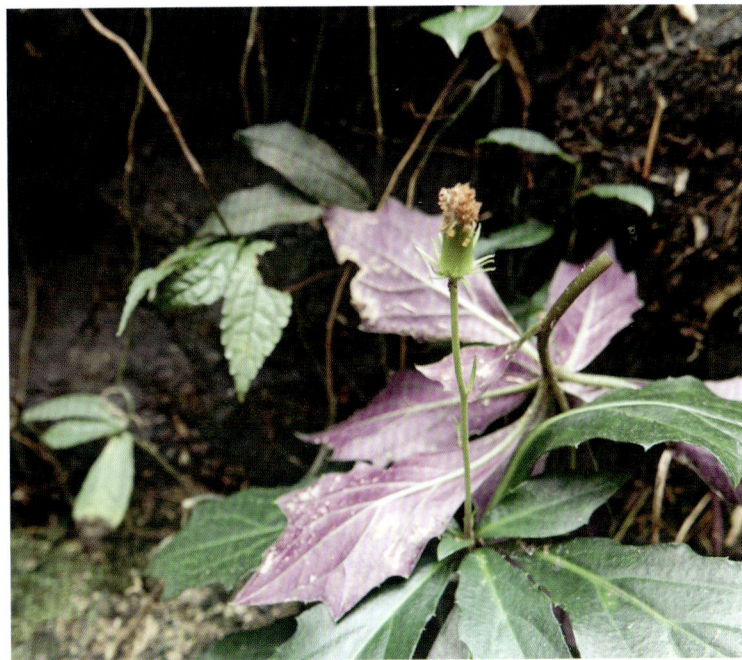

2. 白子菜（白背三七、白东枫、玉枇杷、三百棒、厚面皮、鸡菜）Gynura divaricata (Linn.) DC.

多年生草本。叶质厚，常集中于下部，长 2~15cm，宽 1.5~5cm，边缘具粗齿，下面带紫色，叶柄基部有耳；上部叶羽状浅裂。瘦果圆柱形。

生于荒地、草坡或田边。

全草药用，味甘、淡，性寒，有小毒。清热解毒，舒筋接骨，凉血止血。治支气管肺炎、小儿高热、百日咳、目赤肿痛、风湿关节痛、崩漏。

22. 泥胡菜属 Hemisteptia Bunge

1. 泥胡菜（别名：剪刀草、石灰菜、绒球、花苦荬菜、苦郎头）
Hemisteptia lyrata(Bunge) Bunge [*Cirsium lyratum* Bunge]

一年生草本。中下部茎生叶与基生叶大头羽状深裂或几全裂，侧裂片 2~6 对，叶基部抱茎；最上部叶无柄。总苞片覆瓦状排列，花冠红或紫色。

常生于路旁荒地或田野。

全草药用，味辛，性平。消肿散结，清热解毒。治乳腺炎、颈淋巴结炎、痈肿疔疮、风疹瘙痒。

23. 莴苣属

1. 毛脉翅果菊 **Lactuca raddeana**

多年生草本，高 80~200cm。叶卵形、宽卵形、三角状卵形，两面粗糙。头状花序排成狭圆锥花序或总状圆锥花序，舌状小花黄色。瘦果压扁，黑褐色。

生于山坡林下、灌丛中、阴湿处或路旁。

根入药，味辛，性平。止咳化痰，祛风。治风寒咳嗽、肺痈。全草：清热解毒，祛风，除湿，镇痛。

24. 假臭草属 Praxelis Cass.

1. 假臭草 **Praxelis clematidea** Cassini [*Eupatorium catarium* Veldkamp.]

一年生草本。叶对生，卵形，长 3~5cm，宽 2.5~4.5cm，边缘圆齿，3 出脉，被粗毛。头状花序。蓝紫色瘦果黑色；冠毛白色。

常生于路旁荒地或田野。

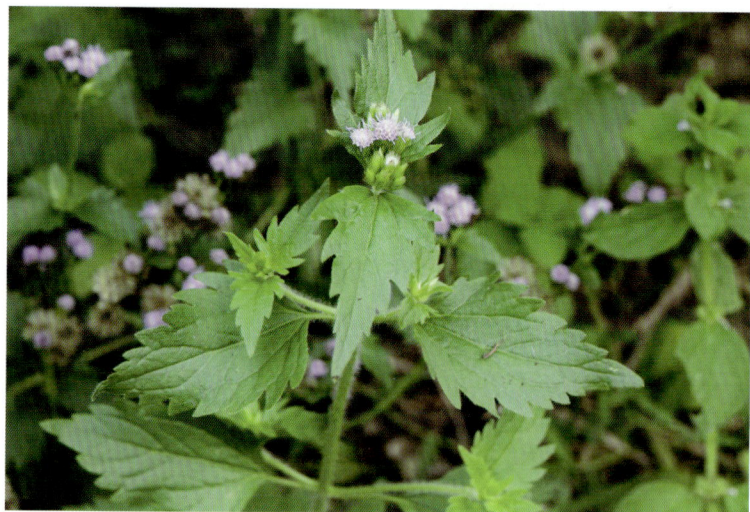

25. 拟鼠麴草属 Pseudognaphalium Kirp.

1. 麴草（别名：黄花麴草、清明菜、田艾、佛耳草、土茵陈、酒曲绒）**Pseudognaphalium affine** (D. Don) Anderberg [*Gnaphalium affine* D. Don.]

一年生草本。叶无柄，长 5~7cm，宽 11~14mm，上部叶两面被白色棉毛。头状花序，花黄色至淡黄色；总苞钟形。瘦果有乳头状突起。

生于田埂、荒地、路旁。

全草药用，味甘，性平。止咳平喘，降血压，祛风湿。治感冒咳嗽、支气管炎、哮喘、高血压、蚕豆病、风湿腰腿痛。

2. 秋拟鼠麴草（别名：秋鼠麴草、下白鼠麴草、白头翁）
Pseudognaphalium hypoleucum (DC.) Hilliard & B. L. Burtt [*Gnaphalium hypoleucum* DC.]

粗壮草本。下部叶线形，无柄，稍抱茎；中部和上部叶较小。头状花序多数，在枝端密集成伞房花序；花黄色；总苞球形。瘦果卵形。

生于山地草坡、林缘或路旁。

全草药用，味甘、苦，性凉。祛风止咳，清热利湿。治感冒、肺热咳嗽、痢疾、淋巴结结核。

26．千里光属 Senecio Linn.

1．千里光（别名：九里明）**Senecio scandens** Buch-Ham. ex D. Don

　　攀缘草本。叶长三角状或卵形，两面被短柔毛至无毛；有叶柄，基部不抱茎。头状花序排列成顶生复聚伞圆锥花序。瘦果被毛。

　　生于海拔 50~800m 的林中、林缘、灌丛、山坡、草地、路边及河滩地。

　　全草药用，味苦、辛，性凉。清热解毒，凉血消肿，清肝明目。治上呼吸道感染、扁桃体炎、咽喉炎、肺炎、眼结膜炎、痢疾、肠炎、阑尾炎、急性淋巴管炎、丹毒、疖肿、湿疹、过敏性皮炎、痔疮。

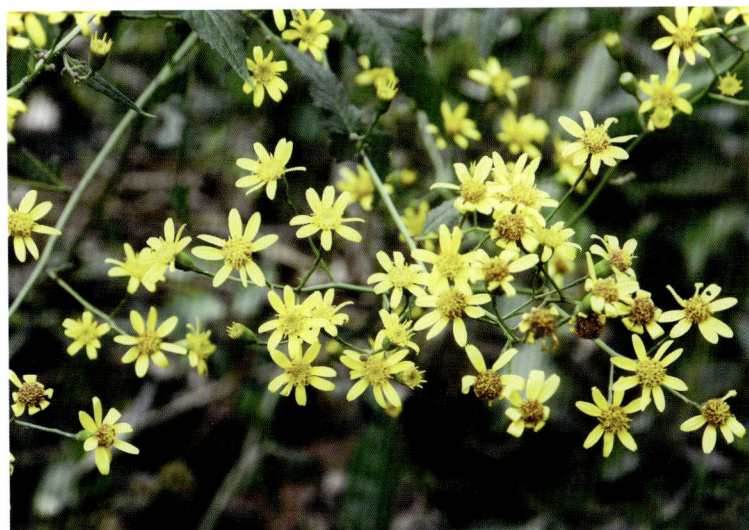

28．金腰箭属 Synedrella Gaertn.

1．金腰箭 **Synedrella nodiflora** (Linn.) Gaertn.

　　一年生草本。叶对生，卵形或卵状披针形，长 6~11cm，宽 3.5~6.5cm。舌状花少，小，黄色。瘦果边，边缘有翅；冠毛刺状。

　　生于村边、旷野或耕地上。

　　全草药用，味微辛，性凉。清热解毒，凉血，消肿。治感冒发热、疥疮。

29．合耳菊属 Synotis (C. B. Clarke) C. Jeffrey et Y. L. Chen

1．锯叶合耳菊 **Synotis nagensium** (C. B. Clarke) C. Jeffrey et Y. L. Chen

27．豨莶属 Sigesbeckia Linn.

1．豨莶（别名：肥猪草、肥猪菜、粘苍子、粘糊菜、黄花仔、粘不扎）**Sigesbeckia orientalis** Linn.

　　一年生草本。中部叶长 4~10cm，宽 1.8~6.5cm，基部下延成具翼的柄，三出基脉；上部叶渐小。花黄色。瘦果倒卵圆形，有 4 棱。

　　生于路旁、旷野草地上。

　　全草药用，味苦，性寒，有小毒。祛风湿，通络，降血压。治风湿关节痛、腰膝无力、四肢麻木、半身不遂、高血压病、神经衰弱、急性黄疸型传染性肝炎、疟疾。

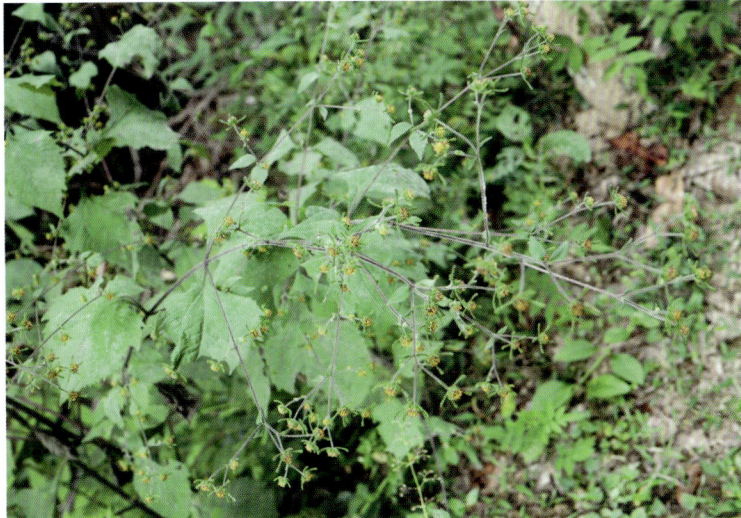

灌木状草本或亚灌木。叶倒卵状椭圆形，长 7~23cm，宽 2.5~8.5cm。头状花序具异形小花；花冠黄色。瘦果圆柱状，被疏柔毛。

生于林中、灌丛及草地。

30. 斑鸠菊属 Vernonia Schreb.

1. 夜香牛（别名：伤寒草、消山虎）**Vernonia cinerea** (Linn.) Less.[*Conyza cinerea* Linn.; *C. chinensis* Linn.]

直立多分枝草本。叶卵形、卵状椭圆形，长 2~7cm，宽 1~5cm，背面有腺点。头状花序排成伞房状圆锥花序。瘦果无肋。

常见于山坡、旷野、田边、路旁。

全草药用，味苦、微甘，性凉。疏风散热，凉血解毒，安神。治感冒发热、咳嗽、痢疾、黄疸型肝炎、神经衰弱。

2. 毒根斑鸠菊（别名：细脉斑鸠菊、过山龙、藤牛七、发痧藤、惊风红）**Vernonia cumingiana** Benth. [*Vernonia andersonii* C. B. Clarke]

攀缘灌木或藤本。叶卵状长圆形或长圆状椭圆形，长 7~21cm，宽 3~8cm，两面均有腺点。头状花序较多数。瘦果近圆柱形。

生于疏林下或山坡灌丛中。

根、藤茎药用，味苦，性凉，有小毒。祛风解表，舒筋活络，截疟。治风湿性关节痛、腰腿痛、跌打损伤、疟疾。

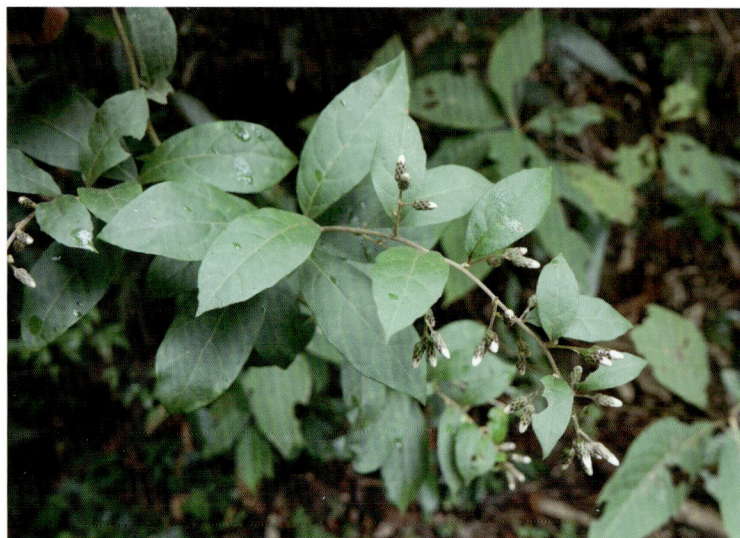

3. 咸虾花（别名：狗仔花）**Vernonia patula** (Dryand.) Merr. [*V. chinensis* Less.]

一年生草本。叶卵形，长 2~9cm，下面被灰色绢状柔毛。头状花序通常 2~3 个生于枝顶端，直径 8~10mm；总苞扁球状；花淡红紫色。

常长于荒地、旷野、村边、路旁。

全草药用，味微苦、辛，性平。清热利湿，散瘀消肿。治感冒发热、头痛、乳腺炎、急性胃肠炎、痢疾。

4. 茄叶斑鸠菊（别名：斑鸠木、斑鸠菊、白花毛桃）**Vernonia solanifolia** Benth.

灌木或小乔木。叶卵形、卵状长圆形，长 6~16cm，宽 4~9cm，叶面被短硬毛，背面被柔毛，具腺点。头状花序多数。瘦果无毛。

生于山谷疏林中或攀缘于乔木上。

根、叶药用，味甘、苦，性凉。凉血止血，润肺止咳。根：治咽喉肿痛、肺结核咳嗽、咯血。

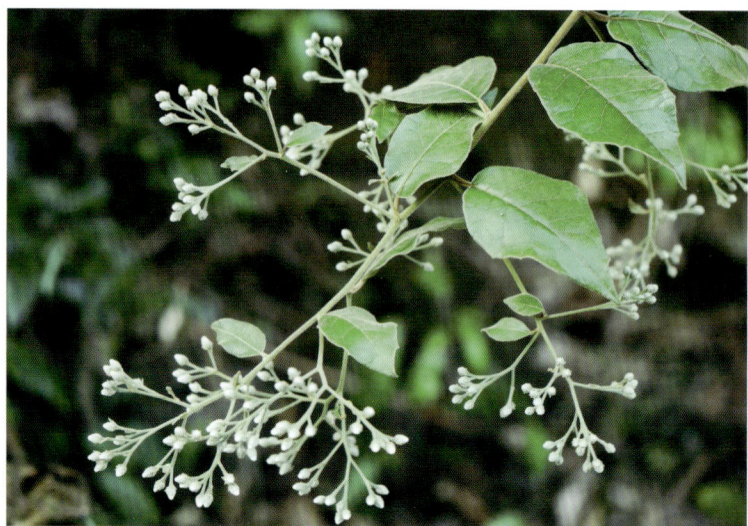

31. 苍耳属 Xanthium Linn.

1. 苍耳（别名：苍子、痴头猛、羊带归、虱麻头）**Xanthium strumarium** Linn. [*X. japonicum* Widd.; *X. sibiricum* Patrin ex Widder]

一年生草本。叶边缘有齿，三基出脉。雄性的头状花序球形；雌性的头状花序椭圆形，外面有疏生的具钩状的刺；喙上端略呈镰刀状。

生于路旁、村边、旷野或荒地上。

全草或果实药用，味苦、辛、甘，性温，有小毒。发汗通窍，散风祛湿，消炎镇痛。苍耳子：治感冒头痛、慢性鼻窦炎、副鼻窦炎、疟疾、风湿性关节炎。苍耳草：治子宫出血、深部脓肿、麻风、皮肤湿疹。

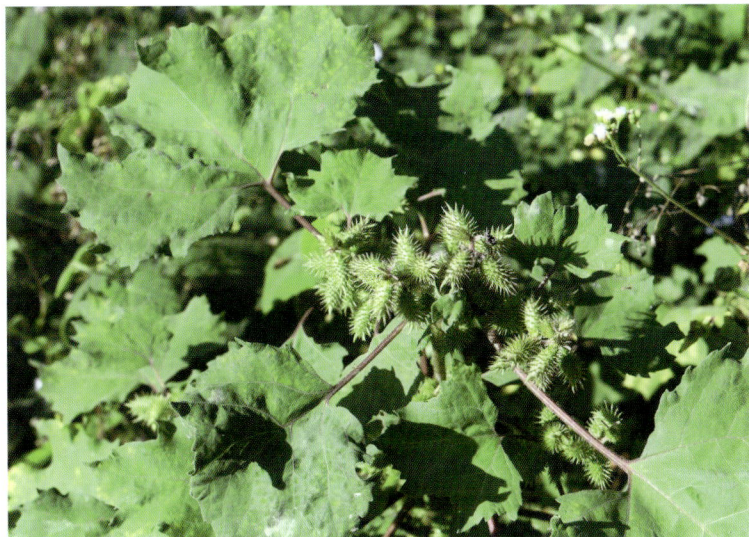

32. 黄鹌菜属 Youngia Cass.

1. 黄鹌菜（别名：毛连连、野芥菜、黄花枝香草、野青菜）
Youngia japonica (Linn.) DC.

一年生直立草本；植株被毛。基生叶多形，大头羽状深裂或全裂；无茎叶或有茎叶 1~2，同形并分裂。花序含 10~20 枚舌状小花。瘦果无喙。

生于村边、路旁或荒地上。

全草药用，味甘、微苦，性凉。清热解毒，利尿消肿，止痛。治咽炎、乳腺炎、牙痛、小便不利、肝硬化腹水。

A408 五福花科 Adoxaceae

1. 接骨木属 Sambucus Linn.

1. 接骨草（别名：陆英、走马箭、走马风、八棱麻、八里麻、臭草、蒴藋） Sambucus chinensis Hance

草本或半灌木。羽状复叶有小叶 2~3 对，狭卵形，长

6~13cm，宽 2~3cm。聚伞花序排成复伞形花序；具棒杯状不孕花。浆果近圆形。

生于海拔 200~800m 的山坡、灌丛、沟边、路旁、宅边。

全草药用，味甘、微苦，性平。根：散瘀消肿，祛风活络；治跌打损伤、扭伤肿痛、骨折疼痛、风湿性关节痛。茎、叶：利尿消肿，活血止痛；治肾炎水肿、腰膝酸痛。

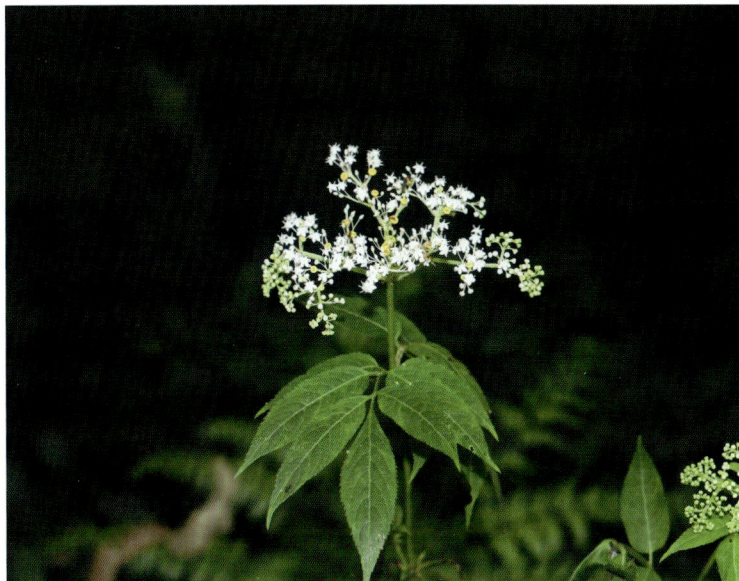

2. 荚蒾属 Viburnum Linn.

1. 南方荚蒾（别名：火柴树、火斋、满山红、苍伴子）
Viburnum fordiae Hance

灌木或小乔木。叶阔卵形、菱状卵形，长 4~7cm，宽 2~6cm，两面被黄褐色簇毛。复伞形聚伞花序；花冠白色。核果红色，卵圆形。

生于海拔 200~800m 的山谷、山坡林下或灌丛中。

全草药用，味苦，性凉。祛风清热，散瘀活血。治感冒、发热、肥大性脊椎炎、风湿痹痛、跌打骨折；用根浸酒外搽。

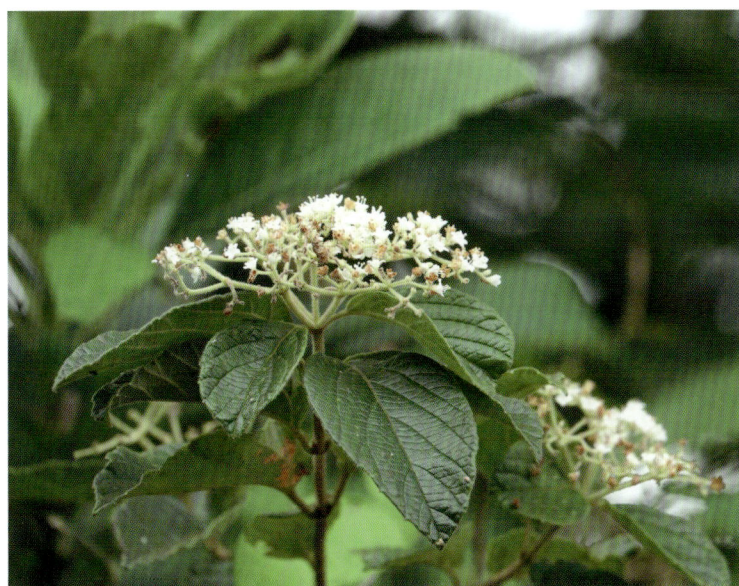

2. 蝶花荚蒾 Viburnum hanceanum Maxim.

灌木。叶纸质，长 4~8cm，边缘具齿，两面被毛。聚伞花序伞形；不孕花白色，可孕花花冠黄白色。果红色，卵圆形，核扁。

生于海拔 200~800m 的山谷、溪流旁灌丛中。

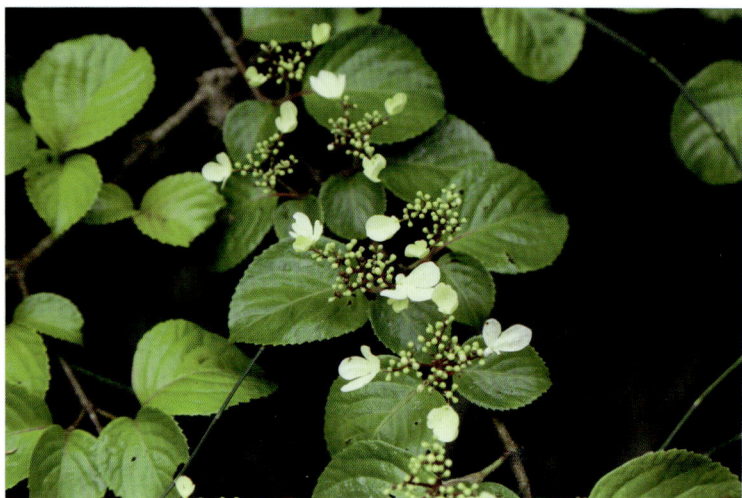

3. 淡黄荚蒾（别名：黄荚蒾）**Viburnum lutescens** Blume

常绿灌木。叶长 7~15cm，顶端尖，基部狭窄，边缘有齿。花芳香，萼齿三角状卵形；花冠白色，辐状。果实先红色后变黑色，宽椭圆形。

生于海拔 180~1000m 的山谷林中或河边湿地上。

叶药用。去瘀生新，消肿止痛。治刀伤出血。

4. 常绿荚蒾 Viburnum sempervirens K. Koch

常绿灌木。叶椭圆形，长 4~12cm，宽 2.5~5cm，背面有灰黑色小腺点，侧脉 3~4 条。复伞形聚伞花序顶生；花冠白色。核果红色。

生于海拔 100~1200m 的山谷密林或疏林中、溪涧旁丘陵地灌丛中。

A409 忍冬科 Caprifoliaceae

1. 忍冬属 Lonicera Linn.

1. 华南忍冬（别名：山银花、金银花、土银花）**Lonicera confusa** (Sweet) DC.

藤本；枝、叶柄、花梗、花萼，密被卷曲短柔毛。叶卵状长圆形，长 3~6cm，宽 2~4cm；叶柄长 2~5mm。雄蕊和花柱伸出花冠外。浆果。

生于山地灌丛中及平原旷野。

全草药用，味甘、微苦，性寒。清热解毒。治痈肿疔疮、喉痹、丹毒、热毒血痢、风热感冒、温热发病。

2. 菰腺忍冬（别名：红腺忍冬）**Lonicera hypoglauca** Miq.

半常绿藤本。叶长 5~14cm，基部圆或微心形，边缘有长糙睫毛。花微香，双花腋生，花冠白色，后变黄色，唇形，下唇反卷。果黑色。

生于海拔 200~700m 的山地、山谷灌丛或疏林中。

花蕾、花、藤药用，味甘，性寒。清热解毒，疏散风热，凉血止痢。治痈肿疔疮、喉痹、丹毒、热毒血痢、风热感冒、温热发病。

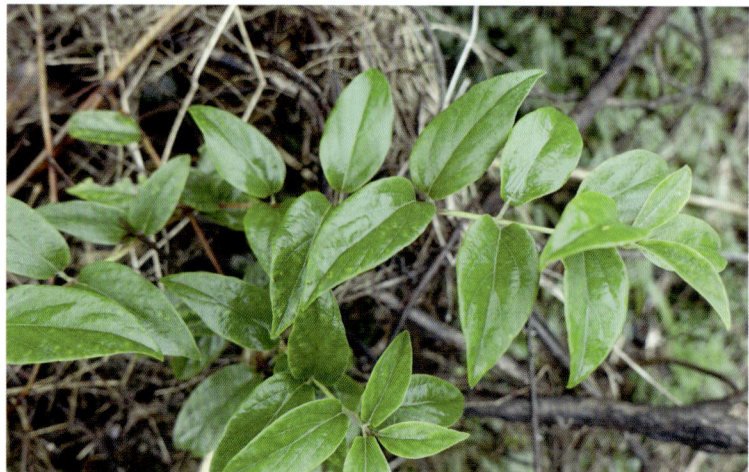

2. 败酱属 Patrinia Juss.

1. 攀倒甑（别名：白花败酱、苦斋、胭脂麻）**Patrinia villosa** (Thunb.) Juss.

多年生草本。基生叶丛生，长 4~25cm，宽 2~18cm，有

1~4对生裂片；茎生叶对生，上部叶较窄小，常不分裂。花冠钟形，5深裂。瘦果倒卵形。

生于山谷、沟边、山坡草丛中。

全草药用，味苦、辛，性凉。清热利湿，解毒排脓，活血去瘀。治阑尾炎、痢疾、肠炎、肝炎、眼结膜炎、产后瘀血腹痛、痈肿疔疮。

A413 海桐科 Pittosporaceae

1. 海桐属 Pittosporum Banks ex Gaertn.

1. 光叶海桐（别名：山枝条、山枝仁、一朵云）**Pittosporum glabratum** Lindl.

常绿灌木。叶聚生枝顶，长圆形或倒披针形。伞形花序1~4枝簇生枝顶叶腋。蒴果长椭圆形，长2~2.5cm，3片开裂；种子长6mm。

生于山谷、山坡、林下。

根、叶、种子药用。根：味苦，性温；祛风活络，散瘀止痛；治风湿性关节炎、坐骨神经痛、骨折、胃痛、牙痛、高血压、神经衰弱、梦遗滑精。叶：解毒，止血。

2. 海金子 Pittosporum illicioides Makino

常绿灌木。叶倒卵状披针形或倒披针形，5~10cm，宽

2.5~4.5cm。伞形花序顶生，有花2~10朵，花梗长1.5~3.5cm。蒴果近球形。

生于山地常绿阔叶林中。

根药用，味辛、苦，性温。活络止痛、宁心益肾、解毒。治风湿痹痛、骨折、胃痛、失眠、遗精、毒蛇咬伤。

3. 少花海桐（别名：邦博、满山香、山石榴、疏花海桐）**Pittosporum pauciflorum** Hook. et Arn.

灌木。叶散布于嫩枝上，有时呈假轮生状。花3~5朵生于枝顶叶腋内。蒴果椭圆形或卵形，长1~1.2cm，3片开裂；种子长4mm。

生于山地常绿阔叶林中。

根药用，祛风活络，散寒止痛。治风湿性神经痛、坐骨神经痛、牙痛、胃痛、毒蛇咬伤。

A414 五加科 Araliaceae

1. 楤木属 Aralia Linn.

1. 野楤头（别名：虎刺楤木、楤木、广东楤木）**Aralia armata** (Wall.) Seem.

灌木或乔木。二至五回羽状复叶，长60~100cm；叶轴、伞梗有扁而倒钩的皮刺。圆锥花序长达50cm。核果有5（2）条纵棱。

生于山坡、山谷的疏林中。

根皮药用，味苦、微辛，性微寒，有小毒。散瘀消肿，祛风除湿，止痛。治跌打损伤、肝炎、肾炎、前列腺炎、急性关节炎、胃痛、腹泻、白带、痈疖等。

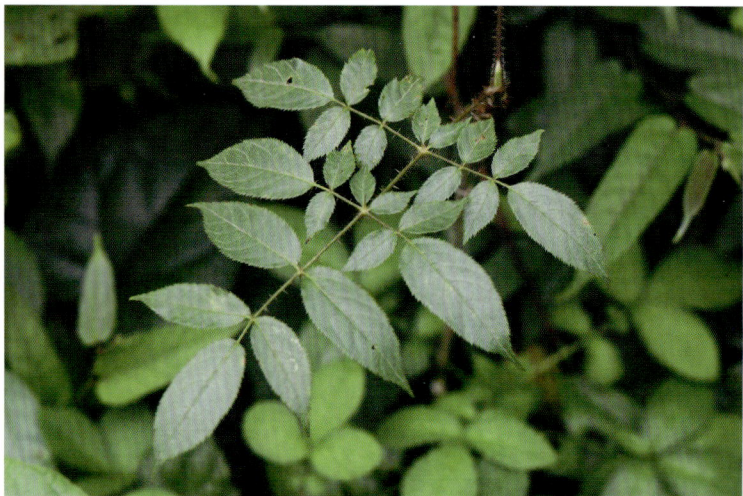

2. 黄毛楤木（别名：楤木、刺龙包、雀不站、鸟不宿）**Aralia chinensis** Linn.

灌木或乔木。叶为二回或三回羽状复叶，长 60~110cm。伞形花序再组成圆锥花序，2~3 回羽状；花白色。果球形，黑色，具 5 棱。

生于山谷林中或林缘、路边灌丛中。

根皮、茎皮药用，味甘、微苦，性平。祛风除湿，利尿消肿，活血止痛。治肝炎、淋巴结肿大、肾炎水肿、糖尿病、白带、胃痛、风湿关节痛、腰腿痛、跌打损伤。

3. 长刺楤木（别名：刺叶楤木）**Aralia spinifolia** Merr.

灌木；高 2~3m；枝、叶轴、伞梗有扁长刺，刺长 1~10mm，及长 1~4mm 的刺毛。二回羽状复叶。圆锥花序；花瓣 5，卵状三角形。

生于山谷、溪旁、林缘疏林或灌丛中。

根药用，味苦，性平。解毒消肿，止痛，驳骨。治头昏头痛、风湿跌打，吐血、血崩、蛇伤。

2. 树参属 Dendropanax Decne. & Planch.

1. 变叶树参（别名：三层楼、白半枫荷）**Dendropanax proteus** (Champ.) Benth.

灌木或小乔木。叶片革质、纸质或薄纸质，叶形变异大，不裂至 2~5 深裂，叶背无腺点。伞形花序单生或 2~3 个聚生。果实球形。

生于山坡灌丛中或山谷、溪边较阴湿的林下。

根药用。祛风除湿，活血通络。治风湿痹痛、腰肌劳损、跌打瘀积肿痛、产后风瘫、疮毒。

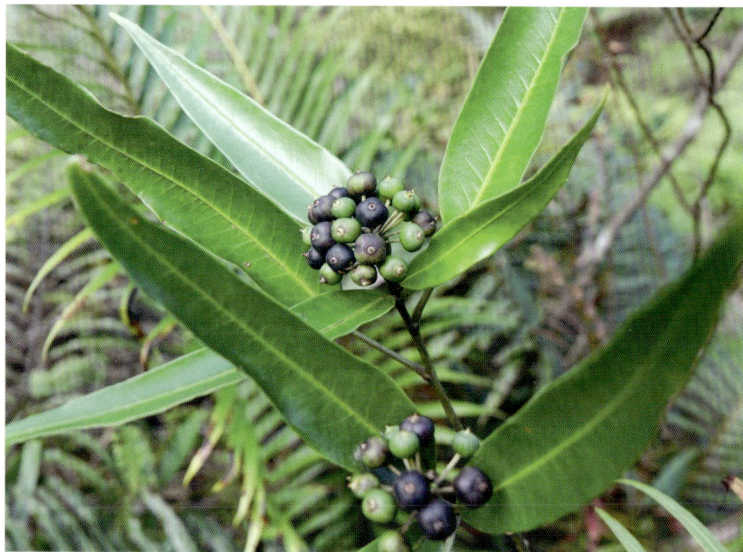

3. 五加属 Eleutherococcus Maxim.

1. 白簕（别名：白簕根、三叶五加、三加皮、刺三加）**Eleutherococcus trifoliatus** (Linn.) S. Y. Hu [*Acanthopanax trifoliatus* (L.) Merr.]

灌木，高 1~7m。小叶片纸质，稀膜质，椭圆状卵形至椭圆状长圆形，稀倒卵形，长 4~10cm，宽 3~6.5cm。花序顶生。果实扁球形。

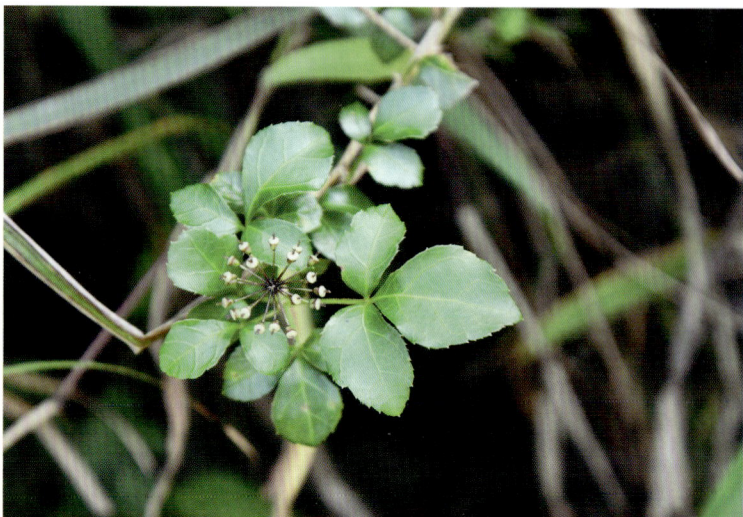

生于山坡林缘、溪河两岸的灌丛中或村边路旁等处。

全株药用，味苦、涩，性凉。清热解毒，祛风除湿，散瘀止痛。治黄疸、肠炎、胃痛、风湿性关节炎、腰腿痛。

4. 掌叶树属 Euaraliopsis Hutch.

1. 锈毛掌叶树 Euaraliopsis ferruginea (Li) Hoo & Tseng

灌木。叶二型，不分裂叶长 7~20cm，宽 1.5~5cm，先端尾状渐尖；掌状深裂的裂片狭披针形，幼时两面均密生锈色星状毛。果球形，黑色。

生于山地林中。

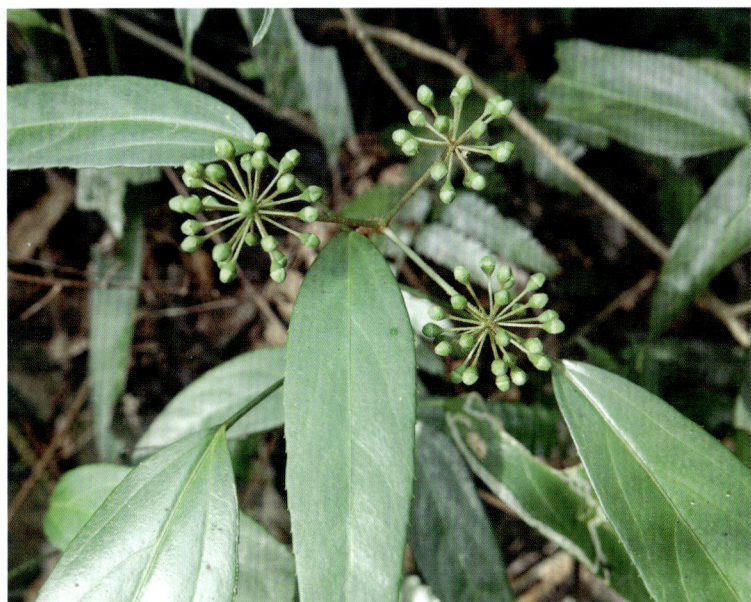

5. 常春藤属 Hedera Linn.

1. 常春藤（别名：中华常春藤、三角枫、追枫藤）Hedera nepalensis K. Koch. var. sinensis (Tobl.) Rehd.

常绿攀缘灌木。叶片革质，三角形卵状，长 5~12cm，宽 3~10cm。伞形花序单个顶生；花淡黄白色。果球形，红色或黄色。

攀缘于林缘树上、路边墙壁和略荫蔽的岩石上。

株药用，味苦、辛，性温。活血消肿，祛风除湿。治风湿性关节痛、腰痛、跌打损伤、急性结膜炎、肾炎水肿、闭经。

6. 幌伞枫属 Heteropanax Seem.

1. 短梗幌伞枫（别名：短梗罗汉伞）Heteropanax brevipedicellatus Li

常绿灌木或小乔木；高 3~7m。四至五回羽状复叶；小叶长 2~9cm，宽 1~3cm。圆锥花序顶生；花瓣 5，疏被毛。果实扁球形。

生于山地、山谷、村边的疏林中。

根和树皮药用，味苦，性凉。活血消肿。治跌打损伤，烧、烫伤，疮毒。

7. 鹅掌柴属 Schefflera J. R. Forst. & Forst.

1. 鹅掌柴（别名：鸭脚木、鸭母树、伞托树）Schefflera heptaphylla Hayata

乔木。羽状复叶，6~9 小叶；小叶长椭圆形；叶柄长 15~30cm，疏生星状短柔毛或无毛。圆锥花序顶生，被毛。果球形，黑色。

生于山坡、山谷、林缘、林内或灌丛中。

根皮、根及叶药用，味苦，性凉。清热解毒，止痒消肿散瘀。根皮：治感冒发热、咽喉肿痛、风湿骨痛、跌打损伤。

2. 天胡荽 （别名：盆上芫荽、满天星）Hydrocotyle sibthorpioides Lam.

多年生草本。叶片膜质至草质，圆形或肾圆形，长0.5~1.5cm，宽0.8~2.5cm。花序梗纤细；花瓣绿白色。果实略呈心形。

生于中海拔山区的溪边湿地、林下。

全草药用，味甘、淡、微辛，性凉。清热利湿，祛痰止痛。治传染性黄疸型肝炎、肝硬化腹水、胆石症、泌尿系感染、泌尿系结石、伤风感冒、咳嗽、百日咳、咽喉炎、扁桃体炎、目翳。

3. 破铜钱 （别名：花边灯一盏）Hydrocotyle sibthorpioides Lam. var. batrachium (Hance) Hand.-Mazz. ex Shan

草本。叶较小，直径0.5~1.5cm，3~5深裂达近基部，侧裂片有时裂至1/3处。单个伞形花序；花瓣镊合状排列。果扁球形，茶褐色。

生于湿润草地、路旁、河沟边、田埂、湖滩、溪谷等阴湿处。

全草药用，味甘、淡、微辛，性凉。清热利湿，祛痰止痛。治传染性黄疸型肝炎、肝硬化腹水、胆石症、泌尿系感染、泌尿系结石、伤风感冒、咳嗽、百日咳、咽喉炎、扁桃体炎、目翳。

A416 伞形科 Apiaceae

1. 积雪草属 Centella Linn.

1. 积雪草（别名：崩大碗、雷公根、钱凿菜）Centella asiatica (Linn.) Urban

多年生匍匐草本。单叶，膜质至草质，圆形、肾形或马蹄形，直径2~4cm，边缘有钝锯齿。伞形花序聚生于叶腋。果圆球形。

生于潮湿路旁、田边或草地上。

全草药用，味甘、微苦，性凉。清热解毒，活血，利尿。治高热感冒、中暑、扁桃体炎、咽喉炎、胸膜炎、泌尿系感染、结石、传染性肝炎、肠炎、痢疾、断肠草、砒霜、蕈中毒、跌打损伤。

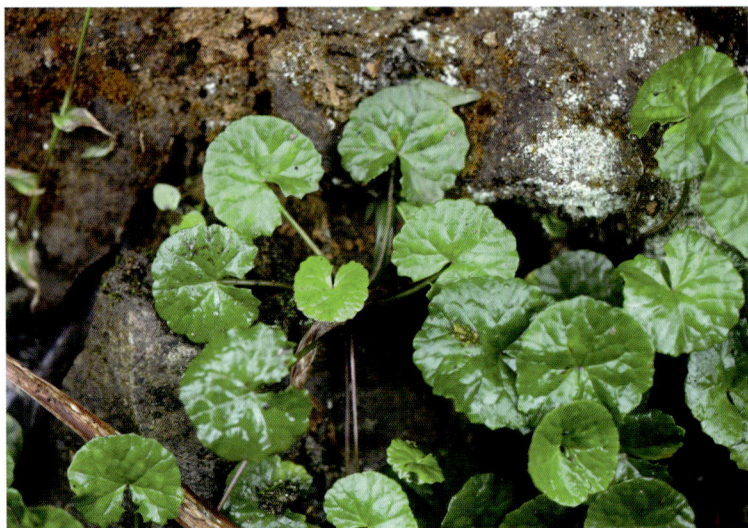

2. 鸭儿芹属 Cryptotaenia DC.

1. 鸭儿芹（别名：鸭脚板、鹅脚板）Cryptotaenia japonica Hassk.

多年生草本。三出复叶，小叶具重锯齿或不整齐锯齿。复伞形花序呈圆锥状；花瓣白色，倒卵形。果横断面扁圆形，果棱无翅。

生于低山林下、沟边、田边或沟谷草丛中。

全草药用，味辛，性温。祛风止咳，活血祛瘀。治感冒咳嗽、跌打损伤。

3. 刺芹属 Eryngium Linn

1. 刺芹（洋芫荽、假芫荽、山芫荽、香信、马刺、簕芫荽、大叶芫荽）**Eryngium foetidum** Linn.

多年生草本。叶长 5~25cm，宽 1.2~4cm，羽状网脉，叶边缘有锐刺。花序头状；总苞片 4~7，长 1.5~3.5cm，叶状。果卵球形。

生于低海拔的林下、路旁、沟边等湿润处。

全草药用，味辛、微苦，性温。疏风解热，健胃。治感冒、麻疹内陷、气管炎、肠炎、腹泻、急性传染性肝炎。

4. 天胡荽属 Hydrocotyle Lam.

1. 红马蹄草（别名：接骨草、大叶天胡菜、大雷公根）**Hydrocotyle nepalensis** Hook.

匍匐草本。茎斜升。叶圆肾形，4~8cm，边缘通常 5~7 浅裂。头状花序数个簇生；花梗被柔毛；花瓣卵形。果基部心形，两侧扁压。

生于山坡阴湿地、水沟和溪边草丛中。

全草药用。

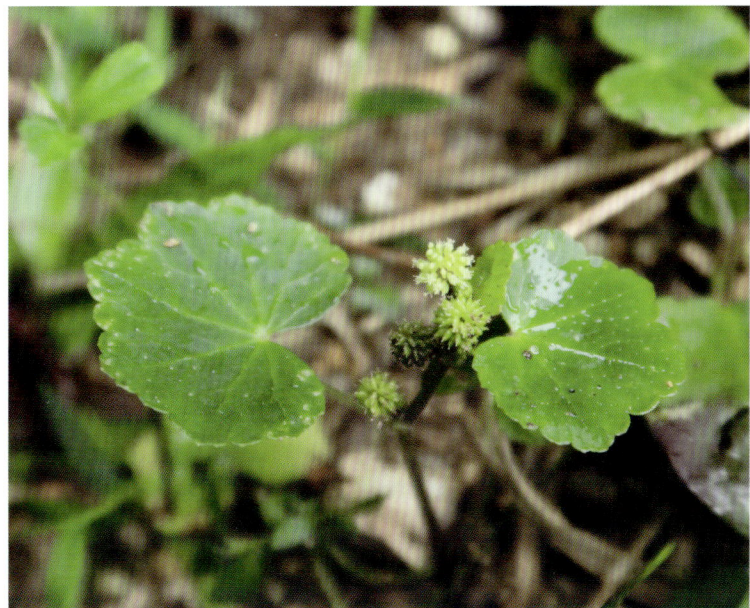

5. 水芹属 Oenanthe Linn.

1. 水芹（水芹菜、野芹、小叶芹、野芹菜）**Oenanthe javanica** (Bl.) DC.

披散草本。一至二回羽状复叶，末回裂片卵形或菱形，长 2~5cm，宽 1~2cm。伞辐 6~17；总花梗长 3~9cm。果实近于四角状椭圆形。

生于湿地及水沟中，间有栽培。

全草药用，味甘，性平。清热利湿，止血，降血压。治感冒发热、呕吐腹泻、尿路感染、崩漏、白带、高血压。

参考文献

[1] 王志男，李新生，耿敬章等 . 利用可食用植物资源酿造功能性黄酒的研究进展 [J]. 生物资源，2021(3)：268-275.

[2] 杨冠松，杨创凤，刘昕然等 . 野生食用种子植物资源及多样性研究 [J]. 种子，2021，40(3)：59-63.

[3] 吴修红，李文月，王跃等 . 扎龙国家级自然保护区药用植物资源及其多样性研究 [J]. 现代中药研究与实践，2021，35(2)：13-17.

[4] 刘冰，向晓媚，谭璐等 . 湖南德夯风景名胜区油脂植物资源调查及分析 [J]. 中国油脂，2021，46(4)：112-117.

[5] 陈加蓓，王冰清，向晓媚等 . 论湘西地区非粮柴油能源植物资源的开发 [J]. 湖南生态科学学报，2020，7(1)：1-11.

[6] 杨新东，陈美伊，余小玲等 . 广东省翁源青云山药用植物资源研究 [J]. 亚热带植物科学，2020，49(2)：121-127.

[7] 廖浩斌，赖焕武，赵晨等 . 广东佛山维管植物资源调查与分析 [J]. 亚热带植物科学，2011，40(1)：45-48.

[8] 林伟通，刘强，朱慈佑等 . 广东惠东莲花山白盆珠耐阴性观赏植物及其应用前景探讨 [J]. 广东园林，2016，38(3)：71-74.

[9] 叶心芬，邢福武，梁红 . 广东南岭国家级自然保护区非粮油脂植物资源调查 [J]. 中国油脂，2014，39(5)：71-76.

[10] 林书航，李建胜，张迪等 . 怀集三岳省级自然保护区种子植物区系研究 [J]. 绿色科技，2022，24(22)：59-63+68.

[11] 中国科学院中国植物志编辑委员会 . 中国植物志 [M]. 北京：科学出版社，2004.

[12] 中国科学院华南植物园 . 广东植物志 (第 1-10 卷)[M]. 广州：广东科技出版社，1987-2011.

[13]Huifu Zhuang，Chen Wang，Yanan Wang，et al.Native useful vascular plants of China: A checklist and use patterns[J]. Plant Diversity，2021(43)：134-141.

[14] 李成，陈菁菁，韩建军等 . 宗教文化风景区植物造景分析——以济南灵岩寺风景区为例 [J]. 吉林林业科技，2019，48(3)：29-32+40.

[15] 张海军，张淑兰，王长宝等 . 大亮子河国家森林公园维管植物资源经济价值的多样性 [J]. 浙江农业科学，2014(6)：923-926.

[16] 何斌，张萍，李青等 . 珍稀濒危植物黄杉种群结构与空间分布格局 [J]. 热带亚热带植物学报，2022，30(4)：461-471.

[17] 邹天才，李媛媛，洪江等 . 贵州稀有濒危种子植物物种多样性保护与利用的研究 [J]. 广西植物，2021，41(10)：1699-1717.

[18] 万加武，夏海林，周赛霞等 . 江西庐山国家级自然保护区珍稀濒危植物优先保护定量研究 [J]. 热带亚热带植物学报，2019，27(2)：171-180.

[19] 陈绪玲，余道平，方志强等 . 峨眉山珍稀濒危植物珙桐群落特征研究 [J]. 四川林业科技，2021，42(2)：21-26.

[20] 张玲玲，刘子玥，王瑞江．广东兰科植物多样性保育现状 [J]．生物多样性，2020，28(7)：787-795.

[21] 杜超，贺俊英，徐杰等．珍稀濒危植物裸果木的研究现状与展望 [J]．内蒙古师范大学学报 (自然科学汉文版)，2020，49(4)：315-319.

[22] 林书航，李建胜，张迪等．怀集三岳省级自然保护区种子植物区系研究 [J]．绿色科技，2022，24(22)：59-63+68.DOI: 10.16663/j.cnki.lskj.2022.22.003.

[23] 国家林业局，农业部．国家重点保护野生植物名录 (第一批)〔Z〕．北京，1999.

[24] 环境保护部，中国科学院．中国生物多样性红色名录——高等植物卷 [Z]．北京，2013.

[25] 中国科学院植物研究所 (系统与进化植物学国家重点实验室) iPlant 数字植物项目组．中国珍稀濒危植物名录 (汇总)〔EB/OL〕．〔2021-06-30〕．http: / / www. iplant. cn /rep /protlist.

[26] 王新靓，卢杰，张新生．珍稀濒危植物桫椤的研究概况 [J]．黑龙江农业科学，2022(5)：97-101.

[27] 许玥，臧润国．中国极小种群野生植物保护理论与实践研究进展 [J]．生物多样性，2022，30(10)：84-105.

[28] 余小玲，杨新东，杜晓洁等．广东青云山自然保护区珍稀濒危植物资源分析 [J]．福建林业科技，2020，47(3)：96-103.

[29] 何应兆，宋玉龙，张彩英等．广东怀集大稠顶省级自然保护区珍稀植物多样性探析 [J]．防护林科技，2020(3)：81-83.

中文名索引

学 名 索 引

広东三岳野生植物

广东三岳野生植物